中国休闲农业年鉴

2015

农业部农产品加工局

（乡镇企业局） 主编

中国农业出版社

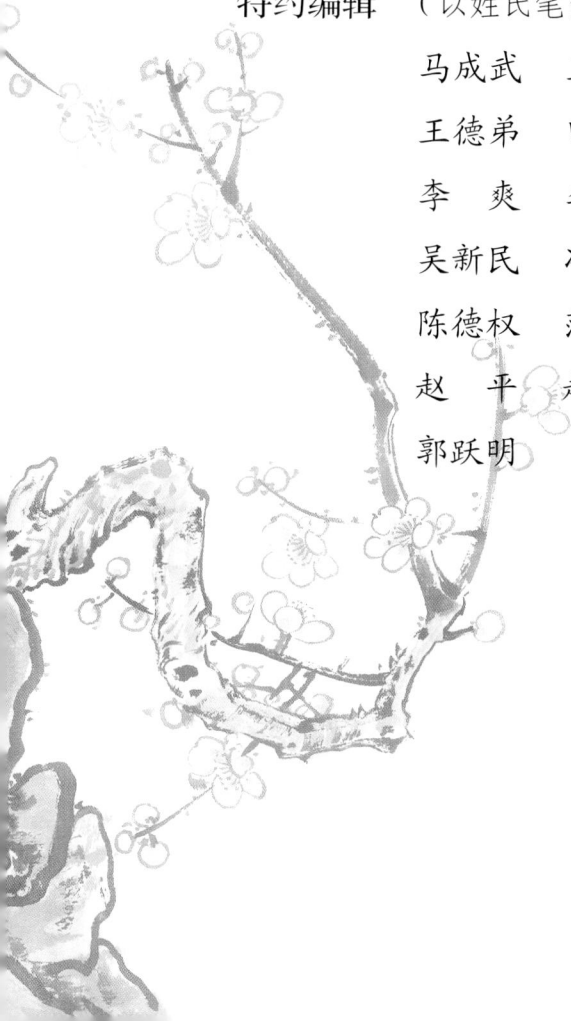

陕西省南郑县油菜花景观

云南省元阳县哈尼梯田

江苏省金坛市薛埠镇有机茶园

内蒙古自治区锡林浩特市白音锡勒草原

江西省广昌县莲花景观

广西壮族自治区武宣县金葵花景观

宁波市四明山红枫观赏基地

内蒙古敖汉旱作农业系统

江苏兴化垛田传统农业系统

浙江杭州西湖龙井茶文化系统

描绘中国美丽乡村的画家

——为美丽乡村而讴歌

胡金刚 1962年生于北京,祖籍浙江永康。1988年毕业于鲁迅美术学院装潢系,2003年毕业于首都师范大学美术学院油画系。现任中国农业出版社装帧设计中心主任、美术编审。

积极配合农业部科教司组织参加"美丽乡村快乐行"送书下乡活动,活动期间进行采风并创作了一系列反映农民、农村新面貌的油画作品《母亲》《苗女》《水乡》《金秋》等。

绘画作品曾获全国新闻出版系统书画展览优秀奖、中央国家机关第二届职工书画作品三等奖。作品入选首届"公仆杯"中央国家机关书画展。获邀参加"那面画廊"油画研究会展览、"拾"油画研究会展览和"大典画廊"作品展。受邀为中央农业广播电视学校创作"美丽乡村"主题壁画——《锦绣山河》《金色大地》。创作的多幅"美丽乡村"主题作品被多家媒体报道,并在CCTV-7频道相关节目中播出,被誉为"美丽乡村画家"。已出版个人画册《无界——油画画家胡金刚作品集》《当代名家——胡金刚》。多幅作品已被中外机构收藏。

联系方式

Tel:13801357431

E-mail:zhuangzhen220@163.com

北京最美乡村
平谷区大华

村党支部书记　张朝起

丹柿朝阳

挂甲峪村位于平谷区大华山东部深山区，村域面积约5平方千米。全村共150户，480口人，党员35人，历史文化悠久，是一个空气清新，风景秀美的小山村。2013年，全村经济总收入达到3800万元，人均纯收入突破32000元，集体总资产2亿元。

村党支部紧抓机遇，带领群众实施"十上山"工程：致富道路修上山、水利蓄上山、优质果品栽上山、畜牧养上山、科技文化跟上山、电信网络布上山、再生能源用上山、有机果品改上山、农民生态别墅建上山、旅游客人住上山。提出"十化"工程：土地使用集约化、分配方式股东化、干部作风廉政化、经营管理公司化、产业发展规模化、发展决策民主化、综合发展科学化、生产生活环保化、居住条件别墅化、生活水平小康化。实现"十个转变"，即：产区变景区、劳动变运动、外销变内销、产品变礼品、分居变团居、落后变先进、贫穷变富裕、愚昧变文明、精神变物质、物质变精神。"十起来"工程：基层党建抓起来、经济发展起来、农村亮起来、居住暖起来、土地流转起来、资产盘活起来、农民组织起来、环境美起来、农民富起来、幸

山镇挂甲峪村

福歌声唱起来。

　　2005年挂甲峪村实施新农村建设，全村150户居民全部搬进新民居，生活条件得到极大改善。近年来，挂甲峪村带领全村开展民俗旅游，村里的居民"家家开旅馆，户户当老板"，实现了人均3万元的美梦。挂甲峪村发展旅游龙头产业，以旅游带动村里的工业、林业和农业，种植100公顷果树用于观赏和采摘。

　　2007年，挂甲峪村被选为北京郊区10个"最美的乡村"之一。2008年，挂甲峪村被评选为"全国文明村镇"，《同一首歌》走进挂甲峪使挂甲峪村更加远近驰名。2009年，挂甲峪村被评为"全国文明村"。2011年，挂甲峪村被评为"全国最有魅力的休闲乡村"。2012年，中国首届青少年音乐夏令营在该村成功举办。2013年，挂甲峪村被农业部评为"北京市美丽乡村创建村"。著名经济学家、北京大学教授厉以宁先生来此考察后，称挂甲峪村是"北方山区建设社会主义新农村的模式"。此外，挂甲峪村还先后荣获"首都文明村""北京市山区建设样板村""京郊山区综合开发先进村""北京郊区生态文明村"、"北京市山区水利富民工程先进村"等多项荣誉称号。

采摘

挂甲峪特色美食"小锅饽饽"

承德神栗食品有限公司

包装车间

商超专供

特级礼袋

板栗精品组合装

承德神栗食品有限公司，地处河北省承德市宽城满族自治县境内，是一家集基地种植、科技研发、生产加工、市场营销为一体的全产业链食品加工企业，河北省农业产业化经营重点龙头企业。

公司成立于2000年12月，注册资本6 000万元。固定资产投资5亿元，厂区占地13.3公顷，年加工能力10万吨，职1 200名，其中大专以上学历200人。目前，公司主要产品有：板栗、山楂、蜂蜜、大枣、冻干食品等五大系列产品。公司与中国农业科学院、中国农业大学、承德CIQ建立了长期的技术合作关系。

神栗食品远销美国、德国、泰国、韩国、日本、以色列、新加坡等20多个国家和地区，在国内20多个省份设立了销售网点，在国内外享有"中国板栗在河北，河北板栗在宽城，宽城板栗中国神栗"的美誉，搭建了中国板栗网电商平台，跻身河北省电子商务三十强。

"讲诚信、做高端、创名牌"是公司长久发展壮大的理念和动力。面对未来，神栗人将以对食品安全高度负责的态度，全力打造中国板栗行业第一品牌。

地址： 承德市宽城满族自治县北局子
电话： 400-6126-189
传真： 0314-6699999
E-mail： sales@cdshl.com
Http://www.cdshl.com

河北省农业产业化经营

重点龙头企业

有效期：2010年5月-2012年5月

河北省人民政府

中国重要农业文化遗产

河北宽城传统板栗栽培系统

　　宽城板栗栽培具有悠久的历史，至今已有3 000多年。目前全县百年以上的板栗古树达10万余株，现存最古老的板栗古树树龄达700余年，被誉为"中国板栗之王"。

　　河北宽城传统板栗栽培系统是一种可持续的有机农业生产模式。人们依地形修建撩壕、梯田，栽植板栗，在林下间作农作物，饲养家禽，用剪下的枝条栽培栗蘑，用物理和生物方法防治病、虫、草害，形成梯田—板栗—作物（家禽）复合经营体系，并与周围的其他植被共同构成独特的山地景观，发挥着重要的水土保持和水源涵养功能。传统的栽培方法和光照充足、昼夜温差大、土壤富含铁等自然条件共同造就了宽城板栗色泽光亮，口感糯、软、甜、香的独特品质，有"中国板栗在河北，河北板栗在宽城"的美誉。板栗栽培自古以来就是宽城农业的主导产业，板栗被誉为"铁杆庄稼""木本粮食"，曾是当地居民的主要食物来源之一。目前，板栗带来的经济收益占当地农业收入的80%以上。当地人将板栗看作是吉祥的象征，在拜师、庆寿、婚嫁等重要礼仪，都以栗子相赠，以示祝福。有关板栗的历史传说、民俗礼仪、文学作品不胜枚举，形成了丰富多彩的板栗文化。

　　近年来，宽城采矿业的发展及劳动力流失使传统板栗栽培系统的传承和保护面临巨大的挑战。宽城县委、县政府按照中国重要农业文化遗产保护工作的要求，制定了传统板栗栽培系统保护与发展专项规划和管理办法，通过板栗古树的保护、经营模式的创新和休闲农业的发展，从根本上解决农民增收、农业可持续发展和文化遗产保护问题。

核准 承德神栗食品有限公司
使用国家地理标志保护产品专用标志

公告号：2003年第82号
注册证书号：0000155
国家质量监督检验检疫总局
二〇〇三年八月二十八日

中国重要农业文化遗产
河北宽城传统板栗栽培系统
中华人民共和国农业部
二〇一四年五月二十九日公布

中国重要农业文化遗产
杭州西湖龙井茶文化系统

西湖产茶历史悠久。始于宋、闻于清。至民国时期，西湖龙井则已位于中国名茶之首。新中国成立后，党和国家领导人多次到茶区视察，关心西湖龙井茶的生产。今天，西湖龙井茶已成为中国茶界第一品牌，其知名度、技术水平均达到一定的高度。

西湖龙井茶是西湖之滨的一颗名珠，见证1 500多年杭州甚至中国历史变迁，经历我国茶叶加工技术的历次演变，集中体现了中华茶文化的精髓。西湖龙井茶是中华文化集大成者，也是我国对世界各国人民和平友好的使者，在新中国成立初期，龙井茶被列为国宾礼仪之茶而走向世界，向各国人民展示了它无穷的魅力。

开茶节

西湖龙井茶是杭州乃至国家的一宗无形资产。多年来，各级政府均高度重视西湖龙井茶的可持续发展，全面加强了从基地、品质、品牌等各方面的保护工作。2001年7月16日杭州市人大常委会公布实施《杭州市西湖龙井基地保护条例》，成为中国茶叶类第一个地方性保护条例，使西湖龙井茶保护纳入法制化管理的轨道，保证西湖龙井茶基地长期稳定。另外，加大了西湖龙井茶的品牌保护力度：一是积极制定相关标准，1999年由杭州市质量技术监督局发布了《西湖龙井茶》地方系列标准；2011年，又制订了《西湖龙井茶》的联盟标准；二是统一应用西湖龙井茶产销防伪标识，从2001年起，按茶农茶园面积发放"茶农用产地防伪标识"，茶叶加工企业在向茶农收购西湖龙井茶时，必须向茶农索要此证，后凭此证，向质监部门调换"销售用产地防伪标识"；三是设立西湖龙井茶的专卖店，主要由政府有关部门严格审批确认并对其销售行为进行全程监控；四是成立杭州市西湖龙井茶管理协会，为了更好地开展西湖龙井茶的协调管理工作，2013年4月，将原西湖区龙井茶产业协会提升为杭州市西湖龙井茶管理协会，有利于统一开展西湖龙井茶的各项工作，促进西湖龙井茶产业的可持续发展。近年来，杭州市政府重点实施了"七个一"工程（即统一新闻发布会制度、统一种质资源保护、统一开展病虫防治服务、统一实施品牌保护、统一发挥龙头企业示范作用、统一培育手工炒制中心、统一完善保护条例）和"做真、扬真、宣真"西湖龙井茶及"做大、做精、做强"西湖龙井茶产业建设，全面发挥了品牌的保护作用，提升了产业发展水平，有效维护了这一珍贵品牌。

十八颗御茶

梅坞春来早

喜采春茶

杭州市全面推进农村新型业态建设

杭州市的农村山水资源丰富，生态环境优美，农耕文化底蕴深厚。近年来，杭州市各地充分利用城乡统筹和美丽乡村建设为平台，充分发挥各地自然、人文、旅游资源及区位等优势，培育发展了一批农家乐休闲、农村现代民宿、乡村景点观光、农村运动休闲、农事节庆及农村水果采摘体验等新业态，目前已初具规模且发展势头良好。

1. 农家乐休闲。依托自然生态特色村和现代农业园区发展起来的农家乐，主要以特色餐饮为主，辅以棋牌、垂钓等休闲娱乐活动。全市目前共计接待餐位20.33万个，其中规模农家乐板块30余个，餐位3万余个。

2. 农村现代民宿。主要是利用农户的闲置房屋，结合当地人文自然景观、生态环境资源及农林渔牧生产活动，通过修缮改造为游客提供的乡野生活住所。当前正在新兴起来并具有一定规模的农村民宿业发展势头良好，通过兴办民宿，形成吃、住为一体的农家乐集聚体。目前全市已拥有民宿床位1.2万张。

柳溪江漂流

3. 乡村景点观光。主要是以乡村自然景观、人文景观、博物展览、历史文化村落和风情小镇为内容的观光旅游活动，目前全市共开发了乡村自然景点48处、人文景点28处、博物展览14处、历史文化村落17个、风情小镇21个，美丽乡村精品村187个。这些乡村景点多为免费观光，因此特别深受广大游客的青睐。

4. 农村运动休闲。依托山水资源发展的运动休闲业目前前景看好，其中骑车、漂流、登山、露营等较为成型。全市已建成沿三江两岸的绿道203千米、驿站37个、骑车线路21条、漂流21处、登山22处、露营15处，这些项目不仅活动内容丰富，沿途风光也很秀丽，适合游客体验。

千岛湖绿道

5. 农事节庆和采摘体验。为了挖掘和传承农事和农耕文化，近年来全市各地结合本地的优势特色农业产业，组织和开展了各种丰富多彩的农事节庆活动，据统计全市有各种农事节庆30余个，从1月到12月，月月有节，且地方风味浓厚。满足了广大消费者追求时鲜、尝试体验的需要，一些时令的水果采摘活动也应运而生，如草莓采摘、枇杷采摘、桃子采摘、梨子采摘、桔子采摘等等。

杭州市的农村新型业态已经具备旅游业的相关要素条件，完全可以吃在农家乐、住在民宿、游在乡村景点、娱在运动休闲、乐在节庆采摘、购在旅行路上。如果把以上新型业态项目串在一起，就是一条或几条完美的旅游线路，而如果把杭州几个县的旅游线路串起来，就是几天的旅游活动。不仅如此，相比城市旅游，则相信游客们都会发出由衷地赞美：这里的吃——更加土味、绿色，住——更加生态、清静，行——更加快捷、安全，游——更加多样、融合，娱——更加农本、互动，购——更加本土、特色。

秋源村

水果采摘

南浔桑基鱼塘系统

传统桑基鱼塘

桑基鱼塘

联合国粮农组织养鱼培训中心菱湖桑基鱼塘教学基地

南浔桑基鱼塘生态种养模式是我国历史悠久的综合生态养殖模式，由种桑、养蚕、养鱼相互配合，充分利用水土资源，发挥生物生产潜力，通过鱼塘，把桑、蚕废弃物或副产品转化成高蛋白的营养产品——鲜鱼。桑基鱼塘的发展，既促进了种桑、养蚕及养鱼事业的发展，又带动了缫丝等加工工业的前进，逐渐发展成一种完整的、科学化的人工生态系统。这种复合人工生态结构的实践，成为当今世界各国所公认和推广的一种低耗、高效的农业生态系统。作为南浔区农业循环经济的典型生态种养模式，"桑基鱼塘"是为充分利用土地而创造的一种挖深鱼塘、垫高基田、塘基植桑、池中养鱼、池埂种桑的综合养鱼方式。目前，南浔区以菱湖为中心，区域内有近4 000公顷桑地和近1万公顷鱼塘，是中国桑基鱼塘最集中、最大、保留最完整的区域。被联合国教科文组织肯定为我国唯一的保留完整的传统生态农业模式，得到联合国粮农组织和联合国地球物理基金会高度肯定，菱湖镇射中村成为联合国粮农组织亚太地区综合养鱼培训中心桑基鱼塘教学基地。2014年6月，南浔"桑基鱼塘系统"被列入农业部中国重要农业文化遗产。

保存完好的传统桑基鱼塘

射中桑基鱼塘

传统桑基鱼塘

传统桑基鱼塘的桑树

2013年湖北羊楼洞砖茶文化

羊楼洞砖茶茶艺表演

开幕式现场

2013年成立赤壁砖茶文化研讨会

湖北赤壁羊楼洞位于幕阜山脉北麓余峰、湘鄂交界的低山丘陵地带，是茶马古道的三大源头之一。羊楼洞砖茶历史悠久，源于唐，盛于明清，羊楼洞是全世界公认的青（米）砖茶鼻祖之地。在明清两朝，赤壁羊楼洞凭茶一跃为国际名镇，俗称"小汉口"。清朝乾隆年间"三玉川"和"巨盛川"两茶庄特别压制的代表羊楼洞三口泉水的"川"字品牌砖茶被评为中国驰名商标。2013年以来，赤壁先后被授予"中国青砖茶之乡""中国米砖茶之乡"称号，并在长达1 000多年的茶马古道上，形成了一种独特的"羊楼洞砖茶文化"。

羊楼洞砖茶在国际贸易史上展示过骄人的辉煌，在国内为促进民族团结起了非常重要的作用。19世纪到20世纪初，羊楼洞更是成为中俄茶叶国际商道的起点，砖茶从赤壁市羊楼洞由独轮车运抵新店装船，经汉口逆汉水至唐河、再转运内蒙古，进入俄罗斯的恰克图、西伯利亚至莫斯科和圣彼得堡。湖南农业大学刘仲华教授通过长期研究认为，羊楼洞砖茶具有200多种有益人体健康成分，具有降血脂、减肥、降血糖、降尿酸、降血压、软化血管、防治心血管疾病、抵御和修复酒精性肝损伤、调理肠胃、抗辐射等养生保健功能。

近年为维护历史遗留下来的文物，在1996年，赤壁市政府将因羊楼洞砖茶而闻名的羊楼洞明清石板街列为文物保护单位；在2002年，湖北省政府又再次将羊楼洞明清石板街列为重点文物保护单位。

砖茶组图

湖北羊楼洞砖茶从新店码头经水路运至汉口

鸡公车运茶留在羊楼洞古街的印迹

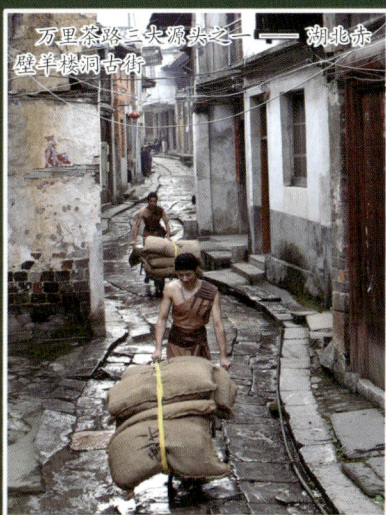

万里茶路三大源头之一——湖北赤壁羊楼洞古街

中国青砖茶之乡羊楼洞欢迎您

羊楼洞民清古街

国家地理标志保护产品
羊楼洞砖茶
中华人民共和国
国家质量监督检验检疫总局
二〇一一年

羊楼洞砖茶荣获"国家
地理标志保护产品"称号

砖茶拍卖

晚清期"长盛川"米砖茶

民国初年"宏源川"青砖茶

砖茶品鉴&拍卖会
BRICK TEA TASTING and AUCTION
1970年米砖茶

赤壁市万亩茶园

广西桂林恭城瑶族自治县

春天是花园：大岭山桃花虽然长在石头缝里，每年却是春花夏果

桂林桃花节（每年3月）

油茶节（长廊宴每年3月起动）

恭城关公文化节

跳竹杆舞

恭城瑶族自治县位于广西桂林市东北部，南望粤梧，北邻三湘，距桂林市108千米，全县总面积2 149平方千米，辖3镇6乡，人口28.5万人，其中瑶族人口17万人，占总人口的59%。恭城县委、县政府审时度势，务实求真，20余年持之以恒，大力发展生态农业和休闲农业，成功走出了一条"养殖—沼气—种植—加工—休闲农业与乡村旅游"五位一体的生态农业模式。2003年以来，恭城县依托良好的生态环境，秀美的自然风光，特色的水果优势产业，丰富的文化底蕴，多彩的民俗风情，按照"观文物古迹，品瑶乡风情，赏生态风光"的发展思路，以返璞归真，回归自然的乡村休闲观光旅游定位，举办了12届"桃花节"、10届"月柿节"、4届"油茶文化节"等，大力发展"农家乐"旅游。2011年荣获全国休闲农业示范县称号。恭城桃花节、红岩村、恭城月柿（柿饼）分别被评为广西休闲农业十佳名节、十佳名村、十佳名品。"春之花"、"夏之凉"、"秋之实"三条线路列入了桂林市26条乡村农业旅游精品线路。莲花镇竹山村

秋天是果园（红岩村月柿）

冬天是公园——茶山

收获：夏秋收获季节

恭城采茶休闲

民间吹笙挞鼓舞

恭城油茶

恭城油茶

被评为"2012年中国最有魅力十大休闲乡村"。2012年以恭城红岩—邓扒—文庙、武庙—大岭山—燕子山等旅游线路为重点的"广西桂林休闲农业四季游"成功入选中国休闲农业"十大精品线路"。2013年全县休闲农业与乡村旅游点290多个，国家级3个，全县接待游客125.01万人次，同比增长12.47%；社会旅游收入9.53亿元，同比增长26.56%。

"十三五"期间，恭城县将继续坚持有机结合休闲农业与特色农业发展，着力打造"春之花"（大岭山赏桃花）、"夏之凉"（燕子山天仙生态草原徒步户外游）、"秋之实"（游红岩村或北洞源村果海）休闲农业与乡村旅游精品线路，推动恭城休闲农业旅游发展再上新台阶。

土特产——甜脆柿

每年暑假有很多外国友人到莲花镇红岩月柿园体验休闲农业等

恭城月柿　柿饼

6月采桃季节

柿子树怀抱中的莲花镇红岩村

中国重要农业文化遗产

天津滨海崔庄古冬枣园

　　天津滨海崔庄古冬枣园位于天津市滨海新区太平镇崔庄村。是天津、河北、山东冬枣文化的发源地。崔庄古冬枣园整体保护范围面积200公顷，核心区占地面积15.9公顷，含600年以上枣树168棵，400年以上枣树3 200棵，成为我国成片规模最大及保留最完整的冬枣林。

　　"先有冬枣树，后有崔庄村"，这是代代相传的民间传说。滨海崔庄古冬枣林具有至少600年以上的种植和发展历史。崔庄冬枣在明朝万历年间曾供皇家食用，故被称为皇家贡枣。

　　明永乐二年（1404年）崔庄人在此定居并开始栽植枣树，崔庄人精于枣树管理，偶得变异枣芽，以嫁接等方式培养，经年历暑终于培育出冬枣这一枣中精品。随着生于"渤海之滨，高城（今黄骅、大港一带）之地"的"张娘娘"被选为明宪宗朱见深的太子朱佑樘的贵人（太子妃）进宫，"崔庄冬枣"也以其"个大皮薄、核小汁多、色泽鲜艳、肉质酥脆"的特点而渐成宫中贡品，被称为"枣中极品，百果之王"，从此声名鹊起、身价百倍。后皇家为独享美味令遍植冬枣于崔庄附近娘娘河两岸，建设贡枣园，并派官兵看守，此制沿袭至清代，可称谓历史悠久。

　　"崔庄冬枣"不仅是冬枣中的上乘佳品，更是冬枣的发源地，至今娘娘河和古贡冬枣的传说依然在崔庄一带广为流传。历经数百年风霜磨砺，在这个追求生态、崇尚古朴、重视品质而又富足充裕的时代，"崔庄冬枣"以其厚重的历史内涵、丰满的人文情怀、优秀的产品品质再度为社会关注，旧时深藏皇宫内院、王谢堂前的"崔庄冬枣"也飞入寻常百姓家，而且成为当地农民增收致富的重要支撑。

　　崔庄古冬枣树上结出的冬枣，个头匀称、果型周正、皮薄、甜度高、酥脆。悠久的冬枣栽培历史奠定了崔庄作为中国冬枣栽培发源地的特殊地位，而大片茂密的古枣林，吸纳天地灵气，历经数百年仍硕果累累，显示出极强的生命力，不仅构成了崔庄村古朴独特的自然景观氛围，也为冬枣文化的深度提炼与演绎提供了物质基础。

　　崔庄古冬枣林悠久的历史文化渊源，加之丰富的自然与文化景观，几百年来，劳动人民在这个过程中，创造了独具特色的农耕技术和相应的文化习俗活动，形成了系统的文化现象和独特的农业生产方式，使得这一农业文化遗产长期以农业这一经济活动保持着生态、社会文化价值。更为重要的是，在这样一个独特的复合农业生态系统中，人始终是重要的参与者。其因时因地制宜的适应性管理理念，使其生产与生活方式随历史的发展而不断变化，但这种变化并非脱离自身资源与环境基础的变化，而是与自然协同进化。这些古冬枣树至今虽已有百年树龄，但经过精心的管理和保护，每年都是硕果累累，为这里百姓造福。

　　作为明朝古果树的实物遗存，其产品除了具有较高的营养和经济价值外，崔庄古冬枣林在保存现状和规模方面是全国最古老的冬枣林之一，具有较高的保护价值。作为农耕文化的"活化石"、民族智慧的结晶、人与自然和谐的典范和独具特色的自然与文化景观，崔庄冬枣林更是一种历史悠久、结构合理、至今让在延续、具有现实保护意义的典型传统农业景观和农业生产系统。

河北涉县旱作梯田系统

河北涉县旱作梯田系统位于河北省西南部，晋冀豫三省交界处，地处太行山东麓。全县旱作梯田总面积达1.4万公顷，其中最具代表性最具规模梯田位于井店镇王金庄区片，梯田面积800公顷，分为5万余块，土层厚的不足0.5米，薄的仅0.2米，石堰长度近5 000千米，高低落差近500米。1990年，涉县旱作梯田被联合国世界粮食计划署专家称为"世界一大奇迹""中国第二长城"。

涉县梯田建造历史悠久，据考证，梯田建造始于元，而兴于清代的康熙、乾隆年间。涉县梯田展现了人工与自然的巧妙结合，在山巅登高望远，用石头垒起的梯田，如一条条巨龙起伏蜿蜒在座座山谷，并随着季节的变化呈现出各种姿态。梯田里农林作物丰富多样，谷子、玉米、花椒等漫山遍野，呈现春华秋实的壮丽景象，迸发出人与自然的和谐之美，展现出震撼人心的大地艺术。河北涉县旱作梯田系统在促进地方农业增产、农民增收、农村繁荣，以及在发展休闲农业、维持生态安全和科学研究等方面仍然具有重要价值。

当前，涉县人民政府按照农业部要求，已出台了《河北涉县旱作梯田系统保护管理办法》，制定了河北涉县旱作梯田系统保护与发展专项规划。通过旱作梯田农业系统的文化传承以及与休闲农业的结合，让这一具有重要价值的农业文化遗产绽放新的光芒！

晨 曦

石板街

秋 实

夕 照

壮丽萄乡

徐沟背铁棍艺术

清徐县休闲农业

清徐历史悠久，人文荟萃，是山西老陈醋的正宗发源地，也是全国四大葡萄名产地之一，也是《三国演义》作者罗贯中的故里和晋商发祥地之一，有"文化名城、醋都葡乡"之美誉。清徐县是山西省的农业强县，其土地产出率、劳动生产率、资源利用率均在省内名列前茅。全县共有耕地2.8万公顷，人口34万。全县有食醋企业40余家，六大系列200多个品种，食醋年产量35万吨，是全国最大的老陈醋生产基地，被誉为中国醋都。全县葡萄种植面积3 333.3公顷，160多个品种，年产量5万吨，著名歌唱家郭兰英一句"清徐的葡萄甜盈盈"，更让清徐葡萄蜚声全国。清徐县先后被列为全国优质商品粮基地县、国家级农业综合开发园区、全国节水农业示范县、山西省瘦肉型猪基地县、小杂粮基地县、葡萄科技推广基地县等。

目前，全县有国家级文物保护单位2个、省级4个、市级6个。国家级非物质文化遗产项目4项，省级1项，市级10项。有国家级农业旅游示范点2个（葡峰山庄、中隐山生态旅游示范园），省级农业旅游示范点1个，市级农业旅游示范点2个，县级农业旅游示范点3个。全县农业已形成粮食、蔬菜、畜牧、葡果、苗木花卉、加工物流、休闲农业与乡村旅游等支柱产业。清徐自然资源丰富，兼具平原和山地的地貌特征。清徐的乡村广泛蕴藏着各类民俗、古建筑、古村落、山光水色、文物踪迹等优势资源，县有独特的人文风貌、重要的历史价值和特有的乡土情怀。清徐在依托"文化名城、醋都葡乡"和区位优势基础上，突出多个休闲主题，投资开发多种类型的休闲项目。积极推进文化和乡村旅游一体化，依托优质的乡村旅游资源，举办了醋文化节、葡萄采摘月、桃花节、梨花节、垂钓节等节庆活动，初步形成了以葡果观光、品尝、采摘为主的西边山生态旅游区，以垂钓休闲为主的汾河生态休闲观光带，以新技术、新品种、新设施为主的208国道现代农业展示带，以蔬菜观光、认养、品尝、采摘为主的集义蔬菜主体公园（简称"一区二带一园"）的休闲农业发展框架，培育了葡峰山庄、中隐山、绿源生态园、美锦农艺园、通和农场、菩净白子菜示范园、宝源老醋坊、大禾新农业低碳生态园、浩瀚农庄、华联生态农庄、金玉垂钓中心等30个休闲农业与乡村旅游示范点，初步形成了"两季有果可摘、三季有花可赏、四季有菜可采，全年有休闲农业可游"的乡村旅游模式。

大禾新农业低碳生态园

老陈醋传统酿造工艺

2009 清徐汾河生态休闲游览"金玉杯"全国钓鱼大奖赛现场

金玉垂钓中心

通和農場歡迎您

通和农场

内蒙古阿鲁科尔沁草原游牧系统

内蒙古阿鲁科尔沁草原游牧系统是蒙古民族生产生活、文化历史和习俗信仰的集中体现，这里的蒙古族牧民一直延续着"逐水草而居"生产生活方式。内蒙古阿鲁科尔沁草原游牧系统是蒙古民族传统游牧畜牧业的活化石，整个系统内涵丰富，具有浓郁的地方特色，系统内草原、家畜与人和谐发展，蒙古民族血脉中崇尚天意、敬畏自然、天人合一的生活理念充分体现。

为挖掘保护和传承这一重要农业文化遗产，阿鲁科尔沁旗用科学和发展的眼光精心保护规划，投入大量人力、物力和财力整理历史遗迹，修复传统民族器物，挖掘保护蒙古族游牧相关民俗。2012年5月正式启动中国重要农业文化遗产申报，2013年中国科学院地理科学与资源研究所有关专家组成专家组，先后两次到游牧核心区域了解和现场考察生态环境、民俗文化等，制定了内蒙古阿鲁科尔沁草原游牧系统的保护和发展规划。2014年6月12日农业部正式确认内蒙古阿鲁科尔沁草原游牧系统为第二批中国重要农业文化遗产。

内蒙古阿鲁科尔沁草原游牧系统地处阿鲁科尔沁旗巴彦温都尔苏木，整个区域内包括23个嘎查，涉及3 585户牧民，总人口9 110人，总面积达33.3万公顷，占全旗天然草原面积的1/3。系统核心区面积超过13.3万公顷，分伊图特、乌兰哈达、宝日温都尔、珲都伦、查干温都尔和塔林花等六大区域。这里山地、草甸和沙地等草原类型并存，天然牧草种类丰富。游牧系统六个区域通过达拉尔河、苏吉河、黑哈尔河三条河流相互贯通，牧民根据季节变化、雨水丰歉和草场长势安排游牧线路及四季放牧时间，牧民—牲畜—草原（河流）之间相互依存，形成了稳定的"三角关系"。为挖掘保护和传承这一重要农业文化遗产，阿鲁科尔沁旗按照保护规划制定配套管理细则，落实管护责任制和草畜平衡制度，保护性挖掘传统游牧文化代表物和特色民族游牧场景，游牧系统内涵更加丰富，草原生态环境明显改善。游牧系统的建设保护和发展，将有效延伸畜牧业相关产业，为绿色有机畜产品开发创造了条件。阿鲁科尔沁草原游牧系统本身是特色鲜明的旅游产品，观赏和体验"游牧"，令人神往，身着蒙古袍，品尝手把肉，栖居蒙古包，骑马徜徉绿色草海，可尽享天赐美景。

美丽田园 魅力果乡

鞍山市千山区特色产业——南果梨

区委书记 汪洪滨　　　　　　　区长 武秋丹

"春飘香雪觅秋风，九月金黄泛晕红。北国偏生南果树，甘甜欲醉独情衷。"

南果梨又称"鞍果"，原产于鞍山市千山区大孤山镇对桩石村。据《中国果树志》（第三卷）记载，现祖树仍生长于此，至今已有150多年历史。

鞍山南果梨以其皮薄肉厚、果肉细腻多汁、香味浓郁、富含微量元素等诸多特点，享有"梨中皇后"的美誉，曾荣获全国农产品加工贸易博览会金奖。

1988年南果梨树被选为鞍山市"市树"；2013年"辽宁鞍山南果梨栽培系统"被正式列为首批"中国重要农业文化遗产"；同年，鞍山南果梨景观被农业部评为"中国美丽田园"。

目前，千山区南果梨栽培面积达8 666.7公顷，年产量近13万吨，年产值3.2亿元，基本形成了镇镇种南果、村村飘梨香的产业格局。

"春日梨花如海、夏日满目青翠、秋日红果压枝、冬日白雪峥嵘"的四季景观为广大市民所热衷。每年千山区政府都举办形式各异的梨花节、采摘节等南果梨节庆活动，将农事休闲旅游和南果梨产业发展深度融合，精心设计多条赏花、摘果旅游线路，借优美的山水风光吸引游客，用可口的农家美食款待游客，以淳朴的民风民俗感染游客。

未来，千山区将以科技为支撑，大力推广南果梨提质增效技术；延伸产业链条，发展精、深加工，促进南果梨产业向多元化、精品化迈进，深入推行南果梨产业在挖掘中保护、在利用中传承、在传承中发展的良性循环，加速实现"农业强、农村美、农民富"的中国梦。

金山嘴渔村

渔村

山阳镇渔业村，是上海沿海成陆最早、保存最为完整的渔业村落，地处杭州湾畔，紧邻城市沙滩，与金山三岛遥相呼应。这里曾是金山地区渔民聚居地，海洋历史文化悠久，现有旅游产业具有相当规模，被盛赞为上海最古老的渔村，也是最后一个"活着"的渔村。

与上海其他渔村不同，金山嘴渔业村是最纯粹的渔村，祖祖辈辈靠海吃海，渔村除了有固定的海域可捕鱼之外，没有可种的土地。村里0.4平方千米的土地，没有一分农田，都是密密麻麻挤挤挨挨的住宅区。村里尚存18艘渔船，从事跟渔业有关的销售、捕捞等还有300人左右。

2011年开始，渔村进行了改造。修缮后的渔村保留了当地渔民原始的居住建筑特色，对于老渔村的房屋屋顶、墙面、门窗和沿街路面采用修旧如旧的办法，保留了明清建筑风格特色的青砖黑瓦马头墙，以及杉木材料门窗，并铺设了青石板路面，还原老街渔村的古韵。随着旅游业的发展，老街沿街店铺日益兴盛，鳞次栉比的业态给古老的渔村带来了新的活力。

金山嘴海鲜一条街，因其浓郁的海洋文化特色，在20世纪90年代享誉沪上。站在海鲜一条街上，面对浩瀚的大海，遥望金山三岛，看浪涛起伏，海风拂面，心旷神怡；待海潮涨起，渔船驶来，海鱼、白虾、梭子蟹等，让人望海鲜兴叹。坐进饭店，餐桌上一盆盆海鲜佳肴，尝之别具风味。在海鲜一条街品海鲜、赏海景，令人心醉，使人流连忘返。

经过几年的村庄改造和打造，渔业村近年来获得了许多的殊荣。这个中国最美休闲乡村，以其独特的魅力，吸引着热爱大海、热爱自然的人们。

金山嘴渔村清澈运石河

渔闲书吧

渔舟唱晚

你我的"世外桃源"

江阴朝阳山庄

2011年7月初周忠教授在朝阳山庄接待国际园艺学会主席安东尼奥·门特罗教授（右）和国际园艺学会景观与都市园艺委员会主席哥特·格鲁宁教授

朝阳山庄办公区

茶庄

竹海怡院

江阴朝阳山庄，创建于2008年6月，坐落在江阴东、定山山麓朝阳村殷家湾内，是一座集餐饮、休闲、娱乐、种养殖为一体的生态农庄，是人们暂离尘世喧嚣，尽享世外恬静的旅游度假胜地，堪称江阴人自己的"世外桃源"！

农庄建筑群设计匠心独运：东南亚风格的木墙竹瓦配以藤椅篾桌，与定山原生态的秀丽风光相得益彰，不着商业痕迹，仿佛浑然天成。

驻足朝阳山庄，您便可在清雅浪漫的云海竹澜中，坐享名师烹调的农家美味，细品"把酒东篱下"的山间闲适，漫谈"柴门临水稻花香"的田园纯净……

朝阳山庄是江苏省四星级乡村旅游点，无锡市五星级旅游单位，现有餐饮部、客房部、休闲区、娱乐区、种养殖场等区域。餐饮部拥有20多个大小包厢和一个大型宴会厅，其中大型宴会厅能容纳350多人就餐，是亲友聚会、喜庆宴饮的绝佳地；客房部拥有单人间、标准间和豪华套间，是您与亲友周末小憩或是长假小住的宜居之地；休闲区设立了足浴中心、茶馆，泡一回热水脚，把一盏清茗，便能为您驱散忙碌了一天的疲倦；娱乐区设立了垂钓区、棋牌室、网球场、KTV室内练歌房和露天派对场，垂钓静心，棋牌怡情，而高歌一曲则更能宣泄您身心的不畅快……

种养殖场种植了桃子、梨子、葡萄、猕猴桃等水果，这些水果可供庄内餐饮，也可供嘉宾采摘购买；此外，农庄还种植了一些菌菇和应时的绿色蔬菜，养殖了鸡、鸭、鹅等禽类以及青鱼、昂刺等鱼类，这些纯天然绿色农产品都直接供应农庄内餐饮部，来宾们可放心享用纯天然、无污染的农家菜肴。

江阴朝阳山庄全体员工在此诚邀天下嘉宾光临农庄，我们将一如既往地秉承"宾客至上、服务第一"的宗旨，以"及时周到、真诚礼貌"的服务，恭候您的到来。

朝阳山庄月季花园

发展休闲观光农业 促进美好乡村建设

——安徽省霍山县农业委员会

霍山有机茶生产基地

霍山美好乡村——永康桥村池塘一景

大别山庄度假村

霍山石斛生态园

霍山县位于安徽西部、大别山腹地、淮河一级支流淠河上游，县域面积2 043平方千米，辖16个乡镇、1个省级经济开发区，总人口37万人，是一个集山区、库区、革命老区为一体的国家级生态县、全国农产品加工业示范基地、国家农业产业化示范基地、国家级出口茶叶和水产品质量安全示范区、全国休闲农业与乡村旅游示范县。

近年来，霍山县农业委员会根据当地实际情况，将主要精力用于生态观光农业建设，把培育休闲农业与乡村旅游作为统筹城乡发展、加快农业农村结构战略性调整、建设美好乡村的重要手段，做好"农业生态观光旅游"这篇大文章，以毛竹、茶叶、百合、畜禽、渔业、油茶、蚕桑、中药材、高山蔬菜、板栗等农业支柱产业为突破口和主攻方向，推进生态观光农业的产业化、标准化和品牌化。截止到2014年年底，全县已建有毛竹、石斛、茶叶、百合等各类生态示范基地140多处，生态农业基地达8万多公顷，农民人均纯收入超9 000元。

霍山县农业委员会将"走进霍山，回归自然，体验农村生产生活"作为休闲农业与乡村旅游发展的主题，倡导休闲农业与乡村旅游的"绿色消费"，逐步形成了以"农家乐、现代观光农业、休闲渔业、特色农业"为主要特色的乡村旅游，建成了景区、县城郊区及旅游道路沿线的休闲农业与乡村旅游点245家，其中休闲渔业55家。并拥有霍山石斛、霍山黄芽、天麻、漫水河百合、葛粉、高山蔬菜、茶油、霍山赤芝、竹笋、山核桃、鳗鱼、娃娃鱼、水库有机鱼和特色小吃、根雕工艺、野岭饮料、红灯笼泡椒、霍山玉石等众多的特色产品。

2014年，全县旅游接待量369万人次，旅游总收入23.1亿元，其中，休闲农业与乡村旅游接待242万人次，收入12.7亿元，占全县旅游总收入的55%；休闲农业与乡村旅游从业人员19 960人，其中农民参与19 000人，休闲农业与乡村旅游成为全县旅游业的一个亮点。认识农业、体验农趣、陶冶情操、休闲娱乐，也为当地群众带来可观的收入，促进了种植业、养殖业、农副产品加工业、服务业、交通运输业等农业经济产业的发展，促进了当地乡村居民综合素质的提高，增强了生态环境的自我保护意识，促进了美好乡村建设。

全国休闲农业与乡村旅游示范县
中华人民共和国农业部
国家旅游局
二〇一四年十二月

安徽省霍山县
国家生态县
中华人民共和国环境保护部
二〇一一年七月

六安茶谷霍山黄芽开茶节
中共霍山县委 霍山县人民政府 主办
2015·4·26

福建安溪铁观音茶文化系统

铁观音发源地

樱花茶园

安溪，地处闽南金三角泉州、厦门、漳州中间结合部，面积3 057.28平方千米，辖24个乡镇、466个村(居)，人口115万。这里交通通信十分发达，厦门至安溪的高速路全程68千米，在安溪境内有四个落地互通口；莆永高速在安溪境内有五个落地互通口；沈海高速复线、泉三高速连接线穿过安溪县，在安溪境内有五个落地互通口；漳泉铁路贯穿安溪全境，形成四通八达的公路网络。

茶叶推动了安溪经济发展，也带来了生态立县的契机。安溪每年投入上千万元，对全县百526以上的茶山实施高强度绿化，每年退茶还林66.7公顷以上。在全省率先启动实施石材行业整体退出，淘汰落后产能的立窑水泥厂，禁止化工、漂染、电镀等污染企业出现。

近年来，安溪的茶庄园、农家乐、观光体验等休闲农业有所发展，并涌现了一批示范典型，正在成为带动休闲农业提挡升级、集群发展的重要力量。

截止到2013年，全县主要休闲农业观光点有19个。安溪县龙涓乡被福建省农业厅认定为"2013年度省级休闲农业示范乡镇"。安溪县中小学生社会实践基地、安溪中闽魏氏生态茶业有限公司、安溪尤俊农耕文化园等3个休闲农业点被泉州市政府授予"泉州市休闲农业示范点"称号。

"安溪铁观音茶文化系统"成功申报中国重要农业文化遗产，增创了休闲农业品牌，填补了农业文化遗产品牌的空白。继安溪铁观音取得地理标志品牌之后，又取得了重要农业文化遗产品牌。2014年6月12日"福建安溪铁观音茶文化系统"被农业部确定为第二批中国重要农业文化遗产。安溪铁观音申遗成功，对研究安溪铁观音物种历史起源、发展、保护和宣传安溪铁观音物种、种植和加工技术，带动遗产地农民就业增收，丰富安溪铁观音历史文化意义重

大。申遗成功能有效保护安溪铁观音主要物种的原产地和相关技术创造地；同时又能使安溪铁观音的发源、培育、种植、制作技艺以及独特的茶文化特征得到有效保护。

安溪茶叶起源于唐末，兴于明清。在明末清初发明创制了乌龙茶，清雍正年间发现名茶铁观音，并在东南亚形成了初具规模的茶叶销售网络，近300年来安溪茶叶发展铸就了"安溪铁观音与茶文化"的标签。2012年，全县茶园面积4万公顷，茶叶总产量6.7万吨，涉茶总产值101亿元，涉茶人员90多万人，占安溪县总人口的80%以上，茶叶收入占农民人均纯收入的56%。茶业对安溪而言，是支柱，是民生，是特色，是引擎。

安溪铁观音茶文化系统的核心区位于福建省泉州市安溪县西坪镇，包括松岩、尧山、尧阳、上尧、南阳5个村。该区海拔500～800米，年平均气温16～18℃，年降雨量1 800毫米左右，春末夏初，雨热同步；秋冬两季，光湿互补，十分适宜茶树生长，在唐末就有茶树栽培，是安溪铁观音的发源地。

安溪铁观音茶文化系统，是以传统铁观音品种选育、种植栽培、植保管理、采制工艺和茶文化为核心的农业生产系统，以及该系统在生产过程中孕育的生物多样性，发挥的生态系统功能，呈现的人文和自然景观特征。

安溪铁观音茶文化系统的茶园管理体系，蕴含了深刻的生态学哲理，发挥了生物多样性、水土保持和营养物质循环等重要生态功能。

安溪铁观音茶文化系统，具有独特而悠久的茶文化历史，带有浓厚的闽南生活气息和艺术情调，追求清雅，向往和谐，正如茶字的写法"人在草木间"，在人与茶的互动中，传递着"纯、雅、礼、和"的茶道精神。

茶乡美如画

木栈道

江西崇义客家梯田系统

　　崇义客家梯田位于江西省崇义县上堡乡，坐落在海拔2 061.3米的赣南第一高峰齐云山山脉范围内。总面积达2 000公顷，梯田最高海拔1 260米，最低280米，垂直落差近千米，最高达62梯层，且大多数为只能种一二行禾的"带子丘"和"青蛙一跳三块田"的碎田块。与广西龙胜梯田、云南元阳梯田并列为中国三大梯田，是"中国三大梯田奇观之'秀丽天梯'"，被上海大世界基尼斯认证为"最大的客家梯田"；2013年上堡客家梯田荣获"中国美丽田园"称号。

　　梯田始建于元朝，完工于清初，距今已有800多年的历史。关于梯田的记载，最早见于明代理学家、明都御史王守仁撰写的《立崇义县治疏》，从广东迁入的客家先民来到这荒山野岭，为了维持生计，便依山建房，开山凿田。明代徐光启的《农政全书》对此也有提及。在长期耕作过程中，客家人逐渐摸索出不同其他农区的文化习俗，处处渗透出梯田文化的精神，成为客家农耕文明的一道奇观。其中最具代表性的是"舞春牛"，在客家人的心目中，千百年来和他们一道辛勤耕耘这片土地的牛就是神。"舞春牛"先后被列入江西省市级、省级非物质文化遗产保护项目。其他诸如田埂文化、猎酒文化、饮食文化、农耕谚语等，也都体现了客家人热情好客、勤劳朴实，以及重义轻利的纯朴品性。

　　随着经济社会的发展，年轻一代的客家人对传统农业生产技术掌握甚少，传统农耕技术面临失传的境遇；传统种植模式很难与现代化农业展开竞争，当地村民改变作物种植品种，由种植传统农作物变为种植经济作物，这一现象将威胁梯田的种植面积及生物景观。这些因素都将导致梯田被破坏、被抛弃。近年来，崇义县加大了客家梯田的保护力度，通过制定保护规划，恢复生物多样性，传承传统农耕文化，以及发展乡村旅游产业，让这一具有重要价值的农业文化遗产重新绽放光芒。

河南省遂平县友利实业有限公司

　　嵖岈山温泉小镇位于美丽的嵖岈山下、距遂平县城25千米；占地15平方千米，总投资100亿元人民币，由河南友利实业公司投资兴建。

　　嵖岈山温泉小镇是国家级水土保持科技示范园、全国中小学生教育基地、全国农业科技示范园、全国农业龙头企业、河南省"十二五"规划重点旅游示范项目，河南省十大旅游集聚区之一。

　　项目充分考虑现有的资源布局，利用自然条件及天然景观，使旅游区景观源于自然、利用自然、融入自然，功能设施布局符合人们的行为规律。在遵循自然生态格局的基本前提下，嵖岈山温泉小镇以优美自然的嵖岈山风光为特色，以温泉养生为主题，以生态美食为亮点，以健康养生为诉求，以美丽愉悦的生活方式为宗旨，按国家级旅游度假区标准建造，是观光旅游和休闲度假游的完美结合，堪称中原温泉度假旅游的典范。

　　嵖岈山温泉小镇是一个以温泉生态旅游为主，融商务会议、酒店、旅游观光、休闲度假、康体疗养、多种拓展运动（如攀岩、溜索等）等为一体的综合性旅游度假区；以四季花卉为主题的生态观光花卉园林有66.7公顷向日葵园、80公顷薰衣草园、59.3公顷郁金香园、33.3公顷梅花园、20公顷温棚四季花卉园、72公顷葡萄园、406.7公顷红枫林等7个观赏游览区。致力于打造以山地休闲度假为特色的中国中原地区最强旅游集聚区。

水土保持教育基地

嵖岈山风光

嵖岈山风光

隆回县休闲农业

隆回县位于湖南省中部稍偏西南，辖26个乡镇，总面积2 866平方千米，其中耕地面积3万多公顷，总人口116万，属典型的人口大县和农业大县，是国家扶贫开发工作重点县，比较执行西部大开发优惠政策县和湘西地区开发项目县。

县域内农业产业独特，有强优质稻、中药材、蔬菜、畜牧、林竹、烤烟六大支柱产业，总产值达22亿元，其中以金银花为主的中药材总面积达1万多公顷，优质稻面积4万多公顷，烤烟、三辣种植面积6 666.7公顷。旅游资源丰富，有国家级风景名胜区一个——虎形山—花瑶风景名胜区，全国重点文物保护单位一个——魏源故居，国家级非物质文化遗产三项——呜哇山歌、花瑶挑花、滩头年画。人文景观丰厚，涌现出了近代思想家魏源、两广总督魏午庄、辛亥革命先驱谭人凤、中共早期领导人彭述之、毛泽东的国文老师袁吉六和书法教师孙俍工等名人志士。休闲农业发展迅速，全县共有休闲农业企业45家，庄园面积1 330多公顷，规模休闲农业企业26家，1 000万元以上的休闲农业企业8家，省级五星级休闲农庄4家，全县农家乐发展到350多家。2010年接待游客400多万人次，总产值达18亿元，其中休闲旅游业5.2亿元，金银花等特色农业产业12.8亿元，年创利税2亿元以上，转移农村富余劳动力3万余人就业，建立农产品生产基地1.5万公顷，休闲农业与乡村旅游业已成为隆回的支柱产业。乐欢天休闲农庄、九龙休闲城分别被评为2007年、2008年湖南省最受欢迎的十佳休闲农庄；隆回县2008年被评为湖南省休闲农业先进县，2010年被农业部、国家旅游局批准为全国休闲农业与乡村旅游示范县。

下阶段隆回县休闲农业发展的总体思路是：充分利用好国家休闲农业与乡村旅游示范县的有关优惠政策和项目支持，坚持以资源为基础，以市场为导向，以质量效益为中心，坚持政府主导，市场运作，全社会参与，突出民族特色和产业特色，着力进行休闲农庄与示范园区开发，扩大产业规模，完善产业体系，加快休闲农业与乡村旅游资源优势向经济优势转化，使休闲农业增长方式逐步由数量规模转化为质量效益型，实现经济效益、社会效益和环境效益的同步增长，把休闲农业建设为全县国民经济重要的增长点和支柱产业。

中国重要农业文化遗产
湖南新晃侗藏红米种植系统

一、新晃侗藏红米种植系统概要

新晃侗藏红米种植系统是新晃侗乡数千年来农耕文明的历史传承，其稻种更是珍贵的、难得的物种资源，凭着独特的人文地理环境，在杂交水稻发祥地湖南怀化的新晃侗乡得以保存下来有着重要意义。侗藏红米不仅是侗家人的食粮，更是侗家人崇尚自然的精神支柱，被侗家人视为神米，与巫傩文化、祭祀文化、生育文化、歌舞文化、节庆文化等侗民俗文化有着密切的联系。新晃侗乡山上封山育林，山下引水灌溉，林稻相间，相辅相成。系统实行水旱轮作，既丰富了农作物的种植结构，又改善了土壤的营养成分。系统与养鱼养鸭有机结合，无形中建立了一套良性循环的农业生态体系。

二、新晃侗藏红米种植系统的历史和价值

新晃侗藏红米种植系统有8 000年的历史传承。价值在于现代农业推广技术影响越来越大的今天，保留丰富的稻种资源不仅对我国稻类遗传资源、稻作生产、品种改良、稻作科学研究及生态安全有着积极的作用，也是解决人类未来粮食安全的物质保证。侗藏红米除含有丰富的硒、铁、锌、钙、镁等微量元素、丰富的植物性蛋白质及植物性脂肪外，还富含多种维生素和18种人体必需的氨基酸，综合营养价值远胜过泰国香米，对丰富人们的饮食结构有着巨大作用。

三、侗藏红米种植系统的保护。

当前，由于存在认识不足、政策缺失、农村劳动力锐减等问题，加之受现代城镇化与工业化的冲击及优质杂交水稻的全面推广，化肥、农药等现代农业技术的大量使用等因素，侗藏红米种植系统的传承与发展面临了很大挑战。好在近年来当地政府相继出台了一系列保护措施，建立核心保护区对侗藏红米种植系统作了重点保护，让种植保护区农民充分受益的同时，使系统得到进一步的传承、保护、开发和利用。

湖南新晃侗藏红米专业合作社
地址：湖南省新晃县人民路52号
电话：0745-6225228
邮箱：851652398@qq.com
联系人：姚经理

薅秧锣鼓

种植区

稻田禾花鱼

侗族傩戏

红米粑

龙胜县休闲农业与乡村旅游发展情况

  龙胜各族自治县位于广西东北部，全县总人口17.2万人，主要有苗、瑶、侗、壮、汉五个民族，少数民族人口占总人口的81%，总面积2538平方公里，辖5镇5乡119个行政村，是一个"九山半水半分田"的山区县，地属中亚热带季风气候，年平均气温18℃。

  龙胜县休闲农业与乡村旅游资源非常丰富，有堪称"天下一绝"的龙脊梯田，有称为"华南第一泉"的龙胜温泉，有"大自然博物馆"的花坪国家原始森林自然保护区、彭祖坪自然保护区、西江坪原始森林保护区，有被誉为"中国南方的呼伦贝尔"的龙胜南山牧场，有丰富多彩民族风情和美丽古寨村落，特色农业优势显著。

  龙胜县先后荣获"全国休闲农业与乡村旅游示范县"、"全国文明县城"、"中国文化旅游大县"、"中国生态旅游大县"、"广西十佳休闲旅游目的地"、"广西优秀旅游县"等称号；龙脊景区和龙胜温泉景区荣获国家AAAA级景区，正在创建AAAAA级景区；龙脊风景名胜区和大唐湾景苑获"全国农业旅游示范点"；龙脊村入选"全国特色旅游名镇（村）示范点"；金竹壮寨、大寨瑶寨获"全国景观经典村落"称号；里茶牌坊获"生态农家乐乐示范村"；金车寨、里排壮寨获"广西壮族自治区农业旅游示范点"。

  龙胜县已成力国家级旅游景区，是大桂林旅游圈内的旅游大县之一。近年来，充分发挥本地资源优势，打造了一系列民族特色鲜明，集田园风光、山水欣赏、文化体验为一体的休闲农业与乡村旅游观光点105个，有农家餐馆600家，农家旅馆200家，床位8000张，休闲农业与乡村旅游直接从业人员8000人，间接从业人员3.5万余人。2014年全县共接待游客273.5万人次，旅游业年总收入30.3亿元，全县农民人均纯收入5996元，其中全县农民人均从休闲农业与乡村旅游获得收入2642元。

乡村旅游

打糯米巴

梯田春色

苗族跳香节

梯田交响曲

百家宴

火把节之夜

瑶族红衣节

龙脊梯田之耕耕

龙脊梯田，休闲旅游好去处

　　龙脊梯田地处广西壮族自治区桂林市龙胜各族自治县境内，距桂林市75千米，距县城21千米，321国道经过景区大门，交通十分便利，属国家AAAA级景区、全国农业旅游示范点、中国重要农业文化遗产。

　　龙脊梯田始建于元朝，成形于明朝，完工于清初，距今近700年历史，占地面积70平方千米，分为平安壮寨梯田、龙脊梯田和金坑红瑶梯田三个部分。因建于山脉如龙的背脊之上而称为"龙脊梯田"，梯田主要分布在海拔300~1 100米之间，坡度在26度~35度之间，梯田从山脚一直盘绕到山顶，如链似带，潇洒流畅，规模磅礴，气势恢宏，堪称"天下一绝"。梯田四季风景如画，美不胜收，每到阳春三月，梯田里有金灿灿的油菜花在风中摇曳，香袭人醉；初夏时节，水满田畴，银粼波光，如串串银链山间挂；七月盛夏，稼禾吐翠，似排排绿浪从天泻；十月金秋，稻穗沉甸，像座座金塔顶玉宇；腊月隆冬，银装素裹，如环环白玉砌云端，可谓春戏黄花争艳，夏看银粼波光，秋观金黄稻浪，冬赏银龙交汇，龙脊梯田一年四季各有神韵，是休闲旅游的最佳去处。

龙脊梯田之春

龙脊梯田之夏

龙脊梯田之秋

龙脊梯田之冬

龙脊梯田之春

凤冈县休闲农业

茶海之心——飞凤饮云海

凤冈县位于贵州东北部，是遵义的东大门，县域面积1 885.09平方千米，辖13镇1乡86个村（社区），总人口43.3万人。2014年，实现地区生产总值49.52亿元，财政总收入为5.49亿元，50万元以上固定资产投资50.07亿元，城镇居民人均可支配收入20 402元，农村居民人均可支配收入7 725元。先后获得中国富锌富硒有机茶之乡、中国生态旅游百强县、全国商品粮基地县、全国造林绿化百佳县、中国有机食品生产示范基地、中国名茶之乡、全国农业综合开发县、全国无公害生猪养殖示范县、全国农村能源建设先进县、全国生态建设示范县等称号，凤冈锌硒茶进入贵州三大名茶，先后荣获国家级金奖42项。

凤冈属中亚热带湿润季风气候，平均海拔720米，年均气温15.2℃，森林覆盖率达63%，冬无严寒，夏无酷暑，土壤肥沃，富含锌硒。主要农作物有茶叶、水稻、玉米、油菜、烤烟、辣椒等；按照"黔东北区域性中心城市"定位和"山入城、水入境、绿入心、人入梦"的山水田园宜居城市特色，县委、县政府倾力打造"中国茶海"，做大做强"茶旅一体化"精品旅游。加快玛瑙山、黔羽枝、中华山、长碛古寨、万佛山、河闪渡、九道拐生态旅游资源保护和开发力度，努力打造以"春采茶、夏观荷、秋览桂、冬游林"为主体的农业生态旅游，把凤冈建成"重庆—遵义—梵净山—张家界"旅游线上的目的地和"黔北养生天堂"。

凤冈有距今约4.5亿年的地球上最早的陆生植物化石——黔雨枝，有西南地区保存最完好的玛瑙山"古军事洞堡"，有集道学、佛学、易学、文化为一体的"太极洞"和世界最大汉书"凤"字摩崖，有茶乡飘逸的中国西部茶海之心景区、碧波荡漾的九道拐十里长河、神秘的万佛峡谷以及民间傩戏、花戏等旅游资源和自然景观。近年来，凤冈依托良好的自然资源条件和生态环境基础，紧紧围绕"产业生态化、生态产业化"产业发展思路，统筹规划、整合资源，大力推进生态农业、茶旅一体、四在农家等现代农业和农村基础设施建设，有效促进了休闲农业与乡村旅游的协调发展。

2014年2月，凤冈申报的"遵义市—凤冈县太极生态养生园—益池园—玛瑙山旅游景区—玉龙山堡景区—茶海之心景区"休闲农业养生游线路，被评为2014年全国休闲农业与乡村旅游十大精品线路。2014年12月，凤冈县荣获全国休闲农业与乡村旅游示范县称号。

茶海之心——田坝茶区神仙石

益池园——象鼻山

茶海之心——锌硒茶园风光

益池园——水上客渡

玉龙山堡景区——沃土美溪

玉龙山堡景区——金盘玉带

玛瑙山景区——春韵

新疆哈密市哈密瓜栽培与贡瓜文化系统

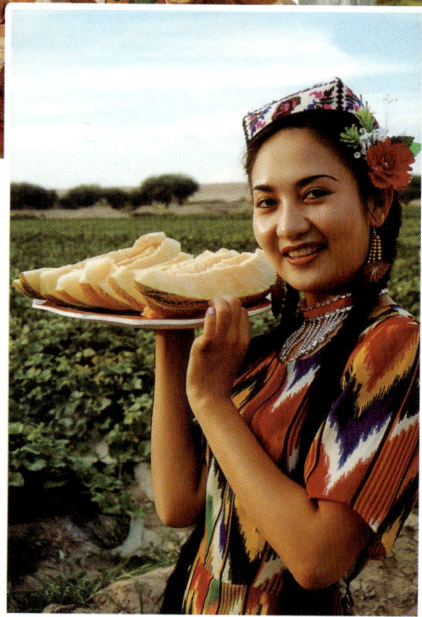

新疆哈密位于新疆最东端，是新疆的东大门，自古就是丝绸之路上的重镇，素有"西域襟喉""中华拱卫""新疆门户"之称，是入疆后第一块丰饶的绿洲，是茫茫戈壁中的一块璀璨宝石，有着悠久的历史和灿烂的文化。

新疆哈密是哈密瓜的故乡，以盛产哈密瓜闻名于世，瓜以地命名，地以瓜闻名。哈密瓜是在哈密特定的气候条件和自然环境中孕育出来的名优产品，在哈密已有2000多年的栽培历史。

哈密瓜栽培历史悠久，品种繁多，仅地方品种资源就有124个，其中栽培较广的有40多个品种。主要种植区域集中在哈密市花园乡、南湖乡、回城乡等地，这里曾是哈密回王贡瓜种植地，第13代贡瓜传人尼亚孜·哈斯木老人依然在这里运用传统方式种植着哈密传统的哈密瓜品种，希望传统哈密瓜能够得到传承。

哈密加格达瓜是哈密回王的进贡之瓜，它只产在哈密。康熙三十七年（1698），清廷理藩院郎中布尔塞来哈密编设旗队，哈密一世回王额贝都拉多次以清脆香甜、风味独特的哈密甜瓜招待他。次年冬，哈密回王额贝都拉奉旨入京觐见，便精心挑选了100个哈密甜瓜送给了康熙皇帝，康熙皇帝恣情啖食，大快朵颐，品尝完后，赞不绝口，以地赐名"哈密瓜"。

康熙皇帝赐名后，哈密回王年年都将哈密瓜作为贡品贡至朝廷，"贡瓜年年渡卢沟"成为定例。为保证贡瓜风味品质，哈密回王划出了专门的贡瓜种植基地，指派专人种植，在品种选择、施肥浇水、栽种管理、收获贮运等方方面面都作了更加精心的安排，努力保证贡瓜的独特品质。

为了保护和传承传统哈密瓜栽培与贡瓜文化系统，哈密市制定出台了相关的保护规划、管理办法和地方标准，修葺了哈密王府，打造了全国唯一的哈密瓜主题公园——哈密瓜园。自1993年开始至今已连续举办十届"中国·哈密'甜蜜之旅'"哈密瓜节，除了赛瓜、品瓜、赏瓜传统活动，还有哈密瓜雕刻大赛、哈密瓜宴、瓜节书画展、奇石玉石展等全面展现哈密浓郁民俗文化的多项活动，哈密瓜节成为推介、贸易、合作、发展的一个平台。

现在，"哈密瓜"已成为世界品牌，这是中国农业文化，特别是新疆农业文化面向世界的名片。

哈密瓜是上天赐给哈密这块绿洲的瑰宝，伴随着丝绸之路的绵延，哈密瓜把它的香甜上传天子，下至天下，在新"丝绸之路经济带"上，哈密瓜作为弥足珍贵的文化遗产仍在为世界增添一抹绿色，为生活增添一缕瓜香。

玛纳斯县休闲农业

　　玛纳斯县地处天山北麓中心地带，准噶尔盆地南缘，东距首府乌鲁木齐市135千米，西距石河子市15千米，全县总面积1.1万平方千米，总人口14.14万人。玛纳斯县水土光热及矿产资源丰富，盛产棉花、酿酒葡萄、加工番茄、制种玉米等特色农产品，是中国"中国优质棉花之乡""中国优质酿酒葡萄之乡""中国优质加工番茄之乡"。玛纳斯县历史文化悠久，素有"金版玉底"之美称，已成功创建国家湿地公园、国家森林公园、中国碧玉之都、国际葡萄酒庄等四张旅游名片，境内拥有黑梁湾山庄、火烧洼山庄、凤凰山、侏罗纪山脉、玛纳斯国家湿地公园、凤凰湖、国家森林公园、中信国安葡萄酒庄等精品景区。进入21世纪以来，玛纳斯县依托优越的区位优势和人文资源，利用农村田园景观、自然生态及环境资源，结合农林渔牧生产、农业经营活动、农村文化及农家生活，积极发展以观光、体验、休闲等服务为主要内容的休闲农业，通过"吃农家饭、住农家屋、赏农家景、享农家乐"，增进游客对农业与农村生活的了解。目前，休闲农业与乡村旅游已发展成为助推我县区域经济发展，加快社会主义新农村建设，促进农牧民增收的朝阳产业。

　　玛纳斯县休闲农业始于20世纪90年代。近20年来，玛纳斯县依托独特的自然山水、田园风光、人文景观，重点发展以垂钓休闲、旅游观光、果品采摘、餐饮、观赏、娱乐、赏农家风景、体验农家生活为一体的"农家乐"多功能特色休闲旅游业产业，并形成了一批特色鲜明、规模较大、成效突出，深受疆内外游客喜爱的休闲农业和乡村旅游示范点。为使全县广大农牧民在旅游业发展中得到实惠，玛纳斯县积极引导有条件，有区位、环境优势的农牧民开办农家乐、牧家乐旅游，并延伸冬季服务项目，其中：山区哈萨克族农家乐推出了以住毡房、品熏马肉、酥油、奶茶等百年哈萨克民族特色饮食为主导的山区休闲旅游，平原农家乐则推出了以住农家屋、睡农家炕、吃农家菜等农家生活体验游为主导的旅游项目。

　　目前，以黑梁湾山庄、火烧洼山庄、什阳度假村、绿苑度假村、沐润园度假村、湿地公园度假村、车路沟山庄、闽玛情牧家乐、一乔一家度假村等20家规模较大的农家乐旅游，正体现着玛纳斯县休闲农业与乡村旅游的特色，休闲农业和旅游产业已成为玛纳斯县繁荣农村经济、增加农民收入的又一助推器。据统计，截止到2014年，玛纳斯县已发展休闲农家乐、牧家乐124家，其中星级休闲农业（农家乐）20家，月均接待游客8万余人次，农家乐旅游产业经营收入年均达到8 944余万元，从业人数超过2 500人。

葡萄示范园

千亩棉花高产示范田

千亩加工番茄高产示范田

五山镇堰河乡村旅游景区获评"AAA级景区"，堰河村被表彰为全国文明村镇创建工作先进村、湖北省旅游名村。

璀璨的绿色明珠

　　谷城县地处鄂西北，隶属于湖北省襄阳市，全县版图面积2 553平方千米，总人口59.3万人。县域幅员辽阔，山、水、林、茶、农特色资源突出，森林覆盖率达到70%以上，有"绿色生态之乡""避暑度假天堂"之称。现已成为集国家级卫生县城、全国绿化百佳县、全国文化先进县、湖北省旅游强县于一体的新兴旅游城市，2013年12月被农业部、国家旅游局评为"全国休闲农业与乡村旅游示范县"。近年来，谷城县充分发挥县域农旅资源优势，把发展休闲农业与乡村旅游，作为促进农业经济发展和美丽乡村建设的强力引擎来抓，形成了新的产业支柱和经济增长点。2014年，全县休闲农业与乡村旅游景区年接待游客130万人次，实现综合收入2.36亿元，带动农民增收5 000万元，以五山堰河茶乡乡村旅游为代表的休闲农业和乡村旅游在全省乃至全国创出了名气，获评国家AAA级景区，获得全省旅游名村称号。

茶叶富民——茶叶产业成为谷城名片，荣获"中国名茶之乡""中国特色产茶县"称号。美丽的茶乡环境，每年吸引数以万计的游客流连忘返。

以新农村、美丽乡村建设为载体，突出青山绿水、田园风光和特色产业，打造乡村旅游景区（图为苗木花卉特色产业村——石花镇小坦山新社区建设）。

每年一度举办"鄂西北茶王赛暨农村生态旅游节"，提升休闲农业与乡村旅游知名度。

蓝调庄园

　　蓝调庄园创建于2008年，占地80公顷。园区在发展过程中紧抓历史机遇，充分发挥自身优势，确立了"以农业生产为基础，以休闲体验为特色，以市场需求为重点，以喜庆文化创意为核心竞争力"的发展思路，由传统农业提升到都市型现代农业发展，拓展了农业功能，促进了农业调整，形成了具有蓝调特色的都市休闲农业发展模式，经过几年的发展，初步形成了以薰衣草园观光，农业采摘，特色餐饮，主题客房，薰衣草温泉，蓝调喜庆文化创意园（包含婚纱摄影，婚礼策划，婚庆婚宴等），青少年科普实践基地等多种业态。

　　2014年蓝调庄园投资建设了国内最大、能同时举办21场婚礼的蓝调国际婚礼中心，推出了以婚纱摄影，婚礼策划，婚庆婚宴的一站式婚礼服务，为新人做到省时，省心，省钱，让新人享受婚礼筹备"无忧模式"。同时为新人提供薰衣草草坪婚礼、空中花园婚礼、教堂婚礼、直升机婚礼等各种特色婚礼。2013年经过层层甄选，蓝调庄园成为北京市政府和朝阳区政府会议定点单位。蓝调庄园也在积极承担区域生态环境建设，解决地方就业，增加当地税收等社会责任。

序

休闲农业是拓展农业的观光休闲、文化传承、科技普及等功能，围绕农业生产过程、农民劳动生活和农村风情风貌，通过创意、创新、创造让人们品味农业情调、享受田园生活、体验农耕文化，带动农村一、二、三产业联动发展的新型农业产业形态和新型消费业态。虽然发展时间不长，但在各级政府和农业部门的大力推动和市场需求的强力拉动下，全国休闲农业取得了长足发展，成为农民参与度高、产业关联性强、行业覆盖面广的民生产业，呈现出"发展加快、布局优化、质量提升、领域拓展"的良好发展态势，为农业提质增效、农民就业增收、农村繁荣发展和经济社会持续稳定发展做出了重要贡献。据不完全统计，截止到2014年年底，纳入监测的休闲农业经营主体个数接近27万家，年接待人数超过16亿人次，营业收入超过3 700亿元，带动530万户农户受益。各地的发展实践，进一步彰显了休闲农业促进增收的经济功能、带动就业的社会功能、保护利用传承农耕文明的文化功能、美化乡村环境的生态功能等，促使大量的农区变"景区"、田园变"公园"、农产品变商品，让闲置的土地流动起来，让闲暇的时间充实起来，让富余的劳动力活跃起来，日益成为富裕农民、提升农业、美化乡村的战略性新兴产业。

为记录、展示和宣传我国休闲农业发展情况，农业部农产品加工局（乡镇企业局）在各省级休闲农业管理部门和有关单位的支持下，编辑出版了《2015年中国休闲农业年鉴》。该年鉴客观地记录了"十二五"期间我国休闲农业的发展历程和国家政策的演变过程，重点收录了2014年全国休闲农业的重大政策、重要文件、重要讲话、重要工作和各地休闲农业发展概况，首次整理汇总了2014年全国休闲农业的发展数据，并有选择性地收录了部分地方休闲农业发展的典型。该年鉴的编辑出版，对于各地借鉴发展经验，转变发展理念，创新发展模式，丰富发展内涵，提高发展质量，加快推动本地休闲农业提档升级具有重要的作用。

发展休闲农业是建设现代农业的重要内容，是带动农民就业增收的重要渠道，是建设美丽乡村和推进城乡一体化发展的重要途径。随着城乡居民收入水平的提高、休闲方式的转变和闲暇时间的增多，我国悠久的农耕文明、浓郁的乡村文化、多彩的民俗风情、优美的田园风光、恬淡的生活环境必将成为休闲消费的主要阵地，休闲农业发展必将迎来市场拉动、政策推动、创意驱动、科技带动的发展战略机遇。希望各级休闲农业管理部门和各休闲农业经营主体认清形势，在全面把握本地资源条件、充分发挥自身优势的前提下，努力推进我国休闲农业持续健康发展，为农业强起来、农民富起来、农村美起来，全面建成小康社会，实现中华民族伟大复兴的中国梦做出新的更大的贡献。

农业部副部长

2015年8月27日

目　录

国外发展概况及动向

中国重要农业文化遗产

全国休闲农业与乡村旅游示范县、示范点

中国最美休闲乡村

中国美丽田园

全国休闲农业与乡村旅游星级企业（园区）

领导讲话

法律法规与规范性文件

2014 年大事记

附　　录

2014 年休闲农业经营主体统计

索　引

发 展 综 述

全国休闲农业概况

中国重要农业文化遗产发掘工作

休闲农业示范创建活动

全国休闲农业创意精品推介活动

中国美丽田园推介活动

中国最美休闲乡村推荐活动

全国休闲农业概况

【基本情况】 休闲农业是我国近年来兴起的新型消费业态和重要民生产业。它的发展为农业增值增效、农民创业增收、农村繁荣稳定和经济社会持续发展做出了积极贡献。2014年，顺应城乡居民休闲消费快速增长的需求，各级休闲农业管理部门因势而谋，应势而动，顺势而为，通过加强部门合作、完善扶持政策、规范行业管理、加强公共服务、培育知名品牌等工作，齐心协力，迎难而上，开拓创新，扎实工作，有力地推动了休闲农业持续健康发展。

截止到2014年年底，纳入各省休闲农业监测的经营主体个数近27万家，年接待人数超过16亿人次，营业收入超过3 700亿元，带动530万户农民受益。农业部提出了因地制宜、科学规划、合理布局、多元发展等要求。各地根据自身情况，在农家乐、民俗村、休闲农园、休闲农庄等形式基础上，不断创新发展类型，不断拓展休闲农业的经济、社会、文化和生态等功能。农业部和各地通过规范管理，不断引导休闲农业向集群分布、集约经营转变，形成的产业区、产业带更加突出休闲体验和文化展示，更加注重功能衔接和特色互补。

【农业文化遗产发掘工作】 成立了由27位专家组成的中国重要农业文化遗产专家委员会，认定天津滨海崔庄古冬枣园等20个传统农业系统为第二批中国重要农业文化遗产，并指导各遗产地按标准设立遗产标志和展示厅，制定保护规划和管理办法。对第三批认定工作发文进行部署。举行农业部中国重要农业文化遗产专家委员会成立大会和第二批农业文化遗产发布活动，出版了《中国重要农业文化遗产》画册，提升了农业文化遗产影响力，努力实现文化、生态、社会和经济效益的统一。

【休闲农业品牌培育工作】 为树立休闲农业品牌，结合"建设美丽中国"的要求，2014年3月初在贵州举行了中国美丽田园和中国最美休闲乡村发布活动。发布了10个2013年中国最美休闲乡村和108个2013年中国美丽田园，这使得游客数量大增，农民收入较快增长，演绎着"一种作物两种收获、不待收获就有收益"的精彩。10月初，发布了100个2014年中国最美休闲乡村和140个2014年中国美丽田园。12月底，与国家旅游局共同认定了37个全国休闲农业与乡村旅游示范县、100个示范点。

【全国休闲农业创意精品推介活动】 为提高农业领域的创意与设计水平，促进农业领域产品和服务创新，带动农民就业增收，推进农业与文化、科技、生态、旅游的融合，根据《国务院关于推进文化创意和设计服务与相关产业融合发展的若干意见》（国发〔2014〕10号）要求，2014年3月在北京举办了第二届全国休闲农业创意精品推介活动。推介的3 000余件产品、包装、活动和景观创意作品，销售额超过3 000万元，投资签约额超过8亿元，达到了展示创意成果、借鉴创意理念、推动产业发展、丰富休闲农业内涵的目的。

【基础性工作】 审定了《休闲农业术语、符号规范》《农家乐设施与服务规范》两项标准。完成了休闲农业发展战略研究，研究制订了《农业部关于进一步促进休闲农业持续健康发展的通知》，组织召开了全国休闲农业经验交流会，部署了今后一段时期的工作。编写出版了《休闲农业实战营销》培训教材，全年培训休闲农业行业管理和从业人员400人次。指导社会事业中心做好休闲农业星级示范创建工作和中国休闲农业网改版升级。

【宣传推介工作】 在重大活动开展、全年工作思路明确后，及时通过简报、网络、报纸、电视、微信五个途径进行宣传。在《农民日报》开设"休闲农业周刊",共刊登了 6 期。指导各地做好推介活动策划,提升产业影响力。撰写了《保护农业文化遗产、传承中华农耕文明》《发展休闲农业、促进农业增收》两篇稿件,并在《农民日报》发表。

休闲农业是符合经济、自然和社会发展规律、适应市场需求、蕴藏巨大潜力的强农产业和富民产业,是利国利民、一举多效、牵动全局的朝阳产业和新兴产业。它的发展与国家正在实施的现代农业建设、生态文明战略、城乡一体化发展、美丽中国建设等高度契合。其发展正呈现出产业规模日趋壮大、产业类型丰富多样、发展方式逐步转变、品牌建设推进的特点。

中国重要农业文化遗产发掘工作

我国农耕文化源远流长,是中华文明之根基。中华民族在长期的生息发展中,凭借着独特而多样的自然条件和勤劳与智慧,创造了种类繁多、特色明显、经济与生态价值高度统一的传统农业生产系统,不仅推动了农业的发展,保障了百姓的生计,促进了社会的进步,而且由此演生和创造了悠久灿烂的中华文明,是中华民族应该认真加以保护和传承的农业文化遗产。但由于缺乏系统有效的保护,在经济快速发展、城镇化加快推进和现代技术应用的过程中,一些重要农业文化遗产正面临着被破坏、被遗忘、被抛弃的危险。

为加强对我国重要农业文化遗产的挖掘、保护、传承和利用,农业部对国内的农业文化遗产保护情况进行了广泛调研和认真研究,组织制订了《中国重要农业文化遗产认定标准》,并于 2012 年开始,在全国部署开展中国重要农业文化遗产发掘工作。按照在"发掘中保护、在利用中传承"的思路,通过发掘农业文化遗产的历史价值、文化和社会功能,向社会公众宣传展示其中的精髓以及蕴含的优秀哲学思想,探索传承的途径、方法,逐步形成中国重要农业文化遗产动态保护机制,努力实现文化、生态、社会和经济效益的统一。

2014 年 3 月 25 日,农业部为进一步推动中国重要农业文化遗产发掘工作,强化农业文化遗产申报与管理的技术支撑,提高遗产保护工作的科学性、专业性和规范性,成立了第一届农业部中国重要农业文化遗产专家委员会,任期五年。李文华院士任主任委员,任继周院士、刘旭院士、朱有勇院士、骆世明研究员、曹幸穗研究员、闵庆文研究员任副主任委员,闵庆文研究员兼任专家委员会秘书长。

按照《农业部办公厅关于继续开展中国重要农业文化遗产发掘工作的通知》(农办企〔2013〕22 号)要求,以《中国重要农业文化遗产认定标准》为依据,本着优中选优的原则,农业部组织中国重要农业文化遗产专家委员会成员,对 19 个省、自治区和直辖市报送的 42 份文化遗产申报资料进行了评审。2014 年 6 月 12 日,农业部认定天津滨海崔庄古冬枣园等 20 个传统农业系统为第二批中国重要农业文化遗产,并举行了发布活动,取得了良好社会反响,为中国重要农业文化遗产的保护营造了良好的舆论氛围。

开展中国重要农业文化遗产发掘工作,是农业系统贯彻落实中央有关精神,促进优秀传统文化传承体系建设的重要举措。挖掘、保护、传承和利用中国重要农业文化遗产,对于弘扬中华农业文化,增强国民对民族文化的认同感、自豪感,促进农业可持续发展和农民就业增收具有重要意义。

全国休闲农业与乡村旅游示范创建活动

休闲农业与乡村旅游作为一种新型产业形态和新型消费业态,在服务居民、发展农业、繁荣农村、富裕农民、保护生态、传承文化、拉动内需等方面具有不可替代的地位和作用，与国家的发展战略密切关联、高度契合。

为加快休闲农业和乡村旅游的发展，转变农业发展方式、带动农民就业增收、推进美丽乡村建设、拉动国内消费升级，2010 年农业部、国家旅游局联合印发了《农业部 国家旅游局关于开展全国休闲农业与乡村旅游示范县和全国休闲农业示范点创建活动的意见》（农企发〔2010〕2 号，以下简称《创建通知》）。

示范创建活动以推动第一、二、三产业融合、促进生产、生活、生态协调发展、开发农业多种功能、挖掘农业传统文化为目标，以促进农民就业增收和满足城乡居民休闲消费为核心，以规范提升休闲农业与乡村旅游发展为重点，以示范创建与示范带动相结合、政府引导与社会参与相结合、系统开发与突出特色相结合、设施改造与素质提升相结合为基本原则，创新机制，规范管理，强化服务，培育品牌，探索休闲农业与乡村旅游发展规律，理清发展思路，明确发展目标，创新体制机制，完善标准体系，优化发展环境，推动我国休闲农业与乡村旅游持续健康发展。

《创建通知》下发以来，各地高度重视，积极创建，培育了一批生态环境优、产业优势大、发展势头好、示范带动强的全国休闲农业与乡村旅游示范县和一批发展产业化、经营特色化、管理规范化、产品品牌化、服务标准化的示范点，并取得了良好的社会效益和经济效益。

2014 年，农业部和国家旅游局继续开展了全国休闲农业与乡村旅游示范县、示范点创建活动。通过基层单位申报、地方主管部门审核，共收到 34 个省（自治区、直辖市、计划单列市）报送的示范县申报材料 61 个、示范点申报材料 160 个。农业部和国家旅游局经过专家评审和网上公示，认定北京市平谷区等 37 个县（市、区）为全国休闲农业与乡村旅游示范县（以下简称示范县），北京市通州区第五季富饶生态农业园等 100 个点为全国休闲农业与乡村旅游示范点（以下简称示范点），并通过开展宣传推介、人才培训等工作，有效地推动了示范县、示范点相关产业的不断发展壮大，实现了典型引路、以点带面的工作目标，为农业强起来、农村美起来、农民富起来做出了应有的贡献。

全国休闲农业创意精品推介活动

近年来，各地在实践中不断创新休闲农业产品，形成了一批充满艺术创造力、想象力和感染力的创意精品。为扩大创意产品的影响力、培育创意理念、推动创意产业发展，2012 年农业部组织开展了休闲农业创意精品区域推介活动，挖掘了一批在群众中叫得响、传得开、留得住的创意精品，得到了社会各界的好评，取得了良好的社会效益和经济效益，有力地推动了休闲农业创意产业的发展。

根据《国务院关于推进文化创意和设计服务与相关产业融合发展的若干意见》的要求，为进一步提升休闲农业的文化软实力和持续吸引力，提高农业领域的创意与设计水平，促进农业领域产品和服务创新，带动农民就业增收，催生新兴消费业态，推进农业与文化、科技、生态、旅游的融合，2015 年农业部以"创意提升农业、休闲改变生活"为主题，以"展示成果、研讨理论、推进产业"为目标，在北京市昌平区草莓博览园举办了第二届全国休闲农业创意精品推介活动。该活动吸引了全国 29 个省（自治区、直辖市）的 3 000 余项创意作品参展。根据《农业部办公厅关于开展全国休闲农业创意精品推介活动的通知》（农办企〔2013〕30 号）要求，全国休闲农业创意精品推介活动组委会对各省（自治区、直辖市）推选的休闲农业创意作品进行了严格评审，共评出单位组织奖 18 个，特别贡献奖 2 个，包括产品、包装、活动、景观在内的四项单项奖共 481 项，其中金奖 107 项、银奖 161 项、优秀奖 213 项。

活动期间，近 100 万网民在线浏览专题网站，近 10 万城乡居民现场观摩。多个旅游品制作公司与创意设计单位洽谈合作事宜，创意集市销售额已超 3 000 万元，投资签约额超过 8 亿元，促进了工商资本与创作主体的对接，推动了创意产品、创意理念、创意文化等精品的产业化。部分参展企业在活动过程中收到了电话咨询、贸易订单和投资合作意向，许多创意精品在展示期间被抢购一空。

活动通过网络展示和现场推介等方式，充分展示了我国休闲农业的创意成果，有力地推动了农业领域创意产业发展，营造了休闲农业创意产业发展的氛围，拓宽了农民就业增收的渠道，达到了展示休闲农业创意成果、相互借鉴创意理念、推动创意产业发展、丰富休闲农业发展内涵、提高农业综合效益的目的。

中国美丽田园推介活动

我国农业生产的多样性、不同地域的独特性和乡土文化的多重性交相辉映，形成了众多农耕特色与自然山水、乡村风貌融为一体的农事景观。作为中国美丽乡村的重要内容和美丽中国的重要组成，这些农事景观已日渐成为休闲农业和乡村旅游的重要载体，成为城乡居民体验耕作乐趣、缅怀田园生活、品味农业情调的重要场所，成为提高农业综合效益、带动农民增收的重要途径。

为深入贯彻中共十八大关于"建设美丽中国"的决策部署，丰富休闲农业发展类型，培育一批美丽田园品牌，更好地满足城乡居民休闲消费需求，激发各地发现和建设美丽田园的积极性，探索提高农业综合效益和美丽乡村建设的新模式，2014 年农业部围绕

"培育知名品牌、丰富发展类型、提高农业效益"的目标，组织开展了中国美丽田园推介活动。

通过地方推荐和专家评审，农业部认定北京市密云县蔡家洼玫瑰花景观等 140 项环境优美、场面宏大、景色迷人、特色明显、公众喜爱的农事景观为 2014 年中国美丽田园。同时，通过开展集中展示、宣传推介等工作，进一步提高了美丽田园所在地农业的综合效益和知名度。

以农事景观为依托的美丽田园，既保持了农业的生产功能，又拓展了农业的观光功能，得到了社会公众的广泛关注，正成为休闲农业发展的新亮点，建设美丽乡村的新途径，农民就业增收的新引擎，市民休闲消费的新时尚。

中国最美休闲乡村推介活动

近年来，各地按照中共十八大提出的"大力推进生态文明、努力建设美丽中国"重大决策部署，采取多种措施加快美丽乡村建设，涌现出许多以农耕文明为根基、以传统民居为景观、以民俗文化为依托、以美丽田园为特色、以休闲农业为主导，产业优势突出、功能特色明显、示范带动性强、品牌知名度高的休闲乡村。为深入贯彻落实中共十八大和中央 1 号文件精神，总结各地建设美丽乡村的经验模式，在全国培育一批最美休闲乡村品牌，农业部于 2014 年组织开展了中国最美休闲乡村推介活动。

中国最美休闲乡村推介活动以科学发展观为指导，以推进生态文明、建设美丽乡村为目标，以实现人与自然和谐发展为核心，以传承农耕文明、展示民俗文化、保护传统民居、建设美丽田园、发展休闲农业为重点，按照"政府指导、目标引导、农民主体、多方参与"的思路，坚持品牌培育与示范带动相结合、政府引导与社会参与相结合、保护

传承与系统推进相结合的基本原则，加强组织领导，完善政策措施，加大公共服务，强化宣传推介，总结最美休闲乡村建设规律，理清发展思路，明确发展目标，创新体制机制，优化发展环境，培育一批生态环境优、产业优势大、发展势头好、示范带动性强的最美休闲乡村，推动我国休闲农业持续健康发展，促进我国农业强起来、农村美起来、农民富起来。

中国最美休闲乡村推介活动以行政村为主体单位，认定类型涉及历史古村、特色民居村、特色民俗村、现代新村等四个方面。参加推介的村均是以农业为基础、农民为主体、乡村为单元，依托悠久的村落建筑、独特的民居风貌、厚重的农耕文明、浓郁的乡村文化、多彩的民俗风情、良好的生态资源，因地制宜发展休闲农业，确保功能特色突出、文化内涵丰富、品牌知名度高、具有很强的示范辐射和推广作用。

中国最美休闲乡村推介活动得到各级休闲农业管理部门的积极响应，共收到35个省（自治区、直辖市）上报的197个村的推介材料。经过专家评审和网上公示等程序，农业部认定北京市密云县干峪沟村等100个产业功能多元、村容景致独特、精神风貌良好的村为2014年中国最美休闲乡村。其中，历史古村21个、特色民居村29个、特色民俗村22个、现代新村28个。对认定的中国最美休闲乡村，农业部通过报纸专版表彰、官方网站常年宣传、媒体采访等方式向社会积极宣传推介这些天蓝、地绿、水净，安居、乐业、增收的最美休闲乡村，充分发挥中国最美休闲乡村的示范带动作用，取得了良好的社会反响，有力地推动了我国休闲农业持续健康发展，为我国农业强起来、农村美起来、农民富起来做出了贡献。

各 地 概 況

北京市

天津市

河北省

山西省

内蒙古自治区

辽宁省

吉林省

黑龙江省

上海市

江苏省

安徽省

福建省

江西省

山东省

河南省

湖北省

湖南省

广东省

广西壮族自治区

海南省

四川省

贵州省

云南省

陕西省

甘肃省

青海省

宁夏回族自治区

新疆维吾尔自治区

大连市

宁波市

北京市

【基本情况】 据统计，2014 年，北京郊区观光园实现总收入 24.9 亿元，同比下降 8.9%，接待 1 911.2 万人次，同比下降 1.7%；全市民俗旅游实现总收入 11.2 亿元，同比增长 10.4%，接待 1 914.2 万人次，同比增长 6%。

1. 观光园。从数据看，北京休闲农业与乡村旅游的发展进入到一个转型期。尤其是中央八项规定出台之后，各类果品、服务的政府采购和公务消费急剧减少，过去郊区很多农业园区过分依赖公务消费市场，已经不可持续，由此造成观光园的收入大幅下降。例如，北京市传统的果品生产大区昌平区，2014 年全区观光园总收入 3.7 亿元，同比下降 27.1%，接待人次为 181 万人次，同比下降 4%。

但是，也有部分园区转型迅速，及时推出新举措，增添新亮点，开辟新市场，取得了良好的成效。例如，密云县巨各庄镇 2014 年三季度末有观光园 14 个，比上年同期增加 7 个，累计接待游客 53.3 万人次，是上年同期的近两倍；实现收入 1.5 亿元，同比增加 1 113.2 万元，占全县观光收入增长额近 70%。分析其中的原因，主要有两点：一是镇域内的蔡家洼观光园为吸引游客，增添了夜间烧烤、餐饮、游夜景等活动，同时还举办了蔡家洼玫瑰情园相亲会和中秋晚会，拉动全县观光接待人次和总收入分别增长 4.5 个百分点和 2.6 个百分点；二是镇域内大力发展葡萄采摘产业，由于葡萄进入盛果期，迎来大批采摘游客，截止到三季度末累计完成采摘产量 635 吨，实现采摘收入 3 604 万元，比上年同期增长了近一倍。

此外，一些思路敏锐的休闲农业园区，深耕大众消费市场，挖掘儿童消费、家庭消费、老人消费等新兴市场，也取得了不俗的经营绩效。

2. 民俗村。民俗旅游村（户）方面，因为其天然的经济、亲民特色，一直是中低端市场的天下，加上近年来各级主管部门在提档升级方面做了很多工作，取得了丰硕的成果，收入和接待人次实现较大幅度增长。以全国乡村旅游示范县——密云县为例，该县民俗旅游发展态势较为强劲，同比增幅达到 30.7%，对全县休闲农业与乡村旅游总收入增长的贡献率达 70%。该县溪翁庄和古北口两镇，2014 年前三季度累计接待游客 66.8 万人次，完成收入 5 470.2 万元，比上年同期分别增长了 43.2 万人次和 3 630.4 万元，对全县总量增长的贡献率均达到 95% 以上。溪翁庄镇通过加大政府扶持力度，改善旅游环境建设，落实"一村一品"理念，重点打造了荞麦峪的荞麦宴、石马峪的石锅宴、黑山寺的禅味乡村，取得了较好成效。古北口镇通过民俗旅游合作社整体运营的模式，借力于古北水镇的建成营业，严格按照"一个民俗村就是一个乡村酒店"的要求，提高硬件设施和服务质量，使得镇域内的民俗旅游得到较快发展。该镇司马台村 2014 年"十一"黄金周期间，共接待游客 1.15 万人次，实现收入 207 万元，人均消费 180 元。同时也为周边村庄带来发展机遇，游客明显增多，节假日出现"一房难求"的火爆局面。

北京市休闲农业基本情况表

	单位	休闲农业经营主体总计
经营主体个数	个	10 164
从业人数	人	68 581
其中：农民就业人数	人	58 163
带动农户数	户	
接待人次	人次	38 254 189
营业收入	万元	361 697.7
其中：农副产品销售收入	万元	136 870.2
利润总额	万元	
从业人员劳动报酬	元	10 825.3

【品牌建设】 2011 年 12 月，全市京郊旅游发展大会之后，品牌建设工作快速推进，取得了良好的成效。2014 年，休闲农业与乡村旅游各项品牌建设工作继续展开。

1. 全国休闲农业与乡村旅游示范县和示范点创建。2014 年，农业部和国家旅游局继续开展了全国休闲农业与乡村旅游示范县、示范点创建活动。通过自愿申报、地方主管部门审核和专家评审等程序，平谷区被评为全国休闲农业与乡村旅游示范县，通州区第五季富饶生态农业园、延庆县四季花海农园、丰台区王佐镇南宫村被评为全国休闲农业与乡村旅游示范点。

2. 全国休闲农业与乡村旅游企业（园区）星级创建。中国旅游协会休闲农业与乡村旅游分会 2014 年 3 月组织开展了全国休闲农业与乡村旅游星级示范创建行动。经过企业申报、省级牵头部门审核、专家实地验收、评审委员会审定、网上公示等各程序，北京市有 14 家企业（园区）被评为全国星级企业（园区），其中五星级 6 家（南宫世界地热博览园、通州瑞正园农庄、碧海园生态农业观光园、顺义安利隆山庄、丰台世界花卉大观园、第五季生态园）、四星级 4 家（北京国际露营公园、延庆妫州牡丹园、门头沟灵之秀农业园、大兴融青生态园）、三星级 4 家（门头沟天盛湖养鱼场、北京王木营蔬菜种植专业合作社、延庆盆窑村

陶艺园、延庆阳光果园）。

3. 2014 年中国最美休闲乡村和中国美丽田园推介活动。为进一步推进生态文明和美丽中国建设，农业部开展了 2014 年中国最美休闲乡村和中国美丽田园推介活动。经过地方推荐、专家评审和网上公示等程序，北京市密云县干峪沟村（特色民居村）、门头沟区洪水口村（特色民俗村）、平谷区张家台村（特色民俗村）被农业部评为中国最美休闲乡村；海淀区稻香小镇稻田景观、平谷区桃花景观、房山区天开花海葵花景观、密云县蔡家洼玫瑰花景观被农业部评为"2014 年中国美丽田园"。

4. 北京市休闲农业与乡村旅游示范乡镇评选。根据北京市农委、旅游委、水务局、园林绿化局、农业局等五部门《关于开展2014 年北京市休闲农业与乡村旅游示范乡镇创建工作的通知》（京政农函〔2014〕16号），2014 年开展了休闲农业与乡村旅游示范乡镇的创建工作。经基层申报、专家评审、网上公示，市有关部门认定，最终确定海淀区苏家坨镇、房山区张坊镇、昌平区流村镇、大兴区魏善庄镇、怀柔区琉璃庙镇、平谷区刘家店镇这 6 个乡镇为 2014 年北京市休闲农业与乡村旅游示范乡镇。

5. 第一批北京市星级园区（企业）颁牌。2014 年 4 月 22 日，北京市农委、北京观光休闲农业行业协会举行了第一批北京市星级休闲农业园区（企业）颁牌仪式。2012年，北京市农委委托北京观光休闲农业行业协会组织实施的休闲农业星级园评定工作，经过 2013 年开展标准制订、园区申报、区县推荐、专家评审、网上公示等工作，评定出155 个星级休闲农业园区（企业），其中五星级园区 15 家、四星级园区 30 家、三星级园区 84 家、二星级园区 19 家、一星级园区 7 家。

这些星级园区为休闲农业企业树立了标杆。以密云县为例，星级园区发挥了突出作

用。目前，密云县观光园中完成收入超过千万元的有 3 个，分别是张裕爱斐堡、蔡家洼和康顺达，这 3 家企业都是国家级和市级的五星级休闲农业园区，2014 年前三季度共完成观光旅游收入近 1.2 亿元，占同期全县观光旅游总收入的 43.5％。其中蔡家洼观光园拉动全县观光旅游收入增长 2.6 个百分点。

天津市

【基本概况】 2014 年，全市建成全国休闲农业与乡村旅游示范县 2 个，全国特色景观旅游名镇 2 个，全国休闲农业示范点 15 个，新增示范点 2 个；全市认定天津市休闲农业示范园区 5 个，天津市休闲农业示范村（点）120 个。截止到 2014 年年底，全市休闲农业与乡村旅游经营户达到2 510家，其中星级示范户1 428家，直接从业人员超过 5.28 万人，带动农民就业人数超过 26.1 万人，接待游客数量超过1 473万人次，实现直接收入 10.5 亿元，实现农副产品销售及旅游综合收入39.6 亿元，连续 5 年保持年均增幅 30％以上。休闲农业的快速发展已经成为天津市社会主义新农村建设的新亮点，成为天津市农村地区，特别是山区、库区农村经济发展的重要抓手，成为统筹城乡协调发展的重要举措，成为农民增收、农业增效、农村增实力的重要途径。

【主要举措和成效】

1. 明确思路，确定发展重点。坚持以农业和农村为载体，以农业活动为基础，集农业生产、高科技示范、休闲游赏娱乐为一体，使第一、第三产业有机结合，从而促进农业结构不断优化升级和农业增产增效，加快城乡交流，促进休闲农业与乡村旅游的转型升级。

天津市休闲农业基本情况表

	单位	休闲农业经营主体总计
经营主体个数	个	2 510
从业人数	人	52 800
其中：农民就业人数	人	
带动农户数	户	
接待人次	人次	14 730 000
营业收入	万元	105 000
其中：农副产品销售收入	万元	291 000
利润总额	万元	396 000
从业人员劳动报酬	元	

2. 加强城乡基础设施建设，改善休闲农业发展环境。结合文明生态村、美丽乡村创建工作，大力改造提升农村环境、道路、饮水等基础设施。几年来，仅用于修缮道路、兴建水电设施、整修农家庭院等投资就超过10 亿元。加大农村垃圾整治力度、推进银证合作、提升服务品质、创新经营形式，为休闲农业发展创造良好环境。

3. 注重创建培育先进典型，提升休闲农业建设水平。积极开展示范典型培育工作，先后成功创建全国休闲农业示范县 2 个、示范点 13 个、全国特色景观旅游名镇 2 个、中国最有魅力休闲乡村 3 个。组织实施了"百村创建、千户发展、万人参与"的旅游特色村点建设工程，认定市级乡村旅游特色村点200 个，较好地发挥了示范典型的引领带动作用。

4. 加强宣传推介，扩大休闲农业知名度。充分利用现代传媒手段，与电视台、广播电台以及新媒体合作，组织策划各类特色活动，增强人气，扩大休闲农业影响力与知名度，带动全市休闲农业发展。利用平面媒体、电视传媒、网络传播等众多媒介，统一品牌，统一形象，统一包装，进行宣传。

5. 创新发展模式，丰富休闲农业内容功能。根据全市农村地理位置、农业资源实际，形成了不同地域特色的农家乐模式。例如，北部山区山水农家乐，中部平原度假农家乐，滨海海洋农家乐，环城现代农业农家乐，吸引了众多游客，推动了休闲市场的繁荣。

6. 提升人员素质，进一步改善休闲农业服务质量。通过举办多期培训班，对休闲农业管理人员、服务人员、统计人员等进行培训，累计培训2.1万余人，有力地提升了休闲农业服务水平和从业人员素质。

7. 强化制度建设，不断提高休闲农业规范化、标准化程度。制定了《天津市休闲农业发展"十二五"规划》和《天津市休闲农业精品线路规划》，确保全市各类休闲农业有序、快速发展。

8. 出台专项政策，加大资金支持力度。2013年，天津市农委争取财政资金2 000万元，对休闲农业园区和特色村点提升改造进行扶持，对农家乐经营户贷款给予贴息，对休闲农业推介活动项目进行补助，充分发挥财政资金的撬动引导作用，在全市培育一批品牌知名度高、产业影响力大、特色主题鲜明、规划布局科学合理、经营管理规范的休闲农业品牌项目，推动休闲农业快速发展。金融部门设立信用贷款、贴息贷款，用于农家院的提升改造，乡村交通、通信、供水、供电、环境治理、标识引导、安全保障等，规范服务中心、住宿设施、饮食设施、卫生设施、安全设施等建设标准。

9. 强化休闲农业文化和创意活动。一是开发一批休闲农业文化创意产品。充分挖掘乡村传统文化、农耕文化内涵，特别挖掘农村特有的民风民俗、乡村民间艺术，包括年画、皮影、草编、缝绣、根雕、泥塑、石艺、剪纸、小吃制作等非物质文化遗产和具有民俗风情的特色产品，形成体现独特津郊特色的创意农业产品。加快创意农业产品和纪念品开发与销售，扩大绿色有机农产品、土特产品、手工艺品等生产加工，提高产业效益，增强产业活力。二是培育一批创意农业推介活动项目。依托山区、库区、滨海区、设施园区，以及饮食文化、珍稀养殖等特色产业，打造七里海河蟹节、蓟县梨花节、汉沽葡萄节、大港冬枣节等一批创意农业推荐活动，营造休闲农业与创意农业发展的良好氛围，提升人气，扩大休闲农业知名度和影响力。

10. 做好休闲农业京津冀协同发展。加强京津冀休闲农业协作，联合制定京津冀休闲农业合作发展规划，推进旅游资源数据库共享，联合推出"京津冀休闲农业与乡村旅游"精品线路，实现市场、信息、资源、推介一体化，打造京津冀休闲农业一体化发展新格局。

河北省

【基本情况】 河北省休闲农业是在农家乐、乡村旅游发展的基础上，伴随着经济的快速发展和社会内在需求不断增强的形势下而发展起来的。为推动休闲农业规范、有序发展，2013年河北省农业厅出台了《关于加快发展休闲农业指导意见》，2014年编制出台了《河北省休闲农业星级采摘园、星级休闲农业园评定办法》和《河北省星级休闲采摘园、星级休闲农业园评分标准》。推动迁安、围场、迁西、涉县、滦平等11个市（县）编制了《休闲农业与乡村旅游发展规划》。秦皇岛市确立旅游强市发展的机遇总体战略目标，出台了《秦皇岛市发展休闲农业实施意见》。休闲农业的发展对促进河北省产业结构调整和农村剩余劳动力就业，增加农民收入，改善农村生态环境起到了明显的推动作用。

河北省休闲农业基本情况表

	单位	休闲农业经营主体总计
经营主体个数	个	881
从业人数	人	28 326
其中：农民就业人数	人	29 702
带动农户数	户	99 273
接待人次	人次	29 684 000
营业收入	万元	207 966.14
其中：农副产品销售收入	万元	163 347.85
利润总额	万元	
从业人员劳动报酬	元	24 350

【发展现状】

1. 产业规模日趋壮大。近年来全省休闲农业快速发展，休闲农业园区（农庄）发展到 881 个，年营业收入超 500 万元的有 30 多家。据不完全统计，年接待游客人数超过 2 968.4 万人次，年收入超过 44 亿元，农民工人均年收入达到24 350元，带动农民增收超过 22 亿元。邢台市沙河县王垴村入选全国最有魅力乡村，北戴河—集发农业科技园—渔岛景区海滨风情游线路被全国休闲农业协会评为十大精品路线之一，承德市围场县被授予美丽田园称号。河北宣化传统葡萄园、河北宽城传统板栗栽培系统、河北涉县旱作梯田系统入选中国重要农业文化遗产。河北宣化传统葡萄园入选世界重要农业文化遗产。

2. 产业类型丰富多样。形成了休闲农庄、观光采摘园、现代农业科技园、市民农园等形式多样、功能多元、特色各异的发展类型。例如，石家庄、保定、廊坊、唐山、张家口等市都形成了一定规模的农业观光采摘园、休闲生态农庄和现代农业示范园。廊坊、保定、涿州等地的开心小农场也崭露头角，为农产品与都市家庭直接对接提供了一种新的模式。

3. 产业发展方式逐步转变。从农民自发发展向各级政府规划引导转变，经营规模已从零星分布、分散经营向集群分布、集约经营转变，功能定位已从单一功能向休闲教育体验等多产业一体化经营转变，经营主体已从农户经营为主向农民合作经济组织和社会工商资本投资经营发展转变。

4. 品牌建设不断推进。围绕高、特、优、新、奇，打造休闲农业园区、农事节庆知名品牌。随着农业部举办的全国休闲农业与乡村旅游系列活动影响越来越大，以及全国休闲农业与乡村旅游星级示范企业，培育了如秦皇岛集发现代农业园和渔岛、唐山迁西县喜峰口板栗专业合作社、廊坊永清县绿野仙庄、邢台前南峪旅游公司等一大批知名品牌。

【主要工作及成效】

1. 休闲农业与乡村旅游示范县和示范点创建。一是积极参加农业部休闲农业与乡村旅游示范县、示范点创建工作。河北省农业厅领导高度重视，与省旅游局共同研究河北省参加创建活动有关事项，并联合发文，对参加创建活动提出明确要求。全省各市县主管部门积极行动，休闲农业企业参与积极性高。经过几年来的不断努力，截止到 2014 年，全省共计创建全国休闲农业与乡村旅游示范县 7 个、示范点 16 个。二是开展了河北省休闲农业与乡村旅游示范县和示范点创建活动。河北省农业厅和省旅游局决定开展河北省休闲农业与乡村旅游示范县、示范点创建工作，并联合印发了《关于开展河北省休闲农业与乡村旅游示范县和示范点创建工作的通知》(冀农保发〔2014〕5号)。通过开展"示范创建活动"工作,极大地调动了各市县发展休闲农业工作的积极性,全省涌现了一大批新的休闲农业与乡村旅游目的地。

2. 休闲农业与乡村旅游星级创建行动。一是开展了全国休闲农业与乡村旅游星级创建行动。河北省各地积极动员,组织辖区内规模较大、依托"三农"、特色鲜明、诚信经营的休闲农业企业积极参与。经过几年的发展和创建,截止到2014年年底,全省共创建全国休闲农业星级企业69家。二是启动省级休闲农业星级创建活动。根据《关于开展2014年河北省休闲农业星级评定工作的通知》(冀农环〔2014〕28号)的要求,河北省农业生态环境与休闲农业协会于2014年5月组织开展了河北省星级休闲农业园和星级休闲农业采摘园的创建评定工作,评选出31家星级休闲农业园和25家星级休闲农业采摘园,其中五星级14家、四星级25家、三星级17家。三是重要农业文化遗产亮点纷呈。河北省加强组织领导,完善工作措施,认真发掘省内农业文化资源,积极发掘、申报,亮点纷呈。先后成功申报并获批宣化传统葡萄栽培系统、宽城传统板栗栽培系统、涉县王金庄旱作梯田传统种植系统等重要农业文化遗产,其中宣化传统葡萄栽培系统获批世界重要农业文化遗产项目。

3. 休闲农业创意精品。一是积极参加华北和东北地区休闲农业精品大赛。全省各市县农业部门积极参与,广泛发动,共组织了18个县的43家企业、98种(多数为系列)作品参加了此次休闲农业创意精品大赛。获得产品、包装、文化、园区等四方面金奖5项、银奖11项和优秀奖17项,1/3的作品获得了奖牌。二是参加了全国休闲农业与乡村旅游创意精品推介活动暨南京农业嘉年华。河北省组织了30个在北京分赛区获奖的产品企业和20个新遴选的产品参加南京总决赛,共获得产品、包装、园区三个方面

金奖3项、银奖5项、优秀奖10项。三是参加第二届全国休闲农业创意精品推介活动暨北京农业嘉年华活动。河北省组织唐山、保定、石家庄、廊坊和定州这五个市提供参展作品,河北省共获得金奖4项、银奖7项、优秀奖5项,河北省环保站获得优秀单位组织奖。

4. 休闲农业品牌。一是中国最有魅力休闲乡村评选。2013年,河北省邢台市沙河县王垴村被评为中国最有魅力休闲乡村。2014年,河北省辛集市双柳树村、正定县塔元庄村、涉县王金庄一街村、蔚县西古堡村被评为中国最美休闲乡村。二是中国美丽田园评选。河北省顺平县桃花景观、围场县梯田、围场县马铃薯花景观和易县牡丹花景观被评为中国美丽田园。三是十佳农庄、精品线路评选。河北省秦皇岛市北戴河集发农业开发股份有限公司被评为十佳农庄,秦皇岛集发农业观光园——昌黎县渔岛滨海风情休闲游线路被评为十大精品线路。

【发展经验】

1. 党委政府的重视支持是保证。河北省各级党委政府十分重视休闲农业发展,高起点谋划和定位,各级均成立了专项领导小组,激活行业协会,出台支持政策,经济较发达的市县安排了专项资金投入,发挥了财政资金在农业结构调整、促进科技成果转化发展方面的引导作用。

2. 龙头企业的带动与示范效应是基础。河北省在休闲农业发展中积极推动休闲农业与乡村旅游示范点和星级园区的创建工作,制订了相应评定标准,通过创建活动打造了一批有影响的休闲农业知名品牌和节庆活动,引领休闲消费热点,提升产业影响力,有效提高了河北省休闲农业发展水平、经济效益和社会效益。

3. 创新宣传是手段。在河北省发展休闲农业的过程中,虽然基础资源丰富,但是短

板在宣传中，因此借鉴北京与天津两市的宣传手段，通过政府主导、协会组织、企业参与，为河北省休闲农业搭建宣传平台并创建了一系列休闲农业发展的宣传机制，通过深入社区的互动式营销、虚拟社区中的网络营销，以及整合资源型的节庆式营销，提高了河北省休闲农业知名度和市民参与度，拓宽了休闲农业市场客户类型。

4. 发展产业联盟是推手。河北省休闲农业在具有相同或相似经营内容的区域中，加强分工合作，实现互利共赢，避免雷同设计的频繁建设造成资源的浪费，加强产业链的延伸，避免一哄而上。积极搭建平台，加强产业之间的合作，带动相关产业的发展，形成集群效应，从而提高了经济、生态等各方面的效益。

【发展规划】

1. 融合工商资本做活创意休闲农业。随着城市化的进一步发展，城市生活的人们对自然、原生态、农耕文化、亲自采摘等文化需求越来越强烈，对于休闲农业的需求不仅仅单一的局限在采摘和吃农家饭，更多地延伸出对农业生产全过程的体验，甚至包括人们对绿色、有机、生态、创意、养生等农业产品的追求。重磅工商资金的注入，可以通过市场化手段激发休闲农业的活力，利用资本最大化原则，使各经营主体形成自发性的开创新型休闲农业体验方式，实现"生产＋市场"高收益的农业盈利超级模式。

2. 融合三大产业做稳规模休闲农业。河北省休闲农业基础资源与待开发型潜力资源广博，地理位置又紧邻京津两大休闲大市，其基础规模、市场需求、资源禀赋都具有先天优势。在河北省的发展中处于起步阶段，产业融合性是其先天特性，发展休闲农业的前提是做稳农业基础，休闲农业不仅在本身的产业中发展完整的产业链条，在横向发展中也需要与工业和服务业结合，休闲农业与工业和服务业结合得越紧密将发展得越稳定，覆盖面积越广，市场才能趋于固定。在休闲农业的未来发展中应把握优势，融合一、二、三产的综合效益，分工合作的同时达到互惠互利的产业融合目的，实现"一产抓特色、二产抓提升、三产抓拓展"的产业模式。

3. 融合"乡愁文化"做精乡村休闲农业。从辩证的角度来看，休闲农业与乡村旅游的最初发展点是农家乐，农家乐为人们提供对乡村的怀念和体验，随之发展壮大后农家乐发展成一种具有休闲性质的产业，休闲产业的核心特色是"乡愁文化"。所以，没有休闲农业就没有"乡愁文化"，没有"乡愁文化"也就没有休闲农业发展生存的根基。融合"乡愁文化"是精致休闲农业的必要措施，有主题、有目的、有层次地开发和规划休闲农业园区与体验项目，细致到位的文化核心是提升休闲农业园区品质和质量的重要举措，让人不仅能身临其境地品味和体验，更能勾起一种记忆的韵味，同时留下一段记忆和留恋，增加游客对休闲农业的忠诚度，提升休闲农业市场需求与效益。

4. 融合环境保护做美生态休闲农业。就生物与生态环境的角度而言，河北省的特色是广而多样，地形地貌是复杂多样，省内涵盖太行与燕山两大山脉，拥有丰富的水资源，仅承德市单独拥有水资源总量达到37.6亿立方米。2014年5月，河北省提出全力打造环京津森林带与生态涵养区，实施首都新型生态屏障示范工程，推进京津风沙源治理、退耕还林等国家重大生态修复工程。休闲农业作为京津冀一体化中主要的发展产业，利用生态修复机会，全面扩展河北省休闲农业产业的生态可持续发展性，把"生态做成景观，使景观成为生态"。利用生态景观将改造传统休闲农庄，做美、做精、做靓休闲农业产业，重点打造生态涵养区内的休闲农业园区，与京津两地的娱乐和休闲式园区形成差异化发展，抓住京津两大休闲农业主流市场。

山 西 省

【基本情况】 近年来，山西省通过示范引领作用，加快推进全省休闲农业发展。不断强化政策引导，优化全省休闲农业区域布局。强化示范带动，积极创建休闲农业与乡村旅游示范县、示范点。强化品牌效应，不断提高全省休闲农业品牌知名度。休闲农业发展开始全面起步，为发展农村第二、三产业，拓展旅游空间，加快社会主义新农村建设，起到了重要促进作用。

山西省休闲农业基本情况表

	单位	休闲农业经营主体总计
经营主体个数	个	1 122
从业人数	人	114 626
其中：农民就业人数	人	99 538
带动农户数	户	112 531
接待人次	人次	14 716 440
营业收入	万元	254 811
其中：农副产品销售收入	万元	111 607.95
利润总额	万元	33 284
从业人员劳动报酬	元	13 114.8

【发展现状】 山西省休闲农业较全国尤其是北京、上海、江苏等发达省、直辖市起步较晚，但近年来发展势头迅猛。截止到 2013年，全省共有休闲农业旅游点（园区）384家，吸纳农民就业人数 99 538 人，年接待游客 1 471.6 万人次，年营业额 25.5 亿元，累计投入 127.7 亿元，形成了以采摘、垂钓、观赏、游乐、度假、餐饮为一体的休闲农业产业，有国家示范县 4 个、国家级示范点 10个、省级示范县 18 个和省级示范点 72 个。休闲农业的发展对推动全省农业产业结构的优化升级起到了示范带动作用。

【发展特点】

1. 建设主体多样性。建设主体的类型有：资源型企业转产型、个人投资投入和集体（合作社）投入。

2. 发展模式多样性。各地充分利用区域优势，依托山林、平原、滩涂，发展适合本地特色的休闲农业。主要发展模式有：借助当地独特的产业产品优势运行、借助现代农业产业发展休闲农业、借助周边独特的自然景观和旅游景点运行、借助基础较好的农业种养基地改建而成现代休闲农业展示园区、借助独特的农家风情运行。

3. 发展类型多样性。发展类型主要有以下几种形式：参与体验型，现代农业展示、教育、示范型，休闲疗养型，综合观光型。

【主要做法】

1. 加强部门配合。与山西省旅游局加强行业合作，实现优势互补，建立了两部门的定期会商、联系机制和共同决定，今后在示范工程建设、星级休闲企业评定、服务体系建设、政策研究、人员培训等方面积极合作，共同推动全省休闲农业健康发展。

2. 加强规范管理。制定了山西省休闲农业与乡村旅游发展意见。对各市农委，国家级和省级示范点下达了《关于加强指导休闲农业与乡村旅游示范点规范经营的通知》，进一步加强规范管理，约束企业规范经营。

3. 落实政府职能。召开了全省休闲农业发展情况工作会，大会听取了各市汇报，总结了 2014 年的工作并对 2015 年工作进行了部署。参会人员讨论《山西省农业厅关于贯彻落实〈农业部关于加快休闲农业健康发展的通知〉的意见》，并提出具体意见。

4. 开展示范创建与评选。组织申报了2014年中国美丽田园评选、申报了2014年中国最美休闲乡村评选、申报了2014年国家级休闲农业与乡村旅游示范县和示范点，与省旅游局联合组织评选了2014年山西省休闲农业与乡村旅游示范点。

【主要措施】

1. 完善休闲农业与乡村旅游政策体系。对于投资额在1亿元以上、年接待游客5万人次的国家级休闲农业与乡村旅游示范点、省级休闲农业与乡村旅游示范点，经省农业产业化领导组办公室审核认定可按省级农业产业化重点龙头企业对待，项目纳入山西省特色农产品产业支撑项目指导目录基地型项目予以支持。同时，积极协调有关部门，在用水、用电、税费等方面给予优惠政策扶持。

2. 加大政府投入。协调督促现有基本建设和财政资金项目向休闲农业倾斜。果业、蔬菜、环保、畜牧等部门要对休闲农业企业采摘园、养殖园加大扶持，将休闲农业园区建设纳入现代农业园区建设予以扶持。向省政府建议将休闲农业的公共基础设施建设，纳入市县基础设施建设计划予以支持。加快建立休闲农业与乡村旅游发展基金，专项支持休闲农业与乡村旅游的规划制订、基础设施建设、宣传推介和产业促进等工作。

3. 拓宽融资渠道。鼓励民间资本采取独资、合资、合伙等多种形式参与休闲农业及乡村旅游开发和经营。鼓励农户以土地使用权、固定资产、资金、技术、劳动力等多种生产要素投资休闲农业与乡村旅游，以互助联保方式实现小额融资。积极争取金融机构对休闲农业重点项目优先给予贷款支持。鼓励金融机构对信用状况好、资源优势明显的休闲农业与乡村旅游项目适当放宽担保抵押条件，并在贷款利率上给予优惠。贫困地区要积极协调，争取将休闲农业与乡村旅游发展纳入扶贫开发贷款扶持范畴。

4. 加强人才队伍建设。依托职业院校、行业协会和产业基地，分类、分层开展休闲农业与乡村旅游管理和服务人员培训，提高从业人员素质。对休闲农业与乡村旅游管理人员重点开展政策法规、宏观管理、发展理念、农业创意、信贷融资、生产安全、综合服务等知识培训。对一线员工开展专业知识、服务技能和服务礼仪培训，重点培训职业道德、作业内容、操作规程、工作方法、产品知识、安全生产等知识，增强服务意识，提升管理水平。

【存在的主要问题】 山西省一批发展潜力大、带动能力强、品牌优势明显的休闲农业企业迅速壮大，显示出强大的生命力和巨大的发展潜力。但从总体情况来看，休闲农业发展仍存在一系列困难和问题。主要存在整体规模小、发展档次低、与特色优势资源结合不紧密、品牌营销滞后、从业人员素质不高、基础设施较差、跨区域合作不充分等问题，这些困难和问题已经成为制约山西省休闲农业进一步发展的瓶颈。

内蒙古自治区

【基本情况】 2014年以来，内蒙古各地按照中共十八大提出的建设生态文明和美丽中国的目标要求，自治区党委提出的"要把内蒙古建成体现草原文化、独具北疆特色的旅游观光、休闲度假基地"发展思路，以及国务院出台的一系列相关政策意见，通过加强部门合作、完善相关措施、开展示范创建、提高服务水平，引导内蒙古休闲农牧业和乡村牧区旅游加快发展。全区有规模不等的休闲农牧业经营主体2 240家，从业人员53 887人，其中农牧民41 512人，并带动85 514户农牧民受益。

内蒙古自治区休闲农业基本情况表

	单位	休闲农业经营主体总计
经营主体个数	个	2240
从业人数	人	53 887
其中：农民就业人数	人	41 512
带动农户数	户	85 514
接待人次	人次	12 570 165
营业收入	万元	496 886
其中：农副产品销售收入	万元	233 854
利润总额	万元	74 103
从业人员劳动报酬	元	6 500

【发展特点】

1. 经营主体多元，发展方式开始转变。经营主体除了农户、牧户外，农牧民合作组织、社会资本、工商资本开始热衷于投资休闲农牧业领域。各地探索多种发展方式，从农牧民自发开办"农家乐、牧家乐"开始向政府规划引导转变；经营规模也从零星分布、分散经营向规模化、集群和集约经营转变；功能定位也从以餐饮为主的单一功能向休闲、体验、产品加工等多产业一体化经营转变。

2. 发展模式丰富多样，产业聚集度有所提高。各地充分利用农牧业生产条件和资源优势，因地制宜，形成多种发展模式。除开办"农家乐、牧家乐"以外，还开发了以农村特色民俗民族文化和古村落建筑为吸引物的民俗村镇及休闲农牧业聚集村镇，传承乡土文化；还有以农事景观、农耕体验和农业示范园区为特色的休闲观光园、休闲农场和农耕文化博物馆等。形式多样、功能多元、特色各异的经营模式和发展类型，使农牧业的多功能性得到拓展，为建设现代农牧业，促进农牧民创业增收开辟了新途径。

3. 发展内涵不断提升，品牌建设不断推进。各地积极开展创意开发，努力打造休闲农牧业知名品牌。截止到2014年，创建国家级休闲农业和乡村旅游示范县5个、示范点13个，自治区级示范旗县12个、示范点52个。赤峰敖汉旱作农业系统和阿鲁科尔沁草原游牧系统被认定为全国重要农业文化遗产。推介了一批农事创意景观和美丽休闲乡村，认定6个为中国美丽田园，认定3个为中国最美休闲乡村。开展休闲农牧业创意精品推介活动，分获产品创意、景观创意、活动创意3项金奖，另有5项银奖、4项优秀奖。打造出了一批民俗特色鲜明，民族风情浓郁的休闲农牧业产品，既体现出内蒙古传统农牧业的独特魅力，也展现了边疆少数民族地区丰富的文化内涵。

【主要工作】

1. 开展调查研究，全面了解全区休闲农牧业发展情况，初步形成了全区休闲农牧业发展情况调查报告，在调研的基础上起草了《内蒙古自治区关于加快休闲农牧业发展的意见》，计划报请领导批准后，以自治区政府名义下发。

2. 举办休闲农牧业系统管理人员培训班，通过专家授课，实地参观的形式，培训人员70多人，取得较好的效果。

3. 继续开展休闲农业及乡村旅游示范县和示范点的创建活动，新创建国家级示范县1个、示范点3个，创建自治区级示范县4个、示范点16个。

4. 组织推介了一批中国最美休闲乡村、中国美丽田园和休闲农业创意精品，新认定3个中国最美休闲乡村、3个中国美丽田园。完成了休闲农牧业宣传片《醉美内蒙古》的制作工作。

辽宁省

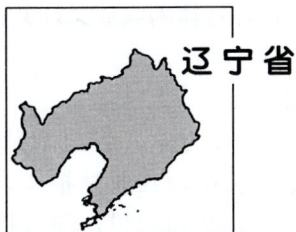

【基本情况】 2014年，辽宁省休闲农业工作是按照"加大培训拓思路，树立品牌扬名企，加大宣传同推进，狠抓项目求发展"的工作思路，引领和推进全省休闲农业企业向前发展。

1. 企业发展的基本情况。据初步统计，2014年全省休闲农业经营主体数9 146家，其中农家乐7 882家、休闲农庄691家、休闲农业园区519家、民俗村150家，从业人员29万人，带动农户31.2万户，年接待游客8 911万人次；年营业收入162.06亿元（其中农副产品销售收入71.9亿元），利润31.09亿元，上缴税金4.7亿元，总资产306.12亿元，经营面积约25.1万公顷。

2. 全省休闲农业项目建设情况。据初步统计，全省新建和改建项目191个，预计投资总额75.9亿元，项目建设完成后，新增就业人数1.5万人，年新增经营收入47亿元。

辽宁省休闲农业基本情况表

	单位	休闲农业经营主体总计
经营主体个数	个	9 146
从业人员数	人	290 000
其中：农民就业人数	人	266 800
带动农户数	户	312 000
接待人次	人次	89 110 000
营业收入	万元	1 620 600
其中：农副产品销售收入	万元	719 000
利润总和	万元	310 900
从业人员劳动报酬	元	13 400

【大事记】

[1] 本溪满族自治县被评为全国休闲农业与乡村旅游示范县。

[2] 鞍山市高新区山水庄园、建平县万寿街道小平房村、辽阳市三禾农业观光园区被评为全国休闲农业与乡村旅游示范点。

[3] 辽宁碧水实业发展有限公司（天桥沟森林公园）被评为全国休闲农业与乡村旅游"十佳"休闲农庄。

[4] 东港市獐岛村、西丰县城子山风景区被评为全国休闲农业与乡村旅游五星级单位。

[5] 海城市三家堡村、凤城市大梨树村、大洼县北窑村被国家评为中国最美休闲乡村。

[6] 沈阳沈北新区紫烟薰衣草景观被国家评为中国最美田园。

[7] 沈阳锡伯族龙地创意农业园—稻草服饰（产品）、辽宁望儿山酒业有限公司—望儿山定制酒（包装）、海城祥鹤艺术工作室—现代剪艺《吉祥鸿运》（产品）、辽宁长白仙子生物科技有限公司—长白仙子野生山核桃油（包装）获得全国休闲农业创意金奖。

吉林省

【基本情况】 吉林省休闲农业从自我发展的起步阶段跃升到稳步提升的发展阶段。全省现有休闲农业旅游企业2 988户，休闲农庄368个，农业观光采摘园285个，农家乐2 335户。直接安置以农民为主的从业人员95 609人，年接待游客2 950多万人次，营业收入达59.8亿元。目前，吉林省集安市、珲春市、临江市、敦化市、抚松县、吉林市丰满区、长春市双阳区被农业部和国家旅游局认定为全国休闲农业与乡村旅游示范县；吉林市神农庄园有限公司等 12 户企业被认定为全国休闲农业与乡村旅游示范点；四平市霍家店村等 6 个村被农业部评为全国最美休闲乡村；经中国旅游协会休闲农业与乡村旅游分会评定，延边华龙集团等 13 户企业为全国休闲农业与乡村旅游五星级企业，吉林市神农庄园有限公司被评为全国十佳休闲农庄。在全国休闲农业创意精品推介活动中，吉林省组织的产品创意、包装创意、活动创意、景观创意四大类 200 余件精品参加北京农业嘉年华，吉林大荒地绿色有机大米、榆树草编包获全国休闲农业创意产品金奖。

根据《吉林省 2013 年最有魅力休闲乡村评选标准》，吉林省农业委员会命名长春市农安县陈家店村等 10 个村为吉林省 2013 年最有魅力休闲乡村。2013 年，全省休闲农业与乡村旅游星级企业 120 户，其中三星级以上企业 89 户。在此基础上，确定了长春—珲春、集安、双辽、镇赉、临江五条具有吉林特色的休闲农业乡村旅游精品路线，为推进全省休闲旅游农业的快速发展奠定坚实的基础。

吉林省休闲农业基本情况表

	单位	休闲农业经营主体总计
经营主体个数	个	2 988
从业个数	人	115 585
其中：农民就业人数	人	95 609
带动农户数	户	56 083
接待人次	人次	29 500 146
营业改入	万元	598 023
其中：农副产品销售改入	万元	36 059
利润总额	万元	147 797
从业人员劳动报酬	元	13 000

【总体思路】 以发展壮大生态型、智慧型、效益型、特色型、开放型、安全型农业为核心，以推进现代农业和小康社会建设为主线，以满足城乡居民休闲消费需求为目的，以规范

健康发展休闲农业为重点。继续深化规划管理，强化公共服务，加大政策扶持，推动内涵提升，推进吉林省休闲农业又好又快发展。

【基本原则】

1. 坚持以农为本、彰显农耕文化的原则。发展休闲农业，农业是根本，文化是灵魂。坚持立足农业和农村，深入挖掘乡村深厚农耕文化和民俗文化资源，推进乡村传统文化产品化、产业化，突出开发具有农业特色、民族特色、地方特色的休闲农业产业，变资源优势、文化优势为经济优势。

2. 坚持因地制宜、保护环境资源的原则。发展休闲农业，结合资源禀赋、人文历史、区位交通、自然生态、民俗文化和产业特色，在城市郊区、景区周边等适宜区域，科学利用农村资源和传统特色产业，因地制宜、突出特色、适度发展。

3. 坚持立足"三农"、突出特色的原则。发展休闲农业，坚持"三农"主体地位，依托特有的自然生态景观、民俗文化、传统特色产业等资源，发展具有地方区域和农耕文化特色的餐饮、娱乐体验、养生休闲、养老服务、农产品和手工艺品传统加工及创意加工等产业，打造农家乐特色品牌。

4. 坚持政府引导、市场运作的原则。强化政府在宏观指导、规范管理等方面的作用，加强统筹协调和引导扶持。发挥市场配置资源的决定性作用，积极引入市场机制，鼓励支持农民和各类经济实体参与休闲农业开发建设，采取多种经营模式，发挥社会资金在休闲农业发展中的重要作用。

5. 坚持创新机制、提升效益的原则。不断创新发展模式和经营机制，完善创新休闲农业企业投融资体制和分配机制，逐步实施现代企业制度，规范经营管理，增加服务项目，提高服务能力，充分调动旅游经营管理者的积极性，推动休闲农业与乡村旅游扩大规模、提升层次、提高效益。

【发展目标】 实施"1551"工程。到 2020 年，创建国家级休闲农业示范县 10 个，打造 5 条具有北方特色休闲农业精品线路，建设最美休闲乡村 50 个，创建三星级以上休闲农业企业 100 户（其中 30％进入全国休闲农业示范点行列）。使吉林省休闲农业步入科学、规范、可持续的发展道路，重点开发建设以下类型的休闲农业企业：

1. 城市依托型。主要是依托大中城市，利用周边农村、田园的自然生态和乡村文化，从吃、住、行、游、购、娱等多方面满足游客休闲旅游的需求。

2. 景区带动型。主要是以重点旅游景区为核心，引导周边乡村农民参与旅游接待和服务，从而形成环景区的乡村游，拉动农副产品、土特产品、旅游产品的开发销售。

3. 农业观光型。主要是以特色农业、高科技农业园区、农业遗产、生产生活场景为主要旅游场所，满足游客学习农业科技知识，体验乡村风貌和乡村生活的需求。

4. 民俗特色型。主要是以民俗村镇的生产活动、生活方式、民情风俗、宗教信仰及各种传统节日为特色，吸引广大游客和观光者前来观光游览、康体娱乐。

5. 农家体验型。主要是以吃农家饭、住农家屋、游农家景、享农家乐为主要内容，集休闲观光旅游、领略乡村风情、体验农耕文化于一体的感受农家娱乐生活。

【政策措施】

1. 科学制订发展规划。各市（县）政府强化规划对休闲农业发展引领和指导的作用，紧紧把握市场需求，结合农村发展实际和区域特点，依托资源禀赋、文化特色和产业基础，因地制宜制订休闲农业发展规划。将休闲农业发展纳入当地经济社会发展总体规划、土地利用总体规划、农业发展规划、环境保护规划、文物保护规划和旅游业发展规划，提高规划的整体性、前瞻性、科学性和可持续性。

2. 加大资金投入。全省有关专项资金，重点扶持休闲农业示范县和示范点、最美休闲乡村、省级休闲农业三星级以上企业、休闲农业创意产品及休闲农业文化遗产挖掘等。主要用于休闲农业企业开发名特优新产品，特别是创名牌产品补助；扶持引导农民自主投资、自我创业、自主创新项目的补助；支持休闲农业与外埠企业进行合资合作和服务体系建设等。

3. 合理解决用地。规模较大的休闲农业企业可在尊重农民意愿的基础上，依法采取与农业集体经济组织合资、联营租赁或土地承包经营权流转等途径解决用地问题。在符合土地利用总体规划和土地整治规划的前提下，支持休闲农业企业开发整理荒山、荒坡、荒滩，提高土地利用率，改善农业生产条件和生态环境，增强农业综合生产能力。

4. 税收优惠政策。休闲农业场所销售自产的初级农产品及初级加工品按照国家规定享受税收优惠政策；企业从事符合税法规定的农、林、牧、渔业项目所得，免征、减征企业所得税；休闲农业企业缴纳城镇土地使用税和房产税确有困难的，可按规定向主管地税机关提出减免申请；对从事农家乐等休闲农业个体工商户和其他个人，月营业额未达到起征点的免征营业税；对其自用的房产、土地免征房产税和城镇土地使用税；在城镇土地使用税征收范围内经营采摘和观光农业的单位和个人，其直接用于采摘和观光的种植、养殖、饲养的土地，免征城镇土地使用税。

5. 加强信贷服务。各级主管部门积极协调金融机构加大对休闲农业的扶持力度，对经营特色明显、带动能力强、运作规范并被评为省级五星级休闲农业企业，比照农业产业化龙头企业信贷政策，列入信贷扶持范围和相应的贷款计划，有关金融机构优先给予信贷支持。建立健全融资担保体系，推行以动产产权、林权、土地经营权和休闲农业景区门票权为基础的抵押、质押等方式，为符合条件的休闲农业企业贷款提供增信。金融机构组织开展企业信用等级评定，根据信用等级，确定一定的授信额度，并给予利率优惠。贫困地区要积极协调，争取将休闲农业发展纳入扶贫开发贷款扶持范畴。

6. 强化从业人员培训。有关部门将休闲农业人才培养工作纳入本部门工作计划，加强休闲农业师资和管理人员培训。重点开展对休闲农业发展带头人、经营户和专业技术人员的培训，提高企业经营管理水平。将休闲农业讲解员、乡村旅游导游员、农家乐接待服务人员的培训纳入职业技能培训体系，并与"阳光工程"培训、新型职业农民科技培训结合起来，按项目补助标准给予经费补助，切实提高从业人员技能。

7. 综合开发农家乐特色资源。各地在依法保护自然生态和文化资源的基础上，重视挖掘乡土特色文化、农耕文化、民族文化和生态文化，不断丰富农家乐文化内涵。立足山区、平原、产业特色以及民俗文化等，重点发展基于乡村民俗的农家乐特色资源，并引导农民经营与农家乐相关的农副产品、休闲食品、手工艺产品、创意产品等，形成"一村一品""一户一特""一品一业"发展格局。因地制宜发展针对特定消费群体的以休闲度假、文化体验等为特色的高端农家乐，不断满足个性化消费需求。

8. 积极开展示范创建。坚持示范引导、以点带面，规范建设一批休闲农业示范县、最美乡村和星级企业。依据全省休闲农业发展规划，充分发挥省乡镇企业发展协会的行业自律、规范引导作用，进一步完善《吉林省休闲农业与乡村旅游企业星级评定办法》，全面拓展农业观光休闲、生态保护、文化传承等功能，进一步推动全省休闲农业产业健康发展，促进农业增效、农民增收和农村小康社会建设。

9. 加强指导，提高服务水平。各级休闲农业行政主管部门切实加强对休闲农业企业的指导服务，强化服务意识，提高服务水平。一是规划指导服务。按照科学规划、有序开发的发展思路指导开发建设，因地制宜分层次制订相关标准，逐步推进管理规范化和服务标准化。二是项目开发指导服务。根据经济社会发展水平和消费需求，确定休闲农业企业规模、档次和水平，开发出各具特色的休闲农业项目，避免重复建设。三是人才培训服务。各级主管部门逐步把从事休闲农业人员培养成具有现代经营理念、善于经营管理、掌握服务技能和营销手段的新型实用人才。

10. 规范经营管理，搞好行业自律。各级休闲农业主管部门和行业协会制订休闲农业行业标准和运行规则，从运行机制、安全生产、环境保护、服务质量等各个方面，加强对休闲农业企业经营行为指导协调、监督管理等工作。鼓励休闲农业企业参加休闲农业发展协会等中介组织，强化休闲农业行业自律，促进休闲农业规范健康发展。

11. 强化组织领导，加强统筹协调。各级政府把加快发展休闲农业作为发展现代农业、推进小康社会建设的一项重要工作纳入议事日程，作为提升农业、致富农民、发展农村的一项重要举措来抓。吉林省农委要加强与省发改、财政、国土、旅游、水利、林业、税务、金融等有关部门的协调与配合，建立联席会议机制，研究解决全省休闲农业发展过程中的重大问题，负责协调和制订关于推进休闲农业发展的相关政策并组织实施，研究部署重大活动和工作措施，总结省内外休闲农业发展的经验和做法，扎实推进全省休闲农业健康发展。

12. 加大宣传力度。休闲农业主管部门、旅游部门等相关部门密切配合，充分利用各自优势，共同加强宣传策划工作，通过推介会、洽谈会、节会等多种形式，加大宣传推介力度，不断扩大吉林省休闲农业的知名度；充分利用"中国魅力乡村网站（休闲农业网站）""吉林农网""吉林农产品加工网"等媒体和信息平台，收集发布信息，促进休闲农业星级企业供需对接。符合政府会议要求的规范化休闲农业星级企业，经公开招标等方式可列入政府采购定点名单。鼓励幼儿园、中小学、高等院校与休闲农业星级企业联合创建教育基地、学生实习培训基地和农事体验基地。

黑龙江省

【基本情况】 黑龙江省生态环境优越，农业资源富集，农耕文化厚重。全省有森林面积 2 000 万公顷，森林覆盖率 45.7％。草原面积 433 万公顷，是全国 10 个拥有大草原的省份之一。天然湿地面积 434 万公顷，是全国最大的湿地分布地。原生态的大森林、大草原、大湿地造就了全国最优的农业生态环境。近些年，依托现代农业建设的迅速发展，休闲农业规模质量也有很大提升，并成为全省农业农村经济发展的一个亮点。截止到 2014 年年末，全省休闲农业与乡村旅游经营主体 2 711 个，休闲农庄 649 个，农家乐 2 062 户，接待人数突破 688.9 万人次，实现营业收入 43.8 亿元，从业人员 2.9 万人，其中安排当地农民就业 2.6 万人，人均收入达到 2.45 万元。

黑龙江省休闲农业基本情况表

	单位	休闲农业经营主体总计
经营主体个数	个	2 711
从业人数	人	29 383
其中：农民就业人数	人	26 379
带动农户数	户	73 706
接待人次	人次	6 888 717
营业收入	万元	438 124.4
其中：农副产品销售收入	万元	66 685.5
利润总额	万元	58 797.4
从业人员劳动报酬	元	24 500

【主要做法】

1. 挖掘资源优势，引导多元投入。一年来，全省农业部门坚持把休闲农业产业开发作为全省绿色食品产业推进的重要补充和延伸，把农业产业资源和休闲资源开发有效结合起来，通过政府政策资金投入、招商引资建设、农民集资创业等方式，推动建设了一大批的休闲农业项目，有力地促进了休闲农业资源的深入开发。例如，2014 年大庆市新建续建的润琦、育棣两个项目投资接近 8 亿元，牡丹江市新建续建 1 000 万元以上的农业庄园、采摘园、生态园有 12 个。这些项目投入大、标准高，建成后将推动全省休闲农业经营登上一个新的台阶。

2. 培育示范典型，打造经营群落。坚持示范带动效应，在农业发展基础好、自然景观与人文景观相对比较集聚的地方，积极培育特色鲜明、充满活力的休闲农业示范城镇和休闲乡村群落。其中，宁安市以渤海镇为中心、以渤海文化为依托、以响水大米为牵动，构建了"一产主导、拉动休闲、产城融合"的模式；宾县以二龙山为中心，以马家屯发展典型带动发展 11 个乡村旅游示范点的模式；虎林市以"走红色路、打绿色牌"为模式，都各具特色，发挥了很好的示范带动作用。其他如海林农场、七星农场、凤凰山林场、亚布力镇、五大连池镇、当壁镇、名山镇、大海林雪乡、北极村等一批特色鲜明、充满活力的休闲农业示范城镇，也都成为具有较高知名度和影响力的旅游名镇。2014 年，黑龙江省又有一县三点进入全国示范县和示范点行列。

3. 推动创意开发，营造产业氛围。按照农业部要求，黑龙江省积极挖掘区位优势、资源禀赋、历史文化和市场需求，推动农业产品、农事景观、环保包装、乡土文化和休闲农场的休闲创意设计，重点是挖掘绿色食品生产优势和龙江农耕文化传承，开发休闲农业新品牌、新产品。各地组织开展的国际养生旅游节、漠河北极光节、"五花山"观赏节、火山旅游节、森林生态旅游节、大庆湿地文化节、国际滑雪节、冰雪节等一系列旅游庆典活动，都较好地推介休闲旅游产品，扩大了全省休闲农业的影响力。

4. 推进三产融合，增强发展后劲。黑龙江不仅把休闲旅游农业作为全省农业经济发展的新型产业来对待，更是作为农业产业链、效益链延伸的重要措施来抓，引导有积极性、有条件的经营主体向休闲农业延伸产业链条，增强经营收入。例如，五常金福粮油有限公司，在发展绿色有机水稻种植加工的同时，建设了稻米文化展示设施和稻田景观，被农业部评为"中国美丽稻田"，成为全国140项农事景观之一。宁安响水地区的很多稻米生产合作社，同时经营稻作文化旅游接待生意，其中上官村这一个村2014年休闲项目创收就达200万元。总的来看，休闲旅游农业不仅带动了餐饮、旅馆等服务业，也带动了当地农村的种养业和加工业发展，进一步优化了农村产业结构，加速了传统农业向现代都市农业转型。

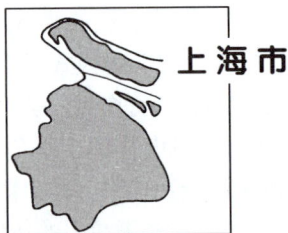

上海市

【基本情况】 2014年，按照农业部工作部署，上海农业旅游依托都市现代农业，积极拓展农业功能，围绕"城市让农业增效、农业为城市服务"的都市现代农业主题，坚持发展与升级并举，努力打造农业旅游升级版，实现都市农业旅游持续稳定健康发展，为农业增效、农民增收做出了积极贡献。2014年，上海已建成各类农业旅游景点249个，

接待游客1 801.39万人次，直接带动各类涉农旅游总收入13.75亿元，其中农副产品销售收入4.8亿元，解决当地农民就业17 226人。2014年十一黄金周，上海各农业旅游景点接待游客123.28万人次，同比增长23.32%，直接带动各类涉农总收入5 799.14万元，同比增长19.66%；解决就业10 787人，其中节日期间新增就业1 719人。

【创意精品推介】 2014年3月15～18日，全国休闲农业创意精品推介活动在北京市昌平区草莓科技园举行。上海市组织18家农业旅游景点、近50件参展作品，参加2014年全国休闲农业创意精品推介活动。经过专家现场察看实物、专题评审，上海展团共荣获组委会颁发的最佳组织奖和18个奖项的创意产品，其中金奖4个、银奖6个、优胜奖8个。

上海市休闲农业基本情况表

	单位	休闲农业经营主体总计
经营主体个数	个	249
从业人数	人	27 755
其中：农民就业人数	人	17 226
带动农户数	户	22 659
接待人次	人次	18 013 900
营业收入	万元	137 500
其中：农副产品销售收入	万元	53 000
利润总额	万元	10 700
从业人员劳动报酬	元	

【示范创建】 2014年，根据农业部工作部署，本市继续开展全国休闲农业与乡村旅游示范县和示范点、中国最美休闲乡村、中国美丽田园、全国十佳休闲农庄等推介活动，共荣获全国休闲农业与乡村旅游示范点3个、中国最美休闲乡村3个、中国美丽田园2个、全国十佳休闲农庄1家。指导开展全国休闲农业与乡村旅游星级示范创建活动，共荣获2014年全国休闲农业与乡村旅游星级示范企业11家，其中五星级2家、四星级6家、三星级3家。

【系列活动】

1. 组织培训。为提升农业旅游管理水平、开拓农业旅游管理思路，2014年5月26～28日，与市旅游局联合主办了2014年上海市休闲农业与乡村旅游管理专题培训班，上海市各区县农委农业旅游管理部门、农业旅游景点负责人共80名学员参加了培训。

2. 农家菜大擂台。为充分挖掘、传承、弘扬本土农家美食文化，进一步提升本市农业旅游景点服务水平，10月16日，以"传承经典品味特色"为宗旨，以"游乡村美景品农家美味"为主题，以推广健康生态的饮食理念为导向的第二届"2014农家菜大擂台"活动在青浦区联怡枇杷乐园举行。

3. 区域联动。为全面展示长三角地区休闲农业与乡村旅游发展成果，搭建跨省市的区域农业旅游景点宣传推广平台，2014年9月19～22日，首届"2014长三角休闲农业与乡村旅游博览会"在上海国际农展中心成功举行。本次博览会以"走进美丽乡村，体验农游乐趣"为主题，推出了旅游护照、旅游达人、研讨会、推介会、民俗文化展示、我喜爱的长三角休闲农业（农家乐）与乡村旅游景点等系列活动，吸引了10多万市民参观，受到广泛赞誉。

4. 节庆活动。指导区县认真办好农业旅游节庆活动，以节促农，农旅结合，推动农副产品销售，提高农民就业增收。全年共举办农业旅游节庆10多个，有力地促进了农民就业增收。

5. 协会活动。借助农业部在北京举办的2014年全国休闲农业创意精品推介活动为契机，协会牵头组织部分区县农委农业旅游主管部门负责人和参展景点企业负责人赴北京市通州、顺义、昌平、密云等地实地考察休闲农业，进一步拓宽思路，开阔视野。组织部分协会会员参加在山东省临沂市兰陵县代村举行的全国休闲农业与美丽乡村建设系列活动；组织部分景点负责人赴我国台湾考察学习，台湾在发展休闲农业过程中的资源保护、产品创意、服务与营销意识等方面的先

进经验，值得借鉴学习。加强调查研究，完成了《上海农业旅游提升发展对策研究》等调研报告，为农业旅游决策提供依据。

江苏省

【基本情况】 据年度统计显示，截止到2014年年底，全省各类休闲观光农业园区景点（包括农家乐）增至5 100个左右，年接待游客量达8 600万人次，综合收入超过265亿元，同比增长15.5%，全省休闲农业从业人员达47.34万人，其中农民41万人。

江苏省休闲农业基本情况表

	单位	休闲农业经营主体总计
经营主体个数	个	5 100
从业人数	人	473 355
其中：农民就业人数	人	410 033
带动农户数	户	623 256
接待人次	人次	86 000 000
营业收入	万元	2 650 000
其中：农副产品销售收入	万元	1 474 000
利润总额	万元	238 700
从业人员劳动报酬	元	34 000

【工作思路】 2014年以来，在农业部和江苏省委、省政府的正确领导下，全省以贯彻落实中共十八大和十八届三中、四中全会精神为指导，坚持科学发展观，围绕建设美丽江苏和率先实现农业现代化目标，以高效设施农业发展、新农村建设、生态文明建设和魅力休闲乡村建设等为重点，强化示范、规范管理、提升内质、培育品牌、扩大宣传，加快推进全省休闲观光农业持续健康发展。

【主要举措和成效】

1. 突出区域优势、强化品牌培育。2014年,江苏省突出苏南地区休闲农业发展优势区域,有重点地培育休闲观光农业品牌。在农业部组织开展的"中国最美休闲乡村"推介活动中,南京市江宁区黄龙岘村、苏州市吴中区三山村和盐城市盐都区杨侍村3个村获此荣誉,至此全省国家级最美休闲乡村数达到6个,位居全国第二;在农业部组织开展的第二届"中国美丽田园"推介活动中,南京市江宁区大塘金村薰衣草园等9个田园景观获得认定,总数居全国第一。两届共培育了16个"中国美丽田园"品牌。

2. 突出示范创建、强化整体推进。在开展"全国休闲农业与乡村旅游示范县、示范点"创建工作中,江苏省强化农业、旅游、财政等多部门合作,共同培育打造国家级示范县和示范点。2014年,泰州市姜堰区和宜兴市成功创建全国休闲农业与乡村旅游示范县,如皋市长江药用植物园、无锡绿缘农业生态园、张家港市长江村和无锡市锡山区山联村4个点成功创建全国休闲农业与乡村旅游示范点。五年来,江苏省共创建了9个示范县和19个示范点,总数居全国第二。在创建全国休闲农业与乡村旅游星级示范企业中,江苏省通过组织培训、规范管理、项目支撑、发掘特色、拓展功能等举措,2014年成功创建了33个全国休闲农业与乡村旅游星级示范企业,数量居全国第一。历年来共创建了59个全国休闲农业与乡村旅游星级企业,总数位居全国第二。省级层面,江苏省突出"江苏最具魅力休闲乡村"的示范创建工作,充分发挥省级休闲观光农业协会作用,成功培育了南京市浦口区联合村等31个第四批江苏最具魅力休闲乡村,提前完成了"十二五"期间创建101个"江苏最具魅力休闲乡村"的目标任务,整体推进了休闲观光农业整村的发展。

3. 突出宣传推介、强化特色创新。一是组织开展第二届全国休闲农业创意精品推介活动,进一步在全省发掘创作了一批休闲农业创意精品,并在北京举办的全国休闲农业创意精品大赛中获得6个金奖和全国优秀组织奖,取得了总奖项数22个居全国第一的优异成绩。二是创新休闲观光农业宣传推介方式,首次联合上海、浙江、安徽、江西等省市在上海举办了首届"2014长三角休闲农业与乡村旅游博览会",创建长三角地区休闲农业与乡村旅游宣传推介品牌,进一步提升江苏省休闲农业在长三角地区的品牌影响力和知名度。三是举办了第十届中国南京农业嘉年华活动,南京市决定从2014年起,农业嘉年华活动现场由城市移师郊区生态园,力争举办一届就留下一个休闲农业精品景区。

4. 突出基础建设、强化政策扶持。近年来,江苏省各级党委、政府高度重视发展休闲观光农业,省市县各级财政均不同程度地在现代农业发展、省级丘陵山区农业综合开发、高效设施农业等项目中立项支持休闲观光农业发展。休闲观光农业项目不仅支持设施园艺生产、规模畜禽养殖和农业产业化经营等产业发展,而且重视休闲观光农业的基础设施和服务配套设施建设,努力提升服务能力和质量。2014年省财政投入5 246万元资金,扶持了106个休闲观光农业项目的基础设施改造、服务设施配套建设和产品提档升级。

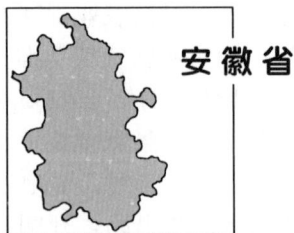

安徽省

【基本情况】

1. 产业规模不断壮大。2014年,安徽省各类休闲农业企业（点）年收入500万元以上的695家，休闲农业年接待人数1.1亿人次，营业收入602.57亿元，分别较上年增长4.4%、30%、78%。

2. 产业类型更加丰富。各地结合当地自然特色、区位优势、文化底蕴、生态环境，先后发展形成了形式多样、功能多元、特色各异的模式和类型。全省已创建全国休闲农业与乡村旅游示范县7个、示范点15个，全国十佳休闲农庄2个（恩龙山庄、大埔乡村世界），中国最美休闲乡村2个（宁国市千秋畲族村、绩溪县仁里村），中国美丽田园9个，五星级休闲农业与乡村旅游示范企业5个、四星级16个、三星级5个。中国休闲农业与乡村旅游精品线路2条；已创建省级休闲农业与乡村旅游示范县29个、示范点81个。

3. 产业功能明显提升。近年来，安徽省休闲农业不断提档升级，实现了由农家乐餐饮、露天采摘等初级阶段向现代农业园区、观光度假、科普示范、休闲养生、民俗文化村、避暑山庄等领域拓展延伸。各地举办的茶叶节、桃花节、梨花节、葡萄节、龙虾节、豆腐节、草莓节、徽菜美食文化节等活动，充分展示了休闲农业的独特魅力。黄山市依托茶叶、菊花、花卉果品、特色养殖等丰富的特色农产品资源优势，初步形成了五里桃花、石潭油菜花、盐铺菊花、三潭枇杷、宋村葡萄、卖花渔村盆景、唐模生态茶园、开心菜园等特色资源明显的休闲观光农业基地。

4. 产业结合融合发展。休闲农业的发展，有力地带动了农村交通运输、商贸流通和餐饮服务等第二、三产业的发展壮大，一批休闲旅游乡村、休闲山庄、生态农庄、避暑山庄、休闲度假村等，聚种养加产供销于一处，集吃住行游购娱于一体，发挥了"第六产业"的叠加效应。宣城市把休闲农业与生态旅游、一村一品、美好乡村建设、美食文化、开心农场有机结合，成效明显。绩溪县通过与阿里巴巴聚划算平台联合打造休闲农业现实版开心农场，将村民闲散土地进行网上销售的方式，让消费者认领，成为新型生态休闲旅游模式。2014年上线以来，点击次数达5亿次，实际参与购买人数达到3 500多户，总计订购认领土地31公顷。

5. 产业基础不断完善。各地结合美好乡村建设，实施农村美化、净化、亮化、绿化工程，加强修路、改水、改厕，建设消防、道路、供电、排水、路灯等公用基础设施，种植绿化苗木和花草等，美化了环境，改善了休闲农业基础条件。

安徽省休闲农业基本情况表

	单位	休闲农业经营主体总计
经营主体个数	个	10 554
从业人数	人	528 425
其中：农民就业人数	人	429 342
带动农户数	户	467 207
接待人次	人次	110 951 200
营业收入	万元	6 025 700
其中：农副产品销售收入	万元	1 064 500
利润总额	万元	607 100
从业人员劳动报酬	元	

【主要做法】

1. 加快规划引导，开展创建活动。安徽省农委把休闲农业纳入"十二五"农业农村经济发展、现代农业、美好乡村建设、一村一品发展的重要内容，又拟定了《安徽省休闲农业"十三五"发展规划》（征求意见稿）。指导各级农业部门会同旅游部门做好休闲农业规划编制，会同安徽省旅游局继续组织开展全国、全省休闲农业与乡村旅游示范县和示范点的创建。

2. 加强政策引导，优化发展环境。各级农业部门充分利用各种途径，采取各种措施，加大对休闲农业的支持力度。安徽省农委将休闲农业纳入美好乡村建设、现代农业示范区建设、一村一品、特色产业发展的重要内容。霍山县每年安排2 000万元以上的休闲农业和乡村旅游基础设施建设专项资金，金安区出台了《加快乡村旅游发展的若干意见》，投入6 000万元发展休闲农业，区财政拿出20万元用于奖励休闲农业和乡村旅游先进乡镇。安庆市、滁州市、阜阳市、亳州市、宁国市、广德县等部分市(县)对获得全国休闲农业与乡村旅游示范点、省级示范点、市级示范点的分别给予30万、20万、10万元不等的奖励。

3. 依据优势资源，开发休闲产品。引导各地充分利用当地自然资源和优势农产品，开发出特色鲜明、形式多样的休闲旅游产品。例如，葡萄、石榴、砀山梨、草莓、批把、蓝莓等各类精品水果，以及水果加工品、茶叶、柳编、茶干、菊花、草编、竹编及多种养殖休闲产品，提升了农产品附加值。

4. 强化宣传推介，打造休闲农业品牌。为加大安徽省休闲农业品牌的宣传推介力度，安徽省农委积极组织全国休闲农业与乡村旅游各类创建活动，对全国、全省休闲农业与乡村旅游示范县、示范点的好做法和好经验借助各类宣传媒体进行宣传。2014 年，组织参加全国休闲农业创意大赛，安徽省共获奖牌10 个，安徽省农委获优秀组织奖。以宣城市为重点组织30 多个示范点参加了首届上海长三角休闲农业与乡村旅游博览会，安徽省农委获优秀组织奖，宣城市获最佳设计奖，6 个示范点获得大会组委会颁发的"我喜爱的长三角休闲农业(农家乐)与乡村旅游景点"称号。

福建省

【基本情况】 据不完全统计，截止到2014 年

年底福建省休闲农业数量近6 888家，资产总额387 亿元，年营业额87 亿元，年接待游客606.57万人次。福建休闲农业已经从原先的自发发展、低层次的个体经营为主，逐步走向规范化发展、企业化和规模化经营为主，形成了一批规划科学、管理规范、服务优良的休闲农业企业；从原来比较单一的观光、农家餐饮向体验农事、展示教育、休闲度假等多类型、多业态发展，建成一批规模大、档次高、品牌响、有特色的休闲农业点，整体发展水平有较大提升，能够初步满足城市居民不同层次的休闲消费需求。截止到2014 年年底获得全国休闲农业与乡村旅游示范县8 个、示范点23 个，获得中国最美休闲乡村9 个，世界重要农业文化遗产1 个、中国重要农业文化遗产3 个。

福建省休闲农业基本情况表

	单位	休闲农业经营主体总计
经营主体个数	个	6 888
从业人数	人	101 629
其中：农民就业人数	人	88 688
带动农户数	户	118 861
接待人次	人次	6 065 700
营业收入	万元	845 695
其中：农副产品销售收入	万元	418 730
利润总额	万元	160 872
从业人员劳动报酬	元	31 803

【主要做法】

1. 开展休闲农业调研，提出政策建议。为促进休闲农业持续健康发展，2014 年开展了休闲农业调研，并向省政府提出五条促进休闲农业发展的政策措施建议，争取以省政府文件印发各地执行。

2. 组织参与全国休闲农业与乡村旅游示范县、示范点创建活动。2014 年，泰宁县、连城县获得了全国休闲农业与乡村旅游示范县，邵武市云灵山庄、晋江市金井镇围头村、仙游县聚仙堂生态旅游山庄、永安市天斗生态文明示范区、同安区莲花罗汉山休闲农业园区等 5 家获得全国休闲农业与乡村旅游示范点。

3. 继续开展省级休闲农业示范乡镇、示范点创建活动。2014 年，评选认定省级休闲农业示范乡镇 10 个，累计达到 43 个；认定省级休闲农业示范点 31 家，累计达到 141 家。

4. 组织参与中国最美休闲乡村和中国美丽田园推介活动。在组织各市、县推荐的基础上，组织专家进行评审，其中闽侯县孔元村、南安市观山村、长泰县后坊村、福安市棠溪村、翔安区小嶝村、同安区顶村村等 6 个村入选"2014 年中国最美休闲乡村"，获牌数量居全国首位。同时，积极参与中国美丽田园推介活动，德化县上涌稻田和辉阳梨花景观、永定县岩太梯田、武夷山星村镇茶园、龙岩市新罗区葡萄景观、漳平市拱桥镇荷花景观等入选"2014 年中国美丽田园"。

5. 组织参与全国休闲农业创意精品推介活动。2014 年 3 月，北京召开的第二届休闲农业创意精品推介活动中，福建省组织五类共 100 多件产品参展，其中 2 件创意产品获得金奖、2 件获得银奖、2 件获得优秀奖。

6. 协助做好全国休闲农业星级内审员培训班。2014 年 5 月下旬，农业部农村事业发展中心主办的"全国休闲农业与乡村旅游示范创建内审员培训班"在福州举办，并考察了福清天生农庄。

7. 组织推荐创建 A 级旅游景区。向省旅游局推荐了农业科技园、生态农场、休闲产业园等 13 个休闲农业点作为创建 A 级旅游景区候选单位。

8. 发挥福建农民创业园的平台作用。依托 73 个省级农民创业园和示范基地，引导各地特色产业向休闲观光延伸，2014 年共安排省级农民创业园专项资金近 2 100 万元，扶持

休闲农业建设项目 22 个，初步建成了一批如福州市晋安区宦溪、建阳市考亭等休闲农业集聚区，并建设了一批如尤溪县洋中镇食用菌、福安市溪柄镇设施蔬菜等特色产业休闲农业区。

江西省

【基本情况】 截止到 2014 年年底全省已创建省级休闲农业示范县 19 个、示范点 185 个，有全国休闲农业与乡村旅游示范县 7 个、示范点 15 个、星级企业 42 家、全球重要农业文化遗产 1 个、中国重要农业文化遗产 1 个、中国美丽田园 11 个、中国最有魅力休闲乡村 3 个和全国十佳休闲农庄 3 个。

江西省休闲农业基本情况表

	单位	休闲农业经营主体总计
经营主体个数	个	19 400
从业人数	人	800 000
其中：农民就业人数	人	700 000
带动农户数	户	33 000
接待人次	人次	18 000 000
营业收入	万元	1 060 000
其中：农副产品销售收入	万元	320 000
利润总额	万元	64 500
从业人员劳动报酬	元	19 800

【工作举措】 以强劲工作势头促进全省休闲农业健康发展。一是扩大产业规模，提升产业质量；二是优化产业结构，促进多元发展，

积极挖掘农耕文化和民俗文化，提高产业文化内涵；三是建设特色休闲农业园，以国家级和省级现代农业示范园、农业科技园区为载体，大力培植高起点、高水平的休闲农业综合体，打造江西省"生态江西，休闲福地"的休闲农业品牌；四是打造农家乐专业村。围绕景区、郊区、湖区，发展农家乐专业村，切实帮助农民增收致富。

【工作成效】 江西省休闲农业发展成效主要体现在三个方面：一是产业规模不断扩大。2014年，全省各类休闲农业企业规模年均增长20％以上，总数达3 200多家；规模经营的农家乐年均增长15％以上，总数超过16 200家。二是农民增收明显提高。全省休闲农业企业从业人员已超过80万人，其中农民就业达70万人，从业人员收入较普通农民高25％以上。全省休闲农业年接待游客1 800万人次，休闲农业综合收入106亿元，对江西省农业农村经济发展的贡献率不断提高。三是节会活动影响巨大。依托当地农业主导产业，举办各种节会，以吸引各类客商投资，吸引游客参与体验农业休闲活动，如莲花县白莲节、婺源县油菜花节、南昌县凤凰沟樱花节等各具特色的节会，打造了"中国最美乡村——婺源""中国秀美乡村——安义"等一批社会影响较大的休闲农业品牌。

【推介情况】 江西省休闲农业示范创建与新农村建设、重点旅游景区打造、特色农业发展、历史名镇名村等相结合，具体有以下几点：一是开展示范创建带动活动。以示范带动，以典型引领。涌现一批示范带动作用强、经营管理规范、服务功能完善、基础设施健全、从业人员素质较高的休闲农业企业，不断丰富和拓展休闲农业功能和文化内涵。二是打造"生态江西，休闲福地"品牌。坚持政府搭台、企业唱戏，充分挖掘农业文化潜

力，广泛开展农事节庆活动，促进区域特色农产品品牌的提升和销售。以新农村建设点、自然村或合作社为基本建设单位，以良好的生态环境吸引游客观光、采摘和体验。三是积极发掘重要农业文化遗产。江西省高度重视重要农业文化遗产的发掘与保护工作，设立休闲农业品牌培育项目，用于支持遗产地保护。

【大事记】

[1] 3月27日，江西省南丰县罗春明系列木雕《南丰傩面具》等17件创意作品在全国休闲农业创意精品推介活动获奖，江西省农村社会事业发展局荣获全国休闲农业创意精品推介活动组织奖。

[2] 3月29日～5月3日，举办了第三届中国南昌"休闲农业·秀美乡村"活动月活动。

[3] 3月，在赣州市赣县举行休闲农业送科技下乡活动。

[4] 5月，景德镇得雨生态园（德宇集团）和赣东北休闲度假游被中国旅游协会休闲农业与乡村旅游分会评选为2014年全国十佳休闲农庄和2014年中国休闲农业与乡村旅游十大精品线路。

[5] 7月，在台湾举办了"赣台休闲农业研修班"。江西省委书记强卫出席开班仪式并讲话，提出了加快发展休闲农业的具体要求。

[6] 9月19～22日，江西省组织国家级休闲农业示范县和示范点、全国十佳休闲农庄、全国休闲农业与乡村旅游五星级企业、中国美丽田园等22个休闲农业企业和休闲农业管理部门参加了在上海举办的"2014年长三角休闲农业与乡村旅游博览会"。

[7] 10月，江西省婺源县篁岭民俗文化村、吉水县燕坊村及资溪县稻田景观、南昌县凤凰沟樱花景观、武宁县白鹤坪茶园景观、广昌县荷花景观、新余市仙女湖渔作景观被

农业部认定为中国最美休闲乡村和中国美丽田园。

[8] 12月，江西省武宁县被农业部、国家旅游局认定为全国休闲农业与乡村旅游示范县，婺源县江岭风景区、石城县通天寨荷花园区、浮梁县瑶里梅岭山庄、新建县溪霞怪石岭旅游景区四个点被认定为全国休闲农业与乡村旅游示范点。

[9] 12月，江西省赣州市定南县和会昌县、萍乡市上栗县、抚州市南丰县被江西省农业厅认定为2014年江西省级休闲农业示范县，南昌市桑海经济开发区建昌第一村休闲山庄等40个点被认定为江西省级休闲农业示范点。

山东省

【基本情况】 山东省是传统农业大省，具有丰富的农业休闲旅游资源。近年来，全省各地以农业增效、农民增收、农村繁荣、城乡统筹发展为目标，努力拓展农业生态环保、休闲观光、文化传承等多种功能，积极支持和引导休闲农业发展，取得了显著成效。目前，全省休闲农业经营主体达到8 000多家，其中农家乐6 000多家，休闲观光农园（庄）1 800多家，从业人员数近49万人，其中农民就业人数近41万人，带动农户数55万多户，年接待人数超过6 600万人次，年营业收入超过240亿元，其中农副产品销售收入超过125亿元，从业人员年均劳动报酬接近25 000元。

山东省休闲农业基本情况表

	单位	休闲农业经营主体总计
经营主体个数	个	8 124
从业人数	人	489 273
其中：农民就业人数	人	409 730
带动农户数	户	550 261
接待人次	人次	66 477 823
营业收入	万元	2 419 423.46
其中：农副产品销售收入	万元	1 258 861.3
利润总额	万元	470 121.4
从业人员劳动报酬	元	24 264.23

【主要模式】

1. 园区带动型。各类农业科技示范园、生态循环农业示范园、现代农业示范园区等，通过改造提升，扩展旅游功能，建成集科技研发、示范推广、科普教育、观光体验、旅游休闲等多功能园区。

2. 产业主导型。各地在发展高效特色农业、"一村一品"及各类农业标准化、产业化基地的同时，进一步延伸产业链条，通过开展采摘、观赏、体验等，促进产品推介和营销，实现产业增值增效。

3. 企业经营型。各地依托自然优美的乡野风景、舒适怡人的清新气候、环保生态的绿色空间，吸引企业投资兴建休闲农庄、旅游度假村、生态农业园等，为游人提供休憩、游乐、就餐、住宿等服务，满足游客回归自然、享受宁静纯朴生活的消费需求。

4. 餐饮娱乐型。以各类农家乐、渔家乐为代表的乡村休闲，凭借城市周边、旅游景区等地域优势和特色资源，为人们提供垂钓、捕捞、采摘、加工、特色餐饮等服务，让游客品尝原汁原味的农家菜，体验淳厚的农家风情。

5. 乡村文化型。借助独有的古迹、传说、民俗、传统手工业等历史文化发展休闲旅游的传统古村落、民俗村，还有一些近年发展起来的社会主义新农村，也凭借新型乡村风貌吸引了大批游客。

【特点趋势】

1. 社会各界关注度越来越高。随着城乡居民对休闲旅游的消费需求不断升温，各级、各界对休闲农业与乡村旅游的重视程度也不断提高。近年来，山东省委、省政府在多次会议、文件中强调把拓展农业功能、推动乡村旅游发展作为促进结构调整和农民增收的重要举措。各级党委政府把发展休闲农业与乡村旅游作为转方式调结构的重要举措来抓，临沂、莱芜、滨州等市成立了休闲农业与乡村旅游领导小组，枣庄、东营等市还制订了休闲农业发展规划。

2. 发展形式日益丰富多彩。目前，山东省休闲农业与乡村旅游业正从初期的自发发展，向有组织的规范性发展，从小型化、分散化向规模化、产业化发展；休闲农业产品从初期的农家乐、采摘园向现在的农家乐、体验农业园区、休闲农庄、民俗村等多样化发展；休闲农业功能上也从单纯观光、体验，扩展到观光、休闲、体验、健身、娱乐、度假等多样化功能；经营理念从单纯的生产经营，扩展到科技示范、生态环保、文化传承等更多内涵。

3. 经营主体日益多元化。近年来，在市场需求和政府搭台的双重拉动下，众多工商企业和个体经营者看好休闲农业与乡村旅游这块蛋糕，纷纷投资经营。休闲农业与乡村旅游经营主体从最初农民自发举办农家乐不断发展壮大，逐步形成政府部门、事业单位、工商企业、个体经营者、合作社、家庭农场、经营大户等多元化投资经营格局。

4. 休闲环境不断改善。各级政府和经营者从被动适应市场需求向主动改善条件、创新产品项目以吸引城乡游客转变，不断加大投入，发展生态农业，保护生态环境，改善设施条件，建设美丽乡村，把荒山变林海，荒地变田园，打造了众多休闲农业和村居景观。

5. 农民参与度持续增长。休闲农业与乡村旅游联结第一、二、三产业，对山东省服务业短板是有效补充。在安置农民就业、增加农民收入方面发挥积极作用。粗略统计，一个年接待3万人次的休闲农业园区，可实现营业收入600万元，直接和间接安置360名农民工就业，可带动180个农民家庭增收。

【主要做法】

1. 加强科学规划，以政策引导休闲农业与乡村旅游健康发展。近年来，山东省政府先后出台了《山东省乡村旅游业振兴规划》和《山东省国民休闲发展纲要（2011—2015）》，对全省休闲农业发展起到积极的引导和促进作用。各市也都从当地实际出发加强了休闲农业规划编制和指导工作，政策、规划的出台对山东省休闲农业与乡村旅游健康有序发展，发挥了积极作用。

2. 夯实主导产业，强化休闲农业与乡村旅游发展的产业支撑。近年来，山东省大力发展高效特色农业，认真组织实施果菜茶菌等产业的振兴规划，扎实推进现代农业示范区、标准化农业生产基地、生态循环农业示范区及各类农业园区建设。通过完善基础设施，增加科技含量，不仅提升了农业特色种养、加工、营销的规模和档次，也为提升休闲功能、拓展增收空间打下了良好的产业基础，培育了更多的休闲旅游资源，增强了特色农业旅游的品牌优势。将传统的种养模式与现代科技及管理相结合，既培植壮大了龙头企业，又提高了农业产业化水平，也吸引了大批游客。

3. 立足生态循环，改善休闲农业与乡村旅游发展环境。近年来，山东省各地不断加大生态农业示范县、农村沼气"一池三改"、乡村清洁工程、循环农业示范基地等项目建设力度，努力改善农业生产、农村居住环境。通过生态建设，涌现出了寿光市西浊北村、肥城市老城镇李屯村等一批农村清洁工程示范先进典型,许多生态循环农业园区已成为城乡居民节假日休闲、观光旅游的重要场所。

4. 强化示范带动,搞好休闲农业与乡村旅游示范创建。为更好地推动休闲农业的发展,各地不断总结典型、探索经验、培育品牌,积极开展示范创建工作。根据农业部和国家旅游局要求,2010 年以来山东省积极组织休闲农业与乡村旅游示范县、示范点创建和最有魅力休闲乡村评选认定工作。截止到 2014 年年底,山东省国家级休闲农业与乡村旅游示范县总数达到 10 个、示范点 23 个,最有魅力休闲乡村 3 个,中国最美休闲乡村 4 个,中国美丽田园 12 个,中国重要农业文化遗产 1 个,认定省级休闲农业与乡村旅游示范点 65 个,齐鲁最美田园 15 个。各地也积极推进休闲农业标准化建设,培育发展示范点、示范园区。示范点的创建、申报和认定,对全省休闲农业的发展起到了积极的示范带动作用。

5. 组织宣传推介,营造休闲农业与乡村旅游发展的良好氛围。近年来,各级充分发挥媒体的宣传推广效应,积极组织开展休闲农业与乡村旅游各项活动。农业部先后组织开展了休闲农业与乡村旅游示范创建活动、休闲农业信息进城入户工程、休闲农业创意精品大赛、中国美丽田园评选活动等,山东省在落实农业部各项要求的同时,组织开展了"休闲农业进园区"、寻找齐鲁最美田园等活动。市县各地围绕主导产业、特色产品、园区建设、乡村文化,组织开展了各类休闲农业节庆活动,提高了知名度和社会影响力。

【大事记】

［1］4 月,发布了《关于做好中国美丽田园和中国最美休闲乡村推介工作的通知》(鲁农生态字〔2014〕6 号)。推介工作得到各地的积极参与,为把最美最好的农事景观和休闲乡村展示出去。

［2］5 月,农业部公布了第二批中国重要农业文化遗产,山东夏津黄河故道古桑树群获得认定。

［3］6 月,山东省下发了《关于开展 2014 年休闲农业与乡村旅游示范创建申报工作的通知》(鲁农生态字〔2014〕11 号),经专家评审山东省 3 个县、5 个点参与国家评选。

［4］8 月,按照农业部和国家旅游局关于开展休闲农业与乡村旅游示范创建工作的要求,经专家评审,确定济南市泉城农业公园等 25 家单位为第三批山东省休闲农业与乡村旅游示范点。

［5］10 月,山东省滨州市首届休闲农业创意作品展在滨州市农业局举办。

［6］11 月,由农业部、住房和城乡建设部、国家旅游局、国家新闻出版广电总局、中央电视台等多家单位共同发起的"2014CCTV 寻找中国十大最美乡村",山东省沂南县竹泉村在众多美丽乡村中脱颖而出,获评"2014CCTV 中国十大最美乡村",成为山东省本年度唯一获此殊荣的美丽乡村。

河 南 省

【基本情况】 河南省位于黄河中下游地区,全省地势西高东低,北有太行山,西有伏牛山,南有桐柏山和大别山,中东部是广阔的黄淮冲积平原,地理位置优越,四季分明,自然资源丰富。复杂多样的土地类型为农、林、牧、渔业的综合发展提供了有利的条件，造就了河南美丽而丰富的休闲农业资源。河南省休闲农业的发展起步于20世纪90年代，经过20多年的发展，目前全省已涌现出一大批融休闲度假、观赏观光、农事参与、农耕文化、高效农业、民俗风情为主的休闲农业景点和项目。2014年，全省共有休闲农业经营主体14 352个，营业收入约92.96亿元，实现利润约5.9亿元，从业人员约29.12万人，其中农民就业人数达到27.18万人（占从业人数的93.33%），带动农户约28.68万户；各类休闲农业园区、休闲农庄达759个，营业收入23.98亿元，实现利润5.96亿元。休闲农业的发展不但为城市居民休闲度假提供了一个好去处，也为突破农业发展瓶颈、繁荣农村社会、提高农民收入探索出了一条新途径。同时，休闲农业的发展也加速了农村剩余劳动力的转移，促进了新农村建设，为社会资本注入农业、工业反哺农业提供了一个新的平台。

河南省休闲农业基本情况表

	单位	休闲农业经营主体总计
经营主体个数	个	14 352
从业人数	人	291 277
其中：农民就业人数	人	271 849
带动农户数	户	286 791
接待人次	人次	35 438 940
营业收入	万元	929 585
其中：农副产品销售收入	万元	304 697
利润总额	万元	59 037
从业人员报酬	元	52 107

【发展模式】

1. 休闲农庄模式。依托自然优美的乡野风景、舒适怡人的清新气候等，结合周围的田园景观，以某种或多种特色农产品生产为主，开发餐饮、垂钓、生产体验、采摘等项目，既能够满足城市游客回归自然、享受宁静安逸的田园生活需要，同时也能够展销本地特有的特色产品，提高产品的附加值，增加当地农民收入，提高休闲农业效益。例如，南阳市唐河县的朱店生态园、临颍县的桃花岛休闲农庄等都属于此种模式。

2. 农家乐模式。农民利用自家庭院，依托周边的田园风光、自然景点，农户自身为经营主体，充分利用自己生产的农产品，全力打造"吃农家饭、住农家屋、做农家活、采农家果、享农家乐"，吸引旅客前来吃、住、玩、游、娱、购等休闲活动。此种模式门槛低，投资相对较少，便于农户自身经营，目前全省各地市都有较普遍的分布。

3. 特色民俗村模式。以古村落为依托、民俗为载体、文化为灵魂，利用乡村特有民俗风情、传统工艺、文物古迹、民间工艺和农耕文化等优势，挖掘乡村古民居、祠堂、牌坊、书院、古井、古树、古庙等资源潜力，开展观光、游憩、考古、体验、休闲、户外等特色休闲民俗文化旅游活动。例如，陕县地坑院、内乡县吴垭石头村、方城县石猴村等。

4. 农业园区模式。依托农业高新技术示范区、种养基地等，通过展示现代农业设施、生物技术、栽培技术等，将农业的产业化、规模化、标准化、现代化与高新技术的示范推广、休闲观光、科普教育等融为一体的经营场所。例如，南召锦田园林公司的辛夷园、南阳月季基地的月季观光园、洛阳双赢葡萄公园、国豫花博园等。

5. 农业节会模式。依托辖区内农业名优产品，开展相关农产品采摘体验、产品展销等活动。例如，鄢陵桃花节、二七樱桃节、荥阳石榴节、新密杏花节等。

6. 龙头企业带动模式。以龙头企业为主体，建设以高档花卉、果蔬苗木、绿化树种，以及特色农作物研发、生产、销售、观光为一体，兼顾生产、生活、生态协调发展的生态园。例如，河南陆台农业科技开发有限公司、焦作市无为农业发展有限公司等。

7. 融合新农村建设模式。把休闲农业开发与新型城镇化建设结合在一起，一是充分利用村镇周围的风景名胜和人文景观，大力发展休闲农业，如王屋山风景区的愚公村等；二是利用新农村建设，将农村居民迁移到集中居住点，以提高农民生活品质和卫生条件，然后利用空出的宅基地开发休闲农庄和庭园经济，发展休闲农业，如舞钢市的张庄社区等。

【主要做法】

1. 思想重视，加强政策扶持。休闲农业是具有市场需求、蕴藏巨大潜力的朝阳产业，是发展现代农业的重要途径。近年来，河南省省委、省政府高度重视，坚持把发展休闲农业作为提升农业、致富农民、发展农村的一项重要抓手，在组织协调、发展规划、政策措施、资金扶持等方面做出了明确的规定，为休闲农业发展创造了有利的政策环境。全省各地市（县、区）都把发展休闲农业纳入都市农业、乡村旅游和新农村建设的整体布局中，纷纷出台了发展休闲农业和乡村旅游的具体意见，并成立了组织领导机构，工作力度不断加大。

2. 科学规划，推进产业发展。根据各地不同的自然条件，指导各地市在充分发挥自身优势条件的基础上，做出休闲农业发展的长期规划，依据规划稳步推进。安阳市出台的《安阳市现代高效休闲农业规划》、漯河市出台的《漯河市创建国家现代农业示范区总体规划（2013—2017）》、新乡市的《关于印发新乡都市现代农业发展规划的通知》等，为当地休闲农业健康发展提供了科学的依据。

3. 财政投入，建设基础设施。近年来，各级政府坚持在基础设施建设上向休闲农业倾斜，在农村沼气、农综开发、农产品基地、乡村道路、乡村清洁等支农工程项目向旅游点倾斜，对休闲农业财政投入的力度不断加大。目前，全省各地基本上都制订了财政支

持休闲农业的相关政策，如安阳市龙安区每年拿出1 000万元专门用于对休闲农业基础设施建设的补贴。

4. 鼓励投资，创新发展方式。鼓励城市工商资本、民间资本采取独资、合资、合伙等多种形式参与休闲农业开发和经营。鼓励农户以土地承包经营权、固定资产、资金、技术、劳动力等多种生产要素投资休闲农业项目。推行动产抵押、权益抵押、林权抵押、土地使用权抵押等多种形式的抵押贷款办法，为休闲农业发展提供资金支持。通过政策引导、鼓励多渠道投资，创新发展方式，推动休闲农业发展。

5. 突出特色，提升质量品位。各地根据自身的不同特点，突出自己的特色，重点发展。同时，通过继续开展全国休闲农业与乡村旅游示范县和示范点创建工作，引导全省休闲农业与乡村旅游持续提升质量和品位。一是硬件设施的提升，主要是景区的环境及景点的基础设施；二是软件服务的提升，主要是从业人员的素质和服务水平。通过两个提升，全力推进休闲农业的发展。

6. 健全服务，优化发展环境。一是健全软件服务。将休闲农业从业人员培训作为一项公益性工程纳入财政支持范畴，加大投入力度，扩大培训规模。依托阳光工程，利用农业广播学校等公益性机构，大力发展休闲农业管理和服务人员培训。二是优化硬件环境，指导经营休闲的企业和个体提升经营理念，规范管理方式，制定规章制度，在当地农业部门的指导下，统一行业标准，规范经营活动，保证休闲农业健康快速发展。

【取得的成效】

1. 提高了农业的综合效益。通过农业与旅游业的融合，把普通的农业包装打造成休闲旅游产品，有效地提升了农业的附加值，促进了农业经济从原来单一的农业生产向全产业链发展。尤其是农产品加工业、农业观

光休闲等的发展，使第一产业快速向与第二、三产业融合发展转化，农业的综合效益大幅提高。2014年，河南省休闲农业营业收入约92.96亿元，其中农副产品销售收入达到30多亿元，占总收入的1/3。

2. 带动了农民就业增收。一是通过拉动农民就业，促使农民增收。2014年，河南省休闲农业从业人数约29.12万人，其中农民约27.18万人，占从业人数的93.33%。二是通过土地流转，增加农民收入。例如，偃师市唐僧寺庄园葡萄酒业有限公司以租赁土地的形式，发展葡萄种植约86.7公顷，农户土地流转后不仅可拿到每年每666.7平方米1 000元左右的土地租金，还可利用空闲时间到企业打工，每个劳动力年务工收入4 000元以上。

3. 推动了资金向农村转移。休闲农业是个新兴的朝阳产业，相对于传统产业来说，国家政策支持力度更大，投资回报率高，且更有发展前景。通过大力发展休闲农业，大量的城市资本开始投资休闲农业，为城市资本下乡寻求了有效载体，发展休闲农业是当前推动生产要素向农村转移的重要途径。据统计，目前投资休闲农业的资金，80%以上都来自城市的其他产业。

4. 促进了城乡融合发展。以休闲农业为载体，城镇游客把现代化城市的思想理念、生活方式、文化等行为和信息带到农村，使农民接受现代化意识和生活习俗，在潜移默化中提高了自身素质，进而促进了乡风文明，加快了新农村建设。大量市民到农村观光、消费，既满足了城镇居民的心理、生活需求，又带动了农村餐饮、娱乐等产业发展，实现了城乡交流互动、融合发展。

5. 美化了农村生态环境。通过发展休闲农业，大量资金投入到建公路、修水利、搞绿化中，使农村的道路交通、通信、垃圾污水治理、商业便民设施、文化体育等公共服务设施等同步得到了提高，农村面貌焕然一新，广大农民群众的人居环境有了明显的提升。

6. 传承了农村传统文化。发展休闲农业，有利于保护和传承农民传统的物质文化遗产和非物质文化遗产，并得到进一步发展和提升，形成新的文明乡风，使农村文化成为乡村物质文明、精神文明、生态文明的永久根本。

湖北省

【基本情况】 近年来，在农业部主管部门指导与支持下，湖北省休闲农业以农家乐为基础，休闲农庄为主体，农业观光采摘园和民俗民居村落为补充，农业科技园为引领。通过规划引领、政策扶持、示范引领、多元化投入等措施，休闲农业取得了较快发展。休闲农业规模化、规范化水平进一步提升，服务能力进一步增强。

湖北省休闲农业基本情况表

	单位	休闲农业经营主体总计
经营主体个数	个	36 193
从业人数	人	511 617
其中：农民就业人数	人	419 524
带动农户数	户	361 427
接待人次	人次	90 762 980
营业收入	万元	2 012 827
其中：农副产品销售收入	万元	1 212 840
利润总额	万元	473 953
从业人员劳动报酬	元	2469

【发展现状】

1. 体系架构基本形成。湖北省休闲农业的发展，始于20世纪90年代中期，经过近20年的探索和发展，特别是近5年来的快速发展，取得了明显的成效。从类型上看，初步形成了以农家乐为基础，休闲农庄为主体，农业观光采摘园和民俗民居村落为补充，农业科技园为引领的休闲农业发展格局。从分布上看，初步形成了以大中型城市郊区为主体，以风景名胜区周边、干线公路附近、山区特色农产品产区和平原河湖库堰养殖区为补充的休闲农业体系架构。

2. 产业发展形成规模。截止到2014年年底，全省限上（年营业收入10万元）休闲农业点超过4 000家，从业人员9万人，接待游客近4 200万人次，休闲农业综合收入近140亿元，比2013年增加20亿元；从业农民人均收入达到20 000元，比2013年增加2 400元。

3. 示范创建亮点纷呈。武汉市黄陂区等6个县（市、区）被认定为国家级休闲农业与乡村旅游示范县，钟祥市彭墩村等14个单位被认定为国家级休闲农业示范点，洪湖市华年生态园等15个企业（园区）被认定为全国休闲农业与乡村旅游星级示范创建企业（园区），保康县尧治河村等3个乡村被认定为中国最美休闲乡村，孝感市孝南区万亩（1亩＝667平方米）桃花景观等10项农事景观被认定为中国美丽田园，赤壁羊楼洞砖茶文化系统被农业部评为第二批中国重要农业文化遗产。

【优势和潜力】

1. 农特产品与水资源优势。湖北地处我国南北、东西过渡地带，光照充足，雨量充沛，四季分明，山地、丘陵和平原兼备，生物种群多样，农作物品种丰富，有水稻、小麦、棉花、油菜、蔬菜、柑橘、生猪、水产、林木等优势农产品，还有茶叶、食用菌、梨、桃、李、中药材、山野菜、魔芋、蚕桑、家禽、小龙虾、螃蟹、板栗、竹藤等特色农产品。河流湖泊水库众多，除长江、汉江干流外，河长5千米以上的河流4 200多条，面积百亩以上的湖泊800余个。丰富的农业资源和水资源为休闲农业的发展提供了良好的载体。

2. 旅游资源优势。湖北旅游资源遍布全省，既有武当山和明显陵等世界文化遗产，也有神农架、长江三峡、武汉东湖、大洪山、襄阳古隆中、通山九宫山、赤壁陆水湖、随州炎帝故里、恩施大峡谷、长阳清江画廊、大别山红色旅游区等风景名胜和人文景观。休闲农业的发展与景区配套，相得益彰。

3. 交通区位优势。到2014年年底，全省铁路基本形成"四纵三横"骨架，营运里程达到3 600千米。公路基本形成"四纵四横一环"网络，高速公路通车里程达5 100千米，一级公路3 000千米，通村沥青（水泥）路12多万千米，基本实现村村通。航空运输初步形成以武汉天河机场为主，襄阳、宜昌、恩施、神农架机场等为辅的格局。便利的交通条件，为省外国外游客前来湖北、为省内游客交互游览提供了充分的保障。

4. 软实力优势。省内现有近10所大专院校与农业和旅游相关，加上一些中等专业学校和职校，每年培养初、中、高级农业人才上万人，旅游人才上千人。农业科研机构实力强大，农业技术推广机构比较完善，为休闲农业种植、养殖、农产品加工、手工艺品开发提供了技术保障。湖北民族众多，有土家、苗、回、侗、满、壮、蒙古族等53个少数民族，民族文化习俗丰富多彩。湖北农耕文明历史悠久，以炎帝神农为代表，屈家岭文化、楚文化、三国文化、巴土文化、水文化、孝文化、茶文化源远流长，深厚的文化底蕴，为湖北休闲农业的发展提供了宝贵资源。

【主要举措与成效】

1. 强化顶层设计，出台发展规划。为强化对全省休闲农业发展的指导，2014年5月出台了《湖北省休闲农业发展总体规划（2013—2020）》，确立了指导思想与基本原则，锁定了发展目标与方向。根据全省农业资源分布、地理特征、交通区位和客源市场等要素，将全省休闲农业区域布局划分为四大板块，即大中城市郊区板块、鄂东板块、江汉平原板块和鄂西鄂北板块，实现全省休闲农业发展科学布局。依据发展原则和发展目标，提出了当前和今后一段时间的主要任务和保障措施，力争到2020年，全省打造10个休闲农业与乡村旅游大县、100个示范乡（镇）村、1 000个示范点、10 000个限上休闲农业企业，就地就近转移农村劳动力20万人，从业农民年均增收13%以上，年接待游客达到1亿人次，休闲农业综合收入达到500亿元，占全省旅游总收入的30%。

2. 强化政策扶持，引导资金投入。休闲农业是一个新兴产业，点多线长面广，政府扶持资金有限，必须加强政策引导，优化投资环境，引导工商资本投资休闲农业，鼓励农业产业化龙头企业创办休闲农业点，支持休闲农业企业与农特产品加工龙头企业进行合作或联营，共同促进休闲农业发展。近年来，湖北省列支3 000万元，用于星级农家乐创建补贴，对营业税在8 000元以内的免征，超过的减征。武汉市出资1.5亿元财政专项，支持休闲农业企业建设及赏花游项目，营造了良好的发展环境。湖北省先后引入工商资本投资1.6亿元，高起点规划，新建原生态农庄，集生态种植、果蔬采摘、都市认种、休闲观光、农耕文化等于一体，游客可参与种植养殖、水果蔬菜采摘、认种（养）果蔬、垂钓、住农家院、吃农家饭等游园休闲项目。

3. 强化交流合作，推进资源共享。为了克服休闲农业单体项目容量不足、满足旅游消费者多元化需求、发挥休闲农业资源整体效益，湖北省注重在交流合作、资源共享上做文章。2010年，武汉城市圈9个城市休闲农业主管部门签署了合作框架协议，建立了联席会议制度，实行轮值主席制，每届任期一年，加强协调协商，研究区域合作发展战略、规划和年度工作计划，开展跨区域项目合作；建立信息、市场等资源共享机制，各城市整合重点线路、产品等资源进行宣传推介，联合组织主题活动。从2015年起，"1+8"城市圈在黄金周、小长假期间开通城市圈旅游直通车项目，首次推出一批精品自驾游线路。

4. 强化示范带动，重点扶持培育。湖北省开展了省级休闲农业示范点创建工作，按照总量控制、优胜劣汰的原则，认定省级休闲农业示范点108家、高星级农家乐319家，进行重点扶持培育。坚持开展休闲农业示范点人才培训，先后培训示范点经营管理人员1 000多人次，省级休闲农业示范点带动作用明显，经营收入增长超过20%。在此基础上，积极组织休闲农业示范点参加中国最具魅力休闲乡村、全国休闲农业创意精品、中国重要农业文化遗产和中国美丽田园评选、认定或推介等活动。武汉市先后策划了10大赏花游会节活动，成功主办了"乡村过大年"、"市长邀您赏花游"、"绽放在田野的鲜花"摄影大赛等活动，以及黄陂杜鹃花节、紫薇花节、草莓文化节，东西湖桃花节、郁金香节，蔡甸油菜花节等会节，促进了品牌创建与发展。武汉市黄陂区木兰文化生态旅游区荣膺国家5A级景区，入选2014"美丽中国"十佳度假区。

5. 强化人才培训，激发创新活力。把休闲农业管理人才培训作为重要环节来抓，通过专题培训、以会代训等形式，不断提升休闲农业产业管理人员的综合素质与能力，促进农业农村经济结构调整和农民就地就业增收。几年来，每年坚持组织高层次大规模培训。通过聘请国内外知名专家就休闲农业、乡村旅游等方面做报告与实践展示，培训学员1 500多人次，引导参训学员学习国内外休闲农业与乡村旅游发展的理论，提升休闲农业档次。2014年4月，在武汉市举办了全省休闲农业与乡村旅游培训班。聘请韩国、我国台湾和内地知名专家和企业家授课，重点讲授休闲农园规划设计、休闲农庄及农家乐景观营造、特色文化和特色产品挖掘、休闲农业与乡村旅游经营管理和营销策划等课程。注重理论辅导与现场观摩相结合，增强教学效果，不断激发学员创新活力，推进全省休闲农业快速发展。

湖南省

【基本情况】

湖南省休闲农业基本情况表

	单位	休闲农业经营主体总计
经营主体个数	个	20 196
从业人数	人	240 687
其中：农民就业人数	人	207 437
带动农户数	户	53 308
接待人次	人次	62 270 000
营业收入	万元	1 553 474
其中：农副产品销售收入	万元	1 035 649
利润总额	万元	466 042.2
从业人员劳动报酬	元	12 100

广东省

【基本情况】 2013年，广东农产品加工业相比于同期广东国内生产总值（GDP），农业生产总体保持高速增长态势，但增速放缓，食品制造业仍保持较高的利润，制糖业由于糖价的下跌出现亏损，但并没有影响甘蔗的种植，出口增速放缓，但仍保持较大的出口优势，农产品进入加工的比值在快速增长，但企业规模偏小、技术力量薄弱为食品安全埋下隐患。

【发展现状与主要特点】

1. 主营业务。2013年，广东实现GDP为62 163.97亿元，同比增长8.5%，比全国7.7%提高了10.39%。统计广东省规模以上的农产品加工企业5 418家，2013年实现主营业务收入10 315.25亿元（占全国的6.0%），平均规模1.90亿/家，主营业务收入比2013年同期增长13.88%，比同期广东GDP的增速高了63.29%，与同期全国增长率（13.82%）同步，但增速显著放缓；利润总额666.85亿元（占全国5.52%），比2013年同期增长16.92%；税金总额567.9亿元（占全国5.15%），比2013年同期增长10.71%。

主营业务收入中，广东农产品加工业的企业平均规模1.90亿元/家，比全国平均2.31亿元低了17.55%。重点行业（农副食品加工业、食品制造业、酒、饮料和精制茶制造业）占47.98%（企业数占29.67%），其中食品制造业增长 20.86%、农副食品加工业增长 14.99%、酒、饮料和精制茶制造业增长 7.58%。子行业中，正增长的行业有营养食品制造 110.55%、水产饲料制造 56.24%、蔬菜和水果罐头制造 48.01%、茶饮料及其他饮料制造 47.21%、保健食品制造 44.17%、食品及饲料添加剂制造 38.37%、其他酒制造 34.97%、水产品罐头制造 33.55%、水果和坚果加工 30.89%；负增长的行业有禽类屠宰 -20.29%、固体饮料制造 -20.45%、果菜汁及果菜汁饮料制造 -33.4%。

2. 盈利水平。2013 年，广东省农产品加工业规模以上企业的利润总额 666.85 亿元，比 2013 年同期增长 16.92%，增长率显著高于同期全国的增长率（15.02%）；利润总额增长率方面，食品制造业 24.45%、农副食品加工业 14.11%、酒、饮料和精制茶制造业 7.07%。利润率水平方面，食品制造业增长 13.77%、酒、饮料和精制茶制造业增长 7.19%、农副食品加工业增长 4.00%；但出现有两个子行业亏损，其他未列明食品制造 -0.099 亿、制糖业 -2.131 亿。2013 年广东甘蔗丰收，白糖延续 2012 年的下跌走势，由年初的 5 600 元/吨，下跌到年底的 4 800 元/吨，这应该是广东制糖业亏损的主要原因。

3. 出口。2013 年广东省农产品加工业出口交货值 1 298.53 亿元，比 2012 年同期增长 6.18%，增速低于全国（7.88%）21.55%。广东多数行业仍保持较大的出口优势，其中糕点、面包制造出口交货值占全国 73.74%、酱油、食醋及类似制品制造 54.78%、水产饲料制造 47.22%、茶饮料及其他饮料制造 40.58%、糖果和巧克力制造 34.64%、饼干及其他焙烤食品制造 31.51%、蜜饯制作 29.52%、啤酒制造 21.66%、谷物磨制 19.47%、方便面及其他方便食品制造 18.07%、制糖业 16.44%、固体饮料制造 15.77% 等。

而在出口增长方面，乳制品制造增长

1 481.5%、水产饲料制造 583.3%、淀粉及淀粉制品制造 90.1%、水产品罐头制造 76.6%、味精制造 61.5%、保健食品制造 44%、其他未列明农副食品加工 40.9%、水果和坚果加工 35%、蜜饯制作 34.8%、水产品冷冻加工 33%、糕点和面包制造 31.9%、精制茶加工 25.8%、中成药生产 25.4%、其他调味品和发酵制品制造 22.9%；也有部分行业出现显著的负增长，如速冻食品制造 -20.4%、蔬菜加工 -21.1%、肉和禽类罐头制造 -21.2%、鱼糜制品及水产品干腌制加工 -22.5%、谷物磨制 -25.1%、冷冻饮品及食用冰制造 -25.7%、啤酒制造 -36.2% 等。

4. 农产品生产与加工。2013 年，广东农业经历了强台风、强降雨等特大自然灾害和 H7N9 禽流感重大疫情等不利影响，但实现农、林、牧、渔业总产值 4 946.80 亿元，比上年增长 2.2%，增幅回落 1.5%。受此影响，广东农产品加工业增速由 2012 年的 16.67% 降低到 13.88%，但主营业务收入增长比同期广东省农、林、牧、渔业总产值的增速高了 630.91%。此外，2013 年农产品加工业主营业务收入是农、林、牧、渔业总产值的 2.08 倍，比 2013 年提高了 11.43%。比较 2013 年广东主要农产品产量与对应的加工产品产值可见，粮食、油料作物、肉类禽蛋、水产品等加工业增长远远超过对应农产品的增长速度，在果蔬加工方面，蔬菜加工、水果和坚果加工、蔬菜水果罐头制造等有 20% 以上的增长速度，而果菜汁及果菜汁饮料制造则出现 -33% 的负增长，此外甘蔗增产 5.6%，但糖价下跌，制糖业亏损，也影响了制糖业的增长速度。

【主要经验】

1. 财政项目支持。近年来，广东省财政每年安排 5 300 万元，通过贷款贴息方式支持农产品加工龙头企业发展，各地也相应设立了专项资金，各级各部门还积极推荐符合条件的企业申报各类涉农项目资金支持。2013年，农产品加工龙头企业享受各级各类财政项目扶持资金累计 6.8 亿元。2014 年，拟整合安排省级财政专项 3 000 万元，支持农产品加工业研发和转型升级。

2. 税收减免优惠。对农产品加工企业从事符合条件的种植、养殖和农产品初加工取得的所得，按规定免征、减征企业所得税。2013 年，各级税务部门减免农产品加工龙头企业税收超过 91 亿元。

3. 提供信贷支持。中国农业银行、中国农业发展银行、中国进出口银行等金融机构专门出台支持农产品加工龙头企业发展的政策意见。各级各类金融机构重点支持一批市场前景好、发展潜力大、带动能力强的企业，2013 年各类金融机构支持农产品加工龙头企业贷款余额达 228 亿元。

4. 强化科技支撑。有关部门积极鼓励企业建立研发机构，并加强与科研院所、大专院校合作，联合开展农业关键技术和共性技术的研发。支持企业加大科技投入，引进国外先进技术和设备，消化吸收关键技术和核心工艺，开展集成创新。支持符合条件的企业实施农业科技攻关计划与星火计划，建设农业科技园区等。

5. 统筹安排龙头企业发展用地。农产品加工龙头企业直接用于或者服务于农业生产的设施用地，按农用地管理，并按照国家有关规定予以配套。企业投资兴建附属设施占用耕地的，由设施农业项目所在地级以上市人民政府按照"占一补一"要求优先安排补充占用的耕地指标。对企业列入《广东省农、林、牧、渔业产品初加工目录》的农、林、牧、渔业产品初加工为主的工业项目，在确定土地出让底价时可按照不低于所在地土地等别相对应《全国工业用地出让最低价标准》的 70% 执行。

6. 支持龙头企业农产品出口。对龙头企业符合条件的农产品出口，予以出口退税。

外经贸部门积极支持龙头企业建设农产品外贸转型升级示范基地，促进园艺、水产、畜禽等优势农产品出口。对广东省外贸企业为农产品出口投保短期信用风险的，按其已缴保费给予一定比例资助。

【存在的主要问题】 在发展方面，广东农产品加工业不同程度存在小型企业众多、精深加工程度低、产品附加值不高、资源利用率偏低、副产物浪费严重、一些行业产能过剩、企业利润率偏低、加工装备与技术有待提升、企业生产成本攀升等问题，究其原因，投入资金不足是制约发展的重要短板和瓶颈。农产品加工企业原料收购季节相对集中，资金需求量大，占用时间长，一般商业性贷款难以满足。此外，农产品加工企业设备改造更新、重大技术攻关、加工车间建设等中长期投入资金需求等由于缺少符合条件的抵押物，贷款难以落实。根据对全省近 3 000 家农业龙头企业统计分析发现，目前所有总资产合计 1 000 亿元左右，而年末贷款余额才 200 多亿元，平均资产负债率不到 25%，若以资产负债率达 50% 作为警戒线的话，这部分企业的融资需求缺口近 300 亿元。

【政策建议】

1. 抓规划引导。结合优势农产品区域布局规划，优化农产品加工区域布局和产业布局，大力发展科技含量高、加工程度深、产业链条长、增值水平高、出口能力强的产品和产业。

2. 抓投入支持。积极探索构建省级财政加大投入、各级财政相应配套、政银保撬动的投入引导机制，通过贷款贴息、项目补助、融资担保、税收减免四位一体的方式，支持农产品加工业发展。

3. 抓科技支撑。重点加强农产品主产区农产品加工业研发体系和行业标准体系建设，着力打造资源整合、信息共享、联合攻关、技术创新、专业化发展五大平台。

4. 抓品牌培育。大力支持主产区农产品加工企业，大力推进标准化生产，培育打造具有岭南特色的系列农产品品牌。

5. 抓预警监测。加强对农产品加工重点领域和重点行业的监测预警，通过信息发布引导行业的健康发展，有效应对国际市场竞争，保障农产品加工行业安全。

广西壮族自治区

【基本情况】 2014 年，广西壮族自治区创新发展理念，加强产业引导，培育休闲品牌，积极推进休闲农业转型升级，呈现项目开发步伐加快，业态创意丰富多彩，示范创建力度加大，品牌效应不断放大，产业效益明显提高，农民收入持续增加，全区休闲农业蓬勃发展的良好态势。据初步统计，到 2014 年年底，广西累计建设休闲农业景点和农家乐旅游点3 700 多个，年接待游客4 535 多万人次，解决农民就业 15 多万人，利润总额 17 亿多元。

广西壮族自治区休闲农业基本情况表

	单位	休闲农业经营主体总计
经营主体个数	个	3 776
从业人数	人	165 772
其中：农民就业人数	人	150 085
带动农户数	户	101 309
接待人次	人次	45 352 189
营业收入	万元	734 970.8
其中：农副产品销售收入	万元	171 929.9
利润总额	万元	170 371.5
从业人员劳动报酬	元	21 066.4

【主要做法及发展成效】

1. 立足精品建设，实施休闲农业项目开发。广西农业部门制订下发了《2014 广西休闲农业旅游精品线路建设项目实施方案》，安排专项资金扶持了 10 个休闲农业项目建设，建设内容包括特色园艺新品种、新技术的引进，基础设施的完善，休闲农业和旅游农产品的创意开发、包装、宣传推介等，建成和完善了平果县荷花休闲农业观光基地、南丹县里湖乡王尚屯休闲农业示范园、灵川县小平乐休闲农业基地、北海市银海区特色休闲农业示范园等一批休闲农业项目，以点带面激发各地发展休闲农业的积极性，极大地增强了休闲农业发展活力。在项目资金的引导下，各类投资主体积极投资休闲农业，开发经营休闲农业项目，使得全区各类休闲农业园区、农家乐数量不断增加，质量档次稳步提升，业态类型日趋丰富。

2. 建设万元村屯，推进"清洁田园"示范工程。广西农业部门投入 1 260 万元项目资金，建设了 63 个万元增收村屯，培育了一批年收入 10 万元以上的致富示范农户，示范点基础设施明显改善，公共服务明显增强，村容村貌明显改观，已成为休闲农业与乡村旅游的新亮点。另外，投入了 1 200 万元项目资金，建设了 115 个"清洁田园"示范点，通过治理农业面源污染、水体污染，推动开展农业清洁生产、回收农业废弃物及无害化处理、发展绿色食品等措施，为打造洁净文明安居的"美丽乡村"、建设天蓝地绿水净的"美丽广西"构建了绿色生态基础。

3. 推动农业创意，开拓休闲农业发展空间。积极组织参加农业部"全国休闲农业创意精品推介活动"，广泛征集参赛作品，在广西全区发掘了一大批内涵丰富、创意新颖、在群众中"叫得响、传得开、留得住、有价值"的休闲农业创意精品。在选送的 56 件产品、包装、活动、景观创意作品中有16件分别获金奖、银奖和优秀奖。活动的举办，增强了休闲农业持续发展的活力，激发了各地开拓休闲农业创意产业的积极性，拓展了农业功能，带动了农民就业增收。

4. 深化示范创建，引导休闲农业规范发展。2014年，广西农业部门按照农业部的工作部署，继续加大力度创建全国休闲农业与乡村旅游示范县和示范点，开展2014年"中国美丽田园"、"中国最美休闲乡村"、"中国休闲农业与乡村旅游十大精品线路"推荐评选活动、"中国重要文化遗产"申报活动。广西龙胜各族自治县荣获全国休闲农业与乡村旅游示范县称号，南丹县芒场镇巴平村下街屯、防城港市港口区企沙镇簕山古渔村、阳朔县百里新村休闲农业示范区荣获全国休闲农业与乡村旅游示范点称号。东兴市竹山村、灌阳县小龙村、灵山县大芦村获得"2014年中国最美休闲乡村"称号。隆安县布泉河稻浪花海景观、柳江县万亩荷塘、灌阳县雪梨园、武宣金葵花特色田园、东兴市北仑河口景观、灵川县海洋乡小平乐村银杏观光带获得"2014年中国美丽田园"称号。"百色起义红色旅游与农业休闲养生游"被列入"2014年中国休闲农业与乡村旅游十大精品线路"。2014年6月，桂林市龙胜县龙脊梯田被认定为第二批"中国重要农业文化遗产"。

5. 强化宣传推介，提升休闲农业品牌形象。广西农业部门注重休闲农业亮点宣传，让市民了解休闲农业景点，进而加入休闲农业之旅，享受休闲农业的快乐。一是运用广西农业信息网的广西休闲游、农家乐平台，推介景点美图、特色产品、美食餐饮、旅游路线等，扩大了全区休闲农业的宣传。二是通过中央电视台、《农民日报》、《广西日报》等媒体宣传广西休闲农业亮点，积极拓展区内外市场。三是拍摄广西休闲农业与乡村旅游形象宣传片，全面提升形象，扩大

内外影响。四是举办大型节庆活动宣传推介，各地休闲节庆活动百家争鸣，精彩纷呈，使休闲农业产业不断发展，品牌更加响亮。

海南省

【基本情况】 2014年，全省休闲农业发展到200家，增长14.0%，资产总额达50.4亿元，增长13.0%，直接从业人数约1.72万人，同比增长10.0%，间接从业人数约6.7万人，带动农户约2.7万户，累计接待游客约1 116万人次，营业收入达8.92亿元，同比增长12%，呈现出快速增长的态势。

海南省休闲农业基本情况表

	单位	休闲农业经营主体总计
经营主体个数	个	200
从业人数	人	17 204
其中：农民就业人数	人	13 881
带动农户数	户	27 012
接待人次	人次	11 160 800
营业收入	万元	89 165
其中：农副产品销售收入	万元	39 018
利润总额	万元	11 172
从业人员劳动报酬	元	11 890

【工作思路、举措和成效】

1. 2014年年初制订2014年海南休闲农业工作要点，确定八项工作目标：一是争取海南省政府出台《海南省人民政府关于推进休闲农业发展的若干意见》；二是制订休闲农

业规划与标准；三是加快休闲农业示范点创建活动；四是举办休闲农业高端论坛和博览会；五是开展休闲农业宣传推介活动；六是组织参加农业部举办的休闲农业创意精品大赛活动；七是加快休闲农业项目库建设；八是筹备成立海南休闲农业协会。

2. 开展全国休闲农业与乡村旅游示范县、示范点创建工作。被农业部和国家旅游局认定琼海市为示范县，三亚亚龙湾国际玫瑰谷、万宁兴隆热带花园、琼海博鳌美雅乡村公园为示范点。开展省级休闲农业示范点创建工作，推荐32家企业为示范点。

3. 推进休闲农业重点项目建设。重点建设三个项目：海口誉城农业开发有限公司投资3 400多万元建设誉城休闲农庄项目，屯昌汇丰休闲农业园产品创意开发和品牌创建取得成效，琼中营城红云湖农家乐2014年投入7 000多万元。

4. 推进休闲农业标准化建设。正式出台《海南省休闲农业发展项目规划》、《海南省休闲农庄建设规范》（试行）和《海南省休闲农业观光果园建设标准》（试行）、《海南省休闲农业建设指引》。

5. 开展休闲农业调研。完成了《海南省申报国家重要农业文化遗产项目前期可行性比选研究报告》和《海南省休闲农业发展研究》项目。

6. 建设休闲农业示范点GPS定位导航系统。选择50家示范点企业建设、开通GPS定位导航系统，已开通琼北、琼中、琼南和环岛休闲农业精品线路。

7. 开展休闲农业示范点宣传推介活动。与海南广播电视总台合作，在新闻频道开通《农旅时空》栏目，每周一期固定时间对休闲农业示范点进行报道宣传；制作《海南休闲农业发展纪事》电视宣传片；在海南东环高铁动车媒体推介全省休闲农业发展成果；编印《海南休闲农业与乡村旅游指南（2014版）》；组织15家休闲农业企业参加第十一届

中国（武汉）农业博览会海南休闲农业专场推介促销活动。

8. 组团赴京参加2014年第二届全国休闲农业创意精品大赛。海南省组织22家休闲农业企业选送112件作品赴京参展，共获得奖牌15块，其中金奖3块、银奖6块、优秀奖6块。

9. 开展2014年中国最美休闲乡村和中国美丽田园申报工作。三亚市槟榔村、海口市琼山区田心村、琼中县什寒村被农业部认定为中国最美休闲乡村，琼海市龙寿洋稻田被认定为中国美丽田园。

10. 做好休闲农业和乡镇企业统计工作。6月18日，海南省农业厅和省统计局联合下发了《关于切实加强和规范乡镇企业统计工作的通知》（琼农字〔2014〕63号）。

11. 成立海南休闲农业发展协会。10月22日，海南省休闲农业协会成立，已有73家企业加入了协会。

12. 举办2014年海南休闲农业高峰论坛。12月12日，举办首届中国（海南）国际休闲农业发展高峰论坛，各市县主管部门和相关休闲农业企业160人到会参加，会前广泛征文，在海南经贸杂志上结集出版《2014海南休闲农业高峰论坛》特刊。

13. 做好一年一度的冬交会休闲农业馆展示工作。12月12日，在中国（海南）国际热带农产品冬季交易会上开设"冬交会"休闲农业馆，参展的企业达20多家。整个休闲农业展馆面积1 860平方米，分为6大板块。主要展示海南休闲农业发展历程及取得的成果，让广大民众了解休闲农业、了解农民生活、享受乡土情趣、参与农事体验，在观光、采摘、游乐、休闲度假、品味美食、科普教育中享受休闲农业带来的乐趣，展示和销售海南特色休闲农业创意产品等。

14. 开展乡村旅游、休闲农业服务技能培训。12月17日，海南省首届乡村旅游、休闲农业服务技能培训活动举行，由省总工

会、省旅游委、省农业厅主办，开展具有乡村旅游特色的烹饪、餐厅服务和客房服务三个专业的技能培训，每个专业分两个班。

15. 开展 2014 年全国十佳休闲农庄和 2014 年中国休闲农业休闲线路推荐工作。2014 年 2 月 15 日，海南省上报材料推荐文昌市的龙泉乡园为全国十佳休闲农庄。

16. 开展 2014 年全国休闲农业与乡村旅游星级示范创建工作。2014 年 10 月 20 日，海南省上报材料推荐世外桃源休闲农业养生区和亚龙湾国际玫瑰谷申报五星，崖州古越文化旅游区和保亭保城七仙农乐乐酒庄申报四星。

【大事记】

[1] 1 月 17 日，海南省农业厅印发《关于做好 2014 年休闲农业工作的通知》（琼农字〔2014〕5 号），《关于开展休闲农业安全生产检查工作的通知》（琼农字〔2014〕6 号）。

[2] 3 月 27 日，海南省组织 22 家休闲农业企业选送 112 件作品赴京参加全国休闲农业创意精品推介活动，共获得奖牌 15 块，其中金奖 3 块、银奖 6 块、优秀奖 6 块。

[3] 4 月 29 日，省农业厅办公室印发《关于继续开展海南省休闲农业示范点创建工作的通知》（琼农办〔2014〕12 号）。

[4] 7 月 15 日，农业部办公厅、中国民生银行办公室印发《关于推荐 2014 年农产品加工业休闲农业农民创业项目的通知》（农办加〔2014〕15 号）。海南省申报的"智慧休闲农庄项目"获推荐。

[5] 7 月 16 日，海南省农业厅印发《海南省休闲农业观光果园建设标准（试行）》，（琼农字〔2014〕80 号），《海南省休闲农庄建设规范（试行）》（琼农字〔2014〕81 号）。

[6] 10 月 8 日，农业部发布 2014 年中国最美休闲乡村和中国美丽田园名单。海南省三亚市槟榔村、琼山区田心村、琼中县什寒村三个村为最美休闲乡村，琼海市龙寿洋稻田为美丽田园。

[7] 10 月 22 日，海南省休闲农业协会成立，共有 73 家企业加入了协会。海南呀诺达雨林文化旅游区董事长张涛为会长，海南省投资商会执行会长王佳为执行会长，海南久久木屋投资有限公司总经理时晓冬为秘书长。

[8] 10 月 23 日，海南省农业厅印发《海南省休闲农业发展项目规划（2014—2020）》（琼农字〔2014〕132 号）。

[9] 11 月 1 日，组织 15 家休闲农业企业参加第十一届中国（武汉）农业博览会进行海南休闲农业专场推介促销活动。

[10] 11 月 22 日，海南省休闲农业点 GPS 定位导航系统开通仪式在海口市羊山休闲公园举行。

[11] 12 月 12 日，2014 海南休闲农业高峰论坛在海南会展中心"冬交会"现场举行，各路专家共同探讨海南省休闲农业未来的发展情况。论坛由海南省农业厅主办，海南热带农业与农村经济研究院承办。

[12] 12 月 17 日，海南省首届乡村旅游、休闲农业服务技能培训暨竞赛活动在海口经济学院（海口市桂林洋高校区）开幕，本次活动由省总工会、省旅游委、省农业厅主办，开设乡村旅游特色烹饪、餐厅服务和客房服务三个专业的技能培训，每个专业分两个班。培训对象是各市县从事乡村旅游的一线带头人，乡村旅游企业、乡村旅游经营户中从业人员，为期 4 天，并为培训合格者颁发初级技能等级证书。

[13] 12 月 21 日，组织三亚、琼海、陵水这三市县休闲农业主管部门和休闲农业企业相关人员赴台湾开展休闲农业学习交流。

[14] 12 月 24 日，农业部、国家旅游局公布全国休闲农业与乡村旅游示范县和示范点名单，海南省琼海市被认定为全国示范县，三亚市亚龙湾国际玫瑰谷、万宁市兴隆热带花园、琼海县博鳌美雅乡村公园被认定为全国示范点。

四川省

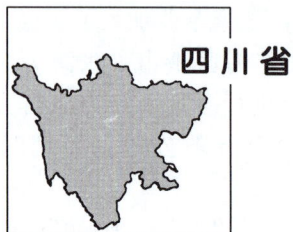

【基本情况】据统计，2014 年全省休闲农业与乡村旅游经营单位发展到 3 万家，同比增长 1.6%；接待游客达 3 亿人次，同比增加 20%；综合经营性收入 750 亿元，同比增加 34%；带动全省 900 万农民就业增收，同比增长 12.5%；为全省农民人均增收贡献 77 元，同比增长 22%。产业规模效益居全国首位，切实增加了农民生产性、财产性、经营性收入，开辟了农民增收新空间，休闲农业已成为新的农民收入增长极。

四川省休闲农业基本情况表

	单位	休闲农业经营主体总计
经营主体个数	个	30 513
从业人数	人	1 023 949
其中：农民就业人数	人	921 554
带动农户数	户	581 725
接待人次	人次	300 041 803
营业收入	万元	7 501 049
其中：农副产品销售收入	万元	1 342 772
利润总额	万元	860 271
从业人员劳动报酬	元	22 551

【主要工作】

1. 强化政策引领，推动产业发展环境的改善和优化。四川是中国农家乐发源地。近年来，以农家乐为支撑体系的休闲农业与乡村旅游产业蓬勃发展，日渐成为有力推动农民就业增收和现代农业发展的新兴产业。四川省政府出台了《关于加快发展休闲农业与乡村旅游的指导性意见》，特别强调了加快发展休闲农业与乡村旅游的重要意义，明确了休闲农业与乡村旅游的发展思路、目标、原则，确定了科学编制规划、改善基础设施、健全标准体系、创新服务产品、强化品牌建设和加强人才培训等六项当前和今后发展休闲农业与乡村旅游的工作重点，提出了加强组织领导、加强协调服务、加大资金投入、完善政策支持和加大金融支持等保障措施。目前，已有 7 个市州 35 个县市，以政府名义出台加快休闲农业与乡村旅游发展意见，为改善和优化产业发展环境，发挥重要促进作用。

2. 展示产业特色，推进产业基地景区化建设。2014 年，四川省率先在全国推行产业基地景区化建设，推动全省休闲农业转型升级发展。在全省现代农业产业基地景区化建设现场培训会上对进一步深化推进景区化建设工作做了明确要求和专题部署。各地按照"以产业为基础、创意农业为手段、农耕文化为灵魂"的总体建设要求，将旅游元素、文化元素充分融入到产业基地，新建成 1 000 个产业特色明显、文化内涵丰富的休闲农业景区，实现了"产区变景区、田园变公园、产品变商品"，不仅为广大城乡居民休闲、度假、体验、养生提供重要场所，也为广大农民群众就地就近就业增收开辟新天地。

3. 着力现代营销，搭建产业发展公共服务平台。为规范行业发展，推动全省休闲农业有序发展，省农业厅在 2014 年年初牵头组建了四川省休闲农业协会，发展以休闲农业企业、各级农业部门、有关科研院校专家为主的首批会员 500 余个，目前协会相关工作顺利。

4. 培育新型主体，加快构建休闲农业现代经营体系。四川休闲农业的发展模式主要以农家乐为主，经营主体以农民个体为主，服务形式单一，同质同构现象突出，缺乏创意和特色，已经不能满足消费需求的变化，亟待转型升级。为适应新的发展形势，四川省提出今后重点培育以家庭农场、农民合作社、农业企业为主的新型休闲农业经营主体，逐步在全省打造一批产业特色鲜明的休闲农庄，建立起以星级农家乐为基础，以休闲农庄为主体，以农业旅游公司为引领的新型休闲农业经营体系。

5. 实施品牌战略，着力提升产业竞争力。四川是天府之国、休闲之都，中国农家乐起源地，培育了成都五朵金花、郫县农科村等知名品牌。四川省重点围绕深入打造四川休闲之都品牌，着力提升产业影响力和竞争力。

6. 狠抓宣传造势，营造产业发展良好氛围。为宣传和展示四川省休闲农业发展取得的成果，四川省采取高端宣传和节庆搭台的营销策略，进一步提升本省休闲农业的社会影响力、公众认知度和品牌知名度。

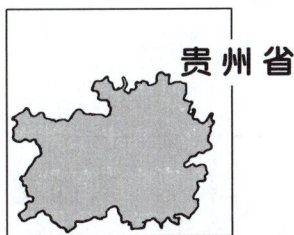

贵州省

【基本情况】

1. 休闲农业稳步发展。2014 年，调查数据表明，贵州省休闲农业与乡村旅游经营主体3 148个，接待5 320.4 万人次，营业收入26.9 亿元，同比增长 10.8%。其中，农副产品销售收入 6 亿元，工资总额 7.5 亿元，利润总额 7.7 亿元，上缴税金 1.1 亿元。已成为转变农业发展方式，拓展农业功能，促进农民就业增收，推进新农村建设，统筹城乡发展的重要途径。

2. 休闲农业工作稳步推进。一是休闲农业品牌建设取得新成绩。2014 年，遵义市凤冈县获全国休闲农业与乡村旅游示范县称号，贵州省福泉市黄丝休闲农业与乡村旅游示范点、盘县哒啦仙谷休闲农业示范园、赤水金钗石斛生态示范园获全国休闲农业与乡村旅游示范点称号。安顺市滑石哨村、安顺市桃子村、黔西南州纳灰村获中国最美休闲乡村称号。惠水县稻田、瓮安县桃花、从江县加榜梯田、瓮安县茶园、兴仁县放马坪草原、兴义市下五屯镇葡萄、兴义市杜鹃花、盘县哒啦仙谷薰衣草 8 个农事景观获中国美丽田园称号。二是开展全省休闲农业与乡村旅游示范点创建工作。开阳久事生态农业示范园、花溪区久安乡古茶树休闲农业、湄潭县二道河鱼龙山寨乡村旅游中心被评为省级休闲农业与乡村旅游示范点。三是积极开展休闲农业与乡村旅游宣传工作。会同部局在黔西南州成功举办"2013 中国最有魅力休闲乡村和中国美丽田园推介活动"，极大地提高了全省休闲农业的知名度和美誉度，并组织 50 多件休闲农业创意产品参加部局主办的全国休闲农业创意精品推荐活动。贵州省农业委员会被评为 2014 年全国休闲农业创意精品推介活动最佳组织奖；组织 40 多家企业近 300 多件休闲农业创意产品，参加 2014 年中国·贵阳国际特色农产品交易会暨绿茶博览会。

贵州省休闲农业基本情况表

	单位	休闲农业经营主体总计
经营主体个数	个	3 148
从业人数	人	52 000
其中：农民就业人数	人	42 000
带动农户数	户	100 373
接待人次	人次	53 204 000
营业收入	万元	269 030.5
其中：农副产品销售收入	万元	59 591.2
利润总额	万元	77 402.8
从业人员劳动报酬	元	14 496

云 南 省

【基本情况】 云南是农业大省，多民族共存、久远的农耕文化和丰富的自然景观资源，为云南省休闲农业发展提供了得天独厚的条件。近年来，云南省农业厅牵头，加大了对休闲农业工作的推动力度，联合省旅游局成立云南省休闲农业与乡村旅游工作协调小组及办公室，出台了一系列文件，在调查摸底的基础上开展了云南省休闲农业与乡村旅游示范企业认定工作。同时，积极组织参加全国休闲农业与乡村旅游示范创建、积极申报中国重要农业文化遗产、中国最有魅力休闲乡村、中国美丽田园等称号，积极参与全国休闲农业创意农业大赛等活动。

云南省休闲农业基本情况表

	单位	休闲农业经营主体总计
经营主体个数	个	7 919
从业人数	人	110 305
其中：农民就业人数	人	86 672
带动农户数	户	412 775
接待人次	人次	46 539 325
营业收入	万元	904 622
其中：农副产品销售收入	万元	306 143
利润总额	万元	157 439
从业人员劳动报酬	元	

　　截止到 2013 年，云南省腾冲县、罗平县、大理州、玉龙县、弥勒市 5 地已经被认定为国家级休闲农业示范县，昆明市福保村、

丽江市丽水寨、宣威市万松居民族园等 13 家已经被认定为国家级休闲农业与乡村旅游示范点。红河哈尼稻作梯田系统、普洱古茶园与茶文化系统、漾濞核桃—作物复合系统被列为第一批中国重要农业文化遗产。2014 年 6 月，广南八宝稻作生态系统、云南剑川稻麦复种系统被列为第二批中国重要农业文化遗产。普洱市澜沧县惠民乡芒景村被农业部授予"中国最有魅力休闲乡村"称号。罗平县坝子油菜花、广南县八宝镇贡米稻田、景洪市大渡岗乡茶园、大理州海东镇金梭岛渔作景观、漾濞县光明村核桃、昭通市昭阳区大山包草原 6 地获得"中国美丽田园"称号。2014 年，农业部又新认定云南省 4 地为中国最美乡村，6 地为中国美丽田园。云南省认定的省级休闲农业与乡村旅游示范企业 91 家，部分州市也在省级示范企业的带动下积极开展了州市级休闲农业示范企业认定工作，部分州市也拿出专项资金扶持休闲农业的发展。通过农业部门和旅游部门的共同推动，云南省的休闲农业的发展已经逐步进入规范提升阶段。

陕 西 省

【基本概况】 截止到 2014 年年底，全省共创建全国休闲农业与乡村旅游示范县 5 个、示范点 15 个，中国最美（最有魅力）休闲乡村 6 个，中国重要农业文化遗产 1 处，中国美丽田园 11 处，全国十佳休闲农庄 1 个，五星级休闲农庄 4 个、四星级休闲农庄 2 个。认

定省级休闲农业示范县（区）4 个、示范点 34 个，省级休闲农家明星村 29 个。全省发展休闲农园 363 个，休闲农庄 346 个，休闲农家专业村 270 个，休闲农家经营户 1.3 万多户。休闲农业年接待游客 5 800 万人次，经营收入 50 多亿元。休闲农业已成为现代农业产业体系的重要内容和农业农村经济的新亮点。

陕西省休闲农业基本情况表

	单位	休闲农业经营主体总计
经营主体个数	个	13 979
从业人数	人	310 000
其中：农民就业人数	人	280 000
带动农户数	户	20 000
接待人次	人次	58 000 000
营业收入	万元	500 000
其中：农副产品销售收入	万元	200 000
利润总额	万元	
从业人员劳动报酬	元	24 000

【工作思路】 2014 年，全省休闲农业工作按照"规范、引导、培育、提升"的思路，以"拓展农业功能、创造农业价值"为重点，不断延伸农业产业链、价值链，推动农业生产经营"接二连三"，加快第一、二、三产业融合发展。

【工作举措】

1. 抓示范创建。新增全国休闲农业与乡村旅游示范县 1 个、示范点 4 个，中国最美休闲乡村 3 个，中国美丽田园 6 处，全国十佳休闲农业企业（园区）1 家，五星级休闲农业企业（园区）2 家、四星级 2 家、三星级 1 家，总数位居西部省份前列。全省休闲农业发展经验在全国休闲农业经验交流会上做交流。

2. 抓学习培训。按照"统一安排、突出主体、师资省管、市县组织"的创新培训方式，在全省 12 个市区和部分县区，组织管理部门负责人、有关示范点负责人 1 000 余人次，开展休闲农业提升发展主题培训取得良好效果。

3. 抓监管指导。编制完成《陕西休闲农业发展规划纲要（2015—2020 年)》，进一步明确了全省休闲农业的指导思想、发展目标、区域布局和主要任务。在原省级休闲农业示范县、示范点、明星村认定标准的基础上进行修订完善，制订了《陕西省省级休闲农业示范县示范点认定和运行监测管理试行办法》，省级休闲农业示范创建管理更加科学合理。组织 12 市区重点就 2013 年项目资金落实情况、项目完成情况进行交叉检查，并召开了检查汇报会，确保项目顺利实施。

4. 抓宣传推介。精心组织有关主体参加全国休闲农业创意精品推介活动，省农业厅获优秀组织奖，5 件参展作品金奖。《陕西日报》2 次、陕西广播电视台 2 次、省政府网站 3 次、西部网（陕西新闻网）等主流媒体 4 次就全省休闲农业发展有关情况进行报道，全省休闲农业的良好氛围进一步形成。

【发展成效】 全省形成了以西安周边地区为核心、以关中平原为主带、以陕南和陕北为两大辐射区的发展格局。据抽样监测统计，2014 年全省休闲农业年接待游客 5 800 万人次，经营收入 50 亿元，直接从业人员 31 万人，其中 28 万从业农民人均纯收入 1.2 万元以上。关中 5 市大部分休闲农家经营户收入都在 10 万元以上，西安秦岭北麓等重点发展区域内的休闲农业经营收入已占到当地农业总产值的 30% 以上。

【大事记】

[1] 3 月，陕西省农业厅组织有关作品参加全国休闲农业创意精品推介活动，展出作品百余件，其中 5 件作品获金奖。

[2] 4 月，农业部农村社会事业发展中心王秀忠主任一行来陕西调研休闲农业。陕

西省农业厅组织有关单位参加中国美丽田园推介活动和中国最美休闲乡村推介活动。

〔3〕5月，中国旅游协会休闲农业与乡村旅游分会认定陕西阳光雨露现代农业旅游观光示范园为2014年全国十佳休闲农庄。陕西省农业厅、省旅游局组织有关单位申报创建全国休闲农业与乡村旅游示范县。

〔4〕7月，陕西省发展一村一品指导中心组织有关企业参加全国休闲农业与乡村旅游星级示范创建企业内审员培训班。

〔5〕8月，陕西省农业厅组织召开全省休闲农业发展形势座谈暨休闲农业培训会。全省休闲农业培训按照"统一安排、突出主体、师资省管、市县组织"的方式，在全省12个市区深入开展。

〔6〕10月，农业部认定安康市平利县龙头村（特色民俗村类）、铜川市新区陈坪村（现代新村类）、汉中市宁强县青木川村（历史古村类）为中国最美休闲乡村，认定汉中市南郑县油菜花、安康市岚皋县南宫稻田、铜川市宜君县哭泉乡旱作梯田、安康市平利县长安十里茶园、延安市洛川县李家塬苹果园、榆林市榆阳区杏花园为中国美丽田园。陕西省农业厅向省发改委报出《关于推进文化创意和设计服务与相关产业融合发展的实施意见（讨论稿）修改意见的函》（陕农业函〔2014〕283号）。

〔7〕12月，中国旅游协会休闲农业与乡村旅游分会认定陕北民俗文化大观园、鸵鸟王生态园为全国休闲农业与乡村旅游五星级示范创建企业（园区），西安沣东现代都市农业发展有限公司、榆林市榆阳区瑞丰农业科技有限公司为全国休闲农业与乡村旅游四星级示范创建企业（园区），神木县丰禾生态农业科技有限公司为全国休闲农业与乡村旅游三星级示范创建企业（园区）。农业部认定柞水县为全国休闲农业与乡村旅游示范县，汉中市西乡钧鑫农场、合阳县洽川温泉度假村、铜川市照金现代生态休闲农业示范园区、西安市沣东新城现代都市农业示范园为全国休闲农业与乡村旅游示范点。

甘肃省

【基本情况】 2014年年底，全省休闲农业经营主体（含农家乐、农业示范园区、休闲农庄、专业村、民俗村等）8 761家，总资产496亿多元，营业收入达22.1亿元，占用土地1.73多万公顷，接待人数2 802.4万人次，农民就业7.8万人，带动农户8.99万户。全省休闲农业资源类型多，特色明显。全省具有开发价值的自然风光、浓郁的民族特色活动、乡土特色手工艺品和文化艺术品、独特的乡村传统劳作方式、各具特色的民俗风情比赛及节会庙会等，为发展休闲农业提供了广阔空间。

甘肃休闲农业基本情况统计表

	单位	休闲农业经营主体总计
经营主体个数	个	8 761
从业人数	人	83 746
其中：农民就业人数	人	78 206
带动农户数	户	89 903
接待人次	人次	28 024 000
营业收入	万元	221 416.1
其中：农副产品销售收入	万元	120 846.6
利润总额	万元	60 347.2
从业人员劳动报酬	元	43 500

【主要工作和成效】

1. 积极开展示范创建。两当县和景泰县条山农庄等3个主体分别被农业部和国家旅游局命名为全国休闲农业与乡村旅游示范县、示范点。和政县吊滩村等3个特色村入选中国最美休闲乡村，永昌县油菜花景观等5项农事景观入选中国美丽田园。张掖金色风光休闲游线路获农业部"2014年中国休闲农业与乡村旅游十大精品线路"称号。甘肃省农业厅正式启动全省开展了休闲农业示范创建活动，首次认定了一批全省休闲农业示范县和示范点，永靖县等4个县被评为"甘肃省休闲农业示范县"，嘉峪关中华孔雀苑等25个休闲农业经营主体被评为"甘肃省休闲农业示范点"。

2. 积极开展农业文化遗产挖掘保护。2014年6月，农业部发布第二批20个中国重要农业文化遗产，甘肃省岷县当归种植系统成功入选。至此，在农业部公布的39个中国重要农业文化遗产中，甘肃省占3个。

3. 全国休闲农业创意精品推介取得丰硕成果。2014年3月，参加农业部2014年全国休闲农业创意精品推介活动，甘肃省农业厅共向活动组委会择优推荐了产品创意、包装创意、活动创意和景观创意4大类84件作品参展，获得金奖4个、银奖6个、优秀奖8个，甘肃省农业厅荣获最佳组织奖。

【示范创建情况】 2014年，按照《甘肃省休闲农业示范县和休闲农业示范点创建办法》的规定，全省启动了休闲农业示范创建活动，按照创建单位自愿申报、市州主管部门审核推荐、组织专家评审委员会评审和网上公示等程序，最终产生了全省示范单位名单。12月25日，首次认定公布了一批休闲农业示范县和示范点，认定民乐县等4个县为甘肃省休闲农业示范县，认定中华孔雀苑等25个休闲农业经营主体为甘肃省休闲农业示范点。其中，休闲农业示范点涵盖了农家乐及农家乐专业村、休闲农庄、农业观光园、农业科技示范园、农民专业合作社等农业经营主体。

【大事记】

[1] 3月27日，农业部公布了全国休闲

农业创意精品推介活动获奖作品名单，甘肃取得了4个金奖、6个银奖和8个优秀奖。甘肃省农牧厅获"优秀组织奖"称号。

[2] 5月4日，中国旅游协会休闲农业与乡村旅游分会发布了2014年中国休闲农业与乡村旅游精品线路名单，甘肃张掖金色风光休闲游线路获"2014年中国休闲农业与乡村旅游十大精品线路"称号。

[3] 5月29日，农业部发布了全国第二批20项中国重要农业文化遗产。甘肃岷县当归种植系统被命名为"中国重要农业文化遗产"。

[4] 10月8日，农业部公布了2014年中国最美休闲乡村和中国美丽田园推介结果。甘肃省和政县吊滩村被认定为全国特色民居村，迭部县扎尕那村被认定为全国特色民俗村，临泽县南台村被认定为全国现代新村。甘肃永昌县油菜花景观入选全国10项油菜花景观，景泰县条山农庄梨花景观入选全国10项梨花景观，庄浪县赵墩沟梯田入选全国10项梯田景观，山丹县军马场草原、玛曲县草原入选全国9项草原景观。

[5] 12月24日，农业部和国家旅游局公布了2014年全国休闲农业示范县和示范点名单，认定甘肃省两当县为全国休闲农业与乡村旅游示范县，皋兰县古梨园、平凉市崆峒区崆峒镇、景泰县条山农庄为全国休闲农业与乡村旅游示范点。

青海省

【基本情况】 近年来，青海省积极拓展农业

功能，以休闲农业与乡村旅游示范县和示范点创建工作为抓手，大力发展休闲农业，加快美丽田园、美丽乡村建设。全省休闲农业已经从一家一户的农家乐，向休闲农庄、休闲观光农业园、休闲农业专业村发展，休闲农业初具产业规模，成为青海省调整农业结构，推动新农村建设和农民增收的新亮点。据初步统计，青海省有休闲园1 594家，较2011年增加532家，其中休闲农业园区43家、休闲农庄121家、农家乐1 394家、民俗村36个。年营业收入12.5亿元，年实现利润总额3.8亿元，从业人员达到2.2万人，农民就业人员达到2.07万人，年接待游客1 196万人次。

青海省休闲农业基本情况表

	单位	休闲农业经营主体总计
经营主体个数	个	1 594
从业人数	人	22 000
其中：农民就业人数	人	20 700
带动农户数	户	33 686
接待人次	人次	11 960 000
营业收入	万元	125 000
其中：农副产品销售收入	万元	29 750
利润总额	万元	18 816
从业人员劳动报酬	元	10 800

【发展模式】

1. 依托传统种植业发展休闲农业。目前，祁连山油菜花节，柴达木盆地枸杞节，东部黄河、湟水河流域温暖灌区贵德县、民和县和循化县的梨花、桃花及线辣椒节，享誉省内外，每年都吸引了大批的游客观光旅游，带动了休闲农牧业的发展。

2. 依托设施农业发展休闲农业。以湟中青绿元休闲观光农业示范基地、大通华灏设施农业休闲观光基地、青海惠田农业种植有限公司等为代表的一批集休闲、采摘、餐饮、认领为载体的现代观光农业园区已经建成，成为发展休闲观光农业的典范。

3. 依托民俗文化发展休闲农业。以河湟农耕文化、土族和撒拉族民俗文化为切入点，发展休闲农业，带动农牧民增收。循化县街子镇三兰巴海村、互助县小庄村、尖扎县坎布拉镇直岗拉卡村等积极发展农家乐，品尝民族饮食，游客尽情领略藏族、撒拉族和土族民俗、文化和歌舞，吸引了国内外大批游客，成为全省文化品味较高的休闲区。

4. 依托草地畜牧业发展休闲农业。环湖、青南草原和柴达木盆地，藏、蒙草原文化及生活方式，形成了高原牧家乐和绿洲农业为主的休闲农业区。

5. 依托旅游景点发展休闲农业。湟中县鲁沙尔镇依托"塔尔寺"景区、循化县依托孟达"天池"景区发展农家乐，品尝撒拉族饮食，开发民间工艺品农民画、刺绣、唐卡等，拓展了休闲农业发展空间。

【主要做法】

1. 制定扶持政策措施，积极创建休闲农业示范点。近年来，青海省和各级地方政府都很重视休闲农业和乡村旅游的发展，制订了一些扶持发展的政策和措施，同时编制了《青海省休闲农业发展规划》《青海省乡村旅游规划》，进一步规划和规范了休闲农业的发展。2010年以来青海省开始创建休闲农业与乡村旅游示范县和示范点，贵德县、大通县、湟中县、门源县、循化县、互助县、祁连县、民和县8个县被评为全国和省级休闲农业示范县，乡趣农耕文化生态园、门源县泉口涌翠生态体验走廊、湟源县树莓种植休闲农业观光示范点、湟中县青绿元等72家休闲园被认定为国家和省级休闲农业示范点，其中西宁市乡趣农耕文化休闲园被评定为五星级全国休闲农业与乡村旅游示范园。示范县和示范点的创建，有力地促进了全省休闲园区的进一步发展，各地休闲农业已经进入蓬勃发展阶段。

2. 政府引导、社会参与，加大资金投入

促进发展。为推动休闲农业与乡村旅游上档次、上规模，各级政府加大对休闲农业的资金投入。近年来，青海省政府每年投入400万元，在全省建设了20个休闲农业示范点。2011年，通过阳光工程培训安排165万元，重点对休闲农业从业人员培训3 300人次，进一步强化了休闲农业服务规范化管理。西宁市政府也投资3 400万元提升和改造市郊休闲农业园区，着力建设具有西宁特点、河湟特色的融生产、生活、生态等功能为一体的"特色明显、产业带动、绿色休闲、人文和谐"的现代都市休闲观光农业。同时，各地区结合新农村建设等项目投入配套资金，修建乡村旅游公路，新建扩建停车场，改造旱厕，推广太阳能、风能低碳环保设备，美化绿化村容村貌，整治农村生态环境，推进休闲农业与乡村旅游的可持续发展。

3. 召开专家座谈会，为提升休闲农业品质出谋划策。为提升休闲农业品质，培育农业特色鲜明、主导产业突出、环境友好、文化浓郁的休闲农业与乡村旅游示范点，2013年青海省农牧厅、省文化厅和省旅游局联合在乡趣农耕文化生态园召开了咨询座谈会，相关处室领导和青海大学专家出席了会议。与会者各抒己见，相互交流，在凸显农业、文化和旅游氛围方面提出了许多指导性意见。园区发展一要依靠科技创新和文化创意提升休闲农业品质。二要进一步加强规划建设，更合理的划分各功能区和园区线路，整合资源，突出及明确市场和文化定位。塑造清新的空间意象，提高设计的艺术性和文化性。三要营造良好的乡村人文精神与园区氛围，突出人文文化价值理念，策划更有影响力的各类活动，充分运用各种媒体，加大宣传和市场开拓力度，促进园区的进一步发展。四要以项目建设为载体，加快农业科技和民族文化氛围的提升。

4. 配合农业部组织开展了全国休闲农业与乡村旅游星级示范创建活动。根据农业部、国家旅游局关于开展全国休闲农业与乡村旅游示范县和示范点创建活动的意见，青海省农牧厅积极向农业部、国家旅游局推荐休闲农业与乡村旅游示范县和示范点，其中青海省贵德县、大通县、湟中县和门源县被认定为全国休闲农业与乡村旅游示范县，湟源县树莓种植休闲农业观光示范点、民和县休闲观光旅游农业示范园等11家休闲园被认定为全国休闲农业与乡村旅游示范点。同时，组织青海省门源县百里油菜花海等3个县参加中国美丽田园推介活动，门源县被评为全国最美丽10个油菜花景观之一，祁连县卓尔山油菜花和大通县北川河万亩果园获评中国美丽田园，乐都区新联村、互助县高寨村获美丽休闲乡村称号。

【发展重点】

1. 依托城郊设施农业发展休闲观光农业。以大通县双新公路沿线、湟中县西纳川地区、城北区大堡子镇、城中区总寨垣、平安县白沈家村和互助县塘川镇等设施农业为载体，强化服务城市功能，努力向效益、生态、休闲农业拓展。通过提升改造、项目拉动、社会投资等多种形式发展休闲观光农业，建设一批集休闲、采摘、餐饮、认种为主的休闲观光农业园区。

2. 依托传统种植业发展休闲观光农业。以油菜、青稞、特色蔬菜和果品为重点，发展独具特色的传统农业，建设一批基础设施完善、生活功能相对齐备、经营模式多样、服务水平较高的农业休闲观光园区。

3. 依托民俗文化发展休闲观光农业。以西宁市三县及城北区、互助县、循化县等为重点，建设以展示农业耕作演变进程、农村发展变迁轨迹、体验农业和农村生活的农耕文化休闲园。引导和开辟田园风光游、鲜花、民俗歌舞、婚俗、风味餐、家庭访问等乡村旅游项目，丰富休闲观光农业的文化内涵。

4. 依托草原畜牧业和水产养殖业发展休

闲观光农业。利用天然草场、养殖水域、少数民族餐饮文化和锅庄等草原歌舞，发展草原风光旅游和垂钓休闲园。

宁夏回族自治区

【基本情况】 近年来，宁夏回族自治区党委、政府高度重视休闲农业，出台一系列政策措施推动宁夏休闲农业快速发展。随着宁夏"两区"建设不断推进、向西开放持续深入，公共服务日臻完善、交通出行更加便利，休闲农业市场潜力释放。2013 年，全区休闲农业接待约 640 万人次、收入同比增长 20%以上。

宁夏回族自治区休闲农业基本情况表

	单位	休闲农业经营主体总计
经营主体个数	个	594
从业人数	人	10 952
其中：农民就业人数	人	9 316
带动农户数	户	31 510
接待人次	人次	6 402 990
营业收入	万元	81 474
其中：农副产品销售收入	万元	44 410
利润总额	万元	15 625
从业人员劳动报酬	元	1 266

全区休闲农业主体单位 594 家（不含休闲农业园区、专业村），其中农家乐 416 家、休闲农庄 178 家，规模以上企业达到 25 家，年接待游客 640.2 万人次。休闲农业年营业收入 8.14 亿元，占农业总产值 1.7%，农副产品销售收入 4.44 亿元，利润总额为 1.56

亿元。从业人员 10 952 人，其中农民就业人数受达到 9 316 人，带动农户达到 31 510 户。休闲农业经营模式主要以农户自主经营、企业租赁经营、农户与企业联合经营、专业村经营四种为主。休闲农业的发展加快了与城市生活、环境、教育、文化等方面的融合渗透，促进城乡关系发生新的变化。

【旅游模式】 宁夏主要呈现出以下六种休闲农业与乡村旅游模式：一是黄河大漠观赏型。黄河两岸和沙漠地带新建黄河、大漠、草原观赏园，让游客观赏黄河、大漠景观，体验黄河大漠文化。二是休闲垂钓型。各地借助湖面较多优势，进行有效开发利用，为市民提供休闲、观光、垂钓服务。三是生态观光型。主要依托林场、园林等生态观光为主。四是认种采摘篱园型。利用沿贺兰山果园、设施园艺温棚、长红枣产业等建设了市民农园，为游客提供集观赏和果类采摘为一体的服务项目，供游客采摘杂果，供市民认种、体验农活。五是休闲农庄型。各地依托林园、水系、湖泊建设成一批集特色种植、旅游观光、餐饮住宿、休闲娱乐、景物观赏、会议培训等为一体的综合性生态观光休闲农庄。六是农家特色餐饮型。各县（市）区均发挥本地优势，利用特色畜禽养殖、蔬菜种植等，形成以土鸡、糕羊肉、欧洲雁、清真食品等特色乡村酒店餐饮，让游客吃农家饭、尝农家菜。

【发展态势】

1. 产业规模不断扩大，质量效益稳步提升。目前，全区从事休闲农业的企业和农庄达到 600 家，年接待游客超过 600 万人次。休闲农业年营业收入超过 8 亿元，占农业总产值的 2%，完成税收 1 295 万元，农副产品销售收入过 4 亿元，实现利润近 1.56 亿元。安置农民从业人员 9 316 人，受益农户达到近 3.15 万户。

2. 产业类型日趋多样，产品品种不断创新。初步形成了形式多样、功能多元、特色鲜明的产业形态和类型：沿黄河两岸以湿地生态、观光垂钓为主的休闲农庄产业带，沿贺兰山东麓以葡萄酒庄、生态果林为主的经果林品鉴观光产业带，沿艾依河两侧以农家乐为主的休闲农业带，依托六盘山旅游景观资源发展形成的旅游观光休闲农业产业区；依托设施农业、设施园艺等现代农业资源、回乡风情等民族特色资源、沙漠景观资源，形成一批现代农业科普生态园、回乡民俗观光园、大漠草原风情园等发展后劲足、带动能力强、品牌优势明显的休闲农业企业。

3. 资源高效整合，发展方式逐步转变。整合农业景观资源、生产资源和农村文化资源，休闲农业产业化经营稳步推进，集吃、住、行、游、购、娱于一体的产业链条不断完善，产业由零星分布向规模集约、从单一功能向复合多功能转变，推动了农村第一、二、三产业融合发展和城乡资源要素的交流互动，有力地促进了城乡一体化进程。

新疆维吾尔自治区

【基本情况】 2014 年，新疆休闲观光农业各类经营组织（户）4 640 家，营业收入 24.58 亿元，接待游客 1 371.49 万人次，从业人数 58 878 人，带动农户数 59 581 户。新疆现有全国休闲农业与乡村旅游示范县 5 个、示范点 14 个，中国最有魅力休闲乡村 5 个，中国美丽田园景观 7 处，中国重要农业文化遗产

2 项。

新疆维吾尔自治区休闲农业基本情况表

	单位	休闲农业经营主体总计
经营主体个数	个	4 640
从业人数	人	58 878
其中：农民就业人数	人	42 554
带动农户数	户	59 581
接待人次	人次	13 714 937
营业收入	万元	245 847
其中：农副产品销售收入	万元	44 512
利润总额	万元	37 700
从业人员劳动报酬	元	

【总体思路】 2014 年，新疆发展休闲观光农业的总体思路：坚持“以农为本、突出特色、因地制宜、持续发展”的原则，深化改革创新理念，以促进农民就业增收为着眼点和着力点，以市场化、产业化、特色化为导向，与推进城乡一体化和新农村建设相结合，与旅游业发展和新疆旅游资源相结合，与现代农业建设和改善民生相结合。通过示范引导、文化发掘、政策扶持、舆论宣传，做大做强休闲观光农业经营主体，以点拓线，加强精品线路建设，积极构建休闲观光农业产业体系，促进新疆社会稳定和长治久安。

【主要举措】

1. 落实规划，积极引导休闲观光农业有序发展。认真贯彻落实《自治区休闲观光农业发展“十二五”规划》，坚持科学布局、以农为本、规范提升的原则，加强行业指导，积极争取政策，推动休闲观光农业有序发展。

2. 面向市场，全力打造一批休闲观光农业品牌。高标准培育一批休闲观光农业企业，在市场竞争中立稳脚跟、发展壮大。一是抓好典型示范。按照农业部要求，组织推荐了一批全国休闲农业示范县和示范点、中国最美田园、最美休闲乡村，继续完善自治区休闲观光农业示范县和示范点评选监测办法，有计划、有重点地培育一批建设规模大、产业基础强、服务功能全、经营效益好、游客满意度高的休闲观光农业一流企业，带动全区休闲观光农业企业规范经营、科学发展。二是突出特色，开发精特产品。根据市场需求，因地制宜，发挥自身优势，坚持特色化建设，大力推出以绿洲风光为主的观光型、以农事活动为主的体验型、以生态体验为主的休闲型、以民俗活动为主的风情型、以健康养生为主的度假型为主的一批经典产品，形成丰富多彩的休闲观光产品体系。三是积极引导各方资金，多元发展。充分发挥农民主体作用，大力鼓励广大农户、农民专业合作社和村集体经济组织通过股份合作的方式，参与休闲观光农业的发展。积极引导农业产业化龙头企业、工商企业、旅游企业投资开发休闲观光农业项目，有效解决休闲观光农业规模小、分散化、实力弱的发展瓶颈问题，打造具备国家级水平的休闲观光农业精品。四是不断提高经营水平。精心设计休闲观光农业景观建筑和产品，注重基础设施建设，营造幽雅舒适、赏心悦目的休闲观光环境。进一步加强培训，切实提高从业者的经营素质、文化素质和环保意识，使其自觉维护农村景观资源及其自然生态和文化环境，为精品创建提供人才支持。

3. 挖掘文化，大力推动休闲观光农业走内涵式发展道路。着力挖掘提升具有新疆特色的人文地理、民俗文化、民族风情等自然资源禀赋，将文化品位融入休闲观光农业产业的发展中，增加其文化和人文价值，用独特的文化底蕴，丰富特色农产品及其带动的第三产业文化内涵，为休闲观光农业提供新的发展动力。一是开展中国重要农业文化遗产发掘工作，弘扬新疆坎儿井农业系统和哈密瓜栽培文化系统，形成具有新疆特色的休闲观光农业园。二是大力发展休闲观光农业创意产品。以民族刺绣、手工地毯、羽毛画、芦苇画等获奖创意精品为突破口，加快民间手工艺品的商业开发力度，使休闲观光农业产品成为畅销旅游商品，切实增加农牧民收入和就业。三是挖掘新疆特色农产品葡萄、香梨、红枣、杏、玫瑰、核桃、薰衣草等的种植栽培历史文化，吸引游客眼光，扩大销路。新疆还是一个牧业大区，牧民定居工程庞大，休闲观光农业可以与牧民定居工程结合，积极利用援疆资金，整村整乡统一规划，突出民族建筑风格，展示游牧文化，体验游牧生活，享受民族美食，使之成为休闲观光农业新亮点。

4. 合力推进，营造休闲观光农业良好发展环境。把发展休闲观光农业作为建设现代农牧业、加快富民强区的新型产业来抓，加大扶持力度，不断改进服务，努力营造良好发展环境。一是落实休闲农业与乡村旅游工作协调小组的职责，与自治区旅游局联合完成示范县和示范点推荐任务。二是加强政策扶持。选择经营规范、示范带动能力强的经营实体作为扶持对象，利用财政安排的自治区农业产业化发展专项资金对经营实体的基础设施建设上给予扶持。三是对成效明显、成绩突出，示范作用大的示范县市和诚信经营、规范服务、增收明显的示范点专题宣传，扩大社会影响。

【主要成效】

1. 经营规模不断扩大，成为农业农村经济的新亮点。通过近几年的发展，新疆休闲观光农业综合实力得到了提高，取得了良好的经济和社会效益。2014年，全区休闲观光农业营业收入较上年增长16.4%；接待人次、吸纳农民就业人数、带动农户数较上年均有不同幅度的增长。休闲观光农业既带动了农村餐饮、休闲等服务业，也带动了特色林果、种养殖业和加工、运输、贮藏保鲜业，有效开辟了农牧民新的就业增收渠道，促进了农村产业结构调整和优化升级。2014年，新疆参加北京全国休闲农业创意精品大赛活动，巴州、伊犁、和田、吐鲁番等7个地州组织30余家企业和个人的130余件作品参加了展示活动，获得18个奖项，其中金奖4

个、银奖 6 个、优秀奖 8 个。

2. 基础设施不断完善，促进了社会主义新农村建设和宗教氛围的淡化。从新疆休闲观光农业示范点的情况来看，休闲观光农业项目建设给乡村注入了人流、资金流和信息流，带动了农村观光道路、卫生服务等基础设施建设，也把城市发展理念、文明习惯等带到了农牧区，推动了新农村建设。广大农牧民通过发展休闲观光农业，改变了生产生活习惯，淡化了宗教氛围，有力地促进了各民族之间语言、文化、饮食等方面的交流。同时，学到了先进的经营手段和经营理念，增加了收入，提高了生活水平和质量，促进了城乡互动发展。

3. 带动能力显著提升，有效拓展了农牧民就业增收空间。发展休闲观光农业能够延伸农业产业链条，带动相关配套产业发展，促进农牧民就业增收，成为农牧民身不离乡、足不出村却能增收的重要收入来源。休闲观光农业与乡村旅游已经成为村民的摇钱树，成为"看得见、摸得着、见效快、收益多"的新兴产业。

【大事记】

[1] 1 月 17 日，下发《关于组织参加 2014 年全国休闲农业创意精品推介活动的通知》，在新疆启动全国休闲农业创意精品推介活动。

[2] 4 月 13 日，在哈密市召开《新疆哈密瓜种植与贡瓜文化系统项目保护规划》论证会议，推进自治区申报中国重要农业文化遗产工作。

[3] 5 月 29 日，新疆哈密市哈密瓜栽培与贡瓜文化系统被农业部正式列入第二批中国重要农业文化遗产名单。

[4] 12 月 24 日，《农业部 国家旅游局关于公布全国休闲农业与乡村旅游示范县和示范点的通知》（农加发〔2014〕5 号），玛纳斯县被认定为全国休闲农业与乡村旅游示范县，尉犁县罗布人村寨、察布查尔锡伯自治县锡伯民俗风情园、奇台县壹方阳光休闲

观光农业园被认定为示范点。

大连市

【基本情况】 近年来，大连市休闲农业发展迅速，正逐步成为促进农民就业增收和满足城乡居民消费需求的民生产业，成为壮大都市型农业经济和扩大内需的朝阳产业。大连市地处辽东半岛南端，是辽宁沿海经济带核心城市，共辖 7 个涉农区市县、4 个涉农先导区。大连空气清新、水质优良、交通便利，有着稳定的农业基础、丰富的自然资源、优美的田园景观、深厚的农耕文化、浓郁的风土人情，休闲农业发展条件得天独厚。截止到 2014 年年底，大连市规模以上农家乐、休闲农庄、休闲农业园区和民俗村共计 693 个，从业人员 21 763 人，带动农户 38 572 户，营业收入 16.8 亿元。2014 年，庄河市被农业部评为全国休闲农业和乡村旅游示范县，庄河市银月湾民俗生态观光园被评为全国休闲农业与乡村旅游示范点被评为中国最美休闲

大连休闲农业基本情况表

	单位	休闲农业经营主体总计
经营主体个数	个	693
从业人数	人	21 763
其中：农民就业人数	人	18 180
带动农户数	户	38 527
接待人次	人次	9 114 660
营业收入	万元	168 461
其中：农副产品销售收入	万元	89 340
利润总额	万元	67 038.4
从业人员劳动报酬	元	8 605

乡村。2010 年至今，全市共获得休闲农业领域荣誉 17 项，其中国家级荣誉 11 项、省级荣誉 6 项。

【存在的主要问题】 大连市具有典型特点的休闲农业企业有三种类型，即乡村型、岛屿型和山水自然景观型。通过现场调研，这三种类型的休闲农业企业发展还存在以下五个方面的问题：

1. 休闲农业相关扶持政策尚未落实。目前，大连市没有与休闲农业发展相关的扶持政策，休闲农业没有任何资金支持，每年休闲农业工作以典型申报为主，这严重影响了各区市县开展休闲农业工作的积极性。

2. 品牌休闲农业企业带动性不强，企业知名度低。品牌企业带动性、示范性不强，企业之间没有相互学习借鉴的机会，企业建设闭门造车，经营项目趋同，产品科技含量不高。另外，企业没有充分利用所在地的良好自然禀赋，项目求全不求精，忽视了项目的实用性，造成项目闲置。这也导致大连市没有形成像丹东大梨树风景区和浙江奉化滕头村那样的全国知名休闲农业旅游企业。

3. 不重视规划，服务质量低。企业在发展过程中，没有体现规划优先的原则，项目策划创新意识不强。有些企业盲目找一些团队进行规划，导致规划不符合当地实际，更有甚者规划根本不能实施，即便实施了，也导致企业特色不突出。另外，企业对管理人员和服务人员的培训力度不够，导致企业管理不规范，服务水平比较低。

4. 农业文化挖掘不够。没有把历史文化、民俗文化、农耕文化、餐饮文化、建筑文化、民间艺术等与现代农业技术有机结合起来，园区、农庄的发展没有文化支柱的支撑，经营特色不突出，唯一性没有充分体现出来。文化挖掘度低也导致无论是老园区还是新园区，各功能区之间割裂感强、各环节衔接不顺畅、精细度不够、一物一景背后的

故事没有充分挖掘和体现出来，神秘感不强，导致游客停留时间短，企业经济效益没有得到真正体现。

5. 宣传力度不到位，导致大连市休闲农业企业在省内外的知名度和公众的认知度不高。

宁波市

【基本情况】 2014 年，宁波市新增农家乐特色区块 4 个、市级农家乐特色村（点）16 个、省级农家乐特色村（点）8 个，三星级、四星级、五星级农家乐经营户（点）50 个、市级特色区块 4 个，国家级四星级企业（园区）3 个，全国最美休闲乡村 1 个，全市特色村（点）已达到 153 个，创建全国休闲农业与乡村旅游示范县 1 个。全年共接待游客 2 596.48 万人次，营业收入 26.94 亿元，同比分别增长 19.27% 和 28.03%。带动周边采摘和特色农产品销售 24 亿元，共吸纳从业人员 2.9 万余人。

宁波市休闲农业基本情况表

	单位	休闲农业经营主体总计
经营主体个数	个	1 443
从业人数	人	29 236
其中：农民就业人数	人	23 220
带动农户数	户	40 000
接待人次	人次	25 964 800
营业收入	万元	269 400
其中：农副产品销售收入	万元	240 000
利润总额	万元	509 400
从业人员劳动报酬	元	40 000

【主要举措及成效】

1. 以创新完善政策机制为保障，引领农家乐休闲旅游业转型发展。加强调查研究，创新发展机制，修改完善政策措施，不断优化农家乐休闲旅游业发展的环境。结合国务院办公厅关于印发《国民旅游休闲纲要（2013—2020年）》的通知，开展"十三五"期间农家乐休闲旅游业发展政策研究，提出农家乐休闲旅游业的发展重点方向及政策扶持措施；结合宁波"十三五"期间四明山区域经济发展规划和旅游发展规划，形成了四明山区域农家乐休闲旅游业发展情况的报告。按照国家发改委、国家旅游局等7部委《关于实施乡村旅游富民工程推进旅游扶贫工作的通知》（发改社会〔2014〕2344号）精神，开展宁波农家客栈（民宿）发展情况研究，提出在全市相对欠发达地区发展农家客栈（民宿）的建议和对策。根据《宁波市人民政府关于推进农家乐休闲旅游业跨越式发展的意见》（甬政发〔2013〕117号）提出"以项目化管理办法开展建设"的要求，重点推进农家乐休闲旅游项目建设。

2. 以各类项目建设为抓手，推动农家乐休闲旅游业提档升级。强调点、面相结合的建设方法，实现点上重点打造和面上铺开的建设格局。建立项目库，按成熟度依次排出申报国家级、省级、市级项目计划，重点培育，逐年推进，突出抓好休闲观光农业、农家客栈（民宿）型农家乐特色村、农家乐特色区块三方面建设。

3. 以规范化管理为助推，促进农家乐休闲旅游业科学发展。制订《农家乐休闲采摘服务规范》标准，同时开展农家乐休闲旅游标准体系的梳理工作，到"十二五"末形成结构完备、体系完整的宁波农家乐标准化体系建设。探索并开展了农家乐统计体系研究，形成科学、有效的农家乐统计体系，为各级政府制定政策和进行客观管理提供依据。按照省、市"五水共治、治污先行"的工作部署和市农村污水治理三年行动计划的要求，开展农家乐除"十乱"环境专项整治、环境百日专项整治行动，彻底消除农家乐环境"脏、乱、差"现象。

4. 以人员素质养成为基础，提升农家乐休闲旅游业服务水平。抓教育培训，按照分级分类的培训机制，开展多层次、全方位的培训，将农家乐培训纳入农民素质教育培训、农村实用人才培训、农民进高校培训及赴境外培训，全年全市共有1000多人参加了培训，其中赴台湾培训18人。抓标准的宣贯，结合市标技委农家乐休闲旅游标准化示范乡镇（村、点）创建活动，积极推动《农家乐休闲旅游业特色村（点）建设与服务规范》《农家乐休闲采摘服务规范》《农家客栈（民宿）服务规范》等标准的宣贯，强化从业人员的标准意识。

5. 以营销推介为主导，提高农家乐休闲旅游业知名度。突出"创新、影响、实效"三个环节，全力拓展三大层面影响力。一是走向全国展出亮点，二是放眼省内亮出特色，三是面向长三角市场寻求供需对接。

国外发展概况及动向

国外休闲农业研究与发展概况

欧洲休闲农业发展概况

北美休闲农业发展概况

亚洲休闲农业发展概况

澳大利亚休闲农业发展概况

国外休闲农业发展趋势与经验启示

国外休闲农业研究与发展概况

休闲农业兴起于国外，其概念源于英文的 Agritourism/Agro. Tourism，是农业（agriculture）和旅游（tourism）两个词的组合，最初休闲农业是由农业与旅游结合而来。不止是旅游观光与农业的简单结合，发展至今的国外休闲农业是利用农业景观资源和农业生产条件，集旅游观光、休闲娱乐、农业生产、生活体验于一体的一种新型农业经营形态，同时也是深度挖掘农业资源潜力，调整农业产业结构，改善农业发展环境，增加农民收入的新途径。

与人们一般印象中欧美发达国家蓬勃的休闲农业发展情况不同，休闲农业最初兴起于意大利、奥地利等地，随后才迅速地在欧美等国家发展起来。国外休闲农业的出现始于 19 世纪 30～40 年代。1865 年意大利成立的"农业与旅游全国协会"标志着休闲农业的发展进入萌芽时期；同时期也出现了休闲农业专职从业人员，此后的长时间内国外休闲农业都处于全面发展的快速上升期，并在 20 世纪中后期于欧美、亚洲等地逐步形成了大规模、成气候的休闲农业产业。

从发展历程上看，国外休闲农业的发展历史可以被概括为起步、发展、成熟三个特征较为明显的时间段。起步阶段为 19 世纪 30～50 年代，在此时间段内出现了从城市归返乡村的旅游热潮、休闲农业的概念、专业人员和专业组织等产业萌芽特征，以法国巴黎等大城市中贵族的乡村旅游热潮、意大利"农业与旅游全国协会"的成立等标志性事件为代表。发展阶段为 19 世纪 50 年代到 20 世纪中叶，在此时间段内欧美发达国家、澳大利亚、亚洲发达国家、中国台湾等在休闲农业领域较为领先的国家和地区都迎来了休闲

农业的大发展与不断扩张的黄金时期，以观光农园等为代表的专业性休闲农业项目不断涌现并推陈出新；同时在农场、庄园的原有基础上越来越多的休闲项目加入了区域发展规划之中，观光旅游类休闲农业进入繁荣时期。成熟阶段则开始于 20 世纪 80 年代之后，各种形态的休闲农业项目以及越来越细化、完善的休闲农业服务功能是此阶段的代表特征，并且开始和其他行业领域产生了交集以求达到更好的经营效果，度假农庄、教育农园、市民农园等就是其中的代表。从功能型的角度进行分析，起步萌芽阶段的休闲农业多以农业原生态为主，形态较为单一，主要满足了人们简单的旅游观光与生活体验需求，服务性功能较为欠缺。发展阶段则在以农业风景与自然风景为主的观光旅游职能基础上，结合购物、饮食、住宿、游玩功能，发展出了一系列衍生的休闲农业旅游服务功能。成熟阶段，休闲农业的功能性得到了进一步的扩展，回归自然生态环保、旅游度假与娱乐休闲功能的大幅增加、健康养生与教育培训等新兴热点功能的开拓创新等都是其重要标志。

值得一提的是，农业与旅游都从来不是单纯的只存在于乡村之中，随着城市发展的日渐成熟，由于方便快捷、绿色健康等需求，都市休闲农业所占的比重也在不断上升，尤其在发达国家休闲农业中，都市生活休闲农业与乡村旅游休闲农业的发展更是齐头并进，在各个发达国家或地区的休闲农业发展概况中都可见一斑。

在学术研究方面，近年来国外的研究学者将对休闲农业的研究重点主要集中于概念与理论体系研究、经济效益研究、社会问题研究、动力机制研究和社区管理研究五个方面，此外如发展模式等热点话题也在学界占据了相当的比重。概念与理论体系研究历来是国外学者都较为重视的研究方向，正因为关于休闲农业的概念与相关理论体系还未有

较为统一的看法，学者们致力于从其源流、发展、意义等方面总结其内涵。经济效益研究则更多地关注休闲农业开发，以及与旅游业等产业的结合所能给地区带来的经济效益。社会问题研究着重探讨休闲农业发展过程中所产生的种种影响较大的社会问题及其解决方案。动力机制研究则从需求与供给两个主要方面研究休闲农业发展的动力与现象成因。而由于国外对于休闲农业中社区参与的重视，社区管理研究也是其中极为重要的一部分，影响社区管理的因素发掘、关注利益的同时兼顾效率与公平等热点问题是社区管理研究的主要方向。国外学者对于休闲农业发展模式的总结方式不一而足，有按照旅游资源分类、按照功能用途分类、按照主题内容等分类的多种标准。

总体而言，由于出现较早、发展时间较长，无论是研究领域还是实践项目上国外及境外的休闲农业发展都较为领先，其中以欧美发达国家、亚洲发达国家、澳洲、中国台湾等地最为突出。从休闲农业的特性、功能与意义的角度出发，休闲农业有着以农业为主体、服务性商品、市场性突出等特性，经济、游憩、文化、社会等不同领域的功能，以及充分开发利用资源、调整优化农业结构、增进城乡统筹、保护传承农村文化等重大发展意义，然而也正因为受到诸如强烈依赖季节、以自然环境和生态资源为主要商品等农业及旅游服务业要素的限制，虽然随着休闲农业的不断发展创新，发达与领先地区的休闲农业产业体系较为系统、高度分化而多样性显著，休闲农场、市民农园、农业公园、观光农园、度假农庄等不同主题不同功能的休闲农业项目层出不穷，整体较为庞杂而几乎在各个方面都有所涉猎，但也会因为气候、资源等基础条件的差距产生部分偏重与差异化而体现出各个区域的独有特色。

欧洲休闲农业发展概况

【基本情况】 休闲农业起源于欧洲，在西方发达国家有着起步较早、发展迅速等突出特点，许多国家已经形成了独具本国特色的休闲农业发展体系，既充分开发了旅游资源、保护生态环境，同时也对本地区的经济发展起到了带动作用。

欧洲国家的休闲农业旅游以度假农庄最为普遍，主要分为以下几种形式：一是住宿在农家与农家成员共同生活，或是住在由农舍改建而成的游客客房里，由农家提供游客最简单的 B&B（Bed and Breakfast）服务，即仅满足住宿与早餐需求。二是住在紧邻农家的出租小平房里，吃饭自理，甚至仅提供住宿场所，部分住宿用品需游客自备。这两种都是休闲农业发展早期最为常见的简易"度假农庄"。三是主题型农场，有与我国近年来兴起的农家乐主题饭店类似的以美食品尝为主的农场饭店，另外还有露营农场、骑马农场、教学农场和狩猎农场等服务型主题突出的农场。这种类型的度假农庄兴起于20世纪60年代，那个时期的休闲农业旅游开始提供徒步、骑马、滑翔、烧烤等多种休闲项目，并举办务农学校、自然学习班等培训，游客可以利用周末驾私家车前往100～150千米的农场休假，这无疑丰富了度假农庄的功能。

正因为悠久的发展历史与充分发达的产业链形成，所以欧洲国家的休闲农业是最丰富多彩而充满文化底蕴和魅力的。在这里游客们可以在最原汁原味的乡间田野品味最古老的乡村风情，可以在科技发达功能齐全的度假农庄享受不一样的乡村城市生活，可以在美好的自然风光中度过"绿色假期"，也可以沐浴在乡土文化气息之下体验不一样的教育之旅。而同时，欧洲的发达国家早已不满足于延续传统的休闲农业方式，在荷兰、德国、英国等一些欧洲国家积极发展创意农业的背景之下，欧洲的创意休闲农业已不再像传统休闲农业一般只是一种经济活动，而是一种高度的农业文明展示、创意农业的发展目标、赋予农业丰富的文化内涵与创意，使消费者从中体验并感受美妙与快乐。将农业与农村的自然资源以及农民的智力资源通过创意转化为动力，推动农业与农村的发展，这是欧洲国家发展创意农业的共同出发点，这种将科技和文化要素融入农业生产，进一步拓展农业功能，提升农业附加值的新兴特色农业，于20世纪90年代后期在发达国家率先发展起来，并且成效显著，也为欧洲休闲农业的发展注入了新的活力，带来了新的发展方向。

【德国】　纵观德国的休闲农业发展史，从早期简单的农园与农庄、中期的农业博物馆等衍生产物，以及发展成熟后的各种缤纷多彩的休闲农场，无一不体现出德国人民对休闲农业的情有独钟，而按其主要发展形式，则大致可分为度假农场、乡村博物馆及市民农园三种类型。

德国早期的休闲农业主要以市民农园的形式为代表。市民农园起源于中世纪，德国贵族会在其自家庭院中划出一小部分作为园艺用地，享受亲自栽培作物的乐趣。而德国都市休闲农业的真正发端一般认为始于19世纪市民农园的普及，19世纪初德国政府将一些都市近郊公有地划分成小板块，为每户市民提供一小块荒丘，分租给居住在狭窄公寓的都市居民作为小菜园，让他们有足够且营养的蔬菜供应，实现生活上的自给自足。19世纪后半叶，德国正式建立了市民农园体制，其主旨是从建立健康的理念出发，让住在狭窄公寓里的都市居民能够得到充足的营养。德国还是休闲农业发展规范化最早的国家，1919年德国制定了《市民农园法》，成为世界上最早制定市民农园法律的国家，这也标

志着这种属于市民的市民农园模式的确立。在第二次世界大战后，且在食物极为缺乏的情况下，市民农园也确实曾经发挥过食物供应的功能，而随着德国经济的发展，市民农园已逐渐演变成为市民日常生活的休闲方式，之后更由于大部分承租市民将其租得的园圃开拓成花园与小别墅，逐渐形成了田园体验与休闲度假形态的市民农园。1983年，德国对《市民农园法》进行了修订，其主旨转向为市民提供体验农家生活的机会，使久居都市的市民享受田园之乐，经营方向也由生产导向转向农业耕作体验与休闲度假为主，生产、生活及生态三位一体的经营方式，并规定了市民农园五大功能：提供体验农耕的乐趣，提供健康的自给自足的食物，提供休闲娱乐及社交的场所，提供自然、绿化、美化的绿色环境，提供退休人员或老年人最佳消磨时间的地方。此举也更进一步将社区型小团体共同发展的理念融入法律理念甚至市民的城市生活心理之中，使承租了市民农园的当地市民在农园劳作中形成了较为现代的休闲农业社区共同体。

市民农园的土地来源于两大部分：一部分是政府提供的公有土地，另一部分是居民提供的私有土地。每个市民农园的规模约50户市民，共同承租市民农园。租赁者与政府签订为期30年的使用合同，自行决定如何经营，但其产品不能出售。若承租人不想继续经营，可中途退出或转让，市民农园委员会选出新的承租人继续租赁，新承租人要承担原承租人合理的已投入费用。2006年，德国市民农园呈兴旺之势，承租者已超过80万人，其产品总产值占全国农业总产值的1/3。

德国休闲农业中度假农场的起源可追溯至1960年，当时的历史背景是德国整体国民经济并不景气，所以德国人多半会寻求花费较低的方式来满足自身的休闲旅游需求。同时，农民家庭也因农业收益低而需要采取其他形式获得更多的收入，将农场中的部分房

屋稍加整理并以度假农场的形式出租，开发出适应旅游市场的别样农业经营模式显然是十分合理的。于是，这种廉价而双赢的度假方式一经推出，即得到了广大民众的欢迎和积极参与，并逐渐形成了一种新兴的度假风尚。

德国乡村博物馆的出现是德国休闲农业发展史中的重要一页，其前身为传统民俗村。乡村博物馆的特点有就地取材、保持德国乡村历史风貌及村落格局、重建原有标志性建筑等，都是围绕"历史古村落"这一主题而规划设计的。这种资源为主、保护为先的休闲农业开发模式可以较好地体现国家的历史底蕴与文脉传承，也可以起到相当的教化作用。

也有学者认为，现代意义上的德国休闲农业产业起始于 20 世纪 30 年代，主要形式是休闲度假型的度假农庄和市民农园。度假农庄主要是吸引游客前往农场度假，并与农场主人一起生活，住在农家，使游客在观光度假之余，亦能尽情欣赏田园风光、体验农家生活、亲身参与农场生产活动。游客对象多是全家旅游和夫妻旅游。60％的游客一次停留在度假农庄一周左右，有一半的游客每年有 2～3 次的度假农庄游。度假农庄的民宿房舍大多利用农家空出的房间或农舍稍加改建整理而成，政府为了防止农庄过于商业化，规定农庄民宿床位一般为 2～6 个房间，可提供 4～15 个床位，低于这个限度可以享有免税优惠。市民农园是利用城市地区或近郊区的农地，规划成小块出租给市民，收取租金，承租者可以在农地上种花、草、树木、蔬菜、果树或进行庭院式经营，让市民享受耕种与体验田园生活以及接近大自然的乐趣。市民农园强调环境保育及休闲功能高于粮食生产，提供绿野阳光的空间为城里市民所享受，以符合均衡身心发展的需要。在城市水泥丛林中，休闲农地是具有稀少性的经济财产，亦是公共财产，休闲农地甚至可以被称为城市

的"门面"和"心肺"。德国的市民农园由于适应了德国城市市民的要求，故至今仍有较强的生命力。

众所周知，"德国设计"与"德国制造"的名号因其技术严谨、做工精密而享誉全球，德国人做事的认真态度一直以来也为世人所称道，这点在休闲农业的认证程序、评鉴标准与经营准则中也体现得淋漓尽致。度假农场与乡村度假评鉴制度由德国农业协会设立并执行，主要用于对乡村旅游业从业者的监督，评鉴乡村旅游业者的目的在于确保游客的休闲度假品质，维护乡村环境与地区特殊性，提供干净的客房与卫生设备，维持农宅与农场秩序，丰富农场内的游戏、运动与休闲项目，保持经营者的亲善服务态度，以提高游客的接受度。目前，德国乡村旅游认证标准可分为度假农场与乡村度假两大类，前者指正常运营的农场兼休闲度假服务，后者则是将遭弃置的农场转作为度假休闲用途，两者除农场定位不同外，其认证内容大同小异。两类乡村旅游项目又可进一步区分成四种经营类型或度假类型，包括简易客房型、度假公寓与度假屋型、露营型、照顾幼童型。上述四种经营类型除共同评鉴项目外，则有一般性设施、整体印象、卧房设施、卫生设施、膳食供应设施等极为细致而不同的检验重点与内容。共同评鉴项目则包括整体印象、安全性、经营者与服务人员、环境、服务与休闲设施，各部分的评鉴细则也一应俱全，甚至精细到了氛围与颜色的协调性、地板覆盖层情况、壁挂洗涤剂等的具体数目等，其细致程度令人咋舌。

此外，德国乡村旅游的认证程序，先由经营业者提出评鉴申请，再由德国农业协会偕同地区相关机构办理度假农场认证工作。首先，申请者的基本条件必须拥有住宿型农场，农场位置必须位于乡村地区，其度假服务设施必须以接待游客为导向，不同的度假形式必须符合最低标准的要求；其次，德国

农业协会设置有度假农场委员会，审查委员的遴聘，采取无酬荣誉制，任期为四年，委员的专业领域包括乡村家政资讯、农业职业代表、乡村度假与休闲经营者协会、乡村合作社、社区、乡村聚落与发展机构、观光协会、金融机构、旅馆与餐饮协会，及消费者组织成员中至少有 1 人为女性，评鉴分数为 0～5 分，平均达 4 分者为合格。获认证通过的业者，可获有效期 3 年的检验合格标章，须据实报告接待游客的范围与特殊项目，并于广告宣传内容中载明设施目录与住房价目表，一旦有住所、从业者等变更时，则须重新申请审查，整个认证审查过程可谓一丝不苟。

【法国】 法国号称世界第一大旅游入境地，其旅游产业主要由四大产品体系构成，其名气与影响力皆举世闻名：以巴黎等充满名胜古迹城市为代表的城市旅游，以滨海游为主体的海滨旅游，以高山滑雪为特点的极限运动旅游，以及以美丽乡村风光、土特产品为主要吸引物的休闲农业旅游。休闲农业的游客量近年来已跃居第二，仅次于滨海旅游项目。法国同时也是欧洲农业最发达的国家，目前法国农业现代化程度很高，农产品不仅能够充分满足本国的需求，而且还能大量出口，是世界上农产品出口量最大的几个国家之一。法国农业的经营方式主要是中小农场，其中耕作面积在 80 公顷以下的农场占农场总数的 81%，它们既是法国农业生产的主力，又是农村经济结构的基础。法国在农业生产专业化和一体化方面取得了很大进展。

休闲农业是法国农业与旅游业中的重要组成部分。因受第二次世界大战的影响，战后的法国农村发展水平很低且空心化严重，人口老化与密度过低的问题也越来越突出。法国农村人口从 19 世纪的 800 万锐减到 1990 年的 70 万，这充分说明了农村劳动力过剩以及向城市发展的趋势，而为消除地区

发展不平等，解决法国农业问题，法国政府开始实施"领土整治"政策。早在 1855 年，国家参议员欧贝尔就创意性地提出休闲农业构想，倡导在发展农业的同时结合休闲旅游业，从国家、地区角度在资金上支持乡村住宿的改建，该议题得到东南方地区政府的支持，他们首先将一些马厩和仓库改造为旅馆，营造便宜的旅游住宿设施，让经济不富裕的家庭得以参与旅游经营。欧贝尔则带领贵族亲自到巴黎郊区进行农村度假体验，品尝野味，乘坐独木舟，学习制作肥鹅肝酱馅饼，伐木种树，清理灌木丛，池塘清淤，观赏田园，学习养蜂，与当地农民同吃、同住，开创了休闲观光农业旅游之先例。在之后的发展中，法国人民通过这些活动重新认识了大自然的价值，这也加强了城乡人民之间的交往与友谊。这种休闲度假形式激发了以周末休闲为主体的消费需求，因而到附近乡村休闲成为主要休闲方式，农民除了种地外，还可以接待休闲者、与人交流、增加收入，这种模式的休闲农业随之逐渐在世界发达国家和地区流行。

而真正发生于法国的休闲农业浪潮是在 19 世纪 70 年代的农庄旅游，自从该年代法国推出农业旅游后，以农场经营为主的休闲农业得到较快发展。据统计，法国现有农场 101.7 万个，其中大于 50 公顷的农场 17.2 万个，占农场总数的 17%；50 公顷以下的中小型农场 84.5 万个，占农场总数的 83%。这些农场基本上是专业化经营，其中主要有九种性质：农场客栈、点心农场、农产品农场、骑马农场、教学农场、探索农场、狩猎农场、暂住农场和露营农场，可分为娱乐休闲、住宿度假、美食体验三类。法国休闲农业的发展得益于多个非政府组织机构的联合。1998 年，法国农会常务委员会（APCA）设立了农业与旅游接待服务处，并联合其他社会团体，如互助联盟（CNMCCA）、国家青年农民中心（CNJA）等组织，建立了"欢迎

莅临农场"的组织网络，为法国农场划出明确定位区域，连接法国各大区农场，成为法国休闲农业产业中强有力的促销策略。

目前，法国有1.6万户农家建立了家庭旅馆，推出农庄旅游，全国33％的游人选择了乡村休闲度假，年接待过夜游客量3 500万人次，为法国旅游业提供52％的住宿设施，每年给农民带来700亿法郎的收入，相当于全国旅游收入的1/4。休闲农业几乎可与海滨旅游媲美，法国全年度假数据显示，已有50％以上的法国人前往乡村地区参加各种农业休闲度假活动。据法国乡村住所委员会统计资料，2005年乡村住所客人主要以中产阶级为主，年龄35～45岁，法国客人占86％，常客占83％，48％以上的客人入住时间达到两周以上。乡村"客房加早餐"型的客人年龄在45～64岁，属于中产阶级，平均入住时间为4天。游客除了传统的垂钓、骑自行车、野地散步、参观传统建筑和文化遗产博物馆以及参加地方狂欢节等活动外，还可打高尔夫球、进行骑术训练、做划船运动、爬山练习等。就休闲农业中农庄和农场旅游参与者、从业者及设施规模来看，法国可以说是休闲农业类型最多、形式最多样化、分支最细、专业化程度最高的国家。实际上，虽然法国休闲农业的起源可以追溯至17世纪，其真正发展浪潮却始于19世纪，法国的休闲农业之所以能在不长的时间内由弱变强达到高度专业化，与政府采取的以下几项主要措施是分不开的：

首先，法国政府对休闲农业产业发展高度重视，并以资金大力扶持，在很早确定了发展农业的目标并制定相关政策之后，法国政府投入了巨额鼓励支持资金，还向参与休闲农业发展的农民提供低息贷款与低价土地。同时，实行优惠的税收政策，建立农民社会保障体制以鼓励农民参与休闲农业项目建设。其次，大力推广农业机械化，凭借着本国良好的工业基础积极研发各类农机具，以促进农业机械化、自动化等先进科技发展进程，从而大大提高农业生产效率，为休闲农业提供良好的发展基础。再次，重视农业研究，以先进的学科研究理念带动科技兴农，法国建立了数量众多的农业研究机构。国家农业研究院现有工作人员近1万人，年度预算高达30多亿法郎，其主要任务是为法国农业现代化提供基础研究和应用研究，也间接地为以农业为基础的休闲农业发展提供了大力的支持，而这家研究院每花费1法郎即可给农业部门增加100法郎的效益，其作用可见一斑。最后，加强全国农业教育以期全面提高农业从业者的素质。1960年以后，法国为了适应农业现代化发展的需要，建立了以高等、中等农业教育和农民业余教育为主要内容的农业专业教育体系，有力地推动了农业教育，提高了农民素质。这使得现在的法国农民一般都具有农业技术高中或农业专科大学的文化程度，有文化、懂科学、善经营的高素质农业从业人员，对发展本国农业，促进与旅游业相结合的分支休闲农业的发展起到了决定性的作用。

除此宏观措施之外，法国对于休闲农业的发展还有许多值得他国借鉴的细节经验。第一，如上文中所述的法国休闲农业中的任何一个产品分支都试图保持其个性与原真的特点。以农产品农场为例，其特色即为当地随处可购买的特色农产品以及原生态农场美食，法国政府与休闲农业相关行业协会都力促每个农场销售的主要农产品"自产自销"，主要原材料不可以向外采购而必须是本地农场种的植物和养殖的动物，副材料的生产加工程序也必须在农场内部进行，从而保证每个农场都有自己独特的产品。同时，为了保证农产品的稀缺性与吸引力，它们都不是大规模工业生产的产物，农场必须向有关部门按时报备，从制度上保证了休闲农业与自然生态间的和谐，也有效地减少了同质化恶性竞争。此外，即使是家庭旅馆等特色服务型设施也遵循原真的自然生态法则，建设工作都以原有自然生态环境为基础，围绕当地农业历史文化改建以展现独特魅力。第二，休闲农业建设将本地居民的需求始终置于首位。法国的休闲农业产业一直将当地农业发展工作列为核心内容，使休闲农业与本地农业发展并未形成竞争关系，而是对农产品销售等农业生产起到了大力促进的作用。同时留宿、维护以及休闲农业系列娱乐活动无论是对当地农民和居民的经济收入、保护乡村遗产等方面，还是对乡村与城市的联动乃至社会经济、文化全面发展进步方面都起到了可持续发展的重要作用。第三，政府与行业协会的协作能力极强。由于法国农会下属的休闲农业协会等行业协会成立较早，法国休闲农业起步之际政府与行业协会便形成了良好的合作关系。协会在政府允许的范围内制订严格的行业规范、规章制度以及质量评级等控制标准，以达到行业自律的目的。协会一方面协助政府主持休闲农业产业的行政事务；另一方面为农民提供各种服务，并作为农民代表提供与政府联系的桥梁，是行业从业者与政府之间沟通的纽带。通过协会等官方、半官方甚至民间组织，政府的管理职能弱化而监管职能加强，使得在政府主导下的法国休闲农业得以在一定范围内较为自由而健康地壮大发展。

【英国】 英国是世界休闲农业旅游发展较早的国家之一。英国传统牧羊业的发展，为16世纪羊毛制造业的拓展打下基础。1765年瓦特发明了蒸汽机，标志着英国工业革命的开始，随后的经济增长、社会进步及海外殖民地的扩张，都为英国带来了巨大的社会财富，英国的农业发展便是建立在这样的历史背景之上。

英国农业发展的特点十分鲜明，18世纪末资本主义生产方式已在英国农业中占绝对统治地位，当时英国的农业在欧洲居领先地位。直到19世纪初，英国仍然是一个农业比较发达，食品基本自给的国家，但由于工业革命及其他产业的中兴，英国继而改为实行重工业而轻农业的国策转型。在轻视农业政策的诱导下，农业逐步衰退，英国在食品供应方面开始严重依赖于世界市场。在19世纪70年代，国内生产的粮食能够供应当时全国人口的79％；到第一次世界大战时，英国生产的粮食只能养活36％的人口。1913年谷物播种面积比1870年减少25％；1931年谷物播种面积减为196.3万公顷，比1918年下降41.7％，产量下降20.6％。此后英国更由于第二次世界大战的原因而粮食紧张，英国政府不得不实行食品配给制，政策上转而加强对农业的干预，采取重视农业的许多措施，如奖励垦荒和对开垦荒地的农户发给奖金、扩大耕地面积、提高农业机械化水平、大幅度提高农产品价格、各地区普遍建立农业生产管理委员会对农业生产进行监督等。战争结束后，英国花了近15年的时间，扭转了农业衰退的局面，逐步实现了农业现代化。目前，英国较为重视农业土地生产力和单位面积产量的提高，农业劳动生产力、单位面积产量都有了很高的水平，基本实现了农业的现代集约经营，同时也大力提高农业机械化水平以促进农业劳动生产力的提升。

英国休闲农业的初级形态是英国乡村庭园，它是经济发展到一定时期的产物。英国的庭园历史，比起法国和意大利的古典花园要晚一些，大约从17世纪才开始。英国乡村庭园则是贵族财富与权力的象征，特点是追求自然景观之美。英国的产业革命在造就了经济腾飞大环境的同时却也破坏了自然环境，英国人民都希望能恢复昔日秀丽山川，向往着有美丽庭园的郊区生活，从那时开始，英国乡村庭园的发展便倾向走自然路线，这也为休闲旅游的迅速发展埋下了伏笔。

虽然英国乡村庭园的出现晚于法国、意大利等国，但英国却是世界上发展休闲农业的先驱国家。一方面，高度发达的城市化为农业旅游提供了庞大的目标市场。作为世界上工业化起步最早的国家，在 20 世纪 70 年代，英国的城市人口就占全国人口的 80% 以上，城市人口因长久远离自然，而产生了走进乡村、亲近自然、舒缓心理压力、参与户外活动的共性心理需求，尤其是城里的孩子们由于对农村、农业的陌生，更渴望体验田园生活。另一方面，经济快速持续增长，也催生了农业旅游，人们的可自由支配收入大幅增加、闲暇时间增多、私人汽车拥有量增多、消费需求层次提高等诸多因素，使得英国休闲农业应运而生并迅速发展起来。

1992 年，英国便已有农场景点 186 个、葡萄园 81 个、乡村公园 209 个，占英国人造景点的 1/10。目前，全英近 1/4 的农场更是直接开展了休闲农业项目，其经营者绝大部分为当地农场主，每个农场景点都为游客提供参与乡村生产生活、体验农场景色氛围的机会。同时也配备了专业的设施，农场内一般设有一个农业展览馆并配以导游和解说词介绍农业工作情况，备有农场特有的手工艺品，提供餐饮、住宿服务，多数景点也有儿童娱乐项目。

虽然随着英国休闲农业的发展，其收入超过了农业生产的收入，但农业生产的主体地位并没有被削弱，休闲农业始终只是农场经营多样化的一个方面，其发展基础归根到底是建立于农业生产之上。在保证基本农业生产的前提下，正因为工业革命所带来的环境破坏与英国人民对自然生态的向往，多数英国的农场在进行休闲农业与旅游开发的同时也十分注重保护乡村原生态环境。截止到 2009 年，英国大约有 2.5 万名农场主参加了以保护农村风景为主的农业环境计划，种植了总长为 4 万千米的灌木篱笆墙，他们还管理着 23 万个农用水塘，大大丰富了自然生态农业旅游资源。由于休闲农业从业者 90% 以上是本地区居民，所以各休闲农业项目不约

而同地自发运用本土化市场战略，以期实现利润的最大化。最为重要的是，英国的休闲农业结合本土文化而大力发展文化旅游，使游人在体验休闲农业项目中如画的田园风光时，也能体味英国几千年历史积淀下来的民族文化。

英国的国民休闲消费在 2009 年突破了 2 200 亿英镑大关，超过消费总额的 1/4，虽然不全都是休闲农业消费，但也从侧面反映了休闲农业与度假旅游的繁荣昌盛，这一切也得益于英国多变的休闲农业发展模式。市民打工就是其中很好的例子，其方式最早兴起于 1971 年的英国，当时为了让都市人体验农村生活，英国一些市民发起一种"以工换食宿"的体验方式：市民利用周末到农户打工，农户则提供免费的食宿。打工可不像一般乡村体验游那么轻松，参与市民每天要工作 4～6 小时，播种、除草、采收、堆肥、造泥砖、砍柴、挤牛奶等各种农活都可能要做。当然，因为这种工作并没有薪水，一般来说都会比农户中支薪的工作轻松些，参与市民也有时间在工作之余就近游玩。现在，这种"以工换食宿"的农村旅游方式已经成了世界潮流，打工时段也不再限于周末。

可以说，英国休闲农业的飞速发展得益于重视农业的国策，而纵观英国休闲农业发展历史，政府的决心也不可谓不坚定，英国著名的农村改造计划就是此决策的表征。英国改造农村计划有两方面的内容，一是改善农村生态环境，二是建立农村工业区。

改善农村生态环境是农村环境本身的改善，旨在把农村地区有计划地逐步建设成为自然保护区，使越来越多的地区恢复大自然本来的面貌。英国在振兴农业实现"自给自足"计划的过程中，农村环境也受到不同程度的污染和破坏，英国的森林覆盖面积很小，只有 8.7%，但永久性草地的覆盖面积却很大，占国土的 47%。早在第二次世界大战期间，为了解决食品问题大量扩展耕地，把相

当数量的草地开垦为农田，第二次世界大战后实现农业现代化过程中，为了使用机械的方便，农场内部的小片林地也被砍伐；加上草地过量载畜，大量使用化肥农药，环境受到破坏，所以创造一个良好的生存环境，已越来越被英国人普遍接受，自觉改造环境的热情已深入到许多农场。改造农村环境主要从两方面着手，一方面是国家采取措施，如在全国设立了 20 多个自然保护区，称为国家公园；另一方面鼓励农民使用低污染或无污染的生产方式从事农作物生产和避免采用过度放牧、载畜量过高的畜牧生产方式。政府对农民和牧民因改变了传统的经营方式使之有利于农村环境的改善而付出的代价给予补偿。一般每公顷土地农作物的补偿为 250 欧洲货币单位，每头牲畜（牛、羊）的补偿为 210 欧洲货币单位。在农场耕地范围内建立回归自然的小型生态环境区，如恢复原始面貌的风景区、植物群、动物群等；恢复被遗弃的农业用地的自然环境和改善农民及非农业人口在农村的居住环境，这些都受到政府的支持和鼓励。

建立农村工业区也是改造计划的重要组成部分。农村工业区由中央政府和地方政府出资在废地上建造厂房，建好的厂房以较低的价格租给或卖给农民和其他愿意从事此行业的人，来从事各种农副产品的加工业和其他行业的工业生产。农村工业区的建立规定必须让 55 岁以上还未获得养老金的农民获益。随着农业现代化水平的不断提高，农村对农业雇工的需求量也越来越少，这些人需要为他们创造就业条件。同时，城市的失业人口从已经过分拥挤的大城市到离城不远的农村去就业，也是这项计划的目的之一。从经济角度看，据英国学者测算，在农村创造一个就业机会只需要 5 000 英镑，而在城市创造一个就业机会则要几万英镑。在帮助贫困农民和解决农村一部分剩余劳动力的同时，还可以吸收一部分城市失业人员的就业，转

移一部分大中城市的加工业到农村，使城乡差别缩小。

目前，英国大约有 10 万个左右的小农场，规模在 20 公顷以下，其中约 30%～40% 是不以盈利为目的的自娱农场，主人多半是城里人，或者来度假，或者为退休者。他们在自娱农场种植花草和自食自用的蔬菜，有的还向游人开放，这种农场大有继续发展的趋势。

【意大利】 意大利是最早发展休闲农业的国家之一。1865 年，意大利最先成立的"农业与旅游全国协会"专门介绍城市居民到农村去体味农业野趣，与农民同吃、同住、同劳作，或者在农民土地上搭起帐篷野营，或者在农民家中住宿。休闲旅游者骑马、钓鱼、参与农活，借此暂时离开繁华、喧闹、紧张的城市，在安静、清新的环境中生活一段时间，食用新鲜的粮食、蔬菜、水果，购买新鲜的农副产品。意大利休闲农业发展的巅峰时期，学术界称之为"绿色假期"，始于19 世纪 70 年代，发展于 19 世纪 80 年代，于19 世纪 90 年代到达鼎盛时期。目前，休闲农业已成为意大利现代农业的一部分，它融合了当地自然、人文、社会等环境，综合开发和利用当地农业资源，对城乡统筹具有重要意义。之后，意大利国内以休闲农业产业为主营项目的企业如雨后春笋般不断增加，逐渐在意大利人中掀起了绿色休闲与健康生活的新潮流。对休闲农业的绿色理解使得意大利的乡村逐渐形成了发展生态农业的风尚，生态农业耕地面积不断扩大，乡村环境得到了良好的改善。同时，通过政府与行业协会、相关经济组织的牵线搭桥与通力合作，意大利休闲农业管理体系得以顺利建立并不断完善。截止到 2000 年，意大利在全国 20 个行政区划内已全部开展了休闲农业活动，为慕名而来的游客服务的农庄数目则有将近 8 000 个。

此外，意大利的农业合作经济形成了一套较为独特的创意休闲农业发展模式，自19世纪90年代渐趋成熟之后便牢牢占据了产业版图中的一席之地，也迎合了意大利"设计创意国度"的美名。其创意体现在除了良好运用美丽风景资源以及现代化科技优势之外，还结合本土缤纷出众的民俗文化以及新能源使用等可持续发展思想，在休闲农业产业中以"绿色假期""崇尚自然""弘扬民族文化"等概念积极推进休闲农业与日常生活的融合，进一步提升了休闲农业项目的综合吸引力，从而改善了整体产业结构，使城市与乡村积极交流、互利双赢的关系进一步巩固。

北美休闲农业发展概况

近年来的北美农业，一直以现代化、高科技等特点出现在世人面前，而作为休闲农业的基础产业，农业自身特色对休闲农业的影响作用极其明显，但因其与旅游业等产业的多样化结合，而拥有其独到的魅力。

【基本情况】 纵观北美范围，休闲农业的发展主要以美国、加拿大两国的乡村旅游与观光休闲农业发展为主，从中可以概括出一些基本特征：

1. 乡土气息浓厚。不同于一般印象中科技含量极高而自动化显著的北美现代农业整体印象，无论是美国休闲农业所依仗的观光休闲农场，还是加拿大地方气息浓厚的古村古镇，都非常重视对自然生态环境以及原有人文景观的保护，并以此富有浓厚区域历史人文色彩又最能代表北美乡村风情的村落景观作为休闲旅游的核心资源吸引点。为了保证其原真性，进行区域规划建设时避免了大体量建筑群的建造，区域内以步行为主要旅游交通方式，服务设施也尽可能小型化，最大限度地降低休闲娱乐与旅游观光对自然景观的影响；提出"留下的只有脚印，带走的

只有照片"等口号，并设置了一系列解读自然环境知识的旅游标识系统，让游客在愉悦的观光休闲体验中不知不觉地增强了原生态保护意识，使休闲农业区域成为普及环保理念的自然学堂。

2. 重视居民需求。休闲农业突出的是休闲娱乐与轻松旅游，所以虽然近年来境外客源不断增加，主要客源市场仍然来自于国内居民，尤其以休闲农业项目周边城市的居民为多，而相关从业者等供给主体多为乡村地区的农民和当地居民。在深入乡村的休闲农业项目中，来访游客多数是依照"就近原则"而非以国外游客为主。据美国旅游调查局资料，半数以上休闲农业旅游者的行程在160.93千米以上、州际范围以内，故乡村游的客源主要来自附近区域内的本地居民。旅游研究者 Aramberri（2003）指出，对于北美而言，国际旅游的地位在国内旅游之下，换而言之，北美休闲农业的发展主要是由北美居民所推动的，自然而然的，本地居民的需求也被北美国家的政府置于首位了。

休闲农业的理念是由农业从业者（多数为当地居民）供给休闲娱乐资源以满足城市游客的休闲度假需求。北美国家的当地政府部门通过积极的宣传工作，让农民和当地居民了解休闲农业在促进经济、扩大就业等社会发展方面的积极作用，从而促使他们积极主动地参与休闲农业的产业建设。当农民与本地居民的思想有了转变后，政府就会通过实际行动来支持休闲农业的发展，而农业从业者与本地居民的需求也会优先得到政府部门与行业协会的扶持。美国与加拿大由多处休闲农场与度假胜地所支撑的休闲农业事业的发展得到了当地政府的大力支持，从业者为游客提供当地独特的自然文化资源以及衣、食、住、行等必要服务，美国各级政府制订了相应扶持政策来推动境内休闲农业的发展，再辅之以美国国家乡村旅游基金等非营利性组织对于项目策划、经济援助、宣传工作等

方面的积极配合，为休闲农业从业者与当地居民解决了大量的实际困难。

3. 类型多样化。总体而言，北美的乡村休闲农业旅游自进入黄金期后就一直是以百花齐放的多样化发展态势呈现在人们面前。从休闲农业的类型与内容来说，观光农场、市民农园、休闲农场、度假农庄、乡村民宿、民俗村落、自然生态之旅等休闲农业的典型模式都在北美开花结果，而无论是农耕美味品尝、农业文化参观游览、乡村传统节庆活动、主题农业之旅，甚至是民宿、骑马等多样的休闲娱乐活动，自开展以来就备受游客青睐。为便于更直观地了解北美休闲农业的多样性，对当地家庭旅馆的类型做一些细化解剖，美国、加拿大的家庭旅馆有4种类型用以满足各层次游客的需求：

（1）客房加早餐。一般多是由过去的农舍改造而成，具有一定的年代感，改造后仍保持了原有的建筑风格。房子一般多为两层，面积较大。容纳游客数因房屋大小而不同，大的可接待多达20人。家庭旅馆只提供早餐，但周边有较好的餐饮配套设施。

（2）乡村旅馆。源于欧洲，比"客房加早餐"类型的房间大，商务旅游者是其主要客源，可提供优质的住宿和餐饮服务以及会议室和其他商务设施。

（3）自助式村舍。装饰考究，设施齐备，参与星级评定，价格偏高。例如，有的自助式村舍提供中央暖气系统、微波炉、厨具、洗衣机、电视/录像机、收音机/CD机、电热毯、羽绒被等。

（4）度假村。以高端游客和商务团队会议旅游者为主，度假村的现代化色彩较为浓厚。

4. 信息化程度高。信息化程度与休闲农业产业的科学技术含量相关，而北美农业的特色之一就是高度技术普及与信息化。信息化技术对于休闲农业的对外宣传和市场推广以及内部系统的管理有着极其重大的意义，

是休闲农业发展的重要推动因素。中国自古也有"分而弱、聚则强"的说法，从推广的角度来看，独立的农户所起到的作用可以说是微乎其微，所以这项工作主要是通过协会与地方政府来进行。而北美休闲农业发展至今，宣传主要通过网络来实现，通过网络可以便捷地向任何对休闲农业感兴趣而关注相关信息的人们提供最及时且反馈方便的信息，同时也便于管理。此外，北美的休闲农业还设有先进的网上服务系统，游客可提前在网上预约行程，节约时间并做到心中有底、有数。

【美国】 追本溯源，19世纪上流阶层中并不成熟的乡村旅游理念可算作美国休闲农业的萌芽，彼时上流社会开始流行的从城市到乡村的游玩中便有了今日休闲农业的影子，而真正的发展则是从第二次世界大战之后开始。美国的休闲农业起源于传统农业牧场，其迅速的发展离不开度假农庄及观光牧场的快速起步，美国境内的第一个休闲牧场是1880年在中西部的北达科他州成立，之后休闲农业农场就如雨后春笋般在美国各地发展起来。1925年，出于行业发展的目的，美国多地的许多牧场联合成立了休闲农业相关的早期协会团体，以便与铁路公司等周边合作公司联系，并且集聚成团统一宣传以吸引客源，此举也确实收到了明显成效，其后许多东岸的美国居民便会前往西边的怀俄明州、蒙大拿州等地度假。此后，美国的休闲农业产业进入了蓬勃发展期，1970年仅东部就有500处以上的休闲农场，到20世纪末21世纪初时全美休闲农场已超过2 000处，以休闲农园和休闲牧场为其代表。据多项研究表明，美国超过半数的国民都曾至农村地区进行休闲娱乐或旅行活动，其中以休闲为目的的比例竟然超过了90%。

目前，美国人普遍认同的农业旅游类型主要有三种：一是乡村文化遗产旅游，二是

乡村自然生态旅游，三是以休闲和体验以及教育为目的的农业旅游。虽然主要类型与其他国家较为相似，但美国休闲农业的红火也体现在美国多种多样的休闲农业发展形式与花样百出的项目上，现列举如下例子：

1. 互利共赢的市民农园。美国市民农园的特点是在农场经营的基础上引入居民社区，农场与社区单位对点互助，使农民的农业经济收益与城市居民的身心健康挂钩，名为社区支持农业（Community Support Agricultural，CSA）的新型都市休闲农业模式，以社区参与来带动休闲农业发展。社区支持农业也就是让城市近郊的农场和城市社区居民建立一种直接的联系，实行互利共赢的农业生产销售活动，强调城乡居民与农民共同分担风险和收益，提倡生态有机农业生产。这种休闲农业产业形式于 20 世纪 60 年代在日本和瑞典诞生，20 世纪 80 年代被引入美国，早期的社区支持农业仅限于农民寻找愿意预订他们农产品的社区成员并直接把菜送到社区居民家里，为居民提供安全、新鲜、高品质且低于市场零售价的农产品，这种社区支持农业合作关系在北美发展很快，极大地加强了城乡居民与农业从业者间的联系，优化了区域食品的有效供给，有效地促进了当地农业的顺利发展，如今美国已有超过 2 000 家农场在采取这种模式运营。而随着休闲农业的快速发展，更多的城市社区居民和农民联合起来，共同投资打造属于自己的休闲农场或城市农园，使得居民可以利用节假日亲自参加劳动体验、享受农业休闲娱乐活动并与亲朋好友聚会等，使市民农园真正成为了人们享受休闲农业的乐土。

2. 开拓创新的创意田地。平心而论，创意田地的休闲农业创新模式是建立在农业生产水平发展到一定程度的基础上，所以在天马行空的奇思妙想、先进的农业技术等因素的支持下，创意田地最先出现在美国。创意田地可以有多种表现形式，最知名的创意者就

是美国堪萨斯州的农民斯坦·赫德，他充分利用了有色土壤、各类农作物以及拖拉机、犁等农业器具，以独特的种植方式、别出心裁的排布形式以及精心的修剪维护工作，将农田变成了一幅幅美丽的画卷。1989 年，他根据梵高名画《向日葵》，创作了 8 公顷大的庄稼画——《向日葵》。另一种较著名的创意田地形式是农作物迷宫，其灵感很可能源自欧洲发达国家早期的皇家传统规整式园林，通过对农作物排布的预先规划，在耕地播种时进行类似作画"留白"的空地预留，并在其成长过程中实时监护，让作物以成熟形态自然地营造出迷宫、绿篱等规整造型，最终凭借其新奇的表现方式达到吸引游客观光游览、亲身体验等休闲娱乐的目的。

3. 人性化的"市民打工"。在各国的休闲农业发展历史中，出于对田园乡村与自然生态的向往，大部分城市市民都十分乐意前往周边乡村进行休闲农业娱乐度假活动，其中就有一种休息日可进行的"全日制"休闲农业打工方式，即市民帮忙做农活以换取一定的报酬。但由于多数农活繁重不堪、工作时间不够灵活等因素，"全日制"休闲农业打工方式逐渐淡出了人们的视野。但美国北卡罗来纳州的马维里克农场出现了一种更为灵活的形式，度假者可以有偿从事如收割、播种等农事，农户按小时付薪金如 7 美元/小时，即可用于抵扣消费账单。农民还很欢迎度假者和他们一起做农家饭，并一起品尝，一般不会因此收费，但游客也会给小费以充饭钱。

此外，美国在科技方面的世界领先地位让我们不得不提及美国休闲农业的信息化进程。这得益于农业信息化的国家战略方针，自 20 世纪后期伊始，美国首先提出了"信息高速公路计划"并全力建设信息化基础设施，且通过立法手段有效地保障了该计划的顺利执行；同时，美国通过相关信息资源的有效积累形成了规模化、专业化的涉农信息数据

中心，加快了休闲农业的发展。同时，休闲农业信息化发展的强大动力更源于其迫切的市场需求，为了提高休闲农业投资效率比值，利用如开放电信市场等市场化手段推动农业信息化应用层面的竞争，成功构建了以政府为主体，五大信息机构为主线，国家、地区、州三级相连的农业信息网，形成了完整的包括休闲农业在内的农业信息服务体系，也有力地推进了美国休闲农业的信息化进程。由此可见，美国充分利用市场机制促进休闲农业信息化的建设，这是美国休闲农业信息化发展的另一显著特征。

美国休闲农业的大部分特点以及信息化进程在任何一个小的休闲农业具体项目中都可以得到很好的体现，也充分说明了其发展战略的贯彻程度。新泽西州一家以果品生产为主的观光休闲农场，在瓜果成熟季通过网络发布等信息化手段招揽游客前往农场进行与农业相关的休闲度假娱乐体验，这已经成为农场主通过开展休闲农业活动盈利的主要方式。该农场曾一天接待游客超过 2 000 人，每年此项收入就有近 10 万美元，这也从侧面说明了美国休闲农业信息化发展的程度。

总而言之，美国的休闲农业发展进程十分注重对原生自然生态和本土人文历史风情的保护、对娱乐休闲服务的巨细靡遗及与居民社区的结合，其主要表现形态为度假农庄与观光牧场。但需要注意的是，在休闲农业发展得如火如荼之时，美国政府也在管理层面上面临着相当的挑战，因为即使政府与行业协会确定了许多规章制度与优惠政策，美国的休闲农业在许多方面仍然没有固定的标准，从而影响了评估与规范的效率。同时，因为欠缺十分明确的鼓励措施，对于一些财力小、规划能力不足、对台戏欠缺经营理念的小农户来说，如何在休闲农业开发、土地利用协调以及美国原生态景观的保护中取得平衡是困扰他们的大难题，而随之带来的经济回收不如预期则会在很大程度上降低其休闲农业发展的积极性，从而导致游客的游憩体验质量下降。

【加拿大】 与同属北美的美国相类似，加拿大的休闲农业一样注重多样化、信息化等特色发展道路，如乡土美食、农产品展示、农耕文化、乡村节庆活动、主题农业之旅等丰富多彩的乡村旅游项目令城市游客们流连忘返。在加拿大农业版图中占据了重要分量的萨克其万省，其不断上升的假日农场数量让人印象深刻，高机械化程度、高自动化农业普及率也使得人们不禁感叹科技进步的巨大力量。同样的，加拿大也十分重视对自然生态与传统文化的保护，甚至在一些方面其力度超过了美国。

加拿大是一个幅员辽阔、地广人稀的国家，加拿大的农业是其经济重要的组成部分，有 5% 左右的就业机会来自于农业，农业创造了接近 10% 的国民生产总值，而从事农业的家庭仅占全国家庭的 5% 以下，因此加拿大的农业机械化程度非常高。20 世纪 30 年代，由于过度开垦耕地和对草原的过度利用，加拿大的草场沙化严重，致使气候开始变得恶劣，沙尘暴频发。环境的恶化为加拿大人民敲响了警钟，自 20 世纪 50 年代加拿大就开始了保护性耕作的试验研究工作，经过几十年的不懈努力，2000 年左右保护性耕作农业面积在总耕地面积中的占比已经达到了 70% 以上。

曾经的教训使得加拿大对于自然生态的保护心理要强于任何一个国家，而贯彻得极为彻底的可持续政策也收到了切实的成效。与大部分国家不同，加拿大更具有优异而独特的自然环境条件，因此加拿大的休闲农业发展模式首先选择依托于其地理环境、气候条件和传统及现代化的耕作方法等自然因素或传统农业情况，以感受自然等亲近自然生态的绿色理念大力发展乡土民俗体验型休闲农业项目。在休闲农业规划方面加拿大政府也做了不少文章，充分利用资源与产品的异质性，让休闲农业经营地与客源地保持相当的距离，这样可增加旅客的逗留时间。此外，如《加拿大休闲农业发展质量标准》等一系列法律法规、规章制度以及支持政策中也对保护环境与生态平衡做出了规定，为休闲农业的健康稳步发展保驾护航。

在休闲农业建设过程中加拿大很好地利用了当地的资源要素，美食之旅与休闲农业的有机结合就是一个典型的例子，成为了加拿大休闲农业的突破点。将美食品尝环节设置在游览过程之中，通过食材搜寻、美味溯源等别样乡村探索之旅丰富了休闲农业旅行项目的文化内涵，安大略省的"地区美酒之路"、魁北克省的"果汁之路"等都是其中的代表。此外，加拿大还有"荒野行"、动植物研究及观鸟之旅，游客不仅能欣赏到美丽的风景，还能了解当地的人文历史、地质条件以及动植物的分布状况等。

为了弘扬和宣传其多元的文化，加拿大在传统村镇的保护工作上可谓不遗余力。黑溪先祖村是位于多伦多市北约克区的民俗村，村内的农场、古宅、公共设施等文化景观遗产全部保留着1860年前后的风格，杂货店、铁匠铺、鞋匠铺、磨房、学校、邮局、印刷社、法院等应有尽有。为了营造出历史上的社会生活环境，现今在村中生活、工作的人们仍然保持着古旧的着装风格，从业结构也仿照当年，步入黑溪先祖村，游客们会依稀感受到19世纪维多利亚时代乡村的古老气息，有一种恍如隔世的感觉。

正因为地大物博、人口不足等实际情况，加拿大对于休闲农业的发展方式并不局限于某个休闲农业项目或某个小范围区域，有时甚至整个州省都能被动员起来。曼尼托巴省位于加拿大的心脏位置，农业参观资源丰富，从小农场到现代化大农业公司，除了让人增长农业专业知识，还能深入体会曼尼托巴省的文化和自然环境。曼尼托巴省出产的粮食

产品中，小麦和油菜占了50％，此外常见的还包括向日葵、燕麦和黑麦，省内出产的蔬菜有120多种，远销世界各地。曼尼托巴省的生猪、家禽和奶牛养殖工业也很发达，其生猪工业从育种、养殖到加工都已经形成系统成熟的模式，并设有专门究部门对整个生猪工业流程进行研究改进，这种完善的一体化生猪养殖模式使得曼尼托巴省的生猪工业在全世界都很有名。此外，曼尼托巴省还有很多农业机械厂、农副产品生产企业和育种公司可供参观学习。游客可以去开放的水牛和麋鹿养殖场，现场品尝最新鲜的绿色有机农产品。曼尼托巴省是加拿大粮食贸易中心，很多大型粮食贸易公司都设在温尼泊，包括Cargill、James Richardson & Sons 和 Agricore 三大公司。另外，加拿大小麦协会、加拿大粮食委员会、加拿大国际粮食研究中心也都在温尼泊设有机构。曼尼托巴省的农业研究也处于世界领先水平，曼尼托巴大学在农业生物学、保健品、农业企业和水质管理研究等领域都有很高的学术声誉。曼尼托巴省的空气质量之好，淡水资源（5 840万公顷）之充足，使得这里的农业发展前景无限。只要来参观曼尼托巴省农业产业的游客，绝不会无功而返。

除却地理环境、区域范围等影响因素之外，加拿大的休闲农业也有着兼容并蓄、海纳百川的能力。有上百年历史的冰酒原产于德国，引进加拿大也只有几十年，通过短时间的休闲农业专项发展，在加拿大安大略湖旁边的黑利布兰德酿酒园中已建有能独立生产冰酒的葡萄园，游客除可观看冰酒制作表演并体验酿造过程外，还可品尝酸甜可口、风味独特的冰酒。

亚洲休闲农业发展概况

亚洲国家的休闲农业发展非常具有地域特色，除中国之外都属中小型国家或地区，

甚至有些国家在地理环境上属岛国范畴，在基础资源、空间资源等方面都极大地制约了农业发展，且多以都市农业为国家农业的重要组成部分。在如此不利的基础农业条件之下，不少国家却另辟蹊径，着重开发休闲农业中用以娱乐休闲的部分，并结合了都市范围内高科技、多人才、休闲需求庞大等有利因素，使休闲农业在传统农业渐趋薄弱的背景下散发出了新时代的光辉。

【日本】 整体而言，日本的休闲农业可分为以自然景观为核心资源的绿色休闲农业、以高品质农产品和乡村生活为主要卖点的观光休闲体验农业，以及以城郊交流休闲为主要目的的都市休闲农业三种基本形态，有市民农园、观光果园、观光渔业、自然休养村、观光牧场、森林公园、自助菜园、农业公园等多种具体表现类型。

日本的绿色休闲农业发展模式是其休闲农业产业中的重要代表分支。作为岛国，日本除资源贫乏、人均土地量少外，在环境要素上多有火山、在气候上则温度多变而多雨，更是地震、海啸等自然灾害频发的地区，因此其农业发展只能通过休闲农业开发中对自然景观与相关人文历史积淀的运用来弥补其不足。而在日本传统文化中，受中国传统文化影响，天人合一、亲近自然的思想一直大行其道，传统古建筑、枯山水等日式代表绿色园林景观也一向备受推崇。所以，日本休闲农业奉行回归自然的理念，以绿色旅游、绿色农业参观体验与其周边产业积极带动"绿色休闲"概念的推广，通过农场、农庄等配套设施实现本国人民与国外游客的亲身参与，并在实践中强化人们对"绿色"这一休闲农业发展主题的理解与认同。具体到实际项目，日本绿色休闲农业产业大多将所在地定位于为数不多的乡村区域，主要设置农业生产经营实践、休闲交流、住宿度假等休闲活动。20 世纪 80 年代，日本休闲农业创新

地提出了"修养村落"的概念，在风景秀丽的自然资源周边建设以农业为支柱产业的村落，配套相应的休闲娱乐设施以提供住宿、休憩等休闲服务；农业体验、绿色观光、健康养生等休闲农业模式发展得较为成熟，政府也顺势增大了绿色休闲农业投入，并提出了"绿的体验"等宣传口号。此外，日本的专项立法工作也积极支持着绿色休闲农业的发展，为了有效推动绿色观光旅游体制、景点和设施建设，日本政府制定了一套完整的农业土地法律体系，在硬件配套设施、税收、补贴等方面给予许多优惠政策，这些措施也取得了不错的成效。同时，日本发达的媒介产业也积极为绿色休闲农业造势，以乡村绿色游、农业活动等为主题的相关节目人气极高。

日本是世界上最早开办观光农园的国家之一，随着现代城市化进程的不断深入，城乡文化差异也在拉大，不单单只是农民与村民向往着城市，城市居民也一样向往着田园生活。自从在田町建立起的观光农业基地大获成功后，越来越多的地方也开始争相效仿，神户市新神西镇的葡萄酒农业公园、新潟县大和町的农业生产园、水果之乡青森县川世牧场等都是较为成功的案例，游客们在其中既可以休憩娱乐，也可以参与多种农业劳动并收获或购买各式农产品，通过亲身体验感受观光休闲体验的乐趣。

1995 年 4 月，日本出台的《农山渔村停留型休闲活动的促进办法》规定了促进农村旅宿型休闲活动功能健全化措施和实现农林渔业体验民宿行业健康发展措施，推动绿色观光体制、景点和设施建设，规定都府县及市町村要制订基本计划，发展休闲旅游经济，国家需协调融资，确保资金的融通，从而规范绿色观光业的发展与经营。同时，随着日本加入世界贸易组织，日本通过采取相应激励措施（给予贷款及贴息等），使小规模的产区得到较快发展，生产手段逐渐向自动化、

设施化、智能化发展，生产经营管理也向网络化发展。

北海道是日本观光休闲农业最发达的地区之一，每年接待几百万游客，大多数是青年人，其中大学生占一定比例，其余则来自公司、银行、工厂的白领阶层。日本岩手县小岩井农场是一个有百余年历史的民间综合性大农场，自1962年起，农场主结合生产经营项目的改造，兴建多种游览设施，先后开辟了40多公顷的观光农园，农园内设有动物广场、牧场馆、农具展览馆、花圃、自由广场、跑马场、射击场等。每年冬季农园都举办大型冰雕展，其中大部分作品以展示农家风情为主，同样吸引了许多游客。在农场旁边是由废水车改装成的列车旅游馆，深受怀古思旧的游客和青年人的欢迎。小岩井农场独辟蹊径，用富有诗情画意的田园风光、各具特色的设施和完善周到的服务，吸引了大量的游客，平均每年约接待游客80万人次，为农场赢得了可观的经济收入。

日本的都市农业，指包含在都市内的农业及都市近郊的农业。日本是一个土地资源十分有限的岛国，经过20世纪60～70年代经济的高速增长之后，城市扩张迅猛，城市周边地区的地价不断上涨。由于土地属私有制，为保留土地以达到增值的目的，一些农户不愿过早出卖自己所拥有的土地，于是将继续耕种的土地在高楼大厦林立的城市内保留了下来。以后人们发现，在城市星星点点的耕地上生产的嫩绿的蔬菜、鲜艳的花卉，不仅为城市增添了绿色、增加了观赏的景点，而且改善了城市的生态环境，有不可忽视的存在价值。到目前为止，日本已发展出3种主要的都市农业模式：一是观光型农业，即设立菜、稻、果树等田园，吸引游人参观体验，其实质是农业与旅游业的结合；二是设施型农业，即在一定范围内运用现代科技与先进的农艺技术，建立现代化的农业设施，一年四季生产无公害农副产品；三是特色型

农业，即通过有实力的农业集团建设一些有特色的农副产品生产基地，并依托先进的科技进行深层次开发，形成在国际市场上具有竞争力的特色农业。

日本的都市农业主要集中于东京圈、大阪圈和中京圈三大都市圈。日本都市农业形成于19世纪40～60年代中期，用地场所主要在城市闲置地与城郊农地，但是由于城市街区土地利用失控，导致农业用地不断被征用。1961年，日本政府出台了《农业基本法》，鼓励城市近郊农业由水稻生产向果蔬、园艺等劳动密集型作物栽培转型。1966年日本出台了《日本蔬菜生产上市安定法》，1971年颁布了《批发市场法》，这两大法规推进了农村地区大规模园艺产品生产基地的建设，在日本国内形成了园艺产品广域流通体制和城市消费的农产品产地远程化体系。日本都市农业主要针对特大国际化都市的局部地区，进行规模化生产。由于这段时期小规模产区被忽视，加之在征税方面的不合理等，许多学者将该时期称为日本都市农业的衰退期。

1990年，日本实施了《市民农园整备促进法》，其中的代表法令有：一是政府在硬件配套设施方面给予许多优惠政策，减少了建园的成本，使得体验型市民农园得以大面积面世；二是规定承租市民与农园之间的距离，按都市规模从30分钟到2小时不等；三是规定了市民农园中农地的租借期限，一次租借不得超过五年；四是农园里允许设置休闲农业相关设施。根据这个法律，农场主可在自己农园的土地中划分出多个区域出租，按照租户的要求进行种植等农业生产工作，日常照料仍然由自己负责，并按照约定时间提供休闲娱乐服务。这一法案的颁布与顺利实行使得农场主不仅可获得农园的农产品，还可赚取高额的土地租金和管理费。

1996年，日本奈良市明日香村为发展休闲农业，实行了"市民农园"制度。将当地的农田或果树分块按年期租给当地及附近的

市民，并按农田面积或果树数量收取一定的费用，费用根据农产品的种类有所区别，一年收一次。与观光农业相比，市民农园里，城市居民利用业余时间经营，不以营利为目的。承租园地后，市民主要依靠自己的双手进行生产活动，刨土、施肥、购苗选种等，并尝试农田管理。这种方式的参与性更强，市民带着自己的孩子参加各种田间劳动，亲自体验农耕文化，学习农作技术，了解植物生长习性，享受收获的乐趣。如果租地市民工作忙，难以顾及田地的日常生产经营，也可以将农田交给农民代管，当然要付给农民一定的酬金，自己则可以在节假日或者采摘季节才到农田作业。

纵观日本都市农业发展历史，各级政府都给予了十分优惠的保护促进政策，大力开发多样化的发展模式，同时政府也较为关注农业劳动力素质的提高。政府与人民的共同重视以及齐心协力使得日本都市农业的发展趋势较为明显。第一，由政府领导下的都市农业生产逐渐趋于规模化，此举大大提高了都市农业产品的生产数量与国际竞争力；第二，日本的农产品批发市场在管理规范下逐步完善，使得都市农业交易愈发顺畅；第三，随着日本科技的腾飞，生产手段向自动化、设施化、智能化发展，尤其是蔬菜、水果特别明显；第四，在发展过程中日本的都市农业结构得到不断的优化，效益低、成本高的农产品自然遭到淘汰，而绿色保健品大行其道；第五，为了便于管理经营并提高生产效率，现代化信息手段被大量引入。

综合以上三种日本休闲农业生存形态，其富有诗情画意的市民农园、良好的城乡互动，以及都市农业、园艺、艺术与绿色的结合都让人印象深刻。而在日本休闲农业发展过程中所体现出的重视基础农业发展、积极展示宣传农业优点、鼓励城市居民参与互动、城乡统筹政策，以及三种形态"三位一体"并行发展模式都是值得借鉴的宝贵经验。

【韩国】 韩国由于其地理位置与国土面积，原有农业资源基础较为薄弱，甚至曾经是世界上人均耕地面积最少的国家之一，但自20世纪下半叶着重发展农业起，韩国逐渐在农业上实现了自给自足，成为了农产品制成品的主要出口国之一。这一变化反映了韩国农业的快速发展，而以此为基础的休闲农业发展也进步神速。

韩国地形主要以丘陵山地为主，山区面积占据了国土面积的70%。随着国家不断发展，城市化、现代化进程不断深化，能够代表韩国本土山川特色而分布于丘陵河川之间的传统安静乡村群落、田地苗圃和美丽实用的农园成了城市居民的最爱，通过发展本土特色农业，极大地推动了韩国乡村旅游业和生态旅游业等休闲农业产业的发展。

韩国休闲农业是随着经济腾飞和城市化产生发展起来的。韩国经济自20世纪60年代起开始腾飞，短短40年走完了西方国家近百年的工业化道路。但自70年代开始，韩国工农业发展严重失调，农村人口大量涌入城市寻求发展，乡村老龄化严重，城乡差距日渐拉大，各种社会问题集中爆发，为了稳定发展，政府倡导的以"勤奋、自助、合作"为宗旨的新村运动应运而生。自此，韩国的休闲农业发展拉开了序幕，此为社会推动休闲农业发展的内因。韩国政府同时也把发展休闲农业旅游作为振兴农村经济、提高农民收入的一项计划，发展初期以旅游农场的形式为主，近年则以在大城市周边的渔村兴建观光农园和周末农场为新兴风潮。这些农场集休闲、体验、收获为一体，吸引了大批市民，因而生意非常红火，此为经济、休闲等需求的外因。韩国休闲农业发展的主要模式是乡村农园和周末农场。从1984年开始，韩国农林水产食品部为增加农民收入和促进农村和渔村地区开发，积极开发农村观光休养地、民俗村等乡村旅游资源。据韩国有关机构统计，到2000年为止，韩国认定的观光农园有 491 所。利用周末和暑假到观光农园休假的城镇人口达 446 万，相当于城市人口的 1/8。观光农园和周末农场已经成为韩国郊区农民一项重要收入来源，如茶园旅行让游客到茶园采茶，周末农场适应双休日的特点，供城市游客携一家老小去耕作和收获，体验劳动的艰辛和乐趣。韩国农林部推广的"绿色农村—体验村庄"则是将自然生态、旅游、信息化和农业培训结合起来的高端乡村旅游项目。

现在，韩国的休闲农业发展对韩国村落生活情况的改善作用也逐步体现了出来。在韩国，很多农村都面临着空心化、老龄化的难题，且越来越多的农村有发展成"空心村""留守村"的趋势，青壮劳动力多半离开乡村前往城市谋求生路，留守者以幼童与老人居多。为了让这样的留守村也保持活力，当地想了不少办法，但乡村赖以生存的农业生产项目由于农活太重、单户产量过低等实际困难难以从根本上解决问题，此时休闲农业的大发展则为空心留守村落带来了生机与活力。留守村民力所能及的休闲农业设施服务供给、丰富多彩的文化活动设置、城乡交流与农业体验所带来的劳动力与可观收入都使得村民的各项生活条件得到了很大的改善，休闲农业产业在韩国乡村的开展可谓红火万分。

忠清南道堤川市德东里村是韩国的一个偏僻山村，该村仅有 69 户、138 口人，当地农民历来从事农业生产。近几年，德东里村开始发展乡村旅游，开设种花、做豆腐、捉鱼、收玉米等农家乐旅游项目，吸引城里人前往度假观光。德东里村是韩国乡村旅游的一个缩影。韩国的乡村旅游是随着大规模经济开发产生和发展起来的。韩国自 20 世纪 60 年代起经济开始腾飞，由农业国逐渐变为中等发达国家，实现了城市化。目前，韩国约 4 800 万总人口中，90% 以上的人住在城市，农渔业人口不足 10%。四通八达的交通网为韩国发展乡村旅游提供了便利条件，乡

村旅游收入在韩国国内旅游收入中所占比重已达 9.4%。

韩国乡村旅游内容十分丰富，海滩、山泉、小溪、人参、瓜果、民俗都成为乡村旅游的主题。韩国各地有约 800 个与乡村旅游有关的民俗节，如蝴蝶节、泡菜节、人参节、鱼子酱节、拔河节、漂流节、钓鱼节等，并且都具有鲜明的乡土特色。

城市游客到乡村旅游有了玩的项目，还需要有较为舒适的食宿之所。农民家庭旅馆在韩国被称作"民泊"，意思就是吃住在老百姓家里。家庭旅馆是韩国政府特许农民和渔民开办的，目的是让农民和渔民依靠它盈利。每户家庭旅馆的房间最多为 7 间，且收入不用纳税。家庭旅馆的床铺通常是地炕，价格相对低廉，一间房住几个人至十几个人均可，游客可以自己做饭，还有卫生间，使用方便。韩国政府对农民开办家庭旅馆有严格的标准。另外，韩国农民大多讲究卫生，因此家庭旅馆的食宿条件能够满足游客的需要。

作为农民家庭旅馆业的行业组织，韩国民泊协会承担着为开办家庭旅馆的农民服务和协调的作用。韩国民泊协会有 1.2 万个正式会员和 4.5 万个非正式会员。该协会办有网站，正式会员和非正式会员的家庭旅馆都在网上注册，游客可上网查询。韩国民泊协会的正式会员每年夏季休假期间最多能挣约 1.5 亿韩元，最少也能挣约 4 000 万韩元，超过或相当于全年的农业收入。乡村旅游的住宿场所除普通农民家庭旅馆外，还有比较高档的别墅式家庭旅馆、原木屋和韩屋型家庭旅馆，可满足高收入的城市人群休养和旅游的需要。

韩国休闲农业的发展与其他国家不一样的地方在于，其对有限资源的整合工作以及创意项目的不断开发做得十分出色。虽然韩国着力于发展基础农业与休闲农业，但相较而言韩国本土可用于开发的农业资源实在是捉襟见肘，在如此不利的条件下，韩国政府

十分注重对有限资源的整合利用，将海滩、山泉、小溪、瓜果、民俗等各色资源都用于休闲农业的开发主题，使得"麻雀虽小、五脏俱全"。另外，在资源不足的不利环境下，韩国休闲农业的发展十分注重创意项目的开发，许多村落的传统文化和民俗历史等都得到了深度挖掘，同时为增强其市场竞争力，还不断推陈出新，使得各种项目常保活力。

【新加坡】 新加坡是一个城市经济型的国家，面积只有 556 平方千米，人口 416.37 万，论及国小人少与自然资源的贫乏比日本、韩国更甚，农产品同样无法自给自足。但令人意想不到的是，新加坡部分休闲农业项目的档次较之许多发达国家都要高出不少，有些甚至达到了以农业园区为基础而多产业综合开发的复合型产业水平。从 20 世纪 80 年代起，新加坡政府设立了十大高新科技农业开发区。在这些农业园区内，建有 50 个农业旅游生态走廊，有水培蔬菜园、花卉园、热带作物园、鳄鱼场、海洋养殖场等供市民观光，还相应地建有一些娱乐设施，不仅为新加坡人提供了农业旅游场所，每年还能吸引 500 万～600万国外旅游者。新加坡农业园区已建成为高附加值农产品生产与购买、农业景观观赏、园区休闲和出口创汇等功能的科技园区，成为与农业生产紧密融合的、别具特色的综合性农业公园。

从发展条件与发展理念来看，新加坡的休闲农业发展是在极为有限的资源条件下尽量以综合产业发展的模式使效益最大化，这也使得新加坡这样一个以都市休闲农业为主要产业基础的城市型国家必须向着农业现代化与高科技、高投入、高产出的方向发展，对资源依赖较小的文化科技、健康养生、科普教育等多种发展模式便理所应当地受到了青睐。此外，由于城市空间的限制，新加坡休闲农业产业多采用集中经营的模式，优越的城市技术环境使休闲农业的现代化综合科技园、生物医药科技园等创意模式得到了更大的发展可能，也更容易在合作碰撞中产生火花。

现代化集约的农业科技园是新加坡重点的创意休闲农业模式，以追求高科技和高产值为目标，最大限度地提高农业生产力。其基础设施建设由国家投资，然后通过招标方式租给商人或公司，租期为 10 年，现有耕地约 1 500 公顷，供 500 多个不同规模农场经营。它是世界上第一个在热带国家以气耕法种植蔬菜，生产富有营养、安全的新鲜蔬菜的国家，蔬菜的生长期由土耕法的 60 天缩短到气耕法的 30 天。

大洋洲休闲农业发展概况

【澳大利亚】 在广阔大洋洲之上的大国家仅有澳大利亚与新西兰，正因为其人为破坏较少，澳大利亚、新西兰、所罗门群岛、斐济等国的山高海阔、茂密植被、多样化动物群落等优异的自然风光吸引了成百上千万的游客赴此观光游览，自然环境优越同时也是大洋洲休闲农业的重要特征之一。大洋洲休闲农业偏重于观光体验与游玩度假，因主要代表国家澳大利亚与新西兰类型相似，故仅介绍分析澳大利亚的休闲农业情况。

澳大利亚农业以养殖牛羊、种植小麦为主，羊毛产量和牛肉出口量占世界第一，小麦年产 2 000 万吨以上，一半以上供出口。澳大利亚的农业旅游发展也很快，虽然休闲农庄不多，但在全国的旅游总收入中，农庄和乡村旅游业收入超过 35%。休闲农业在澳大利亚以农业生产体验为主，比较普遍的是以农业观光的形式来经营，而发展此种观光事业的农场也非常普遍。农场内通常有展示中心、观光农场以及展示表演，有的还提供民宿的服务。

在澳大利亚有一种农业观光组织是私人的营利组织，活动内容有参观农业、访问农村的人物以及观光之旅。以其参与人数来区分，可分为农业观光与乡村之旅两种，一般澳大利亚的农村之旅包括的行程有以下几种（汤建广，1989）：

（1）牧牛之旅：以4～6天访问牧场，了解牛犊和育肥事业、牧草培养、牛肉与乳品加工、养牛研究单位。

（2）作物之旅：糖业、热带园艺、稻作、花生与玉米。

（3）畜牧之旅：以5～7天的时间访问养牛与养羊的牧场、试验所，羊毛生产的加工、牛羊的拍卖、屠宰及加工处理。

（4）综合农业观光：应旅客需要，以4～9天，参观牧场、农场与热带果园等。

此外，澳大利亚作为开展休闲农业最早的国家之一，对如酿酒等一些特色休闲农业项目十分重视。在休闲农业的葡萄酒旅游产业中，澳大利亚特别注重"产、学、研"紧密结合，主要依托葡萄庄园的田园风光、酿造工艺生产设备、特色美食、葡萄酒历史文化吸引游客，同时开发观光、休闲和体验等农业旅游产品，带动餐饮、住宿、购物、娱乐等产业延伸，促使休闲农业向第二产业和第三产业延伸，实现了特色农业产业与旅游业的结合，为地区带来了巨大的综合效益。澳大利亚葡萄种植始于1788年，从1810年开始，葡萄酒酿造和销售开始走向商业化，目前已经形成了60多个葡萄酒产区。2008年澳大利亚葡萄酒产量为12 571.4亿升，出口量为7 141.7亿升，成为世界第六大葡萄酒生产国和第四大葡萄酒出口国，吸纳了农村剩余劳动力，产生了巨大的经济效应。据澳大利亚资源、能源和旅游部统计报道，2009年澳大利亚葡萄酒旅游吸引了410万国内游客和66万国外游客，收益达48.9亿澳元。

据赴澳大利亚休闲农业游的游客感受，澳大利亚的休闲农业吸引点是显而易见但利用得当的。澳大利亚对壮丽山川、优美海滩、广阔平原等基础农业发展所依仗自然风光的保护，使得游客们能够在游览休闲农业项目时深切感受到其自然环境的独特魅力。同时，澳大利亚也十分重视休闲度假环境的营造，且切实落在游客对休闲农业的体验参与之中。例如，在澳大利亚境内随处可见多种颜色鲜艳、体态优美的鸟兽虫鱼，大部分地区可见不畏人车的袋鼠，国宝考拉也在多地动物园中与游人见面，其对动植物生态系统平衡的保护工作可见一斑。优越自然环境带来的身心愉悦感、动植物浑然一体亲近人类的环境融入感，再加上农业休闲体验项目的锦上添花，使得澳大利亚的休闲农业产业发展深入人心。

国外休闲农业发展趋势与经验启示

发展至今的休闲农业产业已可谓逐渐成熟，而大部分休闲农业产业较为发达的国家也为其持续发展与继续壮大而绞尽脑汁。纵观各休闲农业发达地区，欧洲、北美等地休闲农业兴起较早的国家多以老牌乡村的自然生态与农业资源为发展基础，大力发展休闲农业的乡村度假模式，且由于其发展历史、国力强盛、农业进步等优势，其休闲农场、度假农庄的发展模式之多、发展规模之大以及发展程度之深都可谓领先于，原生态的乡村自然与农业生活环境也令人神往。亚洲发达国家的休闲农业则是以休闲娱乐与农业体验为主要吸引点，多依靠对基础农业生产经营过程的休闲化利用以及丰富多彩的娱乐设施设置来保证产业发展，相对而言人为与后续建设的成分更高一些，这也与其资源上的先天不足有关。而澳大利亚、新西兰等大洋洲国家，既因为地广而自然资源条件优越使得其休闲农业基础较好，又由于人稀而不得不依赖先进科技进行现代化农业开发。同时，也需要对休闲娱乐项目的开发来吸引国外游客，使得其休闲农业产业自然与人工并重，算是兼具了各地区休闲农业的基本特点。此外，无论是由于先进的科学技术优势，还是因为领土、资源的匮乏，或是基于居民需求角度的考虑，各个地区的发达国家都积极进行着都市休闲农业的创新发展，不断尝试将土地需求量大、依赖自然生态与环境条件的传统农业与科技高度发达、预留空间较小、人口众多的城市环境结合起来，寻求着低投入、高产出、以休闲娱乐服务为主的都市休闲农业新模式，也已经取得了如市民农园、休闲农业社区、观光农地等具有现代都市农业特色项目的不菲回报。

进入 21 世纪之后，休闲农业规划开始向着精品化、多元化的方向发展，主题型、综合型的休闲农园受到人们的青睐。回顾休闲农业的发展历史，观察近年来休闲农业的发展动态，并在此基础上展望休闲农业的未来发展，可以较为清晰地勾勒出一条休闲农业的发展脉络：资源为主—项目为主—个性为主—服务为主，即休闲农业发展从以基础资源开发利用为核心向以开发项目的多种形式为核心转变，再向以精品项目、个性品牌文化的建设为核心转变，并在未来朝着以产业集群联动、服务品质提升的方向不断进步。要强调的是，以项目为主，多样化、精品化与个性化的趋势特质并不意味着休闲农业逐渐向小众、特定人群的方向发展；正相反，为了扩大客源市场以带来更大的利益，同时随着社会进步与各国人民生活水平的提高，遵循着发展脉络规律的休闲农业正不断向扩大城乡交流、拓展业务范围的更为大众化的方向不断前进。

早期的休闲农业是从由城市向乡村寻求休闲度假的需求中发展而来，以农业资源为基础的产业，其核心卖点在于对不同生活方式的体验。在刚起步阶段经营模式较为单一，仅能依赖原有自然生态、基础农业、乡村生活等资源做文章，当然这其中也有从对资源条件简单的开发使用到充分发展利用的转变

过程。而在资源已经被无所不用其极，即"玩什么"已经千篇一律而缺乏吸引力之后，"怎么玩""怎么好玩"就更为人们所关注。建立在资源基础上各式各样的休闲农业项目成为主要的吸引点，骑马、采蜂蜜、酿酒等城市生活中缺乏的农业休闲娱乐方式，以及层出不穷的农业度假噱头抓住了人们的好奇心，使得资源开发利用方式的直接体现点即休闲农业项目成为人们最为关注的话题。但在项目多样化发展、数目不断增多的过程中，粗制滥造、参差不齐等问题的出现也是无法避免的，且当人们充分领略并厌倦了多种杂乱体验、难免重复的花花世界时，精品化、差异化、特质化的项目成了人们追求的新热点，休闲农业产业各个既定类型中更为细致个性化的精品创新项目脱颖而出。同时，建立在此基础上逐渐萦绕起的品牌效应与独特文化开始以其独特的个性魅力吸引人们的目光，由此突出了休闲农业各个发展时期的主要发展对象。

可以说，休闲农业最先是因其农业休闲与观光旅游的结合而逐渐为人们所熟知，但休闲农业却远远不只局限于观光旅游本身。发展至今，休闲农业已从单纯的观光旅游模式发展到就近的都市休闲农业、寻求放松的休闲度假、产出颇丰的农园生产投资等多种产业模式。而休闲农业本身与观光旅游的差别也在于其资源的可利用性衰减相对较慢，即相对而言休闲农业所依赖的农业生产等部分资源并不会像观光旅游资源般因其新鲜感的丧失而价值大幅衰减，其还有农产品产出、养生健康等多种利用途径。同时，休闲农业所提供的主要活动注重参与体验和休闲娱乐。因此，其未来发展趋势更应与集合了观光、餐饮、住宿等服务性行业的广义旅游产业发展趋势保持一致，产业链中各个模块的创新、打上鲜明个性烙印的品牌文化、无微不至而重视体验质量的服务、以高效率与易用性为核心的现代化智能系统、广开客源的大众模

式推广系统是其必然发展趋势，也就是说，休闲农业发展的整体趋势应该是个性创新、产业集群、文化与科技并行、重视服务且服务大众。

欧洲、亚洲、北美等地发达国家的休闲农业与乡村旅游产业起源于 19 世纪，发展时间不长但成果斐然。从 20 世纪 70 年代开始繁荣兴盛之后，直到现今都仍然有着强大的吸引力，其创造收益之高、生命力之旺盛都可算是新兴农业产业中的佼佼者。相对而言，中国地大物博、资源丰富而人口密集，且自古以来就是农业大国，近年来伴随着经济实力的腾飞以及综合实力的大幅提升，人们的休闲娱乐需求也水涨船高，虽有发展休闲农业的良好基础，但毕竟起步较晚，所以尚需摸索，需要吸收先进理念和经验并规避教训。发达国家的休闲农业能取得如此成功，整体发展、合理规划、管理得当、多管齐下等宏观措施是主要原因，而其细节之中也可以小见大，有重要的借鉴意义和经验启示。

一、原生态保护

英国、法国、德国等欧洲诸国都以较为悠久的历史与保存完好的城市历史建筑闻名，虽然其带有历史风情的小镇农庄也同样颇有韵味，但在保护所投入的精力以及对游客的吸引力上都不及珍贵的城市历史遗存，所以欧洲原生态休闲农业项目稍有薄名而不成气候。而无论美国、加拿大或是其他休闲农业产业开展得较为成功的北美国家，都对自然生态与传统乡村风情的保护特别重视。美国与加拿大的乡村田园风光一直为游客所称道，其原汁原味的乡村环境、绵延至今的传统风俗，以及独有的乡土人文风情是最有魅力的休闲农业观光游览吸引点所在。由此可见，为避免乡村度假区、休闲农场等千篇一律的外观形式与休闲方式，北美乡村休闲农业产业在保护自然环境与原生态乡村设施的基础上营造出了区别于现代化大城市的独特村落景观，使当地的休闲农业项目对于成为主要客源的城市居民而言充满了新鲜感。

值得注意的是，避免破坏原有生态系统，保留自然环境资源固然重要，但对原有自然生态条件的庇护并不意味着故步自封而不求发展，不是力求达到"过分自然"的标准而破坏了原有村落体系中人造景观、人为环境的支撑。显然北美乡村休闲农业在这一方面成功地寻找到了平衡点，其自然景观资源与人文历史遗产并重，构建出了较为完整的乡村休闲农业环境体系，形成了自然原生态与村落原生态的和谐统一，使得北美原生态乡村对被休闲农业产业吸引而来的游人来说，既能满足其亲近自然、追寻原生态环境的初衷，也能兼顾探寻人类文明历史、体验别样人文旅程的学习兴趣与归属感等多重需求。

二、巩固基础农业

休闲农业作为传统农业与旅游业、商业等现代产业结合的新兴产物，始终是以农业生产环境、农产品产出、农活体验等传统农业活动为基础而发展衍生出来的行业，农业对于休闲农业这一分支产业的重要性是不言而喻的。在休闲农业较为发达的国家中，或以广袤的土地以及保护良好的优越自然环境为农业发展提供保障，或以小范围精致农场以及便捷的使用条件，通过实现了高度信息化、现代化、自动化的农业生产线保证农业产出规模。依靠发达的农业宣传销售网络为农业发展提供了便利，同时较为完善的监管系统也为其顺利发展立下了汗马功劳。种种用以巩固农业生产经营的战略方针加上各项利好措施与实施手段，再配套以农业为核心的基础设施建设，保证了传统农业的发达兴旺，在此基础上发展起来的休闲农业才能在满足国内农业需求的基本前提下进一步产生更多的附加值。所以要发展休闲农业，基础农业的发展与巩固工作是必不可少的。

三、优化资源配置

实际上，休闲农业对于传统农业而言本身就是一种调整结构、优化分配的发展进步模式，因而对资源利用的妥善与否就成了衡量休闲农业是否成功的重要标准之一。对于发达国家来说，充分利用乡村的自然环境资源、历史人文资源、传统农业资源以及当地居民资源就是实行乡村休闲农业转型的关键所在，而大部分成功案例正是合理组合调配了原有资源，并在此基础上积极开发新的可用休闲农业资源或是改善资源的利用方式，才使得原先以传统农业为主要支柱产业的村落在休闲农业转型进程中焕发出了新的活力。

虽然历史远比不上我国悠久，资源也并不丰富的欧美各国，在休闲农业发展过程中致力于对已有的乡村历史文化景观遗产进行了保护与再利用，英国、加拿大等地更是通过多样化的古镇、古村落保护开发工作使有限的资源起到了积极弘扬当地传统文化的极大作用，并进一步以此形成地方甚至国家范围内的休闲农业文化形象，给本土与国外游客们留下深刻印象。同时，加拿大在部分地方资源不足的情况下能够果断地扩大资源利用范围，甚至进行至州省范围的大规模整体动员，以大范围内多个地方统合的休闲农业资源进行统一的优化配置利用，形成集群效应，达成大型休闲农业目的地建设的目标，从而带来更大的收益。而日本、韩国等相对资源极度匮乏的国家，更是充分利用国内的每一项休闲农业资源，甚至一些在我国人民看来没有太多价值的仅有数十年历史的乡村旅游资源点，都因为政府良好的保护宣传与地域抱团利用而被建设成较为成功的休闲农业项目，给从业者、当地居民乃至整个国家都带来了巨大的利益。

此外，在资源整合使用过程中，发达国家休闲农业项目常采用的"优势互补"措施也十分值得学习。在休闲农业发展如火如荼的这些国家中，各式各样的区域项目层出不穷，核心产业、主要卖点等的重复不可避免，但各国政府仍然想要通过种种手段尽量避免同质化竞争，而开发利用多个优势资源点以形成休闲农业各优势项目间的强强联合，从而增加地方休闲农业产业的竞争优势就是较为有效的途径之一。例如，在以原生态为主要吸引力的田园乡村增加多项观光旅游服务设施，开发富有当地特色的农业休闲体验项目，或是建立地方色彩浓郁的休闲农业产品系统，甚至多项并举，以不同的竞争优势互相补足而形成较为完善的休闲农业服务产业链，最终达到优化地方资源配置、提升区域整体竞争力的目的。

四、积极探索创新

不断地探索与创新是使休闲农业产业常葆青春的重要措施之一。"社区支持农业"模式最初出现于日本、瑞典而并非北美国家，却在引入美国之后迅速得到发展壮大，并最终成为美国休闲农业的招牌模式之一，不得不承认这与美国对于"社区支持农业"模式的本土化探索与形式创新工作是息息相关的。从最开始简单的农产品定向供给到市民农园以及之后发展成熟的休闲农业社区，美国政府、休闲农业行业协会以及参与其中的居民与农民都付出了巨大的努力，在实践中不断探索进步方式，创造了种种新颖而独特的合作方式、体验形式、管理模式等，为休闲农业"社区支持农业"模式的发展成熟与广为传播提供了源源不绝的动力。

五、完善监管制度

在着眼于巨大成就的同时，世界休闲农业发展的经验教训也同样值得我们研究吸纳。意大利、法国等地休闲农业的领先起跑而被后来居上，英国城市与乡村休闲农业产业的分配不均，加拿大基础农业对于土地过分利用导致的农业资源危机，美国休闲农业管理过程中统一标准的不明确、鼓励措施的缺乏、经济收益与体验质量的平衡，以及各国都曾出现的同质化恶性竞争等问题，说明了一套完备的监管制度对于休闲农业发展的重要性。

在管理制度上，以德国、法国为代表的部分国家实行了国家统一控制的管理制度，由政府有关部门负责制订休闲农业项目的开设与检验标准，并监督管理其中的具体流程、保障运营体系的健康发展。以美国与加拿大为代表的国家政府的上级主管部门则采取了放权的管理方式，在保证地方休闲农业发展自由度与多样性的同时也面临着管理上各自为政、难以统一的老大难问题，其优势在于当地政府对休闲农业产业的开发能有较符合本地条件的详细规划以充分利用好本地资源，劣势则是个体单位较多而管理繁杂。也有以休闲农业发展早期的意大利等国为代表的行业协会主导管理模式，依靠官方、半官方或民间自发组织与休闲农业相关的行业协会对地区休闲农业产业发展进行统一管理。需要注意的是，不管哪个国家，行业协会的存在都在本国休闲农业的发展中发挥着巨大的作用，可见行业协会在产业自治、产业规范等方面有助于休闲农业顺利发展且有着不可替代的重要地位。

在立法方面，发达国家休闲农业方面的法律程序与规定较为完备，甚至各级政府、不同地方都有相关法律条款，对休闲农业的开展、经营等各个方面都有详细的约束作用，为其健康发展铺平了道路。值得重视的是，发达国家在立法之余都配备了完善的监管制度，使得休闲农业在有法可依的基础上还做到了有法必依、执法必严，从很大程度上保证了立法的防患和震慑效果。

在政策支持上，可以说休闲农业的顺利发展与相关政策的大力支持是分不开的。各国休闲农业的腾飞正是如此，虽然在如具体鼓励措施、利益保障优惠等一些方面尚有欠缺，发达国家为休闲农业发展所配套的扶持政策还是十分有成效的。澳大利亚的各级政府都设有专门的农、林、渔业发展部门，在休闲农业方面都有相关的专项扶持政策，农业部等国家对口单位也设有多项发展基金，而项目所在的地方政府更是会在交通、设施、产业等规划内容上给予扶持，甚至在办理程序上给予简化等支持。

综上所述，无论是政府主导、协会协助还是从业者自治，国家统一管理或是放权地方，任何国家休闲农业的长远发展都需要建立一套完整而行之有效的监管制度，而这套制度的效能应该能够体现在产业发展的各个方面。例如，我国人口数量极为庞大，在北京、上海、广州等核心城市群范围内更是膨胀密集，而近年来在全国范围内多个无序发展起来的农家乐休闲农业项目的惨淡收场也充分说明了监管方面的不足。在这种不利的客观条件下，我国应该学习法国、美国等国家对于休闲农业项目区域控制的有效措施，对各个相关项目进行认定、登记等监控处理，以切实可行的实施细则有效控制区域范围内休闲农业产业可承载的项目数量以及同质化，保证休闲农业产业健康有序的成长。所以，应该根据具体国情从管理制度、立法、政策支持等各个相关方面以统一的思想制订合理可行的条例规定，对休闲农业发展过程中开发创办、生产经营等过程实行严格的控制管理，如此才能使各个主体消除后顾之忧，使休闲农业稳定、顺利地发展推行。

中国重要农业文化遗产

河北宣化传统葡萄园
内蒙古敖汉旱作农业系统
辽宁鞍山南果梨栽培系统
辽宁宽甸柱参传统栽培系统
江苏兴化垛田传统农业系统
浙江青田稻鱼共生系统
浙江绍兴会稽山古香榧群
福州茉莉花种植与茶文化系统
福建尤溪联合梯田
江西万年稻作文化系统
湖南新化紫鹊界梯田
云南红河哈尼稻作梯田系统
云南普洱古茶园与茶文化系统
云南漾濞核桃—作物复合系统
贵州从江侗乡稻鱼鸭系统
陕西佳县古枣园
甘肃皋兰什川古梨园
甘肃迭部扎尕那农林牧复合系统
新疆吐鲁番坎儿井农业系统
天津滨海崔庄古冬枣园
河北宽城传统板栗栽培系统
河北涉县旱作梯田系统
内蒙古阿鲁科尔沁草原游牧系统
浙江杭州西湖龙井茶文化系统
浙江湖州桑基鱼塘系统
浙江庆元香菇文化系统
福建安溪铁观音茶文化系统
江西崇义客家梯田系统
山东夏津黄河故道古桑树群
湖北赤壁羊楼洞砖茶文化系统
湖南新晃侗藏红米种植系统
广东潮安凤凰单丛茶文化系统
广西龙胜龙脊梯田系统
四川江油辛夷花传统栽培体系
云南广南八宝稻作生态系统
云南剑川稻麦复种系统
甘肃岷县当归种植系统
宁夏灵武长枣种植系统
新疆哈密市哈密瓜栽培与贡瓜文化系统

河北宣化传统葡萄园

坐落于北京西北 150 千米处的宣化古城，历来就有"葡萄城"的美誉。每年中秋前后，满城葡萄飘香，串串晶莹剔透的牛奶葡萄吸引着八方来客。

宣化传统葡萄园始于唐代。牛奶葡萄是宣化传统葡萄园的特色产品，因其果粒形似奶牛乳头而得名。据《宣化葡萄史话》记载，宣化葡萄最早引进栽培时间为唐代，距今已有 1 300 多年的栽培历史。如今，在宣化古城的观后村里，有一株近 600 岁的古葡萄藤，依然枝繁叶茂、硕果累累，见证着宣化葡萄发展的历程。

宣化传统葡萄园栽培技艺独特。宣化传统葡萄园至今仍沿用传统的漏斗架栽培方式。漏斗架是一种古老的传统架式，因其架式像漏斗而得名，架身向上倾斜30°～35°，呈放射状。"内方外圆"优美独特的漏斗架，适于观赏、乘凉休闲庭院栽培。这种架形的优势是：光能集中、肥源集中、水源集中，具有抗风、抗寒等特点。宣化的漏斗架葡萄园独具特色，是人文与自然景观和谐交融的结晶，具有极高的美学价值，现在它已成为国内外艺术家创作的宝库，也是农业生态旅游的目的地。

宣化传统葡萄园品牌价值突出。宣化独特地理和自然条件孕育了宣化牛奶葡萄独特品质。宣化牛奶葡萄属鲜食葡萄品种，皮肉黄绿色，质脆而多汁，酸糖比适中，素有"刀切牛奶不流汁"的美誉。近年来，先后获得"中国农产品区域公用品牌价值百强奖""最具影响力中国农产品区域公用品牌"和"消费者最喜爱的 100 个中国农产品区域公用品牌"等荣誉。

宣化传统葡萄园濒临灭绝。今天，随着城市化的迅速发展，传统葡萄园的数量急剧下降，葡萄园的消失意味着传统特色景观、生物多样性和文化多样性的丧失。作为优秀的传统农业系统，宣化传统葡萄园亟待保护。

宣化传统葡萄园的保护工作正在积极推进。目前，宣化区人民政府按照农业部对中国重要农业文化遗产保护工作的要求，先后出台了《关于加快葡萄产业发展的补助办法》《宣化传统葡萄园保护管理办法》等措施，制订了宣化传统葡萄园保护与发展专项规划。通过生物多样性的恢复、传统葡萄栽培技艺的文化传承以及与休闲农业的结合，从根本上解决农民的增收、农业的可持续发展和文化遗产保护问题，让这一具有重要价值的农业文化遗产绽放新的光芒。

内蒙古敖汉旱作农业系统

在燕山山脉东段北麓，科尔沁沙地南缘，有一片神奇的土地，这里山川秀美，沃野无边，它因有8 000年的历史文化遗存，而被考古学界称为"华夏第一村"；因有优美的生态环境，而被联合国环境规划署评为"全球环境五百佳"。更令人瞩目的是这里是世界旱作农业的发源地，现已被列为全球重要农业文化遗产主要候选地。

敖汉旗历史文化悠久，史前文化厚重。兴隆洼遗址被考古界誉为"华夏第一村"，出土的1 500多粒粟和黍碳化颗粒标本，经C14 等手段鉴定论证距今8 000年，认为是人工栽培形态最早的谷物，由此推断敖汉旗有近万年的农耕文明历史，是中国古代旱作农业起源地，也是横跨欧亚大陆旱作农业的发源地。

8 000年的风风雨雨，时代的变迁，粟和黍这一古老的物种不但没有在敖汉这片土地上灭绝和消失，而且繁衍不息代代传承，时至今日仍保持着牛耕人锄的传统耕作方式。敖汉的气候条件决定了根植于敖汉旱坡地的粟和黍耐干旱、品质优良等特点，其品质是其他地区无法比拟的，所以有"敖汉杂粮，悉出天然"一说，赢得了"优质杂粮出赤峰，绿色杂粮在敖汉"的美誉。正是由于敖汉的小米适口性好、营养丰富，所以金黄馨香的小米粥成为女人哺乳、老人患病、婴儿断奶的首选食物。

目前，敖汉旗原始地理环境和自然风貌没有大的改变，尚且保留原始农业种植形态，是旱作农业系统的典型代表。但随着经济社会的发展，也面临着被抛弃的危险。

当前，赤峰市敖汉旗政府按照中国重要农业文化遗产保护工作的要求，编制了专门的保护与传承规划和管理办法，让对中国北方旱作农业的发展产生深远影响的重要农业生产系统发挥更大的作用，为当地带来更好的社会效益和经济效益。

辽宁鞍山南果梨栽培系统

南果梨是鞍山地区特有的水果产品，又称"鞍果"，原产于鞍山市千山区大孤山镇对桩石村，据《中国果树志》第三卷记载，现南果梨树母株仍生长于此。1986年，经中国果树研究院权威专家鉴定，该树被认定为南果梨祖树，至今已有150多年历史，是仅存的一株自然杂交实生苗南果梨树。依靠自身独特的地理、气候条件和栽培经验，鞍山南果梨皮薄肉厚、果肉细腻多汁、香味浓郁，是中国"四大名梨"之一，被誉为"梨中皇后"，曾荣获"全国农产品加工贸易博览会金奖"，被农业部列为"全国名特优品种、国家种苗基地项目"，鞍山南果梨产业开发和推广被科技部列入"星火计划"。

南果梨栽培系统独具民俗文化内涵。南果梨从起源衍生人工种植，到现在形成产业链条，每一次的发展和飞跃都与文化内涵息息相关。其深厚的文化内涵被鞍山地区百姓所认同和传承，通过祈福文化、旅游文化、亲情文化以及文学作品等多种形式，南果梨文化已经逐渐渗透到人们的日常生活中。

南果梨栽培系统面临濒危状态。随着生产的发展，南国梨栽培系统面临品种老化、无公害生产水平较低、果品质量下降、商品价值低等问题，保护与发展工作势在必行。

南果梨栽培系统保护工作方兴未艾。千山区政府按照农业部对中国重要农业文化遗产保护工作的要求，制订了《鞍山南果梨栽培系统保护与发展规划》和《千山区人民政府办公室关于对辽宁鞍山南果梨栽培系统保护工作的意见》，使鞍山南果梨栽培系统具有丰富生物多样性和文化多样性、生产与生态功能突出，体现出人与自然和谐发展的生存智慧，焕发出新的生机。

辽宁宽甸柱参传统栽培系统

柱参，亦称石柱人参、石柱子参，系辽宁省宽甸满族自治县振江镇石柱子村为核心的周边固定区域所独产。石柱子村位于辽宁东部山区鸭绿江畔，与朝鲜隔江相望，这里山连绵、水纵横、森林茂密、特产丰富、风景优美、民族风情独特，被誉为"鸭绿江边的香格里拉"和"神仙居住的地方"。

柱参栽培历史久远。柱参起源于野山参，据《宽甸县地方志》记载，明万历年间（1610年前后），山东七翁到此采挖野山参，大参拿走，幼参及参籽就地栽种，并栽榆树、立一条石柱为记，一石奠基业，一榆扬旗帜，柱参就此而得名。

柱参是人参家族的一枝奇葩。柱参芦高体灵、皮老纹身、须长须清、珍珠疙瘩多、形态优美。400多年来，经历代参农培育，已形成圆膀圆芦、草芦、线芦、竹节芦四个特有品系，成为人参家族的一个独特种类。因其酷似野山参，被誉为"园参之冠""国之瑰宝"。目前，石柱子村园参面积66.7公顷，林下柱参面积1 100多公顷，是当地"一村一品"重要产业。

柱参在国内外久负盛名。明末清初，东

北最大的人参集散交易市场营口素有"柱参不到不开行"之说。至今矗立的奭公德政碑是柱参发展沧桑的见证,为参立碑在国内外也属绝无仅有。

柱参栽培形成完整系统。柱参栽培技术、采收和加工讲究。传统的园参栽培要经过选场整地、做畦、播种、育苗、做体下须、移苗定植、趴货上土几个过程,一般须生长13年以上方可出土。趴货20年以上的柱参与野山参几无差别。

近年来,林下种植成为首选的方式,让柱参生长回归自然,不仅参林双赢,而且资源得到永续利用。

柱参承载着特有的文化魅力。400多年来,"柱参之乡"不断绽放新的光芒,形成了绚丽多彩的特色柱参文化。目前,柱参传统栽培技艺已列为辽宁省重要非物质文化遗产,宽甸县亦被中国中药材协会授予"全国石柱人参第一县"称号,振江镇被农业部授予全国柱参产业"一村一品"示范镇称号。至今,每年的农历三月十六这天,参农都要立庙祭拜最早养柱参的祖师爷,为其过生日。风景如画的石柱子村,至今石柱傲立,老榆挺拔,成为宽甸一景。每当林下参籽红熟时,鲜红晶亮,灿烂夺目,吸引无数游客流连忘返,是游客休闲观光、旅游、养生的天堂。

柱参面临濒危状况。随着生产的发展,传统的柱参栽培技艺有失传和被抛弃的危险,传统的生产方式面临严峻挑战,保护、挖掘和传承传统栽培方式势在必行。

农业文化遗产保护工作正在抓紧推进。目前,宽甸县政府按照农业部要求,结合辽宁省政府提出的建设辽宁休闲农业与乡村旅游第一县的目标,制订出台了柱参发展规划与重要农业文化遗产柱参传统栽培系统保护办法,在重大科研项目、资金、保护措施等方面全力支持,促进农民增收致富,让这一具有重要价值的农业文化遗产叫响神州、走向世界。

江苏兴化垛田传统农业系统

兴化自古地势低洼,湖荡纵横,历来饱受洪涝侵害。当地先民在沼泽高地之处垒土成垛,渐而形成一块块垛田,发展出一种独特的土地利用方式。

垛田因湖荡沼泽而生,每块面积不大,形态各异,大小不等,四周环水,各不相连,形同海上小岛,人称"千岛之乡"。兴化共有4 000多公顷这样的耕地,分布在垛田、缸顾、李中、西郊、周奋、沙沟、林湖一带。如此规模的垛田地貌集群,在全国乃至全世界都是唯一的。

至今,垛田还保存着传统的农耕方式,用天然生态的肥料种植蔬菜。垛田独特的岛状耕地,是荒滩草地堆积而成,土质疏松养分丰富,加上光照足、通风好、易浇灌、易耕作,使得生产的蔬菜无论是品质还是产量,都是普通大田种植不可攀比的。在中央电视台美食纪录片《舌尖上的中国》中,龙香芋是苏北里下河地区农家美食中最具象征性的代表,而那一段视频正是在兴化垛田拍摄的。

追忆垛田的过往,这灵秀的水、灵秀的垛,更吸引了历史上诸多文人墨客的驻足。发生在这芦苇荡里的抗金反元故事,正是施耐庵创作《水浒传》的渊源;"扬州八怪"代表人物郑板桥出生于垛田,其别具一格的"六分半书",据说就是受了垛田耕地散而不乱、错落有致的启发。

近年来,聪明的兴化人民利用垛田这种独特的地貌,从事大规模油菜生产,发展休闲旅游观光农业。万岛耸立,千河纵横,可谓天下奇观。连续举办五届的"中国兴化千岛菜花旅游节"已经成为享誉全国的新兴旅游亮点。

垛田地貌先后入围江苏省第三次文物普查十大新发现和全国第三次文物普查重大新发现,2011年被列为江苏省第七批文物保护单位。

兴化垛田农业系统也面临被破坏的危险。目前，兴化市委、市政府按照农业部农业文化遗产保护的要求专门制订了保护规划和保护办法，正在加大挖掘、保护、传承的力度，让垛田农业系统，为兴化推进农业现代化，促进农业增效和农民增收发挥更大的作用。

稻鱼共生产业发展规划，出台了产业发展扶持政策，加快发展高效生态稻鱼共生产业。

"稻鱼共生"不单是祖辈创造出来的生产模式，更是一种富有地方特色的农耕文化。"稻鱼共生系统"被列入全球重要农业文化遗产保护项目，是对传统农业文化的充分肯定和高度评价。

浙江青田稻鱼共生系统

青田县稻田养鱼历史悠久，至今已有1 200多年的历史。清光绪《青田县志》曾记载："田鱼，有红、黑、驳数色，土人在稻田及圩池中养之。"金秋八月，家家"尝新饭"（风俗活动）：一碗新饭，一盘田鱼，祭祀天地，庆贺丰收，祝愿年年有余（鱼）。

悠久的田鱼养殖史还孕育了灿烂的田鱼文化，青田田鱼与青田民间艺术结合，派生出了一种独特的民间舞蹈——青田鱼灯。青田鱼灯曾参加首都50周年国庆庆典、第五届中国国际民间艺术节、第七届中国艺术节和第十三届群星奖、中西建交30周年庆典、北京奥运会、上海世博会、第八届全国残运会、中意建交40周年庆典等国内外文化交流活动，被誉为"天下第一鱼"。

稻田养鱼产业是青田县农业主导产业，面积5 333公顷，标准化稻田养鱼基地2 333公顷，是青田县东部地区农民主要收入来源，种养模式生态高效。鱼为水稻除草、除虫、耘田松土，水稻为鱼提供小气候、饲料，减少化肥、农药、饲料的投入，鱼和水稻形成和谐共生系统。青田田鱼品种优良特质，有红、黑、驳数色，肉质细嫩，鳞软可食，是观赏、鲜食、加工的优良彩鲤品种。

青田县委、县政府高度重视稻鱼共生产业发展和文化挖掘工作，成立了县稻鱼共生系统项目保护和开发领导小组，由县政府主要领导亲自抓，分管领导具体抓，成立了稻鱼共生农业文化遗产研究推广中心，制订了

浙江绍兴会稽山古香榧群

绍兴会稽山古香榧群位于绍兴市域中南部的会稽山脉，面积约400平方千米，有结实香榧大树10.5万株，其中树龄百年以上的古香榧有7.2万余株，千年以上的有数千株，香榧被冠以"长寿树""千年圣果"等美誉。

绍兴会稽山古香榧群栽培历史悠久。2 000多年前，绍兴先民从野生榧树中人工选择和嫁接培育成了香榧这一优良品种。因经过人工嫁接培育，现存古香榧树基部多有显著的"牛腿"状嫁接疤痕。位于绍兴县占岙村的千年榧树王，树龄长达1 430余年，树高18米，犹如遮天巨伞。古香榧树历经千年仍硕果累累，堪称古代良种选育和嫁接技术的"活标本"。

绍兴会稽山古香榧群是优良的山地利用系统。绍兴先民利用陡坡山地，构筑梯田（鱼鳞坑），种植香榧树，香榧林下间作茶叶、杂粮、蔬菜等作物，"香榧树—梯田—林下作物"的复合经营体系，构成了独特的水土保持和高效产出的陡坡山地利用系统。

绍兴会稽山古香榧群景观优美、文化浓郁。香榧四季常绿、形态优美，一棵棵古香榧树，与古村落、小溪、山岚等构成了一幅幅令人赏心悦目的图画。

自古至今，赞美香榧的散文、诗歌、美术作品层出不穷，祭祀、节庆等活动丰富多彩。

绍兴会稽山古香榧群亟须保护。历经千百年的风雨，古香榧树自然衰老，加之病虫

害、自然灾害的侵害，城市化进程的加快，农业劳动力资源不足等原因，会稽山古香榧群的传承与保护面临着严重的威胁。

绍兴会稽山古香榧群保护工作有序推进。对古香榧群的保护，绍兴摸索出了一套"以保护满足利用，以利用促进保护"的传承之道。按照农业部对中国重要农业文化遗产保护工作的要求，绍兴市人民政府制订了《绍兴会稽山古香榧群保护管理办法》，依法保护、管理绍兴会稽山古香榧群生态系统，促进本地区经济社会可持续发展。

福州茉莉花种植与茶文化系统

2011—2012年，在30多个产茶国和茶主销国的外交使节、茶协会主席的共同见证下，国际茶叶委员会授予福州"世界茉莉花茶发源地"称号，授予福州茉莉花茶"世界名茶"称号。茉莉花成为代表中国的符号之一。

茉莉花源于中亚细亚，茶源于中国，它们的结合是2 000年东西方文化交流的见证。福州茉莉花茶源于汉、成于宋、盛于清。汉朝时，茉莉传入福州，福州也是中国最早有贡茶的地区之一，方山露芽、鼓山柏岩茶均为唐代贡茶品种，1 000年前，它们在福州结合成著名的福州茉莉花茶。千年前的福州乌山题刻天香台，天香即指茉莉花。福州茉莉花与茶文化系统蕴含着生态、文化、经济、社会、保健等，不仅是茶文化，还涵盖香文化、海上丝绸之路文化等。

福州地处北纬25.5°，是闽江入海口的盆地，是茉莉花露地栽培的最北缘。福州茉莉花与茶文化系统是古人充分利用自然资源，在江边沙洲种植茉莉花，在海拔600～1 000米的高山上发展茶叶生产，逐渐形成适应当地生态条件的茉莉花基地（湿地）—茶园（山地）的循环有机生态农业系统，既保持生态系统的生物多样性，又提高单位面积的生产效益。目前，福州是中国生态最好的城市之一。

福州茉莉花茶是2 000年来劳动人民利用花香和茶保健的产物，福州茉莉花与茶文化系统在长达2 000年的协同进化过程中，逐渐完善，是古人利用环境、适应环境发展农业的典范，是农业的活化石。睁眼看世界第一人林则徐就评价福州为煎茶胜地。中国科学院名誉院长卢嘉锡曾表示：福州茉莉花茶窨制工艺蕴含的原理十分科学，是古代人民智慧的结晶。

茉莉花茶是中国独一无二的茶叶品种，由于历史上福州人严格保密工艺，窨制工艺在数百年间均未传到其他国家，目前世界上只有中国能窨制茉莉花茶。福州具有独特的原产地优势。

福州茉莉花茶采用春茶伏花原料，窨制工序包括茶坯处理、鲜花养护、茶花拌和→堆窨→通花→收堆→起花→烘焙→冷却→转窨或提花→匀堆装箱等数十道精细工序。上好的福州茉莉花茶根据年份、茶坯质地、气候的不同，要经过6～9窨后方能出厂，每一窨要经过2～3日，如遇雨日则顺延，在窨温度、湿度、花的时机、水分等都要严格把握，差之毫厘便失之千里。

由于城市建设和其他产业的发展，福州茉莉花茶传统生产模式变得濒危。花茶窨制工艺面临着严峻考验，挖掘、保护和传承工作势在必行。茉莉花茶产业这一濒危的产业，作为福州城市的符号，作为农业产业、生态产业、文化产业，亟待保护和发展，从而促进花农、茶农增收。

近年来，福州市委、市政府十分重视福州茉莉花茶这千年产业的发展，按照农业部对中国重要农业文化遗产保护工作的要求，建设生态强市，解决城市发展与保护生态的关系，提升产业整体水平。2010年，福州茉莉花茶产业联盟成为全国农产品加工示范基地，福州有两家茉莉花茶企业为农业产业化国家重点龙头企业，两个中国驰名商标，五家中国茶叶百强企业。目前，福州辖区的茉莉花种植面积达1 000公顷，辐射周边面积1 200公顷；茶叶种植面积9 000公顷，茉莉花茶年产量1.5万吨，年产值达20亿元，占据着全国茶叶高端市场及出口的主要份额。福州茉莉花茶这一重要的农业文化遗产，正以全新的姿态，欢迎世界各地的朋友来共同品鉴。

福建尤溪联合梯田

联合梯田位于尤溪县联合乡，涉及8个行政村，面积达713公顷，被誉为"中国五大魅力梯田之一""发现海西之美十佳景点"，是福建省摄影创作基地。

联合梯田具有悠久文化的历史。自宋朝以来，联合村民使用木犁、锄头等工具开垦梯田、种植水稻，在险峻的金鸡山中创造了神奇壮丽的梯田，成为村民百年来的主要生存方式。

联合梯田是一个循环有机生态农业系统。梯田通过山顶竹林截留、储存天然降水，再以溪流流入村庄和梯田，形成特有的"竹林—村庄—梯田—水流"山地农业体系。春天，农民给田里灌水浸烂田泥；春耕时，小孩们下田摸田螺、捉泥鳅；到插秧时，农民种上田埂豆、放些鱼苗，鲤鱼能减少田中杂草生长和虫害的发生，田埂豆发达的根系能保护田埂；收获时，再放干田里的水，收鱼、收水稻、收黄豆。收获后，鸭子、山羊等被赶入田中，觅食遗撒的谷粒和新长出的杂草。动物粪便、作物枯梗和豆类的固氮功能，则使土壤肥力不断提升。

联合梯田散发着浓厚的农耕文化魅力。梯田垂直落差600多米，连延数十千米，田在山中，群山环抱，土墙灰瓦的村落散落其间，一派与世无争的安然祥和。它所代表的东南丘陵稻作文化正散发着独有的魅力。

联合梯田面临濒危的状态。随着生产的发展，梯田正面临被破坏、被抛弃的危险，传统的农耕方式面临严峻挑战。挖掘、保护和传承工作势在必行。

梯田保护工作正在推进。目前，尤溪县政府按照农业部对中国重要农业文化遗产保护工作的要求，制订了梯田保护与发展专项规划和管理办法，通过生物多样性的恢复、传统农耕文化的传承，以及与休闲农业的结合，从根本上解决农民增收、农业可持续发展和文化遗产保护问题，让这一具有重要价值的农业文化遗产绽放新的光芒。

江西万年稻作文化系统

始建于1512年的万年县，历史厚重、秀美神奇、人文鼎盛，享有"世界稻作文化发源地""中国贡米之乡"和"中国优质淡水珍珠之乡"的美誉。"野稻驯化起于是、烧土成器始于斯、刻符记事源于此、物食易换发于兹"。

早在14 000年前，这里便是天地形胜、稻花飘香。仙人洞、吊桶环古文化遗址，经中国、美国联合农业考古发掘，认定为当今所知世界最早的栽培稻遗址，"万年稻作文化系统"还被联合国粮农组织批准为全球重要农业文化遗产保护项目。据考证，万年吊桶环遗址为早期人类的猎物分配和货币交换场所。珍藏于国家博物馆距今20 000年的直口圜底夹砂陶罐被誉为世界"第一陶"。生活在仙人洞、吊桶环的古万年人，创造了灿烂的远古文明，给人类留下了宝贵的文化遗产，为万年深深地打下了农耕文明的烙印。万年，注定在历史的长河里香飘万年。万年贡米原产地裴梅荷桥村，山高坑深，日照时短，泉流清澈，水土含有多种矿物质，形成培植贡米得天独厚的自然环境，万年贡米体长粒大、形状如梭、其白如玉、光洁透亮，早在明朝时期，就钦定为"代代耕作，岁岁纳贡"之珍品。

湖南新化紫鹊界梯田

紫鹊界梯田位于新化县水车镇，涉及13个行政村，属雪峰山余脉的奉家山地段，总面积1.7万多公顷，核心景区面积1 300多公顷，享有"梯田王国"之美誉，被批准为"国家级风景名胜区""国家自然与文化双遗产""国家水利景区"和"国家AAAA级旅游景区"。紫鹊界梯田始于秦汉，盛于宋明，至今已有2 000余年历史，是苗族、瑶族、侗族、汉族等多民族历代先民共同创造的劳动成果，是南方稻作文化与苗瑶山地渔猎文化交融糅合的历史遗存。紫鹊界梯田依靠森林植被、土壤和田埂综合形成自然的储水保水系统，凭借神奇独特的基岩裂隙孔隙水源，构成纯天然自流灌溉工程。潺潺流水，四季不绝，久旱不竭，洪涝无忧，堪称人类最伟大的水田工程。山有多高，水有多高，田就有多高。俗有"天下大乱，此地无忧；天下大旱，此地有收"之说。紫鹊界梯田内原有的稻作文化系统，正面临着被破坏的危险，挖掘、保护、传承工作势在必行。梯田保护工作正在推进，目前，新化县政府根据中国重要农业文化遗产的要求，制订了梯田保护、发展规划和管理办法，通过生物多样性的恢复、传统农耕文化的传承以及与休闲农业的结合，从根本上解决当地农民增收问题、农业可持续发展和文化遗产保护问题，使这一具有重要价值的农业文化遗产重新绽放光芒。

云南红河哈尼稻作梯田系统

红河哈尼梯田分布于云南红河南岸的元阳、红河、金平、绿春4县的崇山峻岭中，面积约18万公顷。红河哈尼梯田是活态的农业文化遗产，具有极高的经济、科学、生态和文学艺术价值。

据史书及口传家谱考证，红河哈尼梯田已有1 300多年的耕种历史，养育着哈尼族等10个民族约126万人口。森林在上、村寨居中、梯田在下，而水系贯穿其中，形成生态农业系统。依山造田，最高垂直跨度1 500米、最大坡度75°，最大田块2 828平方米，最小田块仅1平方米，是它的山地农耕景观；"三犁三耙""夏秋种稻、冬春涵水"是它的稻作农业管理体系；以哈尼族"寨神林"崇拜为核心的森林保护体系，使这里的自然生态系统保存良好，良好的自然生态又为梯田提供着丰富水源。哈尼族创造发明了"木刻分水"和水沟冲肥，利用发达的沟渠网络将水源进行合理分配，同时为梯田提供充足肥料。哈尼人还构建了多套微循环再利用系统，稻草喂牛，牛粪晒干做燃料，燃料用完做肥料，肥料养育稻谷；哈尼人珍惜土地资源，房前屋后的空地用来种菜，路边的墙缝也会成为菜地。此外，屋旁沟箐凡是有水的地方就会用来养鱼，鱼在池塘下面，池塘上面养浮萍，浮萍喂猪，猪粪喂鱼；鱼长大后又被放回梯田……这种充分利用并遵循自然的劳作传统，不仅创造了哈尼民族丰富灿烂的梯田文化，也集中展现了中华民族天人合一的思想文化内涵。

为更好地保护哈尼梯田农业文化系统，红河州人民政府按照农业部对中国重要农业文化遗产保护工作的要求，制订了梯田保护管理条例和梯田保护管理总体规划。2010年6月，红河哈尼梯田被联合国粮农组织列入全球重要农业文化遗产保护试点。

红河哈尼梯田，这个养育120多万人口的农业文化系统，今天越来越受到人们的关注，未来将焕发出更加蓬勃的生机与活力。

云南普洱古茶园与茶文化系统

普洱市位于云南省西南部，全市国土面

积 4.53 万平方千米，辖 9 县 1 区，具有一市连三国、一江通五邻，是祖国西南边疆的瑰丽宝地。全市茶园面积 21.6 万多公顷。

在万历年间，普洱府已设官职专门管理茶叶交易。清代以来，普洱茶成为皇家贡品，国内外交易路线也已基本畅通，普洱府成为普洱茶生产和贸易的集散地，是茶马古道的起点，也是茶文化的中心地带，并形成了"普洱昆明官马大道""普洱大理西藏茶马大道"等 6 条保存完好的茶马古道，被称为"世界上地势最高的文明文化传播古道"。这里的人、茶叶、茶文化沿着茶马古道向国内外扩散，将普洱茶带出大山，走向世界。

普洱市是世界茶树的原产地之一，也是野生茶树群落和古茶园保存面积最大、古茶树和野生茶树保存数量最多的地区。拥有完整的古木兰化石和茶树的垂直演化系统。

以普洱市为中心的澜沧江中下游世居少数民族，其悠久的种茶、制茶历史孕育了风格独异的民族茶道、茶艺、茶俗等内涵丰富的茶文化和饮茶习俗。不同民族对茶的加工和饮用方式更是各具特色。布朗族的青竹茶和酸茶、拉祜族的烤茶等已作为传统的饮茶习俗，代代相传。

为了有效保护普洱古茶园与茶文化农业系统，普洱市人民政府，制订了一系列条例和措施，加强普洱茶原产地保护，树立普洱茶品牌，不断提高质量、优化品质，提供更好的生态、绿色、安全的产品。

云南漾濞核桃—作物复合系统

云南漾濞核桃—作物复合系统遗产地——光明万亩核桃生态园，属漾濞彝族自治县苍山西镇，涵盖整个光明村，地处苍山腹地，总面积 15.73 平方千米。

漾濞核桃历史悠久。漾濞核桃历史源远流长，可追溯到 3 500 多年前。目前，漾濞核桃种植面积达 6.13 万公顷，年产量 2.7 万

吨，产值突破 5 亿元，农民人均核桃纯收入近 3 000 元。光明核桃是漾濞核桃的典型代表，早在公元前 16 世纪就有核桃生产，现在全村树龄在 200 年以上的核桃约有 6 000 多株，100 年以上的比较普遍。光明核桃以果大、壳薄、仁白、味香、出仁出油率高、营养丰富而誉满中外。

林粮套种良性发展。核桃与各种农作物间套作形成的独特农耕模式彰显魅力，是云南漾濞核桃—作物复合系统的集中体现。核桃与各种农作物间套作复合栽培，在耕种农作物的同时，又起到了为核桃施肥、中耕松土、除草和浇灌的作用，核桃生长快、结果早、结果多，而且还多收了粮食。核桃与各种农作物间套作复合栽培的多种生产模式，实现了农业生产良性循环、可持续发展。在漫长的历史进程中，人们对粮食的需求是第一位的，核桃和农作物就这么相依相伴，共存共荣，造福一方百姓，传承至今。

生态旅游应运而生。光明万亩核桃生态园生机盎然、绿树成荫、景色秀丽，展现出"村在林中，房在树中，人在景中"的人与自然和谐共融的画卷。被核桃树掩映的村庄院落发展起了以核桃园生态旅游为主的农家休闲度假服务，充分展示了农业生产与自然生态良性循环的魅力。核桃交易会、核桃篝火晚会、核桃文化节、核桃文化展馆等是当地做强核桃产业、弘扬核桃文化的集中体现。

遗产保护任重道远。漾濞县委、县政府高度重视，制订了保护与发展规划和管理办法，通过生物多样性的恢复，传统农耕文化的传承与休闲农业的结合，使这一重要农业文化遗产永恒地散发浓郁的农耕文化魅力。

贵州从江侗乡稻鱼鸭系统

从江县位于黔东南层峦叠嶂的大山里，清澈的都柳江从北向南蜿蜒而过。每年春天，谷雨季节的前后，侗乡人劳作的身影就出现

在层层的梯田里了，秧苗插进了稻田，鱼苗也就跟着放了进去，等到鱼苗长到两三指，再把鸭苗放入稻田。稻田为鱼和鸭的生长提供了生存环境和丰富的饵料，鱼和鸭在觅食的过程中，不仅为稻田清除了虫害和杂草，大大减少了农药和除草剂的使用，而且鱼和鸭的来回游动搅动了土壤，无形中帮助稻田松了土，鱼和鸭的粪便又是水稻上好的有机肥，保养和育肥了地力。这种方式在从江已经延续了上千年，作为一种独特的农业文化遗产，它的意义，不仅仅是作为人们回望历史的窗口，也不仅仅是一块田地有了稻、鱼、鸭三种收获，更重要的是它对现代农业的宝贵启示。

侗乡人都说，鱼无水则死，水无鱼不活。从江侗乡稻鸭系统保证田间随时都有足够的水，如此鱼才不死，稻才不枯，鸭才不渴。侗乡人所养育的鸭种也不是一般的鸭种，而是经过世代选育驯化的小香鸭，对稻、鱼、鸭的共生有很多好处，小香鸭的个头很小，可以灵活地在水稻间穿行而不会撞坏水稻，而且不用投入精饲料，水稻中的害虫、小虾、小鱼、各种杂草都是上好饵料。侗乡人利用智慧，使稻、鱼、鸭三者和谐共处，互惠互利。

近年来，从江县按照农业部对中国重要农业文化遗产保护工作的要求，不断加大稻鱼鸭系统保护工作力度，制订了保护规划和管理办法，努力探索对这一重要农业文化遗产的动态保护途径。

陕西佳县古枣园

佳县古枣园位于"中国红枣名乡"佳县朱家坬镇泥河沟村，是世界上保存最完好、面积最大的千年枣树群，总面积 2.4 公顷，现存活各龄古枣树 1 100 余株。泥河沟村也被誉为"天下红枣第一村"。

古枣园具有悠久的历史。佳县有着 3 000多年的枣树栽培历史。古枣园内生长的两株干周 3 米多的古枣树，经专家测算，树龄在

1 300 多年，至今根深叶茂，硕果累累，被誉为"枣树王""活化石"。

古枣园散发着独特的红枣文化魅力。佳县有着底蕴深厚的红枣文化历史。千百年来，耐旱的枣树被视为人们的"保命树""铁杆庄稼"。每年正月，人们都要敬拜"枣神"，祈求红枣丰收。逢年过节，人们都要制作枣糕、枣馍、枣焖饭等传统食品，以示庆贺；长辈们给孩子吃红枣、戴枣串，希望他们早日长大成人，日子甜甜蜜蜜；久远而又浓郁的红枣文化气息渗透在佳县人的日常生活之中。

古枣园具有重要的生态功能。枣树具有增加空气湿度，保持水土和养分等生态功能。在黄河沿岸的坡地上，其生物多样性保护、水土保持、水源涵养和防风固沙等方面的生态功能显得尤为重要。

佳县红枣果大、皮薄、肉厚，甘甜味美，营养丰富，具有较高的食用和药用价值。千年油枣富含多种营养成分和人体不可缺少的微量元素，素有"活维生素丸"之美称。

古枣园面临濒危的状态。随着时间的流逝，佳县古枣园正遭受着岁月的侵袭和人为的破坏，传统的红枣文化、民俗也面临着失传的危险，挖掘、保护和传承工作势在必行。

古枣园保护工作正在推进。目前，佳县人民政府按照农业部对中国重要农业文化遗产保护工作的要求，制订了佳县古枣园系统保护与发展规划和管理措施，通过动态保护、适应性管理和可持续利用，保护古枣园，传承枣文化，打造"千年枣园生态游"，提高佳县红枣的知名度和美誉度，让这一具有重要价值的农业文化遗产绽放出璀璨的光芒。

甘肃皋兰什川古梨园

什川古梨园位于甘肃省兰州市近郊，黄河之滨，这里现存百年以上的古梨树 9 000 多株，面积达 266.7 公顷。日本早稻田大学植物学家赞叹为"植物界奇迹"、全球罕见的

"活植物标本"、难得的"梨园博物馆"。2013年正式录入《世界吉尼斯纪录大全》，被誉为"世界第一古梨园"。

古梨园历史悠久。什川古梨树栽培历史悠久，自明嘉靖年间，当地果农仿建水车汲黄河水灌溉田园，开始栽植梨树。这里群山环绕，黄河穿境而过，气候温和，土壤肥沃，梨树长势旺盛。现存古梨树大多在300年以上，至今仍然硕果累累，实属罕见。

梨园农耕文化独具特色。当地人将种植梨树称为种"高田"，果农不仅要为梨树松土、施肥，早春"刮树皮"、花期"堆砂"防虫，更需要"天把式"利用云梯穿梭于半空的梨树间，给果树修枝整形、疏花疏果、竖杆吊枝、采摘果实，形成了独特的栽培方式与农耕文化。古梨园盛产软儿梨和冬果梨，梨果具有生津、润肺、止咳等功效，药用价值极高。百年梨园翠盖参天，生机盎然，置身梨园如入"天然氧吧"，令人心旷神怡。

当地政府依托古梨树资源，已连续举办了11届"兰州·什川之春"旅游节，把旅游观光、文体娱乐等融为一体，形成以梨园美景观赏、黄河风光游览、农家休闲娱乐等为主的新型生态乡村休闲旅游区。

古梨园面临严峻的挑战。近年来，随着生产发展、人口增多，梨园面临被蚕食、挤占的危险，气势浩大、梨韵幽深的古梨园景观面临严峻的挑战。挖掘、传承和保护工作势在必行。

古梨园保护工作有序推进。皋兰县人民政府成立专门的机构，制订古梨园保护发展规划和管理办法，通过摸底建档、信息采集、养护复壮，科学合理利用古梨树资源，传承弘扬古梨园农耕文化，使独特珍贵的世界第一古梨园焕发青春、再创辉煌。

甘肃迭部扎尕那农林牧复合系统

扎尕那农林牧复合系统位于甘肃省甘南藏族自治州迭部县益哇乡。在该系统中，农、林、牧之间的循环复合使其生产能力和生态功能得以充分发挥，游牧、农耕、狩猎和樵采等多种生产活动的合理搭配使劳动力资源得到充分利用，汉地农耕文化与藏传游牧文化的相互交融形成了特殊的农业文化。

独特的地理区位。扎尕那农林牧复合系统位于高寒草原、温带草原和暖温带落叶林三大植被气候类型的交汇处。地处甘肃、青海和四川三省交界处，是汉地与藏区交流的桥梁，独特的地理区位为农林牧复合经营提供了自然资源和经济社会基础。

悠久的历史传承。早在3 000年以前，这里就已经出现了畜牧文明的萌芽。蜀汉时期，名将姜维把先进的汉族农耕文明引进到此；吐谷浑时期，汉地农耕文化和藏区游牧文化相互融合；明清"杨土司"时期，农林牧复合系统逐渐发展起来。

复合的生产方式。农田、河流、民居、寺庙与周围的山林和草地互相映衬，滩地耕种、林草相见，呈现出农、林、牧相互依存优势互补的复合生产方式。

重要的生态功能。这里地处高寒贫瘠的生态脆弱地区，又是生物多样性保护优先区域，还是长江与黄河分水岭的上游地带，是重要的水源涵养区，对维护生态平衡和保障生态安全具有重要作用。可以说，独特的生态区位促进了游牧文化、农耕文化和藏传佛教文化的融合与发展，造就了独特的扎尕那农林牧复合系统，既表现了自然界的多样性又为农业生产方式的多样性奠定了基础，并赋予农业更为广阔和丰富的内涵。

新疆吐鲁番坎儿井农业系统

坎儿井，是吐鲁番绿洲特有的文化景观，已有2 000多年历史，是古代吐鲁番劳动人们改造自然和利用自然的杰出成就。其总长度约5 000千米，几乎赶上黄河、长江的长度。坎儿井的壮举可与都江堰、京杭大运河相媲美。它是世界上最大的地下水利灌溉系统，被誉为地下万里长城，坎儿井与长城、大运河齐名。被称为中国古代三大工程之一的坎儿井，是利用地面坡度，引用地下水的一种独具特色的地下水利工程，坎儿井主要是由竖井、暗渠、明渠、涝坝四部分组成。

为减少不必要的塌方造成水流中断，坎儿井每年都需要进行维修加固，所需的大量劳动力，解决了一部分人的就业问题。坎儿井所具有的自流灌溉功能，不仅克服了缺乏动力提水设备的问题，而且节省了动力提水设备的投资。吐鲁番气温高，蒸发量大，而坎儿井的输水渠道深埋于地下，减少了水分蒸发。坎儿井既能解决当地人畜饮水问题，又可以供农田灌溉，还有着巨大的旅游开发价值。随着吐鲁番盆地旅游文化的开展，坎儿井每年都要吸引逾百万的中外游客前来一瞻它的风采，给当地带来巨大的经济效益。

吐鲁番坎儿井最多时有1 237条，年流量5.6亿立方米，灌溉面积约2.3万公顷。近几年，由于肆意使用坎儿井资源，缺乏管理，使坎儿井流域系统受到严重破坏，坎儿井的数量迅速减少。2003年，坎儿井普查了解到，吐鲁番有水的坎儿井已减少到405条，灌溉面积减少到0.9万公顷左右，如果不采取措施保护维修，平均每21天将有一道坎儿井干涸，不到23年坎儿井将全部消失。将会给当地农业用水、人畜饮水造成严重影响，并造成生态恶化。

坎儿井作为吐鲁番盆地的水文化遗产具有重要的文化内涵，已成为2 000多年人类文明史上的里程碑，亦是世世代代居住在吐鲁番盆地的各族劳动人民改造和利用自然的巧妙创造。保护坎儿井，善待坎儿井，才能使这一伟大历史文化遗产得以继承，继续为吐鲁番人民带来甘甜泉水，生生不息。

天津滨海崔庄古冬枣园

滨海崔庄古冬枣园位于天津市滨海新区大港太平镇崔庄村，毗邻荣乌高速公路，面积约200公顷，其中古冬枣核心区面积约15.9公顷，新枣试验区约86.7公顷。600年以上枣树168棵，400年以上枣树3 200棵，是我国成片规模最大及保留最完整的古冬枣林。

古冬枣树是国内唯一的植物类全国重点文物保护单位，是活态的文物。明史记载，早在600多年前，人们就开始在古老的娘娘河北岸种植冬枣树。相传明孝宗皇帝曾和皇后张娘娘在这片冬枣林中采摘、品尝过冬枣，始建"皇家枣园"，这就是现被誉为冬枣之乡的崔庄古冬枣园。新中国成立后，冬枣除鲜食外并无它用，农民对冬枣园管理颇为粗放。1958年因大炼钢铁，大量古冬枣树被伐薪烧炭、熔炉炼钢。值得庆幸的是，在崔庄有识之士的庇护下，少量成片古冬枣树得以保留，终将古冬枣树这一珍贵资源留存至今。

近年来，大港地区不断发掘冬枣文化，推出了崔庄"冬枣文化节""枣花姑娘评选"等活动，吸引了大量游客。随着大港地区冬枣种植规模的扩大，崔庄冬枣通过了"国家地理标志产品""无公害农产品"认证，崔庄也获得了全国"一村一品"示范村、天津市旅游特色专业村、天津市十大美丽乡村、全国休闲农业与乡村旅游示范点、全国清洁能源村、天津市首批文明生态村等荣誉称号。

为加强对崔庄古冬枣园的保护管理，滨海新区按照农业部对中国重要农业文化遗产保护工作的要求，编制了滨海崔庄古冬枣园保护管理办法，遵照城乡一体化监督机制，由太平镇政府及崔庄村委会按照发展规划，对古冬枣园进行统一管理和保护，确保滨海崔庄古冬枣园这一宝贵财富得以传承和发展。

河北宽城传统板栗栽培系统

河北宽城板栗栽培可追溯至东汉时期，至今已有3 000多年。据传，康熙四十五年，康熙途经宽河城，正值板栗成熟，食后赞曰："天下美味也。"时至今日，全县板栗种植面积达3 500多公顷，栗树2 600万株。其中，百年以上的板栗古树达10万余株，现存最老的板栗古树树龄逾700年，被誉为"中国板栗之王"。

宽城传统板栗栽培系统是一种可持续的生态农业生产模式。人们依地形修建撩壕、梯田，栽植板栗，并在林下间作农作物，饲养家禽，用剪下的枝条栽培栗蘑。传统板栗园利用物理和生物方法防治病、虫、草害，形成"梯田—板栗—作物—家禽"复合生产体系。板栗树与周围其他植被共同构成独特的山地景观，并发挥着水土保持和水源涵养的重要作用。利用传统方法栽培，在光照充足、昼夜温差大、土壤富含铁的自然环境中生长，宽城板栗形成了色泽光亮，口感糯、软、甜、香的独特品质，素有"中国板栗在河北，河北板栗在宽城"的美誉。

板栗栽培自古以来就是宽城农业的主导产业。板栗被誉为"铁杆庄稼""木本粮食"，是当地居民主要的食物来源之一。目前，板栗带来的经济收益占当地农业收入的80%以上。当地人将板栗看作是吉祥的象征，在拜师、庆寿、婚嫁等重要时刻，都以栗子相赠，以示祝福。有关板栗的历史传说、民俗礼仪、文学作品不胜枚举，展现出丰富多彩的板栗文化。

近年来，宽城采矿业的发展及农业劳动力的流失使传统板栗栽培系统的保护和传承面临巨大挑战。宽城县政府按照中国重要农业文化遗产保护工作的要求，制订了传统板栗栽培系统保护与发展专项规划和管理办法。通过板栗古树的保护、经营模式的创新和休闲农业的发展，从根本上解决农民增收、农业可持续发展和遗产保护问题。

河北涉县旱作梯田系统

河北涉县旱作梯田系统位于河北省西南部，晋冀豫三省交界处，地处太行山东麓。涉县境内均为山地，全县旱作梯田总面积达1.4万公顷。其中，最具代表性、最具规模的梯田位于井店镇王金庄，梯田面积800公顷，分为5万余块，土层厚的不足0.5米，薄的仅0.2米，石堰长度近500万米，高低落差近500米。在艰苦的自然条件下，涉县山民挑战自然、战胜自然，一代代在此繁衍生息。1990年，涉县旱作梯田被联合国世界粮食计划署专家称为"世界一大奇迹""中国第二长城"。

涉县旱作梯田建造历史悠久。据考证，从元代初期就有人开始修建梯田。随着人口的不断增加，修建进度也在不断加快，尤其到清代康熙、乾隆年间，因较长时间社会安定，人口增长速度较快，修田造地数量较大。

涉县梯田展现了人工与自然的巧妙结合，在山巅登高望远，用石头垒起的梯田，犹如一条条巨龙蜿蜒起伏在座座山谷，并随着季节的变化呈现出各种姿态。梯田里农林作物丰富多样，谷子、玉米、花椒、柿子、黑枣等漫山遍野，各类瓜果点缀在万亩梯田里，呈现春华秋实的壮丽景象，迸发出人与自然的和谐之美，展现出震撼人心的大地艺术。目前，以王金庄为核心的河北涉县旱作梯田系统在促进地方农业增产增效、农民就业增收、农村稳定繁荣，以及在发展休闲农业、维持生态安全和科学研究等方面仍然具有重要价值。

近年来，随着城市化进程的加快、现代农业的发展和人们对传统农业意识的淡漠，这种传承至今的珍贵、独特的农业系统正面临发展困境。目前，涉县人民政府按照农业部对中国重要农业文化遗产保护工作的要求，已出台了《河北涉县旱作梯田系统保护管理办法》，制订了河北涉县旱作梯田系统保护与发展专项规划。通过生物多样性的恢复、传统旱作梯田系统的文化传承以及与休闲农业的结合，从根本上解决农民的增收、农业的可持续发展和文化遗产保护问题，让这一具有重要价值的农业文化遗产绽放新的光芒。

内蒙古阿鲁科尔沁草原游牧系统

内蒙古阿鲁科尔沁草原游牧系统位于大兴安岭西南余脉，是科尔沁草原和锡林郭勒草原的交接带，是一片历史悠久的天然牧场。核心区位于阿鲁科尔沁旗巴彦温都尔苏木，面积4 141平方千米，自古以来就是游牧民族狩猎和游牧活动的栖息地。蒙古族牧民熟知当地山川河流、草场分布和季节变化，根据雨水丰歉和草场长势决定一年四季的游牧线路，以及春、夏、秋、冬四季牧场的放牧时间。牧民—牲畜—草原（河流）之间形成了天然的依存关系。这种"三角关系"延续至今，不断孕育和发展着蒙古族人民所独有的生产方式、生活习俗、文化特质和宗教信仰，时刻体现着深藏在蒙古族人民血脉之中的崇尚天意、敬畏自然、天人合一的生活理念。

阿鲁科尔沁草原游牧系统长期演化的历史过程和现实存在，向人们阐释了一个取物有时的道理。在农耕化浪潮和现代农牧业技术出现之前，对于生活在科尔沁草原上的历代游牧民来说，逐水草而居是唯一可行的生产生活方式。它充分利用大自然恩赐的资源和环境来延续游牧人的生存技能，人和牲畜不断地迁徙和流动，既能够保证牧群不断获得充足的饲草，又能够避免长期滞留带来的草地资源退化。

当前，由于矿产资源开发、草场过载和天然草场大量占用，阿鲁科尔沁草原面临着生态环境恶化、生物多样性减少的威胁。同时，现代生产技术的应用和生活方式的改变，也给当地牧民传统的生产生活方式带来了巨大冲击。

阿鲁科尔沁旗按照农业部对中国重要农业文化遗产保护工作的要求，制订了内蒙古阿鲁科尔沁草原游牧系统的保护和发展规划，严格保护游牧系统栖息地和珍贵的草原文化遗产，深入挖掘传统游牧业的精髓，与现代畜牧业生产技术相结合，促进当地游牧民生活水平全面提高，使得内蒙古阿鲁科尔沁草原游牧系统不断散发出独特的魅力。

浙江杭州西湖龙井茶文化系统

西湖龙井茶文化系统位于浙江省杭州市，西湖畔三面环山的自然屏障的独特小气候是保障龙井茶品质的重要因素，自古就是爱茶之人流连向往之处。杭州龙井茶文化系统是以龙井茶品种选育、种植栽培、植保管理、采制工艺和茶文化为核心的农业生产系统，以及该系统在生产过程中孕育的生物多样性、发挥的生态系统功能、呈现的人文和自然景观特征。

西湖龙井茶历史悠久，距今已有1 000多年的历史，最早可追溯到唐代。我国著名的茶圣陆羽，在其所撰写的世界上第一部茶叶专著《茶经》中，就有对杭州天竺、灵隐二寺产茶的记载。西湖龙井茶之名始于宋，闻于元，扬于明，盛于清。杭州西湖龙井茶素以色翠、形美、香郁、味醇冠绝天下，其独特的"淡而远""香而清"的绝世神采和非凡品质，在众多的茶中独具一格，冠列中国十大名茶之首。

龙井茶的采制技术相当考究。龙井茶采摘有三大特点：一是早，二是嫩，三是勤。由于产地生态条件和炒制技术的差别，西湖龙井向有"狮""龙""云""虎""梅"五个品类之别。

悠久的历史和深厚的文化底蕴，让西湖

龙井茶融入到杭州的角角落落。梅家坞、龙坞茶村、茅家埠等茶文化休闲旅游，吸引了无数慕名而来的游客。思绪轻轻随着茶中的涟漪，向悠远的中华文明荡漾开来，细细地品味，或许能从一盏茶里，渐渐地品出牵扯古韵遗梦的情怀来。

浙江湖州桑基鱼塘系统

湖州桑基鱼塘系统位于浙江省湖州市南浔区西部。现存有4 000公顷桑地和10 000公顷鱼塘，是中国传统桑基鱼塘系统最集中、最大、保留最完整的区域。湖州桑基鱼塘系统形成起源于春秋战国时期。千百年来，区域内劳动人民发明和发展了"塘基上种桑、桑叶喂蚕、蚕沙养鱼、鱼粪肥塘、塘泥壅桑"的桑基鱼塘生态模式，最终形成了种桑和养鱼相辅相成、桑地和池塘相连相倚的江南水乡典型的桑基鱼塘生态农业景观，并形成了丰富多彩的蚕桑文化。桑基鱼塘系统是我国乃至世界史上人们认识、利用、改造自然的一个伟大创举，是世界传统循环生态农业的典范，是一项重要、宝贵的农业文化遗产。

桑基鱼塘系统是一种具有独特创造性的洼地利用方式和生态循环经济模式。其最独特的生态价值实现了对生态环境的零污染。整个生态系统中，鱼塘肥厚的淤泥挖运到四周塘基上作为桑树肥料，由于塘基有一定的坡度，桑地土壤中多余的营养元素随着雨水冲刷又源源流入鱼塘，养蚕过程中的蚕蛹和蚕沙作为鱼饲料和肥料，生态系统中的多余营养物质和废弃物周而复始地在系统内进行循环利用，没有给系统外的生态环境造成污染，对保护太湖及周边的生态环境及经济的可持续发展，发挥了重要的作用。桑基鱼塘系统是人与自然和谐相处，儒家"天人合一"的"仁爱"生态伦理道德观的典范，也是体现我国道家生态哲学思想的样板。

近年来，由于水产效益高于养蚕效益，导致重养鱼、轻养蚕，鱼塘面积增大，桑基面积缩小。基塘比例的失调，已经影响到桑基鱼塘生态农业系统的可持续发展。为保护这一重要农业文化遗产，湖州市委、市政府按照农业部对中国重要农业文化遗产保护工作的要求，出台了《湖州市桑基鱼塘保护办法》，全面实施桑基鱼塘系统的保护与发展，促进传统桑基鱼塘生态系统的转型升级，使桑基鱼塘这一太湖边璀璨的明珠重放光彩。

浙江庆元香菇文化系统

庆元香菇种植始于800多年前，据传由香菇始祖吴三公（1130—1208）在庆元龙岩村发明剁花法生产香菇而成。自此，庆元菇民依托良好的生态环境和丰富的森林资源，从事香菇生产延续至今，形成了总面积1 898平方千米的包括森林可持续经营、林下产业发展、香菇栽培和加工利用技术、香菇文化和地方民俗在内的农业文化遗产系统。

浙江庆元香菇文化系统经历了三个发展阶段，代表了香菇生产技术的不断革新：800多年前吴三公发明剁花法，1967年庆元利用香菇菌种栽培段木香菇成功，1979年成立庆元县食用菌科研中心开展代料香菇栽培技术研究和推广。吴三公发明剁花法的伟大成就，在于它使深山老林中的"朽木"得到充分合理的利用，开创了森林菌类产品利用之先河。吴三公的发明，也使庆元成为世界香菇之源，为中国摘取了一项世界农业的桂冠。

800多年来，香菇产业一直是庆元人民赖以生存的传统产业，菇民足迹遍布全国11个省200多个市县，庆元香菇以"历史最早、产量最高、市场最大、质量最好"闻名于世。与此同时，庆元菇民世代在深山老林中劳作，创造形成了包括菇山语言"山寮白"、地方剧"二都戏"、香菇武功等绚丽多姿的香菇文化。

由于传统农业生产生活条件恶劣，加上现代农业技术的不断冲击，庆元传统香菇栽培技术与文化面临严重威胁。随着国内外对农业文化遗产价值及保护重要性认识的不断提高，庆元高度重视香菇相关的农业文化遗产的挖掘与保护，全面开展香菇相关传统技艺调查工作，并通过加强菇木林资源培育、种质资源保护利用、优新品种选育、高效栽培技术研究与推广、标准化生产基地建设等一系列举措，促进庆元香菇这一传统优势产业获得可持续发展。

福建安溪铁观音茶文化系统

福建安溪铁观音茶文化系统位于福建省东南部晋江西溪上游的安溪县西坪镇，居山而近海。核心区位于安溪县西坪镇，包括松岩、尧山、尧阳、上尧、南阳5个村。该区春末夏初，雨热同步；秋冬两季，光湿互补，十分适宜茶树生长。

安溪铁观音起源于唐末，兴于明清，盛于当代，近300年的发展铸就了"安溪铁观音茶文化"的标签。福建安溪铁观音茶文化系统，是以传统铁观音品种选育、种植栽培、植保管理、采制工艺和茶文化为核心的农业生产系统，还包括该系统在生产过程中孕育的生物多样性，发挥的生态系统功能，呈现的人文和自然景观特征。

福建安溪铁观音茶文化系统，是铁观音的发源地。铁观音既是茶叶名称，又是茶树品种名称。清朝雍正年间在福建省安溪县西坪镇发现并开始推广，其由来有两种传说：魏说"观音托梦"和王说"乾隆赐名"。

福建安溪铁观音茶文化系统，孕育了多项茶树无性繁殖的技术，并创制了乌龙茶的制作技术。明末清初，安溪茶农发明了独特的制茶工序——包揉，形成了独特的半发酵茶类——乌龙茶，同时根据季节、气候、鲜叶等不同情况灵活运用"看青做青"和"看天做青"技术。福建安溪铁观音茶文化系统推广了带状茶—林模式。树种以豆科的乔木和小乔木为主，起到根系固氮、夏天遮阴、冬天落叶覆盖地表的功能。套种一年生绿肥，梯壁种草护草，以覆盖地表，保持水土，提供生物栖息场所，蕴含了深刻的生态学哲理。

安溪劳动人民的勤劳和智慧造就了独特的铁观音茶文化系统和丰富多彩的文化传承，是当之无愧的农业文化遗产。

江西崇义客家梯田系统

崇义客家梯田位于江西省赣州市崇义县，坐落在海拔2 061.3米的赣南第一高峰齐云山山脉之中，总面积达2 000公顷。梯田最高海拔1 260米，最低280米，垂直落差近千米，最高达62梯层，且大多数为只能种一二行禾的"带子丘"和"青蛙一跳三块田"的碎田块。与广西龙胜梯田、云南元阳梯田并列为中国三大梯田，是中国三大梯田奇观之"秀丽天梯"，被上海大世界基尼斯认证为"最大的客家梯田"。

崇义客家梯田始建于元朝，完工于清初，距今已有800多年的历史。关于梯田的记载，最早见于明代理学家、明都御史王守仁撰写的《立崇义县治疏》，从广东迁入的客家先民来到这荒山野岭，为了维持生计，便依山建房，开山凿田。在长期耕作过程中，客家人逐渐形成不同于其他农区的文化习俗，处处渗透出梯田文化的精神，成为客家农耕文明的一道奇观，其中最具代表性的是"舞春牛"。在客家人的心目中，千百年来和他们一道辛勤耕耘这片土地的牛就是神。"舞春牛"先后被列入江西省市级、省级非物质文化遗产保护项目。其他诸如"田埂文化""猎酒文化""饮食文化""农耕谚语"等，也都体现了客家人热情好客、勤劳朴实以及重义轻利的纯朴品性与丰富的文化多样性。

随着经济社会的发展，年轻一代的客家人对传统农业生产技术掌握甚少，传统农耕技术面临失传的境遇；传统种植模式很难与现代化农业展开竞争，当地村民改变作物种植品种，由种植传统农作物变为种植经济作物，这一现象将威胁梯田的种植面积及生物景观。这些因素都将导致梯田被破坏、被抛弃。

为了加大客家梯田的保护力度，崇义县人民政府通过制订保护规划，恢复生物多样性，传承传统农耕文化，以及发展乡村旅游产业，让这一具有重要价值的农业文化遗产重新绽放光芒。

山东夏津黄河故道古桑树群

中国树龄最高、规模最大的古桑树群位于山东夏津县东北部黄河故道中。夏津黄河故道古桑树群占地400多公顷，百年以上古树2万多株，涉及12个村庄，被命名为"中国椹果之乡"，是远近闻名的"中国北方落叶果树博物馆"，是国际生态安全旅游示范基地。

山东夏津古桑树种植时期跨元明清三朝。特别是清朝康熙十三年（公元1674年）至20世纪20年代，百姓掀起植桑高潮，鼎盛时期种植面积达0.53万公顷。相传此间树木繁盛，枝杈相连，"援木可攀行二十余里"。千百年的选育，桑树在夏津已由"叶用"变为"果用"。附近居民多食桑椹而长寿，因此桑园又称为"颐寿园"。古桑树群群落结构复杂、生态稳定。群落以桑树为主，间有其他落叶乔木、灌木和草本。数百年的古桑，枝繁叶茂，根系发达，冠幅10米的古桑树，年产桑果400千克，鲜叶225千克，在风沙区发挥着保持水土的巨大作用。夏津县的劳动人民还探索出了一套桑树"种植经"。他们用土炕坯围树、畜肥穴施、犁伐晒土等方法施肥和管理土壤；用油渣刷或塑料薄膜缠树干的方法防治害虫，天然无公害；采用"抻包晃枝法"采收，当地流传着"打枣晃椹"的说法。

历史上山东夏津古桑树群遭受过三次大的破坏，面积从5 300公顷锐减到400多公顷。现在，劳动力缺乏、农药化肥污染等原因使古桑树再次面临着生存威胁。目前，夏津县政府按照农业部对中国重要农业文化遗产保护工作的要求，制订了古桑树群保护与发展规划，注册了夏津椹果地理标志证明商标。同时，夏津县被中国中药材种植专业委员会评定为"道地优质药材种植基地"，延伸桑产品加工产业链，在加工生产东方紫酒、桑叶茶的基础上对桑树的药用功能进行研究与开发。

见证了沧海桑田的壮举，承载着厚重的黄河文化和桑文化，山东夏津黄河故道古桑树群给当地带来了良好的生态环境和生存保障，并将通过文化和产业的联动发展，焕发新的生机。

湖北赤壁羊楼洞砖茶文化系统

湖北赤壁羊楼洞砖茶文化系统位于幕阜山脉北麓余峰、湘鄂交界的低山丘陵地带，是茶马古道的三大源头之一。羊楼洞砖茶历史悠久，源于唐，盛于明清，是全世界公认的青（米）砖茶鼻祖之地。在明清两朝，赤壁羊楼洞凭茶一跃为国际名镇，俗称"小汉口"。清朝乾隆年间"三玉川"和"巨盛川"两茶庄特别压制的代表羊楼洞三口泉水的"川"字品牌砖茶被评为国内驰名商标。2013年以来，赤壁先后被授予"中国青砖茶之乡""中国米砖茶之乡"的称号。

羊楼洞砖茶在国际贸易史上展示过骄人的辉煌，在国内西域各民族的交往中，为促进民族团结起了非常重要的作用。19世纪到20世纪初，羊楼洞更是成为中俄茶叶国际商道的起点，砖茶从羊楼洞由独轮车运抵新店装船，经汉口逆汉水至唐河，再转运内蒙古，进入俄罗斯的恰克图、西伯利亚至莫斯科和圣彼得堡，在1 000多年历史的茶马古道上，形成了独特的"羊楼洞砖茶文化"。湖南农业大学刘仲华教授长期研究认为，砖茶具有200多种有益人体健康的成分，拥有降血脂、减肥、降血糖、降尿酸、降血压、软化血管、防治心血管疾病抵御，以及修复酒精性肝损伤、调理肠胃、抗辐射等多种养生保健功能。

羊楼洞曾经的辉煌留在了人们的记忆深处，由于多种因素影响，砖茶独特的制作工艺和砖茶文化就像濒危的物种一样亟须得到保护和继承。1996年，市政府将因羊楼洞砖茶而闻名的羊楼洞明清石板街列为文物保护单位。2002年，湖北省政府又再次将羊楼洞明清石板街列为重点文物保护单位。砖茶是祖先留给赤壁人的财富。目前，赤壁市依托深厚历史文化和丰富的产业资源优势，市委、市政府明确把茶产业作为现代农业的支柱产业，提出"擦亮百年品牌，延续百年茶香，打造百亿产业"的发展战略，努力推进茶产业发展之际，也留住传承千年的历史文化。传承羊楼洞砖茶文化，发展砖茶产业，让更多的人重视羊楼洞砖茶文化和学习羊楼洞砖茶制作工艺，将有助于保护和发展羊楼洞砖茶文化系统，更快更好地推动赤壁市以文化为依托的茶产业的发展。

湖南新晃侗藏红米种植系统

湖南新晃侗藏红米种植系统是新晃侗乡数千年来农耕文明的历史传承，红米稻种更是珍贵的、难得的物种资源。千百年来，侗藏红米凭着独特的人文地理环境和栽培习俗，在杂交水稻发祥地湖南怀化的新晃侗乡得以保存。侗藏红米不仅是侗家人的食粮，更是侗家人崇尚自然的精神支柱，被侗家人视为

神米，与巫傩文化、祭祀文化、生育文化、歌舞文化、节庆文化等侗民俗文化有着密切的联系。

新晃侗藏红米种植系统体现了生态农业和循环农业的理念。山上封山育林，山下引水灌溉，林稻相间，相辅相成。水旱轮作的循环系统，既丰富了农作物的种植结构，又改善了土壤的营养成分。种植系统与养鱼养鸭系统的有机结合，无形中建立了一套良性循环的农业生态体系。

新晃侗藏红米种植系统有8 000年的历史传承。在现代农业技术影响越来越大的今天，保留丰富的稻种资源不仅对丰富我国稻类遗传资源、稻作生产、品种改良、稻作科学研究及生态安全有着积极的作用，也是解决人类未来粮食安全的物质保证。

侗藏红米除含有丰富的硒、铁、锌、钙、镁等微量元素，以及植物性蛋白质、植物性脂肪外，还富含维生素 B_1、维生素 B_2、维生素 B_6 等多种维生素和18种人体必需的氨基酸，综合营养价值远胜过泰国香米。

当前，由于认识不足、政策缺失、农村劳动力锐减，加之受城镇化与工业化的冲击及优质杂交水稻的全面推广，化肥、农药等现代农业技术的大量使用等因素影响，侗藏红米种植系统的传承与发展面临了很大挑战。近年来，政府通过建立核心保护区等措施，对侗藏红米种植系统进行重点保护，力争让保护区农民在充分受益的同时，也让侗藏红米种植与红米文化得到进一步的传承、保护和开发利用。

广东潮安凤凰单丛茶文化系统

广东潮安凤凰单丛茶文化系统位于潮州市北部山区的凤凰镇，面积230平方千米。凤凰镇是中国名茶之乡、中国乌龙茶之乡，广东名镇，广东茶叶专业镇、旅游特色镇。现有茶园面积4 000多公顷，年产茶叶300多

万千克。凤凰茶品质好，在国内外各项茶叶评比中屡获殊荣。

凤凰单丛茶始于南宋末年，历经 600 多年数十代人的传承，资源物种仍基本保持历史原貌。单丛茶树文化遗产资源主要存在境内海拔 600～1 200 米的中高山。多年来，各级政府十分重视对凤凰古茶树的保护工作，1980 年组织进行了一次系统的调查，仅 200 年以上的古茶树便有 3 700 多株。凤凰古茶树被专家誉为"中国之国宝，是世界罕见的优稀茶树资源"。

茶叶种植是当地人民的主要经济来源，是潮州茶文化的重要组成部分。凤凰单丛古茶树是不可再生的遗传资源。古茶树易因病虫侵害、管理失当等原因死亡。仅 1996—1998 年，就有 80 株古茶树死亡，单丛古茶树遗传资源的数量不断下降。

为保护和利用好这一农业文化遗产资源，潮安县政府加大对古茶树的宣传保护力度，制订古茶树的保护措施，做好古茶树登记造册确认，加强凤凰单丛茶文化系统母本园建设，保护种质资源，引导茶农科学管理古茶树，推进无公害茶叶标准化生产，并结合凤凰山美丽自然风光、广东省现代农业示范区、凤凰天池、畲族聚居地、凤凰茶文化中心等，规划开发中国重要农业文化遗产保护区，发展山区特色农业，保护茶区农业生态。

广西龙胜龙脊梯田系统

广西龙胜龙脊梯田系统地处广西桂北龙胜山区，分为平安壮寨梯田、龙脊梯田和金坑红瑶梯田三个部分。悠久的历史，良好的生态，丰富的种质资源，蔚为壮观的梯田景观和独特的壮族、瑶族民俗风情使龙脊梯田的自然生态与民族文化得到了高度的融合，声名享誉中外。

龙脊梯田始建于宋代，完工于清初，距今已有 800 多年的历史。居住在这里的少数民族先民用"刀耕火种"开山造地，把坡地整为梯地，待田块逐渐定型后，再灌水犁田种植水稻，形成从山脚盘绕到山顶"小山如螺，大山成塔"的壮丽梯田景观。龙脊梯田地处亚热带，四季分明。梯田所在山脉山高谷深，落差巨大，海拔最高为 1 850 米，最低只有 300 米。山顶是大面积的原始森林和次生林，森林下方是规模宏大的梯田，壮寨和瑶寨散布在山腰。独特的地理和生态条件使得龙脊梯田周边远有高山云雾，近有河谷急流，风景极其秀美，有"世界梯田之冠"的美誉。当地壮族、瑶族居民根据海拔差异因地制宜的种植水稻、辣椒、红薯、芋头等普通作物和茶叶、罗汉果、凤鸡、翠鸭等地理标志性农副产品，保存和培育了丰富的作物种质资源。

800 多年来，龙脊梯田已融入了当地居民的生活与文化的各个方面。这里保存着以梯田农耕为代表的稻作文化、以"白衣"为代表的服饰文化、以干栏民居为代表的建筑文化、以铜鼓舞和弯歌为代表的歌舞文化和以"龙脊四宝"为代表的饮食文化，构成了龙脊梯田独具特色的文化吸引力。

近年来，当地人民利用梯田积极从事特色农副产品生产、加工和休闲农业产业。目前，龙胜县委、县政府按照农业部对中国重要农业文化遗产保护的要求，专门制订了保护规划和管理办法，加大挖掘、保护、传承的力度，让龙脊梯田系统，为桂北少数民族山区在保持优良生态的基础上促进农民增收，推进农业现代化，发挥更大的作用。

四川江油辛夷花传统栽培体系

四川江油辛夷花传统农业系统位于江油市大康镇旱丰村吴家后山，海拔 1 200～2 179 米，核心区面积 25 平方千米。系统内植被和生态环境良好，动植物资源和旅游资源极为丰富，素有"江油神农架"之称。自古以来，栽种辛夷树、采摘辛夷花，林下种植天麻、百合、乌药，林间养蜂、放养山鸡、牛羊等传统耕作方式一直延续至今。其中乌药、土豆是坝区江油道地附子和土豆的重要种源地。

吴家后山独特的地理位置和自然条件，造就了辛夷花独特的品质。通过山顶原始森林植被涵养截留，储存天然水分，是江油市区居民生活和江彰平原农业生产的水源地之一。辛夷花和树皮入罐为药、上桌为膳，有养生治病之功效。康熙年间，吴三桂家族来吴家后山避乱隐居，开始栽植辛夷花树，并在家族中形成了祭祀、节庆参拜辛夷树王和栽种辛夷来祈福的习惯，代代相传。

吴家后山现存古辛夷树 6 万余株，有颜色各异的花海 60 余处，树龄最长的近 400 年，垂直分布在吴家后山腹地，其栽培历史久远、花色品种齐全、规模之大，已成为全国最大的辛夷花基地。如今，山腰绵延数十里的辛夷花和林下产品已成为山下人们喜爱的生态食品，也是人们休闲、避暑、赏花、观景、养生的最佳选择地。2013 年被评为四川"九大最美赏花目的地"和"二十大摄影基地之一"。

随着景观价值的提高，观光人数增加，辛夷花海景观、采摘方式、幼树栽播、林下种养等传统的农耕方式面临严峻挑战，保护性开发势在必行。江油市委、市政府按照农业部对中国重要农业文化遗产保护工作的要求，先后发布了《关于加强吴家后山林木资源保护的通告》《江油市重要农业文化遗产保护与管理办法》，编制了《吴家后山辛夷花保护与发展规划》，完善了保护措施、明确了职责，实行严格的考核制度，同时将该地纳入休闲农业与乡村旅游示范县项目建设内容。通过对辛夷花的保护性开发利用，这一具有重要价值的川西北重要农业文化遗产将绽放新的光芒。

云南广南八宝稻作生态系统

广南八宝稻作生态系统位于云南省东南部，文山壮族苗族自治州东北部，地处滇、桂、黔三省交界，地域面积 2 800 平方千米，适宜八宝稻种植总面积 1 万公顷。

八宝稻作生态系统最早可追溯到公元前 1 200 年前。历为明清贡米的八宝米因产于广南县八宝镇而得名。有"塞上小桂林"之称的八宝，素为上善之地，坐拥稀缺珍贵资源，仰自然恩赐。八宝稻作不仅天赋凛然，更能够精确地把控种植生产体系，精选土地，人畜耕种，顺时而为，培植有道。八宝米色泽晶莹透亮，成饭后饭粒软和，富于黏性，柔软而不烂，饭凉而不散，清香可口。八宝镇无可比拟的日照条件，恰到好处的雨露滋润，滋养了自然天成的八宝稻米。1981 年，广南八宝米被国家列为名贵稻种之一。

追本溯源，探寻八宝米的来历，可以确认数千年来是壮族人民驯化并培育了八宝稻米。在漫长的历史长河中，八宝壮民们创造了绚丽多姿的优秀文化，形成了一系列富有特色的农耕文化、民俗、艺术、宗教信仰和社会制度，这些都是不可复制的活态文化。它就像一块活化石，记录了整个壮族社会、经济、文化的历史发展概貌。

如今八宝稻作生态系统正面临着气候变化与社会变迁的双重威胁，且稻作系统本身存在效益较低、企业带动力度不足、科技支撑薄弱等问题，亟须得到系统的保护与发展。为使这一珍贵的农业文化遗产持续焕发生机，广南县按照农业部对中国重要农业文化遗产保护的要求，对八宝稻作生态系统的保护工作投入专项经费，在资金、政策上给以保障，并通过宣传、教育以及休闲农业的开展等，系统保护，打造品牌，从根本上解决农民增收、农业可持续发展和文化遗产保护问题。

云南剑川稻麦复种系统

云南剑川稻麦复种系统位于云南省大理白族自治州剑川县，涵盖全县 0.47 万公顷水稻面积，核心区为金华镇、甸南镇和沙溪镇，核心区面积 0.2 万公顷。剑川素有"文献名邦""木雕之乡""白族文化的聚宝盆"和"云南文明的发源地"之美誉。每年 5～6 月栽种水稻，10～11 月水稻收获后，翻耕播种大麦或者小麦，次年 5～6 月收获，麦茬翻耕后再栽水稻。水旱轮作，提高复种指数，减轻病虫草害，改善土壤结构，促进养分循环。

自 3 000 多年前新石器时代晚期开始，剑川稻麦复种水旱轮作的耕作方式一直沿用至今。绵亘不断的横断山脉阻隔不了稻麦复种农业文化的传播发展，一年两熟的稻麦复种仍然是当今剑川县主要耕作制度，是传统农业生产发展的历史见证和缩影，是农业文化、生物多样性、人与自然和谐发展的典型代表，具有文化、生态、经济等多重价值。春耕夏耘、秋收冬藏，亘古不衰的稻麦复种系统蕴含的生态价值理念、自然农法思想，以及古老农具、农耕技术，处处或隐或显地展现了白族先民的身影和智慧。厚重的稻麦复种系统农业文化对当今国民修身养性、构建和谐社会、协调人地关系、走生态文明之路、实现可持续发展依然具有重要的积极意义。

受到气候变化、自然灾害、城市化、工业化、科技发展、外来文化等因素的影响，云南剑川稻麦复种系统生物多样性减少，农业生态环境退化，传统农业生产工具面临消失，农村劳动力特别是年轻劳动力有向城市流动的趋势。传统农耕的方式面临被破坏、抛弃的危险，挖掘、保护和传承工作势在必行。按照农业部对中国重要农业文化遗产保护的要求，剑川县政府制订了稻麦复种系统农业文化保护与发展规划和措施，做好稻麦复种系统及相关的生物多样性、传统农耕方式、农业文化和景观等的保护、开发和利用，并与现代农业、生态农业、休闲农业结合，提高农业收益，促进地方经济和社会的发展。

甘肃岷县当归种植系统

甘肃岷县当归种植系统地处黄河上游生态脆弱区，是我国西北生态屏障。该系统位于甘肃省定西市西南部，正处于陇中黄土高原、甘南草原和陇南山地接壤区，位居定西、甘南、陇南、天水四区（州、市）几何中心，享有陇原"旱码头"美称，是茶马古道重镇和甘肃南部重要的商品集散地。

特殊的区位造就了独特的自然人文景观、农耕文化、民俗文化。岷县人的习俗、节庆、商贸、饮食、建筑、服饰、耕作习惯等无不与当归息息相关。千百年来，当归在岷县这块土地上传承发展，成为岷县农民的主要经济来源和富民强县的支柱产业。独特的栽培条件和传统栽培技术以及加工炮制技术造就了"岷归"品牌，"岷归"已成为我国中医药文化遗产的重要组成部分。独特的当归农耕文化形成了独特复合的农业文化传承。这种独特复合的农业文化传承是当地传统文化的宝贵财富，构成了传统文化的基础，同时也是当地居民适应独特的地理区位和生态环境的必然选择，是促进当地经济社会发展的基础。

甘肃岷县当归种植系统正在面临现代生产和生活方式转变的冲击及威胁，传统的栽培、加工炮制技术濒临失传，重金属残留和土壤污染日益严重，对千百年来积淀的"岷归"传统农耕文化提出了严峻挑战，挖掘、保护、传承工作迫在眉睫。目前，岷县人民政府按照农业部对中国重要农业文化遗产保护工作的要求，制订了"岷归"种植系统保护与发展规划和管理办法，通过生物多样性的恢复，传统农耕文化的传承，与休闲农业的结合，从根本上解决农民增收、农业可持续发展、文化遗产保护及传承问题，让"岷归"这朵祖国中医药花园的奇葩散发出迷人的芳香，让这一具有重要价值的农业文化遗产更加熠熠生辉。

宁夏灵武长枣种植系统

灵武素有"塞上江南、水果之乡"的美誉，灵武长枣从唐朝开始就被列为皇室贡品，被誉为"果中珍品"，距今已有1 300年的栽培历史。2003年以来，灵武长枣这一古老的优良品种得到大规模发展，种植面积达到0.95万公顷。目前，"灵武长枣"品牌逐步向绿色食品、有机食品行列发展，灵武长枣成为地理标志产品、中国名牌农产品，取得了宁夏著名商标、中国驰名商标的认证，灵武也获得"中国灵武长枣之乡""全国枣产业十强县"等荣誉称号。

灵武长枣是经过长期自然筛选出来的具有地方特色的鲜食珍品，抗逆性强，果实营养丰富，药用价值高，发展潜力大。果实长椭圆形，平均单果重18.1克，最大单果重达40克，汁液多，酸甜适口，营养丰富，品质极佳。截止到2013年，灵武长枣种植系统挂果面积0.33万公顷，最高长枣年产量达920万千克，实现产值过亿元。灵武长枣产品市场广阔，形成了较好的品牌效应。

随着长枣产业的发展，灵武长枣品种选优技术创新遭遇瓶颈，龙头企业规模小，枣深加工发展缓慢，发展后劲不足等问题凸显。为了传承和保护好这一农业文化遗产，灵武市先后制订了《灵武市农业文化遗产保护规划》《灵武市灵武长枣保护管理办法》《灵武市枣博园管理实施方案》《灵武市枣博园管理办法》，出台了《关于进一步加快发展灵武长枣产业的意见》，建成了"世界枣树博览园"，成立了灵武市世界枣树博览园管理中心。灵武市还通过扩大种植规模，优化品种结构，

实施无公害标准化生产，培育、壮大长枣储运和深加工龙头企业，开拓市场，挂牌保护灵武长枣百年老树、举办灵武长枣文化节、加快灵武长枣良种选育、加大基地标准化技术推广力度、建立完善的营销体系等方面来推动灵武长枣产业发展。

目前，灵武市委、市政府把挖掘、整理、保护、发展作为灵武长枣产业发展的主线，全力保护这一令人瞩目的农业文化遗产品牌，推动灵武经济和社会的跨越发展。

新疆哈密市哈密瓜栽培与贡瓜文化系统

新疆哈密市哈密瓜栽培与贡瓜文化系统位于新疆维吾尔自治区哈密市，地处新疆最东端，是新疆的东大门，自古就是丝绸之路上的重镇，有着悠久的历史和灿烂的文化。哈密是哈密瓜的故乡，以盛产哈密瓜闻名于世，瓜以地名，地以瓜闻。哈密瓜是在哈密特定的气候条件和自然环境中孕育出来的名优产品，已有2 000多年的栽培历史。哈密瓜栽培品种繁多，仅地方品种就有124个，其中栽培较广的有40多种。主要种植区域集中在哈密市花园乡、南湖乡、回城乡等地。这里曾是哈密回王贡瓜种植地，第十三代贡瓜传人尼亚孜·哈斯木老人依然在这里运用传统方式种植着传统的哈密瓜。

加格达瓜是哈密回王的进贡之瓜，只产在哈密。康熙三十七年（1698），清廷理藩院郎中布尔塞来哈密编设旗队，哈密一世回王额贝都拉多次以清脆香甜、风味独特的哈密甜瓜招待他。次年冬，哈密回王额贝都拉奉旨入京觐见，又精心挑选了100个哈密甜瓜送到京城，康熙皇帝品尝完后，赞不绝口，以地赐名"哈密瓜"。康熙皇帝赐名后，哈密回王年年都将"哈密瓜"作为贡品贡至朝廷，"贡瓜年年渡卢沟"成为定例。为保证贡瓜风味品质，哈密回王划出了专门的贡瓜种植基

地，指派专人种植，在品种选择、施肥浇水、栽种管理、收获贮运等方面都做了精心安排，努力保证贡瓜的独特品质。

为了保护和传承哈密瓜栽培与贡瓜文化系统，哈密市制订出台了相关的保护规划、管理办法和地方标准，修葺了哈密王府，打造了全国唯一的哈密瓜主题公园——哈密瓜园，并自 1993 年至今连续举办了十届"中国·哈密'甜蜜之旅'"哈密瓜节。

哈密瓜是上天赐给哈密这块绿洲的瑰宝，在新丝绸之路经济带上，哈密瓜栽培与贡瓜文化系统作为弥足珍贵的农业文化遗产仍在为世界增添一抹绿色，为生活增添一缕瓜香。

全国休闲农业与乡村旅游示范县、示范点

北京市平谷区

河北省元氏县

黑龙江省木兰县

江苏省泰州市姜堰区

安徽省霍山县

山东省泗水县

河南省登封市

湖北省远安县

广西壮族自治区龙胜各族自治县

海南省琼海市

贵州省凤冈县

陕西省柞水县

甘肃省两当县

大连市庄河市

新疆生产建设兵团第十师一八五团

天津市蓟县穿芳峪镇小穿芳峪村

山西省长治市襄垣富阳绿盈休闲农业观光示范园

内蒙古自治区鄂尔多斯市达拉特旗万通旅游度假村

吉林省抚松县康红农特产种植场

黑龙江省兰西县锡伯部落

上海市崇明县陈家镇瀛东村

江苏省如皋市长江药用植物园

浙江省绍兴市上虞区盖北野藤葡萄休闲观光园

河南省驻马店市老乐山休闲农业产业园

湖北省大冶市龙凤山生态园休闲度假村

广东省潮州市紫莲度假村

海南省万宁市兴隆热带花园

四川省广元市利州区曙光休闲观光农业园

云南省香格里拉藏龙休闲观光园

西藏自治区拉萨市城关区蔡公堂白定村

北京市平谷区

一、基本情况

平谷区是北京市远郊区县之一，位于北京市东北部，地处京、津、冀三省市交汇处，有"京东绿谷"的美誉。平谷区辖区面积950.13平方千米，人口39.9万人，2/3为山区、半山区，现有耕地约1.21万公顷。平谷是北京市五个生态涵养发展区之一，全区森林覆盖率65%，居全市首位。平谷拥有约1.47万公顷桃园，被上海吉尼斯总部授予"世界栽培桃面积最大区（县）"称号。平谷还荣获"中国生态旅游大县""全国休闲产业示范基地""中国休闲旅游最佳目的地"等称号。

二、取得成效

1. 形成"三山一海两环线"的休闲旅游发展格局。三山是丫髻山、轩辕山、青龙山；一海是全区约1.47万公顷桃园形成的桃花海；两环线是指一个百余千米的倒"U"大外环，一个倒"U"小内环，覆盖全区17个乡镇街道。涉及11个A级以上景区和4个知名景区，涵盖全区200余个观光园，100余个民俗旅游村，整合提升了现有旅游资源，由点连成面，全面提升了休闲农业与乡村旅游服务附加值，有效促进了山区、平原统筹发展和城乡一体化发展。

2. 综合效益明显、农民增收显著。2013年总收入5.3亿元、同比增长21.4%，总接待游客778.3万人次、同比增长9.9%。其中，全区观光园206个，接待游客376.5万人次，比上年增长11.9%；实现总收入2.9亿元，增长22%。民俗旅游农户数达3 556户，接待游客401.8万人次，增长8.1%；实现总收入2.4亿元，增长20.7%。休闲农业与乡村旅游业已经成为农民增收的重要途径之一。

三、经验做法

1. 科学制订发展规划，促农旅融合发展。编制完成了《平谷区休闲农业与乡村旅游业发展规划》和《平谷区山区休闲农业与乡村旅游提升规划》，充分发挥良好的生态环境、大桃之乡、果品大区等优势资源，突出现代、生态、休闲特色，按照"资源整合、项目带动、市场化运作"的思路科学规划全面提升农旅融合发展水平。

2. 制订专项政策扶持，促进行业快速发展。2002年区政府制订《平谷区发展民俗旅游的工作意见》，并每年安排200万元资金（2006年起每年补贴400万），专门扶持乡村旅游的发展，自2003年开始，把发展乡村旅游工作列为区政府"折子工程"，2006年至今陆续出台了《新发展市级民俗户扶持办法》《推动赏花区建设扶持办法》等11种专项扶持政策，助推平谷区休闲旅游又好又快发展。

3. 建立健全体制机制建设，规范行业发展。一是成立建立休闲旅游组织机构——平谷区民俗旅游工作管委会；二是各乡村旅游专业村均成立了"民俗旅游协会"；三是成立平谷旅游发展投资公司。通过这些体制机制的建立，为平谷区休闲乡村旅游快速发展奠定了良好的基础。

4. 加强管理，抓规范，不断提高乡村旅游接待服务水平。2002年年初在全市率先制订了乡村旅游接待户的建设标准，2003年至今编写了《平谷区乡村旅游服务规范》《平谷区乡村旅游知识问答》等7项行业管理规范性文件，提升服务水平。同时，通过培训、参观学习和交流提高从业人员的素质及服务水平。

5. 完善基础设施建设，打造公园化环境。以"大生态、大园林、大绿化、大产业"为理念，平谷区实施"三绿"工程，全区森林覆盖率达64.94%，林木绿化率达69.78%。

全区公路里程为 1 607.1 千米，形成三横五纵一环线的公路网格局，路网密度达到 1.69 千米/平方千米，位居北京 5 个生态涵养区之首，旅游运营客车 182 辆，客运量 260 万人次。此外通过实施对 A 级以上景区改扩建停车场和公共厕所，配备服务残障人员设备和讲解器、设置安全标识牌等一系列措施，改善了旅游接待环境。

6. 策划大型活动，打造特色旅游品牌。精心策划组织第十五届北京平谷国际音乐节、第三届赏石文化节、第七届道教主题养生文化节、第十七届北京平谷金秋采摘观光节、第七届北京平谷国际冰雪节，发挥旅游节庆活动品牌效益，实现了经济效益和社会效益新突破。此外，2012 年成功承办"第 62 届世界小姐大赛北京分赛"，提高了平谷区休闲旅游品牌知名度。

河北省元氏县

元氏县位于太行山东麓，河北省中南部，北距省会石家庄 30 千米、北京 315 千米。县域内 107 国道、京深高速、京赞公路、石邢公路纵贯南北，石武高铁、京广铁路、南水北调中线工程穿境而过。全县面积 676 平方千米，兼有平原、丘陵和山区。辖 7 镇 8 乡 208 行政村，是集省级园林县城、省级文明县城、省级双拥模范城，省级农业科技园区示范县、全国农业综合开发示范县于一体的千年古县。

一、发展成效

1. 乡村旅游产业。乡村旅游资源丰富，人文历史积淀深厚。战国初期赵王封公子元于此故名元氏，此地为东汉汉明帝刘庄诞生地，战国名将李牧、楚汉名士李左车的故乡。国家级文物常山郡遗址所在地。封龙书院始于汉代，正式建于宋代，为燕赵书院教育的发祥地，也是中国最早的书院之一，汉代李躬、唐代郭震、宋代李旷、元代李冶都在此讲学授业著书立说，尤其是李冶的数学专著《测圆海镜》《益古演段》，其学术成果早于欧洲 300 年。河北境内仅存的"两通汉碑"（祀三公山碑、白石君碑）置于封龙山上。此外，开化寺塔、封龙石窟、韩台古墓、西周遗址、千年古刹修真观、蟠龙寺先后被定为国家、省级重点保护单位。

元氏县委、县政府为强化乡村旅游综合竞争力，结合美丽乡村建设，在全县开展美丽乡村建设、设施服务培训、特色农产品质量把控等建设项目，增加网络信息交流平台，加强广告宣传力度、拓宽农产品供销渠道等工程，全力提高休闲农业与乡村旅游产业综合要素禀赋，以提高乡村旅游吸引力，打造元氏"精品游"的品牌建设。

以京津冀一体化发展战略为契机，开拓以省会石家庄为圆点，以京津冀城市群为核心，立足河北拓展周边的元氏休闲农业与乡村旅游大市场，以当地特色美食、历史遗址、民俗文化、山湖水色、古刹名寺等为依托，重点打造以山居、湖居、田居、园居、林居、水居为主导的"六居"型乡村旅游体验。环绕省会做好高端市场，打造成"都市型"高端乡村旅游养生园；挖掘文化内涵，打造成"文化型"自然生态文明新农村；做好城乡统筹，打造成"综合型"城乡一体化标准示范区。重点发展文化挖掘、旅游观光、休闲度假、健康养生等产业园区，带动旅游、文化、物流、餐饮、娱乐等多领域的迅速发展，形成元氏县农业、服务业、旅游等多项产业的整体联动，有效促进元氏县工业化、信息化、城镇化、农业现代化同步发展，加快建设美丽乡村的步伐，全面推动县域经济的战略转型与升级。

2. 休闲农业产业。近年来，通过政府一系列的政策扶持和技术创新，元氏县在西部山区特色林果种植面积已达到 1.29 万公顷，其中核桃种植 0.35 万公顷、石榴种植 0.23

万公顷、大枣种植 0.19 万公顷。元氏县还是华北地区最大的石榴生产基地。"西岭"核桃、"满天红"石榴荣获了"全国核桃节银奖"和"石榴生产与科研研讨会金奖"。在石家庄市第一届都市农业嘉年华活动中"西岭"核桃、北正"满天红"石榴、"薯利"牌苏阳紫薯等一批新特名优农产品,受到了群众的广泛好评。另外,元氏县多次举办林果采摘节庆活动,加快休闲农业发展。例如,连续举办四届西岭核桃评优会、五届樱桃采摘节,还举办了元氏县首届葡萄、甜杏采摘节,石家庄电视台、石家庄日报、燕赵都市报、河北经济日报、河北日报等多家媒体对此进行了宣传报道。随着种植规模不断扩大和品质不断提升,元氏县已成为周边游客休闲采摘好去处,农林产品畅销京津冀地区。东部平原富美庄园、丰兆大菜园、生源绿色生态农业园等一批现代农业项目初见成效,全县设施蔬菜种植面积达到 0.38 万公顷,规模园区 11 个,占地面积约 533.3 公顷,优质蔬菜和水果不断满足更多居民对安全、生态、绿色食品的要求。

元氏县委、县政府通观全局,整合县内"绿、山、水、史"等独特的自然资源、农业资源和厚重的历史文化资源,深度开发农业资源潜力,调整农业结构,增加农民收入,改善农村环境,做大做强休闲农业与乡村旅游产业。2013 年,全县休闲农业与乡村旅游客量超过 110 万人次,直接收入 7 500 万元,总收入为 3.75 亿元,休闲农业与乡村旅游增加值占 GDP 的 4.8%,已经成为元氏县的支柱产业。

二、基础设施

元氏县投资 1 825 万元实施了苏村至北正公路改建工程,进一步改善县交通条件;投资 400 余万元,完成了封龙山餐饮接待中心、汉阙门、步游路等建设工程;投资 1 000 多万元完成了蟠龙湖环湖路工程。旅游配套设施方面,投资 200 余万元在蟠龙湖南岸建设了一座污水处理厂,解决了蟠龙湖景区多年的污水排放问题;投资 100 万元实施了蟠龙湖景区游客中心和停车场项目。美丽乡村建设方面,投资 3 000 多万元加强基础设施建设,硬化农村街道 36.6 千米,实施危房改造 110 户,解决了 14 个村 3.16 万人的饮水安全问题。县财政筹资 5 400 多万元强力推进农村面貌改造提升,为全县发展休闲农业与乡村旅游打下坚实基础。

黑龙江省木兰县

木兰县位于黑龙江省中南部,松花江中游北岸,沿哈肇路距哈尔滨 125 千米,面积 3 600 平方千米,自然地貌为"六山一水一草二分田",辖 6 镇 2 乡 86 个行政村,402 个自然屯,常住人口 28 万。近年来,木兰县主动融入省、市发展大格局,立足县情,明确了建设"绿色产业基地、低碳工业新区、山水旅游胜地、江畔宜居名城"的发展战略,加快了以旅游产业为重点的生态经济发展步伐。县内有可开发利用价值的旅游景区(点)30 余处,旅游区域总面积 1 300 平方千米。目前,木兰县成功打造出了红色足迹游、生态观光游、农业休闲游、民族宗教游、民俗风情游五大旅游板块,叫响了"北国明珠、生态木兰"的旅游品牌,全县旅游资源开发呈现"六区、三园、十名村"的格局。全县有旅游企业 23 家、星级宾馆 3 家、旅行社门市部 4 家、商品生产企业 15 家、AA 级以上景区 3 个、省级农业旅游示范点 1 个、省级工业旅游示范点 1 个、社会规模型餐饮住宿服务企业 300 余家,全县旅游从业人员 6 800 人,日接待游客能力近 1 万人次。2013 年,全县各景区(点)接待游客总数 102 万人次,旅游业总收入实现 3.8 亿元,安置旅游就业人员 5 400 余人。

1. 香磨山风景区。该景区是 2001 年批准的国家 AA 级旅游景区，位于木兰县东兴镇东南 6 千米处，距县城 66 千米。香磨山风景区以山水风光游、宗教文化游、小火车森林游、休闲度假游为主要内容，集观光、娱乐、休闲、度假于一体的多功能旅游景区。香磨山水库，始建于 1958 年，竣工于 1971 年，属国家大型水库，蓄水量达 1 亿立方米，最大水域面积 15 平方千米。水库烟波浩森，风光秀丽。泛舟湖上，近观西南两山如戏水蛟龙横卧大坝两侧，远眺南山又似笔架山。环湖望去更有"青山环碧水，古刹伴林幽"之意境。

2. 骆驼峰森林公园景区。该景区位于木兰县柳河镇与巴彦县交界处，距木兰县城 56 千米，距哈尔滨市 98 千米，总经营面积 3 714 公顷，1992 年被批准为省级森林公园。骆驼峰主峰 570 米，次峰 540 米，两峰相距 1 000 余米，巍峨的双峰耸立在山脊形似骆驼峰，因此而得名。现轩辕集团负责施建，建有综合服务楼、别墅、水库、鱼塘等设施，是旅游、观光、疗养、休闲度假的好去处。此地乃东北抗日联军地下交通站所在地，交通员赵春霖以道士为掩护，以骆驼砬子月台石院为据点，给东北抗日联军传消息、送给养。赵春霖烈士在峭壁上的石刻"万古流芳一台山"如今仍清晰可见。

3. 蒙古山风电景区。该景区位于柳河镇与大贵镇交界处，距县城 50 千米，距哈尔滨市 125 千米，景区主峰高 668.15 米，有林地面积 618 公顷，因山体形似蒙古包而得名。蒙古山景区山高林密，风光秀美，有大小山脉 16 条，大小山峰 100 余座，各种自然景观几十处。建有 20 座高 52 米的风塔，风扇直径 30 米的"大风车"，有序排列在山脊上气势雄伟，景色壮观，年发电量 2 771.5 万度，占木兰县全年总用电量 56%，既造福一方人民，又为木兰人民增加了靓丽的风景线。1936 年，东北抗日联军名将赵尚志曾在这里指挥过著名的蒙古山

突围战，战后日军指挥官曾叹曰："此战必有名将指挥。"

4. 白杨木景区。该景区位于木兰县城北建国乡境内，距县城 26 千米，半小时车程直达景区。白杨木景区在群山环抱之中，占地面积 35 平方千米，南北长 9 千米，蓄水量 6.6 万立方米，秀美的山色、旖旎的湖光令人陶醉。人们在这里可享尽回归大自然的乐趣。

5. 鸡冠山生态景区。该景区位于木兰县建国乡内，距木兰县城 35 千米。鸡冠山原名佛斯亭山，后因大小山峰呈鸡冠状，俗称鸡冠山。它以奇特的石林景观、秀丽的自然风光而闻名遐迩，堪称北国奇观。景区共有大鸡冠峰、小鸡冠峰、片砬子和转山子东北抗日联军遗址四处景区构成。景区内形象的石景很多，有一帆风顺、观音石、石拳、石蛙、石鳄鱼、石熊、石墙、石塔、石灵芝等秀丽多姿的石景。古来传说神奇、民国土匪出没神秘、抗日志士喋血神圣的鸡冠山是绿色生态之旅、红色抗联之旅和寻幽探宝之旅首选之地。

6. 木兰小城和江畔公园。木兰小城临江而建，2001 年被国家评为全国文明小城镇示范镇，环境优雅，建筑风格独特，有仿古一条街、欧陆风情街、别墅一条街。江畔公园也临江而建，是小城的重要组成部分，也是重点民生项目。2011 年木兰县委、县政府做出新的决策，投资 9 000 万元彻底改造江畔公园，聘请了哈尔滨工业大学规划设计研究院进行高标准设计。其中，建景观防浪墙 2 200 米、建设 5 个景观广场、5 个休闲分区、1 个亲水平台和 1 条环城路，使江畔公园成为集居住、休闲、娱乐、文化、健身于一体的沿江生态建设示范带。漫步在江畔公园，防浪墙古朴精致、景观广场各具特色、林间小路曲径通幽，站在公园的每个点上，都有绿树、鲜花的陪伴，体现出休闲广场与生态长廊的巧妙结合。

江苏省泰州市姜堰区

姜堰区地处江苏中部，南接沪宁城市带，北依苏北农业区，是泰州市的东门户，古称罗塘，原名泰县，历史上曾经是海水、江水、淮水交汇之处，素有"三水"之别称。全区下辖15个镇、1个省级经济开发区、1个国家AAAAA级旅游景区，总面积927.5平方千米，总人口79.5万人，耕地面积5.03万公顷，水面面积1.34万公顷，农业人口60.2万人。姜堰区地势平坦，气候温和，商贸繁荣，生态优美，交通便捷。全区建成30多个特色明显、装备精良、科技先进、设施配套、产出高效、景色怡人的农业园区，已形成优质家禽、蔬菜园艺、瘦肉型猪"三大优势产业"，优质稻米、专用小麦、双低油菜、特种水产、特色林果"五大传统产业"和食用菌、肉鸽、溱湖簖蟹、优质水果、旅游观光农业"五大新兴产业"。以河横为核心的农业园区是省级农业科技示范园、省级观光农业园、省级现代农业产业园。姜堰区先后被确定为国家现代农业示范区（泰州）、江苏省首批农业现代化建设试点市、泰州市现代农业北部生态长廊核心区，2013年成为全国21个国家改革与建设试点示范区。桥头镇桥头村、沈高镇、溱潼镇连续三年获评全国"一村一品"示范村、镇，姜堰镇太宇村、曹家村和沈高镇河横村、沈高村荣获全省现代农业示范村，沈高镇冯庄村、华港镇下溪村、溱潼镇溱东村荣获全省现代渔业示范村。姜堰区新富源溱湖簖蟹产业园获评江苏省现代渔业精品园，大洋观赏鱼有限公司、山水水产养殖有限公司创成省级现代渔业示范场（基地）。溱潼镇湖南村、沈高镇河横村荣获全省最具魅力的休闲乡村、全国"美丽乡村"创建试点，沈高镇河横村获评全省"最美乡村"。2013年，全区实现地区生产总值452.89亿元，实现农业总产值56.78亿元，实现农业增加值34.12亿元，农民人均纯收入13 695元，其中高效设施农业、渔业总面积分别达0.79万公顷、0.16万公顷，占比分别达15.7%、28.7%，高效设施种养业、品牌农产品、休闲旅游农业、园区农业等现代农业产值达78.6亿元、增加值达37.41亿元。

姜堰区是江苏省沿江开发带经济发展较快的城市之一，连续六年跻身全国县域经济基本竞争力百强，连年获评中国最具投资潜力中小城市百强、科学发展百强、全国中小城市科学发展百强，同时还获得全国现代农业示范区农业改革与建设试点示范区、国家农业科技创新与集成示范基地、全国粮食生产先进（县）市、全国首批生态示范区等称号。

安徽省霍山县

在皖西大地，霍山因"七山一水一分田"地貌限制，水稻、小麦等传统农业生产难以取得较大突破，于是霍山人审时度势、因势利导，将主要精力用于生态农业建设，寻求休闲农业、现代农业发展之路，大力发展无公害农产品和绿色、有机食品，以毛竹、蚕桑、百合、中药材、鳗鱼、茶叶、板栗、油茶、甜玉米、高山蔬菜等农业支柱产业为突破口和主攻方向，推进生态农业的产业化、标准化和品牌化。目前，全县已建有毛竹、油茶、有机茶等各类生态示范基地100多处，生态农业基地达7.3万公顷，绿色、有机、无公害农产品认证62个，地理标志保护产品7个，安徽名牌农产品7个，农民人均纯收入超8 000元。

近年来，来霍山观光的游客络绎不绝，旅游经济已成为县域经济的又一生力军。为打造生态旅游这一重要品牌，霍山县根据自然保护区、风景名胜区、森林公园、休闲农业等不同区域功能和环境特点，将"走进霍山，回归自然，体验农村生产生活"作为旅游发展的主题，倡导旅游的"绿色消费"，找到了旅游业发展与环境承载能力、现代农业发展的平衡点。

1. 主打绿色牌、高唱生态曲、发展现代休闲农业。如今霍山旅游产业链条呈开放式拓展，旅游接待能力进一步提高，已经成为全县重要支柱产业之一。目前，全县已建成并对外开放的有大别山主峰白马尖，佛子岭省级自然保护区，铜锣寨、南岳山—佛子岭省级风景名胜区和小南岳省级森林公园等一大批生态景区。同时，在政府引导、政策扶持、农民参与、多方投资的休闲农业发展环境下，逐步形成了以"农家乐、现代观光农业、休闲渔业、特色农业"为主要特色的乡村旅游，建成了景区、县城郊区及旅游道路沿线的休闲农业与乡村旅游点 245 家，其中休闲渔业 55 家。拥有霍山石斛、霍山黄芽、天麻、百合、甜玉米、葛粉、高山蔬菜、茶油、兰花、竹笋、山核桃、鳗鱼、水库有机鱼和特色小吃、根雕工艺、野岭饮料、红灯笼泡椒、霍山玉石等众多的特色产品，为休闲农业和乡村旅游提供了丰富的物质资源，游客接待量和旅游收入逐年攀升。

2013 年，全县旅游接待量 369 万人次，旅游总收入 23.1 亿元，其中休闲农业与乡村旅游接待 242 万人次，收入 12.7 亿元，占全县旅游总收入的 55%；休闲农业与乡村旅游从业人员 19 960 人，其中农民参与 19 000 人，休闲农业与乡村旅游成为全县旅游业的一个亮点。休闲农业与乡村旅游的发展，为来自全国各地的背包族们和城市居民"吃一顿农家饭，住一次农家屋，体验农村生产生活，感受大自然"提供了方便，使城镇居民能走进自然、认识农业、体验农趣、陶冶情操、休闲娱乐，也为当地群众带来可观的收入，促进了种植业、养殖业、农副产品加工业、服务业、交通运输业等农业经济产业的发展，促进了当地乡村居民综合素质的提高，增强了生态环境的自我保护意识，促进了美好乡村建设。

2. 依托山区资源、突出霍山特色、推进农旅结合。近几年来，霍山积极引导民间资本和有实力的企业，通过独资、参股、合作等多种形式，多元化投资建设了一批又一批有竞争力和有吸引力的实体景点、现代农业科技园、休闲农庄、民俗村及连片的农家乐，使霍山休闲农业与乡村旅游逐步形成了四种特色类型：一是景区依托型，围绕白马尖、铜锣寨等著名景区而发展起来的休闲农业与乡村旅游，如上土市镇铜锣寨村乡村旅游点、磨子潭镇堆谷山村农家乐群等；二是民俗活动型，发掘地域文化底蕴，开展丰富多彩的民俗活动，助推休闲农业与乡村旅游，如太阳乡汤家湾乡村俱乐部等；三是特色主题型，凭借竹海、茶园、水库渔业等地方特色资源发展而来的休闲农业与乡村旅游，如佛子湖乡村旅游示范片、大林竹海等；四是交通沿线型，借助商景高速、105 国道、318 省道及旅游快速通道的交通优势，以农家乐为主要形势的休闲农业与乡村旅游，如大沙埂现代农业示范园、衡山镇东石门农家乐群、百匠农坊等。

山东省泗水县

泗水县地处鲁中南山区，是济宁市唯一的纯山区县，总面积 1 118.96 平方千米，辖 13 个乡镇（街道）、1 个省级经济开发区，共 601 个行政村居、人口 63 万人。泗水历史传承悠久，境内天蓝地绿、石奇林密、山清水秀、泉多景美、瓜甜果脆，生态环境良好，被北魏地理学家郦道元誉为"海岱名川"。2013 年，泗水县生态旅游取得了大发展，实现旅游总收入 24 亿元，同比增长 24.8%；各景区接待游客 270 万人次，同比增长 11.4%，荣获"中国最佳生态休闲度假旅游目的地"称号，成功创建为"全国出口食品农产品质量安全示范区""全国绿化模范县""山东旅游强县"。

近年来，泗水县立足生态，依托"泉、

水、山、林"等优势特色资源，大力发展生态旅游业，倾力打造"中国泉乡·生态泗水"休闲度假旅游目的地。目前，全县建成国家A级旅游景区7家，其中国家AAAA级旅游景区1家、AAA级旅游景区4家，古卞桥是全国重点文物保护单位；建成全国农业旅游示范点1处、国家级特色景观名镇1个、国家级森林公园1处、全国美丽乡村1处等，初步形成了"自然景观、人文景观、观光农业"三位一体的生态旅游格局。

"生态优先、绿色发展"，打造了泗水的蓝天碧水，使该县在发展休闲农业与乡村旅游业方面具有得天独厚的优势。县委、县政府高度重视旅游产业，高标准编制了《泗水县旅游发展总体规划》和《泗水县休闲农业与乡村旅游发展规划》，配套完成了圣地桃园，王家庄民俗村改造，黄山林场青龙山、雷泽湖、石佛庄、尹城梅园旅游开发等发展策划；并成立了泗水县旅游产业发展委员会，设立了乡镇旅游发展办公室，将乡镇旅游工作纳入全县经济考核和综合考核。

近年来，依托大项目建设，给泗水休闲农业与乡村旅游业的发展带来了春天，火炬、迪尔、天适等集团相继到泗水投资，已完成投资21亿余元，建成万紫千红生态旅游度假区、西侯幽谷、安山寺等乡村旅游景区，以及金秀园农业观光基地、圣天香黄金梨园等休闲农业与乡村旅游示范点117处，实现了良好的社会效益和经济效益。

为扩大泗水休闲农业与乡村旅游业的影响力，泗水县累计投入1 000余万元，进行包装和推介，已在中央电视台新闻联播前黄金时段播放形象宣传片，累计3个月在山东电视台播放了形象宣传片。

河南省登封市

登封市位于河南省中西部，东临省会郑州，西接古都洛阳，全市总面积1 220平方千米，辖17个乡镇（街道）、区，人口67.7万人，农业人口45万人。登封交通优势明显，嵩山生态环境良好，被誉为郑州的"后花园"，是郑州市发展休闲农业与乡村旅游的重点区域。近年来，登封市依托丰富的旅游资源、自然资源和区位优势，顺应回归自然、休闲养生的消费潮流，大力实施以旅兴农、农旅互动战略，把发展休闲农业与乡村旅游作为农业农村工作的重要抓手，作为建设世界历史文化旅游名城和统筹城乡协调发展的重要内容。同时，大力发展以"住农家、干农活、享农趣"为主要内容的农家乐乡村旅游产业，以观光旅游、休闲度假、农业体验为代表的登封乡村游知名度和美誉度稳步提高，休闲农业和旅游产业已成为农民致富增收的重要渠道，并取得了良好的社会效益和经济效益。

一、休闲农业和乡村旅游发展优势

登封地处豫西丘陵山区，生态环境优良，属温带大陆性气候，农业经营类型多样，农业文化丰富，乡村民俗风情浓厚多彩。随着不断扩容的城市建设规模、日益提升的经济发展水平、复杂多样的地理地貌景观、古朴淳厚的历史文化底蕴、驰名中外的禅宗祖庭少林寺，以及独特的地理区位优势、便利的交通和适宜的气候条件，都为发展休闲观光农业奠定了良好基础。

二、发展休闲农业与乡村旅游主要做法

近年来，登封市依托独特的区位优势、生态环境和丰富的旅游资源，把发展休闲观光农业与乡村旅游作为建设世界历史文化旅游名城的重要抓手，作为统筹城乡全面协调可持续发展的重要内容，大力推进农业结构调整，实现了休闲观光农业与乡村旅游产业的有机互动、协调发展，促进了区域产业结构的优化升级。主要做好了以下几项工作：

1. 强化组织领导。一是健全组织结构。

2006 年，登封市成立了由市委书记、市长牵头，市四大班子分管领导和 25 个市直单位参与的登封市旅游发展委员会，全面加强对休闲农业和乡村旅游工作的组织领导。二是明确发展方向。2006 年以来，市委、市政府先后出台《关于加快旅游产业发展的意见》和《关于推进新型农业现代化快速发展的意见》确定了全市休闲观光农业与乡村旅游发展的思路。

2. 坚持科学规划。科学编制休闲农业发展规划，将发展观光休闲农业与推进城市化建设协调统一，科学地搞好项目布局规划。

3. 完善扶持政策。一是出台优惠政策。登封市出台了《中共登封市委 登封市人民政府关于加快旅游产业发展的意见》（登发〔2006〕22 号）等文件。二是实施绩效考核。市委、市政府把发展休闲农业与乡村旅游作为全市经济工作的重中之重来抓，每年都与相关镇（街道）、居委签订目标责任书。

4. 完善基础设施。一是提升景区档次。从 2000 年至今，累计投入超过 10 亿元，为发展休闲农业和乡村旅游创造了有利条件。二是贯通旅游道路。2005 年以来，先后投入 7.9 亿元修建道路，形成了四通八达、方便快捷的旅游交通网络。三是美化城乡环境。2005 年以来，累计投入造林绿化资金 6 亿多元，构筑林地 1.3 万公顷以上，森林覆盖率达 36％以上。

5. 加强产业融合。一是拓宽发展途径。逐步建立"政府引导、企业主体、市场运作"的发展机制，充分发挥农民主体作用，充分运用奖励资金、小额贷款、设立农家乐创业基地等扶持手段，大力鼓励农户、回乡大学生、下岗职工、农民专业合作社和社会各界，通过自办、联办、股份合作等方式，参与休闲观光农业和乡村旅游的发展。二是加大宣传力度。自 2010 年开始，在全市率先举办了"美丽登封乡村游"启动仪式、为郑州市区域内居民办理嵩山登山年证，举办开展登封登山节、嵩山红叶节、登封乡村美食文化节等一系列宣传活动。

6. 加强业务培训。一是开展观摩活动。采取"走出去、请进来、相互学"等方式，5 年来，先后 30 余次组织市区景点和农家乐负责人到成都、黄山、大连等地考察学习，取长补短，促进发展。二是邀请专家授课。为提高休闲农业从业人员的综合素质，重视开展休闲农业培训工作。同时，还利用各种业务会议和考察活动进行交流学习，对转变观念、提升素质起到了很好的作用。

三、取得的主要成效

登封市依托丰富的旅游资源、自然资源和区位优势，顺应回归自然、休闲养生的消费潮流，大力实施旅游带动战略，通过政府引进、市场运作、社会参与、企业带动、着力发展以休闲农庄、农家乐、休闲园区为主题的多类型休闲农业，休闲农业与乡村旅游产业发展迅速形成了以休闲度假、健康养生、农业体验为主要内容的独具特色的休闲观光农业旅游带。主要取得了以下几个方面的成效。

1. 产业基础逐步形成。坚持因地制宜，根据区域产业发展特点和布局，积极加以引导和规范，逐步形成了"一山两带八集群"的多类型休闲农业特色。

2. 特色产业蓬勃发展。登封市大力发展现代特色农业、生态农业，积极推行农业标准化生产，在全市建成了 6 个现代高效农业示范园区，全市共有郑州市级农业产业化龙头企业 32 家，省级龙头企业 2 家，农民专业合作社总数达到 240 个，通过国家有机农产品认证 2 个，通过绿色农产品认证 13 个，通过无公害农产品认证 68 个，大部分农产品基地已成为省、市农业产业化经营龙头企业稳定的优质农产品原料供应基地。

3. 景区水平日益提升。从 2007 年至今，景区累计投入综合整治资金 8 亿元，完成基础设施建设工程 20 项，累计拆迁面积 34.6 万平方米，修建旅游公路 30 千米、登山步道 10 千米，景区绿化 1 000 公顷，完善了景区供水、供电、通信、环卫设施和旅游标识。

4. 休闲载体逐步壮大。按照建设国际文化旅游名城的发展定位和"保护大嵩山，发展大旅游，形成大产业"的工作思路，将把休闲观光农业纳入全市大旅游发展框架，把旅游产业功能向农业领域拓展，进一步加大对休闲农业发展的支持力度，突出抓好休闲农业示范园区（基地）、休闲农庄、农家乐和农业旅游产品的开发，逐步形成比较完善的休闲农业产业体系。

5. 产业效应日益凸显。截止到 2013 年年底，全市共有 AAAAA 级景区 1 个、AAAA 级景区 2 个、星级酒店 7 家、休闲农业园区和特色农庄 30 多家、特色农家乐 230 多家。2013 年，全市农业总产值达到 21.8 亿元，全市各旅游景点和休闲农业主体接待游客达到 958 万人次，旅游业总收入为 62 亿元，其中休闲农业收入达到 5 亿元、全市农民人均纯收入达到 11 983 元，取得了显著的社会效益和经济效益。

湖北省远安县

远安县位于湖北省西部，有"西蜀门户，荆襄要冲"之称，县域面积 1 752 平方千米，辖 6 镇 1 乡、117 个村（居），共 19.5 万人。远安历史文化悠久是中华民族之母嫘祖的故里和楚文化的发源地。生态环境优良，森林覆盖率达 74%，是全省绿化达标第一县。资源物产丰富，现已探明矿产 5 大类 50 多种，其中磷矿石保有储量 10.5 亿吨。旅游资源丰富，地处湖北省旅游总体布局的三国线、三峡线、武当朝圣线、楚文化观光线和神农架回归大自然旅游线的交叉辐射区，拥有鸣凤山、嫘祖故里、金家湾等精品景区。

远安县是湖北省绿化达标第一县，山清水秀，物产丰富，生态环境优美，具有发展休闲农业与乡村旅游得天独厚的条件。近年来，在远安县委、县政府高度重视和大力支持下，休闲农业与乡村旅游得到了较快发展。远当一级公路 20 千米生态旅游文化长廊示范区、以灵龙峡大拐弯旅游区为主的嫘祖文化示范区、以"远安林海"为核心的森林生态观光旅游区、以鹿苑寺为中心的茶文化示范区、以马渡河流域为中心的精品水果示范区、以真金和鹿苑寺为核心的高效茶园基地、以马家坪村为中心的食用菌采摘园已初具规模。全县已在荷当、宜保公路沿线、集镇和景区周边发展星级农家乐 356 家，其中五星级农家乐 4 家、四星级农家乐 6 家，无论是农家乐创建数量还是创建质量都位居全省前列。现有荷花镇、花林寺镇 2 个全省旅游名镇，20 个旅游特色村。据统计，截止到 2013 年年底，全县现有年营业收入 500 万以上的现代农业科技园 1 家、休闲农庄 1 家、农业观光采摘园 14 家、农家乐 10 家。现有休闲农业与乡村旅游从业人员 5 591 人，其中农民工 2 030 人，全年休闲农业与乡村旅游收入达 2.3 亿元，休闲农业示范园区全年农产品销售收入达 4 亿元。

广西壮族自治区龙胜各族自治县

龙胜各族自治县位于广西壮族自治区东北部，总面积 2 538 平方千米，总人口 17.2 万人，其中少数民族占 80%；地属中亚热带季风气候，年平均气温 18℃。龙胜休闲农业与乡村旅游资源非常丰富，有堪称"天下一绝"的龙脊梯田，有称为"华南第一泉"的龙胜温泉，有"大自然博物馆"的花坪国家原始森林自然保护区、彭祖坪自然保护区、西江坪原始森林保护区，有被誉为"中国南方的呼伦贝尔"的龙胜南山牧场，有丰富多彩民族风情和美丽的古寨村落，特色农业优势显著。

一、发展成效

龙胜各族自治县委、县政府把"旅游兴县"作为经济发展的战略，通过近20年的打造，发展成效显著。

1. 创品牌，树形象。龙胜荣获"全国文明县城""中国文化旅游大县""中国生态旅游大县""广西十佳休闲旅游目的地""广西优秀旅游县"等称号；龙脊景区和龙胜温泉景区荣获"国家AAAA级景区"，龙胜温泉为国家级森林公园，花坪林区属国家原始森林自然保护区，龙脊风景名胜区和大唐湾景苑获"全国农业旅游示范点"，龙脊村入选"全国特色旅游名镇（村）示范点"，金竹壮寨、大寨瑶寨获"全国景观经典村落"称号，里茶牌坊获"生态农家乐示范村"，金车寨、里排壮寨获"广西壮族自治区农业旅游示范点"。

2. 成规模，显成效。目前，龙胜已成为国家级旅游景区，是桂林大旅游圈的重要组成部分，开发建立了一系列民族特色鲜明，集田园风光、山水欣赏、文化体验为一体的农业休闲与乡村旅游观光点105个，其中规模经营15家。2013年，全县年接待游客247.9万人次，比上年增长10.8%，其中接待休闲农业与乡村旅游人数为210.6万人次；全县旅游业年总收入24.09亿元，比上年增长26.5%，其中休闲农业与乡村旅游年总收入16.83亿元；全县农民人均纯收入5262元，其中全县农民从休闲农业与乡村旅游获得人均收入2318元。

二、基础设施建设

龙胜县人民政府加大投入，完善休闲农业与乡村旅游基础设施建设，主要表现在把新农村建设、扶贫开发与发展乡村旅游紧密结合。

1. 扎实推进新农村建设。按照市委、市政府的部署，至2013年年末，完成总投资7323.8万元（含群众自筹），高标准建成107个新农村建设示范点，包括新农村建设规划、村屯道路硬化和危房改造亮化工程；投资8370万元实施158个村寨防火改造项目，基本实现农村电改全覆盖，建成农村饮水安全工程107处，解决5.6万人的饮水安全问题；投资4512万元，修通253条共790千米通组公路，70个"整村推进"贫困村全部通过自治区验收，极大地改善了广大农村的人居环境。新建农村沼气池8305座，沼气入户率达72%；完成农田水利建设及冬修水利563处，渠道里程275.21千米，恢复灌溉面积143.3公顷，改善灌溉面积0.19万公顷，完成灌区建设24处；乡村医疗机构覆盖率达100%，村卫生室甲级标准率达80%，全县新农合参合率达98%以上，投资800多万元，完成农村卫生改厕16286个；实施"文化惠民"工程，完成19个村级公共服务中心、40个村级篮球场、91个农家书屋等基础设施建设。全面完成20户以上已通电自然村、村村通广播电视工程建设任务；为2.15万户发放了卫星直播设备，通过新农村建设，实现了水、电、路、网络电讯村村通。

2. 招商引资，整合资金，稳步推进旅游建设项目。自1985年开发休闲农业和乡村旅游业以来，全县实现旅游产业投资12多亿元。2013年年底全县已建设105个休闲农业与乡村旅游点，农家餐馆507家，农家旅馆194家，床位7148张。全县从事休闲农业与乡村旅游工作人员3.2万人，其中农业从业人员2.7万人，获得资格证书和经过职业教育培训的农民从业人员达1.2万人，占从业人员的40%以上，从事导游服务的农民超过300人。乡村景区公厕、停车场、路牌、标识牌、垃圾桶等相应设施齐备。2013年，龙脊农耕文化游二期项目完成计划投资、龙脊特色旅游名村已接受区级验收、大寨金坑梯田索道投入营业，温泉综合服务区建设已基本完成，渡江至彭祖坪的路基平台已全线贯通。此外，引进龙泉红瑶民俗园、温泉汇泉商务酒店、温泉大峡谷度假区等建设项目。

海南省琼海市

琼海市位于海南省东部，距省会海口市86千米。全市人口50万，其中农业人口32万，市辖12个镇和1个华侨经济区，是红色娘子军的故乡、博鳌亚洲论坛所在地，也是中国优秀旅游城市、全国卫生城市，先后荣获了"中国油茶之乡""中国莲雾之乡""中国火龙果之乡""中国珍珠番石榴之乡""中国胡椒之乡"等称号。

2013年，全市农业总产值101.7亿元，旅游业总收入20.5亿元，其中休闲农业与乡村旅游总收入为12.1亿元。全市接待游客514.48万人次，其中休闲农业与乡村旅游接待游客308.7万人次。全市休闲农业与乡村旅游点有110个，分布在全市7个镇，休闲农业与乡村旅游从业人员为8 020人，其中农民从业人员为5 131人，休闲农业与乡村旅游从业人员中有65%以上受过专门培训。

琼海市委、市政府于2013年1月发布了《关于打造田园城市、构建幸福琼海的实施意见》，明确提出："优先发展以旅游业为龙头的现代服务业"，"高水平建设一批生态资源循环综合利用的现代农业示范区和乡村休闲观光园区"。琼海市紧紧围绕"打造田园城市，构建幸福琼海"这一发展战略，以风情小镇建设为抓手，以国家农业公园和休闲绿道建设为纽带，以促进农民增收为目的，坚持农旅有机融合，全市休闲农业和乡村旅游逐步实现特色化、精品化、全域化发展。

琼海市委、市政府成立了推进城镇化建设领导小组，由市委书记任组长、市长任副组长，主抓全市风情小镇、国家农业公园、城乡基本公共服务等建设项目，在城镇化办公室的有力推动下，全市的田园城市建设取得了显著的成效，城乡面貌焕然一新，休闲

农业与乡村蓬勃发展。博鳌小镇、潭门南海渔业小镇、嘉积新纪元、中原南洋小镇、塔洋古邑小镇、万泉水乡小镇的旅游化和景观化改造完成后，龙寿洋等三大国家农业公园和300千米的慢行绿道初步建成，逐步成为琼海市新的乡村旅游热点，大大带动了相关产业的发展。2014年，海南省全省乡村旅游工作现场会、全省绿化宝岛暨休闲农业美丽乡村现场会等会议先后在琼海市召开。

贵州省凤冈县

近年来，凤冈县面对旅游资源等级、知名度、荣誉度不高，旅游产品和旅游商品未能有效开发，旅游业市场竞争日益激烈的现状，着力抓好旅游基础设施建设工作，创造性地建设旅游产品。在发展旅游业过程中，通过上下对接，赢得省、市的支持，加快建设茶庄、游客服务中心及申报旅游示范点，并出资、出力打造西部茶海第一家茶庄——陈氏茶庄，得到省、市、县领导的肯定和游客的认同。目前，拥有全国休闲农业与乡村旅游示范点2个，国家AAAA级旅游景区1个、AAA级1个、AA级2个。全县有茶庄、农业庄园、休闲山庄、生态农庄、农业观光园、示范园区等近百家，休闲农业与乡村旅游接待点相继建成。启动凤冈生态旅游重点旅游项目（茶海之心景区、玛瑙山景区、玉龙山宝景区、太极生态养生园、九龙农业园、秀竹庄园、十里长河九道拐、河闪渡、益池园、花香冷热温泉）建设和高原粮仓旅游项目规划的编制工作，发展生态旅游业已成为凤冈县发展生态工业、生态农业之后的又一战略构想。以突出"休闲观光、生态养生旅游"为主题，打造"锌硒茶乡、最美凤冈"的旅游发展框架，提出以生态休闲度假旅游为发展主线，形成集生态养身旅游、茶文化旅游、古军事洞堡文化遗产旅游、农耕文化旅游、温泉度假文化旅游、民俗文化旅

游、科考探险旅游为一体的旅游休闲度假目的地。以提高旅游环境认识为切入点、开发人才资源和保护环境为基础，培育具有较强市场竞争力的休闲度假旅游产品为重点。以重点旅游项目规划、开发、建设和市场营销为突破口，建立较完善的旅游综合服务体系。以依法、规范旅游市场和优化旅游环境为保障，挖掘乡土人才资源，开发有机食品、地方特色的旅游商品，把凤冈打造成为具有市场竞争力的生态旅游观光目的地和休闲度假目的地，实现凤冈休闲农业与乡村生态旅游的新发展。

陕西省柞水县

柞水县位于陕西南部，地处秦岭南坡，与西安直线距离 70 千米，总面积 2 332 平方千米，辖 13 个镇、117 个村、5 个社区居委会，总人口 16.5 万人。县内旅游资源丰富，交通便利，综合经济实力位居商洛市前列。近年来，柞水县依托优越的区位和丰富的旅游资源，按照点、线、片、面相结合，由点状开发，向线状、片状、面状联动开发的思路，强力推进休闲农业和乡村旅游事业的发展，打造"西安后花园""西安第二生活区"和陕西休闲农业旅游最佳目的地。

1. 工作体系健全。县委、县政府高度重视休闲农业与乡村旅游的发展，成立了由县长任组长、分管副县长任副组长的柞水县休闲农业与乡村旅游建设工作领导小组，将发展休闲农业与乡村旅游工作摆上重要日程，作为支撑县域经济持续快速发展的特色产业来抓。

2. 规划科学合理。坚持科学规划、合理分区的原则，制订了《柞水县休闲农业与乡村旅游发展规划》。到 2015 年，全县建立起布局科学、结构合理、服务完善和管理规范的休闲农业与乡村旅游经营体系，为广大居民及外来游客提供更多的回归自然、休闲度

假、体验乡土风情的理想场所。打造 1 个省级休闲农业企业，建成休闲农业示范园 8 个、休闲农庄 10 个、休闲农业点 182 个、省级乡村旅游示范村 10 个，年接待游客 500 万人次，实现休闲农业与乡村旅游产值 3 亿元，转移农村剩余劳力 1.5 万人。2011—2013 年为重点发展阶段，主要支持和发展一批重点项目，管理上以鼓励、推动为主；2014—2015 年为全面发展阶段，在已有成功模式和经验基础上全面发展，政策上以引导为主；2016—2020 年为稳定与优化提高阶段，政策上以调控为主，着力提高质量和规模化水平。

3. 扶持措施到位。鼓励民营企业、个体经济组织及社会各界力量参与休闲农业与乡村旅游发展，政府从建设用地审批、税收、信贷、基础设施建设等方面予以优惠和支持，助推休闲农业与乡村旅游发展。同时，每年安排 100 万专项资金，对一些经营特色明显、带动力强、可持续发展能力足、运作规范的休闲农业企业和个体经营户给予扶持及奖励，推动休闲农业的发展。

4. 发展特色鲜明。发展休闲农业与乡村旅游主要以农业生产、农民生活、农村风貌以及民俗风情为旅游吸引物要素，打造独特的休闲农业与乡村旅游产业带，使游客远离城市的喧嚣，吃到农村风味的饭菜，零距离感受农村文化和农民文化，感受到宾馆酒店所没有的家庭式温馨，实现充分放松、尽情休闲。

5. 行业管理规范。建立了农业和乡村旅游行业自律组织，健全了统一的管理制度和行业标准，对现代农业示范园、休闲农庄、观光采摘园及连片农家乐等实行标准化管理，使休闲农业健康、快速、有序发展。

6. 基础条件完备。县域内休闲农业点与乡村旅游示范点达到了通路、通水、通电，通信网络畅通，有路标、指示牌、停车场、住宿、餐饮、娱乐、卫生等基础设施都达到相应的建设规范和公共安全卫生标准。

7. 发展成效显著。第一，企业数量多。目前，全县已有各类休闲农业企业21家、发展休闲农家10家、休闲农庄5家、农家乐288家，其中星级农家乐217家，全县休闲农业从业人员3 855人。第二，产业规模不断壮大。围绕25个省级"一村一品"示范村、37个推进村、1个省级"一乡一业"示范镇建设，以特色产业开发为重点，进一步做强做大畜禽、经济林果、薯类、花卉、蔬菜、茶叶、水果等特色产业。第三，经济效益好。2013年，全县接待游客达445.8万人次，创造社会效益21.85亿元，已成为全县农村的崭新亮点和农村经济新的增长点，一村一品从事主导产业的农户达到75%以上，农民人均现金纯收入达到6 306元，其中来自主导产业收入达到3 269元。

甘肃省两当县

近年来，两当县紧紧围绕建设"美丽两当、红色福地"这一目标，突出旅游业在经济社会发展中的战略地位，按照"红绿结合、以红带绿、以绿托红"的总体思路，把旅游兴县作为调整经济发展结构、壮大县域经济的重要措施，因地制宜，依托两当文化资源发展红色旅游业的同时，大力发展休闲农业，以打造"红色两当、绿色家园"和"果老故里、人间仙境"休闲旅游品牌为抓手，有力地促进了农村产业结构优化调整，实现了农民增收，且已逐步形成了政府引导辅助、农民主体实施、社会广泛参与的休闲农业发展格局。近年来，两当县已先后被命名为全国文明县城、中国绿色名县、国家级卫生县城，迅速提升了县城品味，且县域知名度不断提高，休闲旅游农业已成为两当县经济发展的一张名牌。

截止到2013年年底，全县共有休闲农业实体56家，其中建成运行休闲农家乐38家，农家宾馆11家，乡村旅游景点遍布316国道及周边公路沿线，年接待游客100.3万人次，

年实现休闲、旅游综合收入6 428.6万元。全县有一定知名度的休闲农业和乡村旅游示范点11个，其中形成规模并产生效益的3家。黑河林苑山庄是以吃、住、玩一条龙服务的休闲度假乐园，也是目前两当县规模较大、档次较高的度假山庄。山庄设有餐饮部、客房部、儿童游乐场、动物观赏园，有可供游客观赏、体验劳动乐趣的果园和苗圃。该山庄餐饮部豪华宴会厅同时可接纳100人就餐，客房部有豪华包间、标准间共20间；种植的苹果、花椒、核桃等各种果树约133.3公顷，还有供游客使用的停车场、会议厅满足了游客的基本需求。兴化林场农业综合开发示范园，集餐饮、休闲、垂钓、住宿、梅花鹿、野猪观赏养殖和生态旅游为一体。杨店豆坪国家级标准化蔬菜种植示范基地和生态休闲旅游园充分发挥当地特有的种植资源优势，与当地经济发展相结合，种植蔬菜，观赏性植物和特种养殖，形成休闲、高效农业新技术与当地农户的有机结合，有效地促进了当地经济发展和农户增收。在县委、县政府的扶持下，全县休闲农业和乡村旅游正逐步向产业化、规模化发展。

大连市庄河市

中国优秀旅游城市——庄河，具有得天独厚的山水风光自然资源，乡村旅游资源丰富。庄河市委、市政府对发展休闲观光农业和乡村旅游十分重视，投入了很大的工作力度，积极加以引导，在新农村建设规划中，几乎每个乡镇都有休闲观光农业和乡村旅游规划。市委、市政府出台了推动乡村旅游及农家乐发展的工作措施和奖励政策，每年拿出1 000万元资金，用以扶持乡村旅游发展。通过举办乡村旅游现场会、沟域经济发展培训会、从业人员培训会等形式，提高从业人员乡村旅游意识和整体素质。市人大、市政协每年均安排关于发展乡村旅游方面的视察。

经过几年的发展，庄河市现有 2 个全国休闲农业与乡村旅游示范点、1 个全国农业旅游示范点、1 个辽宁省省级特色旅游乡镇、7 个大连市级特色旅游乡镇、12 个大连市级旅游专业村、400 余户农（渔）家乐，其中辽宁省星级农（渔）家乐 35 户。2013 年，被辽宁省评为休闲农业与乡村旅游示范县。

庄河市发展乡村旅游、休闲观光农业主要有以下几点做法：一是政府主导，全力推进；二是专家指导，提升水平；三是注重交流，取长补短；四是因地制宜，科学布局；五是打造节庆，扩大影响；六是统一标准，规范管理；七是典型引路，以点带面。

新疆生产建设兵团第十师一八五团

新疆生产建设兵团第十师一八五团，位于阿勒泰山西南边缘的国境线上，东至别列孜克河，南邻额尔齐斯河，西北到阿拉克别克河，与哈萨克斯坦隔河相望，是兵团最西北的边境团场，戍守的边境线长达 86 千米，有"西北边境第一团"之称。一八五团土地面积为 907.75 平方千米，地形狭长状，在辖区内有团场 11 个农业连队及景点呈"一"字形排列在中哈边界线上。特殊的地理位置、丰富的自然景观，形成了团场辖区独具特色的边境旅游资源、人文旅游资源和出境旅游资源。自然景观有：永不休息的哨兵——眼睛山、沙漠火焰——红叶林、心灵天堂——白沙湖、边境驼铃——鸣沙山、额河第一湾——额尔齐斯河出境口、中哈友谊——西北第一白桦林、如诗如画——大萨孜山区牧场。人文景观有：西北边境第一连、桑德克民兵前哨、抗洪守土纪念碑、喀拉苏干沟遗址。团场依山傍水，风景秀丽，丰富秀丽的自然景观和底蕴深厚的人文景观融为一体，形成以观光旅游、文化旅游、爱国主义教育旅游为主题的旅游服务体系。

近年来，兵、师、团制订了一系列旅游发展措施，为一八五团打造军垦生态休闲旅游指明了发展方向、提供了有力保障。结合团场旅游实际，依据团场总体规划，引进"生态慢城"的发展理念，制订了"北游南牧中优域外"的发展战略。依托团场特有的资源优势，重点打造北部连队旅游线，把旅游业作为扩大消费、增加就业、聚集人气、提升形象的重要产业来抓，逐年加大旅游基础设施建设力度。

据不完全统计，2010 年接待游客 1 万余人次；2011 年接待游客突破 3 万余人次，新增旅游收入 30 万元；2012 年接待游客突破 5 万余人次，旅游带动收入达 350 万元。2013 年，一八五团成立"西之北"边境旅游公司。全团完成住宿业营业收入 36 万元，同比增长 25%；新增农家乐 18 户，完成餐饮业营业收入 766 万元，同比增长 101.6%；接待游客 15.2 万余人次，拉动三产经济增长达 1 976 万元，较上年同期翻两番。

为不断丰富红色景点的文化底蕴，拓展戍边文化内涵，倾力打造戍边文化品牌，加快发展乡村旅游，一八五团逐年加大旅游基础设施投入，先后聘请新疆兵团规划设计院、新疆荣威景观规划设计院、新疆城乡规划设计研究院、哈工大规划院修编团场总体规划、旅游总体规划、白沙湖景区规划、门户景观设计规划等。

2010 年，扩建了一连展史馆和修建喀拉苏干沟遗址。2011 年，完成游客中心建设和白沙湖、白桦林木栈道建设。2012 年，完成西北之北、木栈道、一连休憩广场、连队道路景观、白沙湖大门、仿木亭子、停车场；二、三连住区改造及景观道路建设、鸣沙山景区大门、停车场。2013 年，重点完成一连木制别墅、水系景观、篝火广场、停车场、桦苑宾馆改造、桑德克哨所九洲清晏、十连哈萨克风情园建设、民兵楼及餐厅改造、屯垦路水系及景观照明、门户景观建设、军垦家苑建设等。2014 年，完成了一连特色采摘园的建设。

天津市蓟县穿芳峪镇小穿芳峪村

小穿芳峪村位于天津市蓟县穿芳峪镇北部山区，南距天津市区 120 千米，西距北京市区 80 千米，周边有盘山风景区、清东陵、翠屏湖、毛家峪长寿度假村、九龙山国家森林公园等众多风景名胜区。全村有 71 户 381 人，是一个依山傍水、环境优雅、具有浓郁乡土气息的小村庄。2013 年以来，该村凭借独特的地理位置及村庄的所有可利用资源，以打造"小穿乡野公园"为重点，同步提高村民生活质量，大力发展特色旅游。在上级领导和村两委班子的共同努力下，仅用短短不到两年的时间，已经使该村初具"乡野公园"的特色。该村现已建好休闲广场 3 处，主要街道硬化现已完工，还建有独具特色的景观河、房车基地，吸引了大量前来旅游观光的游客。同时，解决了本村一大批剩余劳动力的就业问题，更吸引了周边地区大量劳动力来该村打工。

村新班子成立后，首先将村里的所有土地流转回集体，村民以土地入股，种植高效益、高经济价值的苗木。待苗木出售时按股份分红，村民不但不用种地，而且收入还比以前提高了很多。该村下一步打造的重点：

一是村里的风情街、村北的卧牛山以及卧牛山下的"响泉园""问青园"，还有房车基地以东的"陕西窑洞"。个个有特色，处处是亮点，将给前来观光的游客不一样的感受。该村的特色旅游将实行吃住分开、整体包院，特色小吃有内蒙古烤全羊、京东肉饼、陕西饺子、特色农家饭，各种特色根雕、葫芦、虾米石、药膳、麻核桃、奇石等。

二是打造园林旅游特色村。全村准备发展 40 家特色农家院，实行吃住分开。目前，已申请的有 10 家，有的已动工。预计 3 年后，人均收入可增加 1 万元。

三是建成 2.67 公顷原生态的苗木基地停车场。打破传统的露天停车场，在苗木基地中建停车场，在苗木停车场内，可以野餐、喝茶休闲。

四是流转 0.6 公顷土地建农耕园，建成 800 平方米的农具展厅，其余用地用于北方所有农作物种植体验，可对中小学生进行农业科普教育。

小穿芳峪村将始终保持恬静、安逸的田园特色，使游客真正享受到美好的乡野风光和田园乐趣，远离城市的喧嚣，释放心灵，真正成为独具乡野气息的旅游特色村。

山西省长治市襄垣富阳绿盈休闲农业观光示范园

襄垣富阳绿盈农业观光园以农业资源为基础，以生态旅游为主题，利用田园景观、农业生产经营活动和农村特有的人文景观，着力展现现代农业的"新、奇、特，高、精、尖"，建设景观广场、生态餐厅、农业科技馆、精品蔬菜展示温室、精品果品展示温室、花卉展示温室、水培农业展示温室、室内水产展示温室、果品采摘区、农耕认养区、小畜禽养殖区和田园休闲区。同时，向人们展示丰富的中华根祖文化和农耕文化，吸引游客前来观赏、休闲、习作、购物、度假，满足旅游者食、住、行、购、娱、游的需求，并参与新型农业技术实践，使旅游者通过旅游观光获得丰富农业体验和享受。襄垣富阳绿盈农业观光园还与山西省农业科学院果树研究所共同成立了"山西果树现代化高效栽培博士工作站"，主要技术推广有：矮化密植栽培技术、果实套袋技术、测土配方施肥技术、膜下滴灌技术、果园病虫害绿色防控技术等。

目前，已建成 133.3 公顷"晋襄林盛"张林梨王新品种试验示范基地，一座 15 万吨的果蔬深加工厂，一座 7 万立方米的地下智能储藏保鲜冷库，66.7 公顷优质干鲜果种植基地，千亩农业观光园。该观光园内设施有：3 个连栋温室育苗大棚，1 个水产养殖温室大棚，10 个蔬菜日光大棚试验示范基地。该观光园中水系 4.5 万平方米，观光桥梁 5 座，投放观赏鱼 40 余万尾，可供游人垂钓、采摘，直接安排当地农民就业 500 余人，年人均增收 1.8 万元。

在"十二五"末，"晋襄林盛"张林梨王新品种示范基地将扩展到约 333.3 公顷，示范带动 5 000 农户，发展优质果园，将直接带动农村剩余劳动力 2 000 多人增收致富。同时，也可带动全县物流、商贸、运输、旅游业的良性发展。示范基地果实进入盛果期，可产果 1 600 万千克，出口外销 30%，国内销售 35%，深加工 35%，三项共可实现销售收入 6 320 万元。提供就业岗位 1 500 多个，建成全县农业产业化的高科技、高效益、高起点示范园区。襄垣富阳绿盈农业观光园成为现代农业成功范例，为全县转型跨越发展做出积极贡献。

为填补饮料行业空白，扩展观光旅游，建成现代化深加工车间，果蔬酶饮料等已投入上市，创出了品牌"清润 2.5"，并进入国际市场，实现了走向全世界的企业目标。仅此加工一项，年营业额达到 10 亿元，实现利润 1.5 亿元，上缴税金 0.4 亿元。同时，每年组织春季梨花节、秋天金果旅游观光节。根据其特点开发项目，吸引游客，增加旅游收入，每年可接待游客 20 万人次。

内蒙古自治区鄂尔多斯市达拉特旗万通旅游度假村

鄂尔多斯市万通旅游度假村，坐落于鄂尔多斯市达拉特旗白泥井镇海勒苏村的鄂尔多斯万通农牧业科技示范园内，经营企业为鄂尔多斯市万通农牧业科技有限公司。公司于 2013 年被评为自治区农牧业产业龙头企业；示范园于 2011 年被评为自治区农牧业科技示范园，还被确定为内蒙古西部地区农牧民培训教育基地；生态旅游区于 2013 年被国家旅游局评为 AAAA 级生态农业旅游景区，并开始生产经营和对外旅游接待。

景区以清水活动为基础，农牧文化为内涵，开展温泉养生、戏水健身、农家餐饮、娱乐休闲、农产品采摘、农业观光、科普教育等多项高品质、全方位的休闲旅游活动。旅游景区总占地面积 61.58 公顷，景区总投资 28 212 万元，建成并投入运营实施，其中计划建设的项目有占地约 10.7 公顷的水上欢乐谷。

景区对促进当地现代农牧业和第三产业的发展已取得良好的社会和经济效益，主要体现如下：企业取得了良好的经济效益；促进了园区种植结构的调整；根据旅游市场需求，园区新上了一批农牧项目现正在建设；提高了园区的科技含量；园区起到了示范引领作用；带动了达拉特旗白泥井镇、王爱召镇、吉格斯太镇第三产业的发展；带动了周边地区农牧民种养结构调整和生产的积极性；带动了当地农牧民就业和收入的增加；提高了劳动生产率。同时，达到了大范围的统一耕种、统一施肥、统一防病、统一管理、统一收割、统一认证、统一对接市场销售的"七统一"生产模式，为现代农业的发展在土地流转、机械化作业、科学种植和养殖、有机农产品认证、市场销售等方面，带动农户走出一条立足当地实际的现代农牧业发展之路。

吉林省抚松县康红农特产种植场

抚松县是著名的长白山和闻名的松花江所在地，抚松县康红农特产种植场位于抚松县西北部，背靠松花江，周边为原始森林地带，野生动植物丰富，土地肥沃，种植、养殖资源优厚。种植场环境状况良好，空气清新，周围无污染源、污染物，种植场内基础设施条件较好。抚松县康红农特产种植场拥有广阔的土地资源，总面积 500 多公顷。在现有的丰富资源基础上，大力发展种植业、养殖业、农产品加工业和旅游业。聘请专业人员对当地的生态环境和农业结构等进行规划设计，并与通化园艺研究所、吉林省绿色食品研究院等单位有着友好的合作关系。在经营中紧紧围绕当地农业生产过程、农民劳动生活等，在自有基地和成功经验的基础上，为农户提供信息、种植技术、生产技术等服务。不定期举办免费技术培训班，实行统一管理标准。使休闲农业与乡村旅游、生产经营和加工产业紧密结合起来，成为特色农业的新型产业。

在康红农特产种植场的实施过程中，开展农事活动、农耕活动。利用实地优势开展农家乐、垂钓捕捞、采野菜摘野果、购物、品尝，开展篝火、野炊、游艇观光松花江两岸的秀丽美景等活动。同时，开展农村文化活动，让游客参加种植，参观养殖和绿色食品的生产过程，出租农家居屋自炊自饮。项目建成后能够使松花江—示范点—长白山旅游一条线，开展长白山游、松花湖游、古迹景点游、乡村文化游。逐步建成示范点至抚长（长白山方向）高速间的休闲农业与乡村旅游长廊。

康红农特产种植场基本属于一次性投资多年收益的经济型农业产业。投产后可增加带动农户 8 000 户，解决农村劳动力增加 2 300 余人，大量农村剩余劳动力得到就业解决，有效带动了农民增加经济收入。项目投产后年平均销售收入 70 005 万元，利润总额 18 594.30 万元，农民人均纯收入将增加 5 000 元，经济效益明显突出。康红农特产种植场实施后可改善农村风貌，在实施过程中采取统一技术要求，生产无公害产品，走生产集约、生活舒适、生态良好的内涵式发展之路。项目建成实施后可吸纳农民参加入股，实行股份制企业，在不断发展壮大后组成大型的休闲农业与乡村旅游集团。让农民生活

条件优越，思想文化进步，做新时代的新型农民。

黑龙江省兰西县锡伯部落

兰西县锡伯部落休闲农业与乡村旅游示范点，是兰西县山湾锡伯文化游览景区管理有限公司以锡伯族传统渔猎文化为核心，投资 1.2 亿元打造的突出休闲农业与乡村旅游主题，将传统渔业生产与服务业相结合，形成集休闲、垂钓、体验、观光、美食、文化为一体的综合性示范点。示范点选址在省级开发区——兰西哈北新城南端的榆林镇东南部，哈北新城是哈尔滨市一小时经济圈和哈大齐工业走廊的重要结点，也是新兴的旅游城。示范点地处兴安岭余脉拉哈岗南端马鞍山下、呼兰河畔，前有山湾辽代古城，后有千亩八岔沟水库。自古就是渔猎民族的生息之地，历史可追溯到原始社会。黑龙江省是锡伯族世居之地，山湾辽代古城是鲜卑后裔契丹的重要遗址，与同为鲜卑后裔的锡伯族血脉相连，文化相承。榆林镇林强锡伯族满族自治村是黑龙江省锡伯族唯一的民族村，传承着八项锡伯族非物质文化遗产。在此选址建设休闲渔业示范点，既有利于锡伯族非物质文化遗产的就近保护和活态传承，也有利于渔猎民族文化及历史遗存的保护和弘扬，并为兰西县三大产业之一旅游业的发展打造了深厚的文化底蕴。

锡伯部落是整个旅游区的中心，包括锡伯民族博物馆、烽火台、炮台、锡伯文化广场、海象石等景观，建筑风格非常独特，是哈北最具龙江土著文化特点和浓郁的锡伯风情的旅游景点。锡伯民族博物馆是全国唯一的、规模最大的锡伯族专题博物馆，该馆始建于 2004 年，经历多次扩建改造，于 2013 年获得省文化厅批准并重新开馆，是免费开放的公益性博物馆。收藏代表锡伯族渔猎文化的文物 10 000 多件，博物馆建成后成为黑

龙江省锡伯文化的核心。

锡伯部落休闲农业与乡村旅游示范点，经营管理单位是兰西县山湾锡伯文化游览景区管理有限公司，示范点交通便利，场地平整坚实，道路通畅，停车位充足。水上交通工具完备、安全，水、电、路等市政设施完善，示范点内各种标识规范、醒目、完备。服务设施能一次性容纳300人以上参加相应的休闲渔业活动及休憩、餐饮、游乐等活动，住宿接待能力达到二星级以上，常备一定应急医疗救护条件。涉渔生产设施、生产活动能很好地融入锡伯文化休闲观光活动中，体现出较高的产业融合度和景观特色。示范点总面积52万平方米，建筑面积是5 500平方米，为三层式建筑。上面是以黑色仿古瓦作顶，外墙以乡土材料东北木刻楞作装饰，既古朴又庄重，建筑的体量、风格等与周边环境景观相协调，并适当融入当地文化与渔业特色。接待设施完备，生产、经营、管理活动规范，开业时间是2004年6月，经历10年发展，累计投入6 000万元。2013年，接待10.5万人次，收入1 184.6万元，利润145万元。

上海市崇明县陈家镇瀛东村

上海市崇明县陈家镇瀛东村位于崇明岛的东南端，离贯通长江南北的长江隧桥和崇启大桥仅为7千米，紧临上海崇明东滩鸟类国家级自然保护区。紧跟崇明县及陈家镇地区的生态发展规划，瀛东村的产业结构从最初以养殖业为主的产业，逐渐调整为"养殖业为主，种植业、旅游业三业并举"的产业格局，随着生态农家游日益兴起，瀛东村利用自身优势进行产业转型。目前，瀛东村已初步形成生态旅游业为主导、种养业均衡发展的产业结构模式。经过近20多年的艰苦创业，目前瀛东村已形成集农、林、渔、旅、教全面发展的生态村，投资规模达8 000余万

元，其下属的全资集体企业——上海瀛东渔家乐旅游咨询服务部是一个集餐饮、住宿、会务、游玩、购物于一体的现代生态旅游度假村。2013年，瀛东度假村共接待游客近20万人次，直接产生经济效益1 200万元，吸纳本村和周边社区农村富余劳动力120人。

瀛东村生态环境保存完好，绿化覆盖率达到40%以上，共有10千米长的河道和113.3公顷的鱼塘，湿地环境保护良好。生活垃圾通过分类收集统一运至崇明垃圾处理站点集中处理，生活污水统一经由污水纳管输送至瀛东村自建的生活污水处理站处理。瀛东村拥有一支专门的垃圾收集、河道保洁、道路养护队伍，实现了垃圾、污水无公害化统一处理。村民生活区别墅成排成行，经过村级统一规划设计建造，配备了太阳能热水器、风光互补发电路灯、双层隔热玻璃、保温墙面，农村改厕工程实现了公厕无害化。实现资源循环利用的同时，更成了吸引游客观赏的靓丽风景线。

瀛东村真正把传统渔业与现代服务业结合起来，在"渔家乐"生态旅游上大做文章。目前，拥有的旅游配套设施有32幢别墅、4幢综合楼，可同时接纳400人住宿，东湖饭庄一次可安排800人同时就餐，会议中心拥有11间会议室可以同时接待500人开会。同时，瀛东村深入挖掘历史文化资源，建造并开放了瀛东村史馆、渔具博物馆、男耕女织馆、瀛东鸟类展馆等一系列文化展览馆，将老一辈瀛东人艰苦创业、敢为人先、带民致富、还富于民的精神及东滩鱼鸟文化展示给游客。

在原有淡水养殖鱼塘的基础上，瀛东村打通了近66.7公顷的仿自然形态湖泊，实行生态循环养殖。经过两年实践，不仅节省了投放饲料的成本，而且产出的成品鱼肉质鲜美，深受市民青睐。为了实施生态低碳农业战略，瀛东村形成了一个近33.3公顷的生态蔬菜园区，创办了一个750头规模的白山羊

饲养场，所产鲜蔬和羊肉全部供应东湖饭庄，为游客在食材源头上提供品质及安全保证。通过多年打造，形成了环境优美、农趣十足的东湖游览景区及生态采摘园等体味农家乐趣的项目。

瀛东村的科学规划、迅速发展使之一跃成为整个崇明岛乃至上海市郊的模范典型行政村。瀛东村走生态休闲游的路子大大满足了当下公众对健康、生态的迫切需求，同时吸纳周边农村富余劳动力近百人，辐射带动整个陈家镇地区。作为全国文明村镇、全国生态文化村及上海市信用村，瀛东村在上海市郊行政村中具有积极的影响力。2012、2013连续两年成功举办"我们的节日"——上海崇明端午季民俗文化系列活动等文化庆典活动，吸引了众多游客，传承了民俗文化，展示了瀛东风貌。

江苏省如皋市长江药用植物园

长江药用植物园位于江苏省如皋市南端的江心之洲——长青沙岛上，占地面积约333.3公顷，预计总投资达26亿元，项目由江苏长生投资集团有限公司投资兴建。公司顺应"低能耗、高能效"的世界经济发展潮流，利用长三角区位、经济优势，打造国际化中医药产业发展平台，最终建设成世界级药用植物名园和国家低碳环保科学发展示范基地。园区按照人体八大系统功能布局，以种植对人体八大系统有药用价值或保健功能的中草药为重点，并置入中医药文化、长寿文化景观，结合资源保护、科学研究、科普教育、休闲旅游、康体养生等功能，形成运动系统、循环系统、神经系统、呼吸系统、内分泌系统、消化系统、泌尿系统、生殖系统等八大特色园区。

2012年8月，长江药用植物园逐步开放进入运营阶段。这座中国面积最大的药用植物园将收集5 000多种华东地区的各类药用植

物，堪称"立体的《本草纲目》"，是弘扬国粹、传承中医药文化的养生体验基地和科普宣传教育基地。在这座巨大的天然宝库中，动物与植物和谐共生，碧水映蓝天相得益彰，鸟语伴花香温润和鸣，每个人走进这纯净的世界，都能感受到一股绿色的气息扑面而来，而园中开设的生态科普课堂，更是使人们得到低碳环保和医药文化的良好教益。

长江药用植物园的建设与发展受到各级政府部门的关心与支持，先后被评定为"江苏省自行车运动基地""江苏省财政'三农'气象服务专项南通示范点""南通市青年创业孵化基地""如皋市农业产业化市级龙头企业""如皋市科普示范基地"等荣誉称号。长江药用植物园按照国家AAAAA级旅游景区的标准规划设计，打造以收集长江流域药用植物资源为中心，集资源保护、科学研究、科普教育、旅游休闲于一体的专业性药用植物园。园区融合如皋长寿之乡、花木之乡的文化底蕴，揭示如皋长寿现象与养生奥秘，挖掘长江中下游花木、药草特有药用价值，打造具有园林的外貌、科学的内涵、文化的传承和水乡的特色的国际名园。

浙江省绍兴市上虞区盖北野藤葡萄休闲观光园

盖北镇位于浙江上虞东北部，是一个盛产"一果两菜"的农业小镇。盖北葡萄种植历史悠久，早在明清地方志中就有可靠记载，但大规模种植葡萄始于20世纪80年代。全镇现有葡萄种植面积800公顷，基本上是家家户户从事葡萄种植，常年产优质葡萄2.6万吨，已成为集生产、科研、旅游观光于一体的葡萄鲜食基地，享有"江南吐鲁番"的美誉。盖北镇先后被命名为"中国葡萄之乡""全国庭院经济高效产业专业示范乡""中国葡萄第一镇""浙江省农业特色优势产业强镇"、国家AAA级旅游景区。

上虞区盖北野藤葡萄休闲观光园由上虞区野藤农业旅游开发有限公司经营，属于农业采摘、生态旅游等相结合的复合型观光园区，是以"游碧波珠海，尝野藤葡萄"为主题，以展示现代葡萄农业生产特色、体现葡萄公园休闲观光旅游景区。整个园区是一个"农业生态园＋葡萄文化欣赏＋采摘休闲＋特色餐饮"等多种旅游元素和形态全新组合的经营模式，即"公司＋合作社＋农户＋基地"。整个景区占地面积约333.3公顷，由野藤葡萄门楼、野藤葡萄游客接待中心、野藤葡萄文化展厅、葡萄千米长廊等10余个可看、可采、可体验的示范点组成。目前，园区共有40余家规范的合作社，全镇已有专业合作社46家，浙江省专业示范合作社1家，区级AAA级1家、AA级2家、A级11家。

近年来，通过扩大宣传，发挥品牌号召力，坚持举办一年一度的野藤葡萄文化旅游节，组织野藤葡萄开摘仪式、葡萄产业论坛、野藤葡萄熟了广场文艺晚会、野藤葡萄精品擂台赛等系列活动，不断扩大野藤品牌的影响力。与此同时，盖北镇还高度重视野藤品牌的维护工作，实施统一标准、统一包装、统一推介、统一服务，成立了合作社的党组织和诚信联盟，建立了质量追踪标记和先行赔付保证金制度，开展了信义园的系列评选，着力营造公平、诚信的市场秩序，野藤的品牌信誉度持续走高。同时，突出葡萄技术研发，积极建设野藤葡萄技术研发中心、精品葡萄种植示范项目，推动野藤葡萄在科研、育苗、新品种、新技术开发推广上走在前列。野藤葡萄先后被认证为国家级无公害农产品、浙江省名牌，获得国家级有机葡萄认证证书，产品远销日本、韩国和欧美地区。随着野藤葡萄采摘游知名度的不断扩大，吸引了长三角旅游休闲客流，来盖北观光、采摘的游客越来越多，年游客量突破36万人次，实现营业收入9 020万元。

近几年，盖北镇不断探索多元化的发展方式，抓住上虞区委、区政府推出"四季仙果之旅"三年培育计划和农业产业化扶持的契机，积极推动农业旅游业融合发展，累计投资了8 000余万元，加大了农田基础设施建设，拓宽了园区道路，搭建葡萄设施大棚约333.3公顷。对园区内河道、沟渠进行全面治理，加强农业低产田改造，并建设了葡萄公园特色入口（牌坊）、游客服务中心、葡萄旅游观光步道、葡萄品种休闲博览长廊等景点。同时，完善了游客接待点、标志标牌、停车场、农家乐餐饮等一系列旅游配套设施。

园区在野藤农业旅游开发公司的经营管理下，不断开发休闲体验项目，主要有：休闲观光、DIY采摘、科普欣赏、活动参与、DIY家庭自酿葡萄酒、葡萄果酒制作和葡萄果肉制作。通过近几年来对园区的建设，产生可观的社会效益、经济效益和生态效益。农民年人均收入由原来的不足万元，增加到了现在的1.96万元。通过农田基础设施建设、现代农业设施及农机具的应用，改善了农业生产条件，增强了抵御自然灾害的能力，提高了农业劳动生产率、农地产出率及农业综合生产能力。通过新品种、新技术、新工艺、新农作制度的引进、示范与推广，进一步优化农产品品质和结构，促进农产品的无公害标准化生产，有利于提高综合区及其辐射区农民的科技素质和农产品品质，保障食品安全。通过由公司统一生产、统一质量标准、统一品牌、统一包装、统一宣传推介，不但提高了产品品质，还从一定程度上控制了农业面源污染、保护了生态环境、促进了农业资源持续利用。通过现代农业生产组织体制机制的创新，大力培育现代农业新型主体，可带动综合区及其辐射区农民走规模化、合作化、产业化、集约化农业产业发展之路，促进农民转型增收，推进城市化进程及和谐社会建设。

河南省驻马店市老乐山
休闲农业产业园

老乐山旅游景区总面积 68 平方千米，属原国营乐山林场。2010 年年初，驻马店市乐山旅游开发有限公司在秉持"尊重自然、保护生态"的理念下，开始对老乐山进行生态旅游开发，于 2012 年 5 月正式开园接待游客。在开发之初，公司就把休闲农业与乡村旅游列为重点开发内容，并纳入总体规划范围。2012 年年底，公司投资 8 000 万元，整合南山门周边万寿宫村等 6 个自然村进行生态农业开发，并取得初步成效。2013 年，老乐山旅游景区被命名为"河南省省级旅游度假区""河南省群众体育活动登山基地"。2014 年 4 月，被国家旅游局评定命名为"国家 AAAA 级旅游景区"，年接待游客近 70 万人次，实现年营业收入 8 792 万元，其中农产品销售收入 2 420 万元。

为全面提升旅游区内资源品质，在原规划基础上，2013 年年初公司又与国内知名旅游规划管理公司结成战略合作伙伴，为景区制订了《老乐山休闲度假区总体策划方案》和《老乐山生态农业公园详细规划方案》，并长期为景区在管理和技术方面提供咨询服务，奠定了老乐山旅游度假区科学发展的基础。计划在未来三年内投资 31 亿元人民币，将老乐山打造成集生态观光、休闲度假、文化体验、道家养生为一体的综合旅游度假区和现代生态文明样板区。

公司已累计投入 6.9 亿元用于旅游区内基础设施建设，先后建成了南山门至山顶 8 千米的车行道、南山门至山顶 5 千米的登山步道、游客服务中心、森林一号度假酒店、木屋鸟巢度假区、南大门商业街、生态停车场等，旅游区内标识标牌及水、电、路等服务设施基本完善。在休闲农业方面，已分别种植了葡萄、核桃、苹果、樱桃、茶树等经济果林区；银杏、红枫、香樟、白腊、樱花等观赏林区，以及建成了山羊、黑猪、山鸡等生态养殖基地，并已取得良好的经济效益。

通过开展休闲农业与乡村旅游，已吸纳周边村民 192 人在公司就业，另外带动了周边的农家乐 10 余家、农家宾馆 6 家以及农产品的销售等，实现农民在家门口创业，脱贫致富，促使当地村民年均收入由原来的 6 489.3 元，增加到现在的 18 000 元。同时，该项目的开发，对当地经济发展和产业转型升级起着十分重要的推动和促进作用。

湖北省大冶市龙凤山
生态园休闲度假村

湖北大冶龙凤山生态园休闲度假村位于湖北黄石南部的大冶市刘仁八镇的一处有着"世外桃源"美称的双港口龙凤山脚下，度假村山水相依、青山环抱、绿树葱茏、空气清新。休闲度假村东西两条蜿蜒曲折的山溪在山谷中的双港口中汇流，嬉闹直下，增添了山与水的情趣。在山的右侧，有一条宛如玉带般的双港口水库，水波凌凌，是游客们的水上乐园。度假村的采摘园、垂钓园、葡萄园、生态餐厅、田头超市等现代农业观光景点，吸引着城里休闲观光的人们参与体验农活、农事采栽和农事观赏节以及田头农产品交易等活动。每年 8 月的"玉米采摘节"有近百万市民前来采摘、游览和观光。截止到 2013 年，休闲度假村年营业收入达 16 400 万元，年实现利税 1 067 万元，带动农户 2 038 户。

2009 年，湖北省大冶市龙凤山农业开发有限公司依据龙凤山得天独厚的自然条件和美丽的田园风光、依山傍水的地理位置和无污染的生态环境，先后投资 1.3 亿元修建了占地面积 6 000 平方米的龙凤山生态园休闲度假村建筑群和别墅群。度假村还在科学规划和合理布局的基础上，修建了现代农业观光园、畜禽饲养园、垂钓池等农业休闲观光项目，科学地利用农、林、牧产业及产业之间的生态链接，打造了一条可以复制的循环、绿色、环保的休闲农业观光发展之路。

生态园度假村休闲功能开发主要是以生态农业休闲观光旅游资源为主。到目前为止，开发了一览众山、哨所晨曦、滑索飞渡、翠竹林海、步步登高、农事体验、生态享受、户外拓展、水上游乐、生态餐厅、田头超市、红色遗址等12项休闲功能。生态园休闲度假村是大冶市龙凤山农业开发有限公司六大产业板块之一，六大产业版块（种植业、养殖业、休闲观光业、农民培训、农产品加工业、冷链物流营销业）打造了一条可以复制的循环、绿色、环保的休闲农业观光发展之路。

广东省潮州市紫莲度假村

潮州市紫莲度假村由潮州市紫莲生态农业有限公司出资建设，公司于2006年成立，位于湘桥区意溪镇锡美村，具有独立法人资格，是一家集生态旅游、种植、繁育、科技、加工、贸易于一体的大型农业企业。旗下有茶叶加工厂，良种茶叶示范基地，赤凤望坪茶叶基地，凤凰茶叶基地，十大香型茶苗繁育基地，草岚武、桂坑、锡美水电站等。紫莲度假村总面积480公顷，距离市中心15千米，交通、通信、电力畅通。紫莲生态农业有限公司全面落实科学发展观，大力发展现代农业，高标准建设环境幽雅、立体种养的现代农业示范园区，承担农业部"茶树良种苗木繁育"项目。同时，已建大型茶叶加工厂，配备成套国内先进的全天候乌龙茶加工设备和茶叶质量检测设备，公司生产的"紫莲生态"牌高香型杏仁单丛茶获得了"2007中国（广州）国际茶叶博览会全国名优茶质量竞赛金奖"和"广东省第七届名优茶质量竞赛金奖"，以及"最受港澳茶客欢迎中国茶

叶品牌"。

几年来，公司以农业生态旅游为龙头，以休闲度假为中心，立足区域资源基础，面向旅游市场导向，树立精品意识，高起点、高品位、深层次、适度超前和可持续发展的科学发展理念，打造高香型优质茶、特色名果、优质木材生产，发展集旅游、休闲、餐饮、观光、度假于一体的现代园区。

目前，度假村内已规划建成茶叶种植区、水果种植区、茶叶加工厂1座、科普教育基地1个、餐厅1个、客房180间、会务中心1个、休闲区域若干个，道路、路标、说明牌、路灯、停车场等基础设施配套健全，通信、网络等设施顺畅。现有从业人员100多名，全部人员都经过培训上岗，有良好的从业素质和个人素养。公司实行领导负责制，管理和财务制度完善，企业形象良好。

度假村内山峦叠萃，云雾环绕，奇石林立，流水潺潺，自然风光优美奇特。几年来公司人员不断寻求创新思维发展旅游新思路，为游客提供优质独特的旅游环境，发展以南亚热带山地奇石观光度假为主题，建设成为集生态观光、休闲度假、攀登寻幽、康体游乐和商务活动为一体的综合型生态旅游区。

度假村2013年接待人数52万人次，年收入6678万元，实现利润388万元，上缴税金43万元，为133名农民提供就业岗位，带动农户2068户，带动农民增收。

海南省万宁市兴隆热带花园

兴隆热带花园所处的地区面临南海，受热带海洋气候的影响，光照充足，雨量充沛，是我国热带生物多样性保护最有潜力的地区之一。兴隆热带花园占地面积约386.7公顷，拥有繁茂的热带雨林植被和幽深的热带雨林沟谷，有水面广阔的南旺水库，有数千种热带珍稀植物和许多种鸟类、昆虫、小动物。

置身于此，不仅可以感受大自然的神奇，还可以感受到人类与大自然相依共生的密切关系。兴隆热带花园是一个以生态保护为宗旨，集环保、科研、种植、养殖、旅游休闲为一体的国家 AAAA 级景区，是兴隆国家森林公园的重要组成部分，同时也是万宁市 108 千米绿道的重要组成部分。

兴隆热带花园内有广阔的湖面、长且形式多样的水道，多个大小水塘，还有多个人工养殖罗非鱼的鱼塘，有大面积苗圃、林地及果园，有大型停车场和配套旅游服务设施，为发展休闲农业提供了充足的可利用资源。

由万宁市政府、兴隆华侨农场、热带花园三方共建的万宁市绿道网以热带花园为起点，在热带花园周围已建成 30 多千米，景色优美，地形多变，适于骑行健身，深受户外运动爱好者好评。

兴隆热带花园休闲农业区依托现有的优良环境资源，突破了传统的经济模式，树立"环境主义"的全新观念，开发多种以保护生态为前提的乡村旅游观光项目，有长期发展的良好基础。已有基础设施：森林野营区、种植区、养殖区、垂钓区、活动区、绿道等，工作人员办公区及小规模接待区，坡地果树种植和间种特色作物。第二期工程计划：兴建三个绿道驿站，配备餐饮区、观景品茗区，升级改造周围"印度尼西亚村""泰国村"等多个农场自然村，以适合乡村游发展需求；建设三角梅主题公园；逐步修建沼气池，满足休闲农业园照明、动力等需要；发展观光采摘业和休闲垂钓。

四川省广元市利州区曙光休闲观光农业园

曙光休闲观光农业园区位于利州区龙潭乡，距广元城区 3 千米，涉及和平、建设、曙光、元山等 4 个村，有 950 户，共 3 120 人，耕地面积 401.4 公顷。园区所在地，文化底蕴丰富，农耕文化、伊斯兰文化、道家养生文化、红军文化蓬勃发展、相映成趣。生态良好，森林覆盖率达 70% 以上，历来是广元市的绿色屏障、生态氧吧，发展休闲观光农业与乡村旅游具有得天独厚的优势。目前，园区基本建成了融农业观光、运动休闲、民俗体验于一体的乡村旅游休闲度假区，并多次举办广元龙潭世外田园风情游活动和山地自行车赛，打响了"风情龙潭、世外田园"的旅游品牌。

通过园区建设，园区农民的收入大为改观，收入结构由传统的种养业调整为绿色蔬菜、特色林果、农业观光。现建成有蔬菜 400 公顷、水果 200 公顷，引进和培育农业龙头企业 2 家、家庭农场 6 家、农民专业合作社 8 家，建成乡村酒店 2 家、农家乐 45 家。通过挖掘和开发，因地制宜建设的山地农业主题公园、生态儿童乐园、红色文化园、农耕文化园、养生文化园等景观结点模样初成，有力地带动了龙潭乡蔬菜、水果的规模化种植和休闲农业与乡村旅游的发展。园区形成了第一和第三产业紧密结合、相融互助的良性发展格局，呈现出一派"业兴家富人和村美"的景象。2013 年，曙光园区核心区主导产业总产值已达 0.726 亿元，配套产业总产值达 1 200 万元，农民人均增加纯收入 2 100 元以上。

根据自身资源禀赋，园区编制出台了曙光现代农业园区建设总体规划和龙潭生态农业主题公园建设总体规划，明晰了生态果蔬和观光农业主导产业，提出了"长藤结瓜、一带五园"空间布局，确立了"西部最大的山地农业主题公园、四川现代都市农业示范基地、秦巴山区知名的观光农业示范点"建设目标。园区成立了利州曙光现代农业园（曙光观光农业园）建设领导小组，全面负责园区的基础设施、民居风貌、特色产业、景观结点的打造；成立了农家乐协会，通过厨艺培训、厨艺比武、信息共享、行业自律，促进乡村旅游有序发展。

融合相邻景观、景点，建成休闲农业与乡村旅游示范线。依托已建成的国家级湿地公园南河湿地公园、传播道家文化的元山观、具有浓郁伊斯兰风情的拱北寺、五星级乡村酒店华宝山庄，一条围绕大南山形成的"南河湿地公园—梨树人家—曙光观光农业园—元山观—拱北寺—华宝山庄"休闲农业与乡村旅游示范线水到渠成。

云南省香格里拉藏龙休闲观光园

云南香格里拉是世界著名旅游胜地，有丰富的自然生态资源和人文景观。云南香格里拉藏龙生物资源开发有限公司集香格里拉丰富的自然资源和旅游资源优势发展休闲农业，生产加工香格里拉特色农产品，为迪庆藏族自治州休闲农业和乡村旅游的发展起到积极的带头作用。其经营项目主要有特色产品、特色餐饮和观光休闲。具体发展情况如下：

一是特色产品。该公司建立了资源管理、成本管理、质量管理、生产管理等一整套完整的生产技术管理体制，有一个强大的产品研发队伍，由留美博士陈发凯、台湾著名食品营养专家及食品加工研发专业人士组成。拥有先进的牦牛肉制品、野生蔬菜、野生菌、速溶酥油茶等四条加工生产线。其产品有"雪域牦牛肉系列产品""牦牛乳制品系列产品""香格里拉藏猪系列产品""野生菌系列产品""野生蔬菜系列产品"。

二是特色餐饮。下属子公司藏龙酒店依托香格里拉自然资源优势和饮食文化，推出极具特色的香格里拉藏龙·雪珍牦牛大餐，以牦牛身体各部位的精华部分为主料，并配以松茸、雪山香菇、鸡枞菌、珊瑚菌、牛肝菌、竹叶菜、树头菜、花椒尖等16种香格里拉野生食用菌菜。利用高新技术与藏族传统烹饪工艺相结合，通过特制、秘制的方法加工而成。保持藏族传统口味，并伴以歌舞，让游客"回归自然"和享受餐桌上的香格里拉文化之旅。

三是观光体验。公司自2008年以来，采取"公司＋基地＋农户"的产业化经营模式，先后投资了2 300万元建成香格里拉、三坝、尼西养殖基地，集牦牛养殖、育肥、观光、旅游等为一体的三个牦牛养殖基地。这些养殖基地草原辽阔，景色优美，交通便利，而且可以让游客当一天牧民，体验一天牧民生活。其主要旅游项目有参观养殖基地、体验牧民生活（如参与放牧、挤奶、打酥油）、科考教育（如牦牛养殖、育肥的科学研究、学生见习试验等）。

休闲农业与乡村旅游的发展，具有良好的社会效益，可辐射带动项目区农林产业及相关行业的发展，可改变农业产业化传统经营模式。迪庆藏族自治州农、林、畜产品的扩大开发和利用，不仅解决了老百姓传统的产品销售难问题，而且通过农、林、畜产品深加工及通过餐饮连锁方式获得产品增值，获得利润的同时，也积累了资金用于这些农特产品科研开发，使企业发展进入良性化轨道。企业通过采用先进的产品加工技术及餐饮连锁方式，提升了企业的科技含量，加速了企业的快速发展，为藏区有效资源综合开发提供了先进适用的发展模式，带动农户达3 000多户，直接收益人有15 000多人，户均增收达12 000元以上。

通过休闲农业与乡村旅游的发展，企业内部财务收益率超过行业基准水平，从不确定性分型，具有一定抗风险能力。休闲观光园可接待游客30万人次，特色农畜产品产业化开发，年产值可达10 500多万元，平均每年可向国家上缴税金455万元，实现利润1 570万元。因此，休闲农业与乡村旅游的发展，将为建设单位的可持续发展奠定了物质基础，为项目区农牧民创造脱贫致富的条件。

西藏自治区拉萨市城关区
蔡公堂白定村

　　西藏自治区拉萨市城关区蔡公堂乡白定村位于 318 国道沿线，距市中心 13 千米，不仅是拉萨市区的东大门，而且是城关区最大的设施农业发展区。目前，拥有设施温室 1 073 栋，经济作物面积达到 247.9 公顷，其中露地蔬菜面积 210.9 公顷。近年来，该村依托城郊区位优势和藏族林卡休闲生活习俗，大力实施净土健康产业，积极推进现代农业和旅游观光农业发展，依托特色园艺产业科技示范园区技术平台。2013 年 12 月，注资 1 亿元成立了城关区净土农业发展有限公司，成立了蔡公堂乡白定村农村经济合作社，建立蔬菜种植基地，发展特色经济作物种植，统一育苗、统一生产、统一技术指导、统一防疫、统一销售，并从内地购置 100 台蔬菜直销车。同时，开展蔬菜直销，实现了平抑菜价、让利于民、方便于民的目标，形成了"公司＋合作社＋基地""园区＋合作社＋农牧民"的发展模式。与此同时，积极开展鲜食蔬果现场采摘、销售，有效拓展了销售渠道，当地农牧民收入由原来的 2.25 万元/公顷提升为 21.8 万元/公顷。

　　该村将充分发挥林业资源优势，加大特色经济林木种植，在白定村支沟计划种植油桃 70.9 公顷，投资 4 000 万元，批复投资 3 794.4 万元，建立集休闲、观光、采摘为一体的旅游观光农业点，实现经济、生态、社会效益共赢。

中国最美休闲乡村

北京市密云县干峪沟村

河北省蔚县西古堡村

山西省阳城县皇城村

上海市松江区黄桥村

浙江省湖州市南浔区和孚镇荻港村

福建省福安市棠溪村

江西省婺源县篁岭民俗文化村

山东省章丘市朱家峪村

湖南省石门县长梯隘村

广东省广州市白云区寮采村

海南省三亚市槟榔村

四川省南充市顺庆区青山湖村

云南省巍山县东莲花村

新疆维吾尔自治区岳普湖县玛什英恩孜村

青岛市黄岛区长阡沟村

北京市密云县干峪沟村

密云县位于北京市东北部，是首都重要的饮用水源基地和生态涵养发展区。北庄镇位于密云水库上游，长久以来区域内没有排污型生产企业，横贯东西的清水河使这里土地肥沃、环境优美。北庄镇西北邻太师屯镇，南连大城子乡，东部与河北省兴隆县以长城为界。

干峪沟村位于密云北庄镇政府东部，东与河北省兴隆县交界，西与本镇苇子峪山界相邻，南与大城子墙子路北沟、苍术会接壤，北由东庄村把门。驾车从北京市区入京承高速公路北行110千米，由沙太路、北庄出口下转乡道向东北前行约10千米即到。

干峪沟村户籍人口仅有共41户71人，平均年龄超过60岁，常住人口不足20人。随着老年人口比重不断上升，村里的青壮年和儿童纷纷迁出，到镇中或临村居住下来，就业、学习和生活。土地和山场无人打理，全村43处宅院，大多处于闲置状态，村庄凋敝程度日益加深。

干峪沟位于大山深处，几十座民居，均为50年以上的老屋，多数有百年历史，古朴自然，建材多为山石和当地树木，不加水泥而用石灰和黏土垒砌，一家一院，户户不同，高低相间，错落有致。干峪沟自然村除部分留守村民自住的房屋外，其他房屋已年久失修，废弃荒芜。但是该村自然环境优美，历史悠久，人文景观丰富，有长城古迹、参天古树、小天门山、老爷庙等，是放松心情、回归自然的好去处。

干峪沟上万亩的原始次生林使这里成为天然的野生动植物栖息地，有植物36 852种，动物59 356种。这里野兔成群、狍子追逐、山鸡飞舞，生长着野生杨树、野生丁香、山核桃、胡枝子、荆条、酸枣等自然植被，茂密丰富，山楂、核桃以及山鸡产业是村民的主要经济来源。

2013年4月，山里寒舍（北京）旅游投资管理有限公司来到这里，仅仅用了几个月时间，干沟峪村就从一个穷乡僻壤的小山村，变成了名为山里寒舍的高端乡村酒店。这家酒店非常特别，接待客人住宿的房间，就是村民原先的老宅，从外面看，几乎没变，房间里面则变化巨大。融合古朴与现代的室内设计，五星级的客房及卫浴设施，中西餐厅，无线网络覆盖；木门、木窗内加衬了双层的塑钢玻璃门窗，青石板铺地，还安装了地采暖设施；屋里有卫生间、淋浴。另外，宅子里的家具摆设也颇费了一番心思，衣柜、条案、桌子，很多都是从村民手里淘来的老物件，透着悠久的乡舍韵味。

在乡村酒店建设过程中，干峪沟村同时推进公共交通、供水供电、垃圾和污水处理、通信和劳动就业服务等体系的建设，使现代文明的生活方式与农村田园牧歌式的传统生活方式得到有机融合，开创了以新兴休闲产业带动山区新农村建设的新模式。

如今的干峪沟村，炊烟依旧，原始风貌犹存，古树老井山花、石磨草屋篱笆，让人陶醉在"山深人不觉，犹在画中游"的意境中。

河北省蔚县西古堡村

闻名遐迩的西古堡是蔚县近800庄堡中的典型古堡，风格独特，古建筑保护完好，被誉为"河北民俗文化第一村"，素有"中华第一堡"的美称。

西古堡俗称"寨堡"，坐落于暖泉镇镇内，东临壶流河，西接山西大同广灵县，现有居民694户，共1 763人，常住人口1 250人，劳动力815人。全村总面积3.9平方千米，其中农田290.7公顷，水浇地80公顷。该堡始建于明代嘉靖年间，扩建、续建于明末清初，集"古城堡、古民居、古寺庙、古戏楼"四大文化奇观于一体，有着重要的历史文化价值，民俗研究价值和建筑艺术价值。2003年8月，被河北省文联、省民协授予"河北民俗文化第一村"称号；2006年6月，被评选公布为国家重点文物保护单位。

1. 别具特色的古堡结构。西古堡东西长255米，南北长298米（含瓮城），总面积68 320平方米，合6.8公顷。四周由黄土夯成的土城墙围成，南北设有两座堡门（南、北堡门），堡门和券门间建有两座瓮城，称为南、北瓮城，这使得整个古堡军事防御能力相当强。堡墙高8～10米，九天阁和南、北堡门等重要部位加宽加高，并用城墙砖里外筑面。南、北堡门布局对称，高3.2米，宽2.8米，方石做基，青砖雕造，精而不俗。经300多年风雨沧桑，青石板上留下了两条深深的车辙沟。堡门洞外上部各镶一石匾，南堡门刻有"西古堡""永盛门""时康熙十九年"字样，北堡门石匾字迹因破坏严重无法辨认。古堡有南北大街一条，东西巷子三条。

2. 风格独特的戏楼寺庙。西古堡东西南北各建有一座寺庙，北为三官庙、东为关帝庙、西为观音庙，南庙又称地藏寺，坐落于南瓮城。南瓮城内建筑物较多，有寺庙、殿堂、楼阁74间，建筑面积约1 500平方米。走进南瓮城首先看到的是一座小巧精致、飞脊斗拱、彩绘纷呈的古戏楼，戏楼宽13米，深8.5米，独特之处是戏楼两侧各有一耳房，造型美观大方，同时还在有限的空间增加了戏楼的使用面积，这种设计形式在蔚县近700座古戏楼中独一无二。地藏寺建于清朝初期，是经省市宗教管理部门批准的佛教活动场所。该寺有上、下两层，天井式建筑，下层建有12个全砖券窑洞，外观为精美的砖雕椽飞造型；上层建有地藏殿、十殿阎君殿、鬼王殿、观音殿、三义庙、马王庙、魁星阁以及钟鼓楼等。这些建筑布局严谨巧妙、错落有致，砖雕木刻工艺精湛，塑像壁画栩栩

如生。出廊抱厦、曲径通幽、在占地面积不大的空间营造了一景连一景、一幕接一幕的新奇景观。

3. 古色古香的古式民居。西古堡现存古式民居院落180所，其中较大的连环套院4所（亦称九连环院）、小巧规整的古四合院49所、有观赏研究价值的古民房246间。这些民居建于明末清初，全部为砖木结构，木制格窗，木雕彩绘，青条基石，白灰青砖筒瓦，房顶起脊，安制吻兽。民居窗户都开向本院，对于巷不开窗。经历几百年的风雨侵蚀，其粗壮厚实的木料石材，美丽精细的砖雕木刻，古朴典雅的油饰彩绘，仍显示着当年的繁荣与风采。登上堡门楼俯瞰，民宅民居鳞次栉比，高大齐整的起脊吻兽圆筒瓦屋顶争奇斗艳，庙宇、城楼峭拔雄劲，一派古城风韵。

山西省阳城县皇城村

一、基本情况

皇城村隶属于晋城市阳城县北留镇，是国家AAAAA级旅游景区皇城相府所在地。全村296户、814口人，面积2.5平方千米；村党总支设12个党支部，共372名党员。晋阳、晋侯高速公路擦肩而过，至郑州、洛阳、长治等航空港的路程均为1.5小时，地理位置优越，交通十分便利。近年来，皇城村依托丰富的旅游资源、良好的自然山水，优越的生态环境和独特的交通条件，大力发展休闲农业和乡村旅游，建成了皇城相府国家AAAAA级景区，2013年接待中外游客180万人次，门票收入8 500万元，旅游综合收入3.5亿元，农民年人均纯收入达到5万元，走出了一条"以农促旅、以旅强农、农旅结合"的新路子。村集体先后获得"全国先进基层党组织""全国文明村""全国生态文化村""全国农业旅游示范点""全国文化产业示范基地""中国十佳小康村"等荣誉称号。

皇城相府还被评为全国旅游界继北京故宫之后的第二个"中国驰名商标"。

二、产业特色及主要做法

一是开发皇城相府，发展乡村旅游。从1998年开始，按照"拯旧如旧"的原则，用3年多时间完成了一个投资过亿元、总建筑面积10万平方米的古迹保护和旅游开发工程，使皇城相府这一具有400年历史的古城堡焕发出勃勃生机，被称为"中国北方第一文化巨族之宅"和"东方第一双城古堡"。又先后开发了自然山水观光型产品九女仙湖，乡村观光体验型产品生态农业园，乡村休闲度假型产品相府庄园，参观考察型产品小康新村，形成了人文景观、自然景观、生态农业、商务会议、新农村建设相互融合的综合性休闲旅游区。2010年评为国家AAAAA级景区。

二是完善配套设施，提升接待能力。建成了三、四、五星级宾馆各1座，建了4个总面积1万平方米的停车场，扶持发展起120余个家庭旅馆，可接待1 000人的会议和就餐；修建高标准的水冲式自动化星级感应洗手间18座，修建明清商业一条街，绿化荒山和空地2 680亩，美化亮化了所有房屋建筑，建起休闲广场、演艺舞台、音乐喷泉、水幕电影、农民公园等设施，使吃、住、行、游、购、娱六大功能不断提升。

三是突出乡村特色，发展现代农业。特别是总面积178.7公顷，总投资1.3亿元的科技农业观光园，由生态农业区、生态抚育区、休闲度假区、景观养生区四大功能区组成，建有38栋联栋温室、日光温室和冬暖式大棚。在联栋温室中建有珍奇花卉园、热带风情园、奇特瓜蔬园、芳香养生园四个各具特色的观光园；在日光温室和冬暖式大棚中，展示了现代高科技农业的发展成果。生态抚育区由奇树园、樱花园、石榴园和采摘园四个园区组成，栽植银杏树、皂角树、五针松、

泰山松、樱花树、紫荆花、猕猴桃等60多种风景树种，基本做到了四季常青，三季有花。

四是丰富文化内涵，增强景区吸引力。修建了全国第一座字典博物馆，共收藏古今中外辞书字典5万余册，其中不同版本的《康熙字典》就有127种4 800余册；编辑出版了有关陈延敬和皇城相府的书籍30余部；编排了名扬全国的大型情景剧——开城仪式"迎圣驾"，以及上党八音会、编钟乐舞等多项独具地方特色的文艺节目。同时还组建了女子军乐队、民俗艺术团和景区文工团，每天举办文艺晚会和民俗文化展演，大大丰富了游客的夜间文化娱乐生活，展现乡村旅游的独特乐趣。并通过赞助资金、提供场地合作拍摄了《康熙王朝》《别拿豆包不当干粮》《文化站长》《关中女人》等18部影视剧，成为著名的影视基地，提升了皇城相府休闲旅游的品牌知名度。

三、发展成效

全村70%的农户兴办了家庭旅社、家庭餐馆或从事旅游商品经营，户均年收入2万余元；还为周边村3 000余名农村剩余劳动力提供了就业岗位。村民全部住上花园式别墅，开上小汽车，用上清洁能源，实现集中供暖供热，入了养老、医疗保险，人均每年享受的福利待遇高达8 000余元，构建了一个文明富裕、和谐稳定、生活幸福的社会主义新农村。

上海市松江区黄桥村

一、生态环境情况

黄桥村位于泖港镇中西部，同三高速西侧，是黄浦江上海境内源头。全村区域面积3.2平方千米，总户数580户，2 074人。总耕田面积215公顷，其中50公顷绿叶蔬菜基地，30.7公顷涵养林，114.2公顷水稻面积。现有产业以水稻种植为主，其中家庭农场

8户，其中机农结合家庭农场1户，兼有蔬菜基地、水产养殖、涵养林、黄桥工业园和浦江源温泉休闲农庄。涵养林区内种有水杉、金合欢、梧桐等亲水性强，自然适应性好的乡土树种，还植有冷杉、桂花、香樟等深受市民喜爱的树种，品种已达300余种。林区内树木葱郁、清幽格静、花香四溢、飞鸟幽鸣；并建有小木屋、观林亭供游人小憩赏景；数百亩的水面积放养着十多种野生鱼类，可供游人垂钓，景色宜人适合观赏。

经过多年来不懈的努力，黄桥村实现了"田成方、路成网、渠配套、林成行"的规模化现代农业产业。从原来的环境"脏乱差"，到现在的"写意村庄"，生态文化旅游事业逐步发展。在农业生态建设上，黄桥村把环境保护与现代农业发展相结合，严格实行"三三制"耕种模式：大、小麦播种、绿肥种植、稻田深翻面积各占三分之一。改善粮田质量，提高水稻产量，保护农村生态环境的可持续发展，生态环境得到了很好的恢复，实现了人与自然和谐发展。

二、休闲文化情况

黄桥村村民文化生活丰富，以生态休闲文化为载体的各类民间活动、节日活动日益深入到村民的日常生活。定期的电影展播、文明礼仪辅导、"送医下乡"健康文明宣传、"送戏下乡"以及"迎新春送春联"等各类文体活动各具特色，都为村民创造娱乐、学习与交流相融合的平台。

黄桥村多年来有写楹联、贴春联的习俗与爱好，许多村民都是楹联爱好者，为新农村建设增添了文化底蕴和内涵。村党总支把这些村民组织起来，于2008年成立了黄桥村"楹联沙龙"，开展了迎世博、庆建党、廉政文化等专题楹联创作展示及送春联活动，并以"丰富楹联、服务农村、文化强村"为目标，荣获上海市楹联第一村的光荣称号，"弘楹联文化，展黄桥新风"，为提高村民文明素

养搭建有益平台。

三、休闲农业情况

山水孕育人文，人文推动经济，如何依托本地资源发挥经济效益，发展休闲旅游业带动农民增收，是黄桥村两委班子一直考虑的问题。近年来，全村不断致力于改善农村的生态与景观，开展村容村貌整治、探索农村生态旅游的发展，以独特的农业资源和天然美景吸引了越来越多市区及本地游客的青睐。

"田成方、路成网、渠配套、林成行"的黄桥村已成为全市现代农业产业的典型代表，是上海三农工作综合试点核心区，新农村建设示范村，村里的万亩优质水稻基地连续七年被评为上海市优质水稻创建评比一等奖。全村以日常管理为抓手，创新开拓思路，以农田园艺化和生态化为基础，以确保粮食生产为主线，不断探索机农结合、种养结合新模式，抓好"三农示范区"农业形象，从高产、优质两个方面入手，充分发挥农业效益。

同时，黄桥村运用丰富的涵养林资源，在2010年引进一个占地800多亩的大型农家乐（浦江源温泉休闲农庄），农庄依托水源涵养林区域的环境，将旧农舍改造为节能建筑，以农业休闲旅游为主打，集温泉住宿、会务餐饮、娱乐观光于一体。内有辽阔的生态涵养林，全木结构低碳别墅（会呼吸的房子），是一个天然氧吧。丰富的自然能源及美妙的再制造，构成了一座全方位、多功效的大型农家乐度假村。

浙江省湖州市南浔区和孚镇荻港村

浙江省湖州市南浔区和孚镇荻港村是一个具有近千年历史的古村落，京杭大运河穿村而过，村域内河港纵横，两岸芦苇丛生而称"荻港"。荻港自古就有"苕溪渔隐"之称，依港结村落、荻苇满溪生，展现出江南

水乡独特的魅力，为此成为大文豪舒乙笔下"最好的江南小镇——荻港村"。

荻港村区域面积 6.3 平方千米，有 41 个村民小组，总人口 4 126 人。近年来在中央支农惠农政策持续支持下，荻港村社会主义新农村建设不断推进，村经济发展迅速，2013 年全村工农业总产值 9.3 亿元，年村集体可分配资金 205 万元，村民人均收入 22 833 元。

一、农耕文化深厚，产业功能多元

1. 第一产业。荻港村有桑地 111.3 公顷、鱼塘 218.7 公顷，有着深厚的农耕文化。自古以来村民以种桑、养蚕、养鱼为主，塘埂种桑、桑叶喂蚕、蚕沙喂鱼、塘泥肥桑，构成了内部资源循环利用的"桑基鱼塘"生态种养殖模式。村域内至今还保存着连片的原生态桑基鱼塘 200 余公顷，"舍南舍北皆栽桑、千枝万枝绕屋旁"，绿桑成荫、杨柳成行、鱼塘连片、河港纵横的原生态风貌保存完好。"桑基鱼塘"被联合国粮农组织誉为中国唯一保存完整的传统养鱼生态农业模式，今年被农业部认定为中国重要农业文化遗产。同时为加快渔业产业发展，荻港村成立了青鱼专业合作社，下设鱼种场，进行淡水鱼人工孵化，特别是对"四大家鱼"中的名贵乌青鱼品种进行改良提升，并申报注册了"乌金子"商标，为全村水产养殖户提供优良苗种和水质监测管理；合作社定期组织举办科技养鱼知识讲座，为社员提供科技养鱼服务，发展特种水产养殖，使渔农增产增收。目前从事一产的村民有 621 人，全村年农业总收入 7 856 万元。

2. 第二产业。全村现有纺织制造、木板加工及化工等个私工业企业 28 家，由改革开放初期"红帽子"企业转型而来，为村经济发展、劳动就业带来了显著效益。目前就业人数 725 人，其中村民 518 人，增加本村农民收入 1 554 万元。这几年，村两委充分认识到环境美化、环保整治的重要性，摆正了"青山绿水"与"金山银山"的关系，对污染环境、废水废气排放的化工企业进行了"治、关、转"的整治。结合今年全省统一开展的"五水共治"专项行动，不断美化全村居住环境，力求全村水清、岸绿、空气新鲜，进一步提升村民的居住环境。

3. 第三产业。村域内占地 40 余公顷的荻港渔庄，以展示鱼米之乡、丝绸之府，弘扬渔文化为主题，把养鱼、观鱼、吃鱼、捕鱼、渔乡婚庆、祭鱼神、唱渔歌、跳鱼舞系列景点串联起来形成了"荻港千年渔文化"景观。走进渔庄，古木参天、杨柳成荫，水塘里荷花满池、河港里菱叶丛丛，是游客村民的休闲乐园。渔庄内建有渔乡婚庆龙门厅（象征鲤鱼跳龙门的吉祥意义）、休闲茶室、鱼塘边特色长廊，可接待游客数千人，各种套房、标房，可接纳 300 多人。2014 年渔庄又建成了三期工程，布置了依水而建的四个展示馆：渔乡风俗馆、蚕茧丝绸馆、禅茶（桑茶）馆、淡水鱼标本展示馆。充分利用村内桑基鱼塘资源，在稳定传统养蚕业的同时，开发桑叶茶、桑芽菜、桑果饮料等系列产品，促进桑的综合开发利用。目前，荻港渔庄已成为全国休闲农业与乡村旅游示范点和全国首批休闲渔业示范基地，2013 年接待长三角地区游客 31 万人次，年产值 4 570 万元，带动农品销售 605 万元，安置村民就业人数 528 人，增加农民收入 1 584 万元。

二、古村保护完好，村容景观独特

荻港古村，四面环水，村内河港纵横，京杭大运河穿村而过，里巷市河、姜介漾、钞田港、舍西港、史家桥港、古池潭、木鸭团……河港水潭、水条环绕，村中民居依港而建，古帮岸、石河埠，逶迤连绵，明清时留下古石桥共 23 座，横跨在小河上，桥桥有别，别具一格。从小桥流水的荻港古村到风景秀丽的生态荻港渔庄，从南苕胜境积川私塾到古色古香的荻港小学，从历史鼎盛时期曾走出 50 多名状元和进士，到近代中国地质事业创始人章鸿钊等 30 多位名人的获港名人馆，从书香门第堂屋人家到芦荻洲的农民新村，传统文化与现代文化交相辉映，浑然一体，天光、水色、村景构成独特的村容景致，令人感觉返璞归真而流连忘返。

随着新农村建设的不断推进，近年来，在各级党委、政府的重视支持下，树立了保护古村、建设新村，修旧如旧、建新如古的理念，一方面对古村进行了有力保护和发展，修缮了南苕胜境、礼耕堂、古桥、里巷、外巷的廊下街等历史古建筑，开挖里巷市河，建造了古色古香的崇文园、名人馆、新农村展示馆，建造了水乡徽派建筑风貌农民新村。另一方面不断加大基础设施建设，铺设柏油的进村大道，连接着湖菱公路，两边香樟、地面草坪、鱼塘连片，直接可进入获港村，湖州市公交 107 路可以直达获港村；获港小学、幼儿园、邮电所、南浔银行、获港卫生院、农贸市场、农村文化大礼堂等公共基础设施齐全；具有水乡徽派建筑风貌的芦荻洲农民新村，错落有致，居住环境舒畅，村民生活质量不断提升，全村门前屋后全部营造绿化，村在园林中、人在花园中。

福建省福安市棠溪村

一、基本情况

福建省福安市潭头镇棠溪村，距福安市中心城区 20 千米、离镇所在地 4.5 千米，是福安的典型后花园。该村有农户 667 户，共 2 886 人，海拔 80 米，是福安市上半区人口最多的独村行政村，村域总面积 552.73 公顷，村落依溪而建，村里腹地开阔、平坦，2013 年人均收入 13 241 元，比全市农民人均收入 12 029 元高出 1 212 元。

二、生态文明建设情况

棠溪村目前有三张名片，一是 2012 年被福建省评为省级生态文化村（全省 30 个）；二是 2014 年 3 月被福建省列入"美丽乡村示范村"（全省 110 个）；三是 2014 年 3 月被福建省列入"省级示范绿色村庄"。

棠溪村从新中国成立后为保护自然资源采取了一系列措施，尤其在 21 世纪初还规划了"保护生态环境、利用自然资源、调整产业结构、发展现代农业、融合提升景观、打造优美旅游乡村"的一套体系，具体做法是：山头保护好原生态森林，山腰发展经济林（含油茶、茶叶、果树）、山下垦农、溪边打造绿竹及风景防护林、溪里养鱼，做到"从头到脚合理量身"，形成了和谐发展的生态经济新格局。

棠溪村溪域段有现代电站水库、库湖总面积达 80 公顷，湿地面积大，长期得到固有水源涵养，溪边左岸有树冠硕大，一树成林的古榕树九株，树龄均达 600 年以上并被授予"福建省古树名木"的树牌；右岸有古枫树、古香樟等浓荫翁郁的古树群，构成沿溪防护风景林景观；这些风景林与碧波荡漾的湖光山色浑然一体、生意盎然、亦然进入梦幻仙境之感悟。

三、文化生态、传统民居景观建设

棠溪村有 1 000 多年的悠久历史和深厚的传统文化底蕴。村内有郑、陈氏祠堂，有千年广福宫，有明清时期的古双狮墓古廊桥妈祖庙，还有保存完好的 10 多座八扇八廊府的特大古民宅，九个古井、有百年小学一所，古摩崖雕刻，仙人洞等。除此之外还有现代廊桥（长 66 米，宽 6.5 米），橡绞坝（90 米长），景观拦水坝、古碇路坝各一座，棠溪自古以来是福安通往寿宁县、浙江秦顺县的重要通道，由于特定的地理位置，历史上商贾云集，是茶叶加工交易的集散地，棠溪老街有 200 多米，明清时期仅茶坊就有 88 间，经商人员众多，市场与文化多元化，姓氏有 27 个。

四、民俗文化多彩多样

棠溪村民风淳朴、村民厚道，长期秉承儒家传统文化思想，海纳百川，有容乃大，文化团体层出不穷，清代以后就有棠溪闽剧团，曾名扬一时。有元宵节、妈祖节、林公节、三月三茶叶采摘节、五月河灯节、走桥节、六月芙蓉节（市镇举办）、锦鲤观光节、氧吧登山节、果蔬采摘节等。丰富多彩的民族风情为提升文化文明水平打下坚实基础。

五、农业主导产业明显、产业优势突出

在新农村建设进程中，棠溪村围绕规划的主题，在促进农民增产、增收、增效的基础上，凸显主导产业，目前已建设了两个起示范作用的农业合作社、一家茶叶初制厂、两家茶叶深加工厂。福安工艺茶由棠溪始创，畅销国内外成为驰名品牌。仅工艺茶流程的检茶、制作包装工人（大部分为老少残）工资，一年就有300多万元。主导产业有茶叶、芙蓉李、油茶三大产业。

近年来棠溪为了做大茶文章，结合悠久的制茶历史和丰厚的茶文化底蕴，走"走出去"的战略，村民在全国各地开办茶叶商行（公司）达21家，带动就业300多人，并从中带动了一方经营人才，其中资产达1 000万元以上的有10多户，为实现小康社会创造了有利条件。

六、村政基础设施日臻完善

棠溪村从2010年被列入新农村建设示范村后，通过集资、捐资、项目投资、一事一议项目等多渠道融资，至2013年底已投入1 200多万元，拓宽改造硬化镇村公路，新建了村前古榕树公园并在古榕上安装了形式多样的夜景射灯，绿化面积达6 000多平方米，新建沿溪1千米长的防洪坝及坝边大理栏杆、新建了一条66米长的景观坝、一座过溪碇

路、一条800米长的溪边游步道、两座公厕、一座垃圾填场，改造铺设了长500米的新街两侧人行道，新建了一座长15米、高4米的宣传文化栏，安装了路灯、景观灯106盏，维修了古廊桥和村人民会场以及村古民宅等。

江西省婺源县篁岭民俗文化村

一、地理位置

篁岭民俗文化村在江西省婺源县东端，位于婺源县主峰海拔1 260米的石耳山中，归江湾镇栗木坑村民委员会管辖。地理坐标：东经 $118°06'39.38'' \sim 118°06'49.53''$，北纬 $29°19'20.8'' \sim 29°19'29.6''$。距县城38千米，与江湾景区相隔9千米。篁岭属亚热带温润季风气候区，四季分明。年均气温14.3℃，年平均降雨量1 820.2毫米，无霜期约246天，66.7%降雨集中在春夏两季。

篁岭区位较偏，据道光版《婺源县志·山川》所载："此地古名篁里。篁岭山，县东九十里，高百仞。其地多竹，大者径尺，故名。"

二、人口情况

篁岭现有83户，总人口327人。其中，293人均为曹姓，占95.8%，其余不足5%的外姓，均为村外嫁入的媳妇或倒插门女婿。占地3.041 9公顷。亦贾亦商的篁岭民俗文化村贤能辈出，篁岭是婺源"书乡"的一个缩影。据不完全统计，明代以后，小小篁岭村由朝廷任命的曹姓官员就有12人，文人著述有三种数十卷。著书立学的曹孜学、不愿效劳清朝的曹鸣远、兴山知县曹元功、兵部会举曹鸣鹤、刑部司狱曹学闵、浙江按察司经历曹建鸿、京卫经历曹廷咨等，都是篁岭的人杰。

三、特色之处

1. 篁岭民俗文化村留存着悠久的村落建

筑。篁岭民俗文化村始建于大明宣德年间，已有近580年历史。村落建筑相当丰富，民居古宅成群分布，鳞次栉比，粉墙黛瓦，与点缀其中的鲜花、翠竹、果树相应成画，充分体现了篁岭人的"变通"和智慧。现存传统建筑共84栋，传统建筑面积达10 777.22平方米。有县内少见的保存完好的四层木构徽派古建筑——众屋，由完好的清明古建筑——慎德堂、培德堂、树和堂、五桂堂、曹氏祠堂、竹山书院、五显庙、古戏台等，类型丰富，各具特色，细节精致，都是徽派古建的典型代表，完整地保留了传统乡村的原貌，蕴含着丰富的历史文化信息，表现出较高的历史价值，与当代人居环境借鉴价值。

2. 篁岭民俗文化村体现出独特的民居风貌。篁岭民俗文化村整体风貌以自然山川地势为依托，呈山环水抱之势窝于名山——石耳山中。篁岭的村落建在坡地上，总体上东北部高，西南面低，村内平地少，坡度大，上下落差近百米。房屋街巷根据斜坡的走向改变，房屋的大门朝向街路，家家二楼开后门，后门与上一层的大路相连，形成了篁岭民俗文化村阶梯状山寨式村落格局，揭示了徽文化的真谛。民居围绕水口呈扇形梯状错落排布。在这里古木参天、溪流淙淙，天街似玉带将经典古建串接，商铺林立，前店后坊，一幅流动的缩写版《清明上河图》。

3. 篁岭民俗文化村保持着厚重的农耕文明。篁岭民俗文化村的农耕生活是老徽州的缩影，篁岭特殊的高山梯田地形，地少人稀，造成篁岭人深刻危机意识，对仅有的田地进行精耕细作。在篁岭民俗文化村灌注徽州原真性古民风民俗为内容，建立最美乡村农耕文化展示基地感受古婺源传统文化的熏陶。

这里包涵三方面内容：一是徽州女人辛勤劳作而形成一道流动的民俗风景线，如农村妇女耕田、割稻、背篓背物行走、织布和家务劳作等；二是篁岭典型的"山地种茶、水田种稻、家庭养猪、房前种果、流水养鱼"

这种封闭式家庭原始劳作模式的展示；三是以婺源及古徽州的传统文化为素材，建立徽州大地第一个农耕文化展示馆。展示馆分别以"前世不修""男商女耕""耕而好儒""传统习俗"为主题，让游客在浏览展馆文化之余，感受古婺源传统文化的熏陶。

4. 篁岭民俗文化村蕴含着浓郁的乡村文化。千棵珍奇古树环绕，万亩梯田簇拥的美景，造就了篁岭村数百年世外桃源般的田园生活。而入村之口的二十四节气文化墙全面地展现了其浓郁的乡村文化。"立春"，开始进入辛勤的劳作期，"立春天气暖，雨水送肥晚""懵懵懂懂，清明下种"；夏季大地一派繁忙景致，要除草施肥、种瓜种豆、收早种晚；秋季是彩色的世界，田野是金黄的稻海；山上是火红的枫叶，再加上竹团箕晾晒黄菊、红椒、南瓜等，篁岭的秋天就像无边的调色板；冬季是"休闲季"，人们过着"脚踩一盆火，手捧苞芦果，除了皇帝就是我"的神仙日子，冬季又是"欢乐季"，民俗活动和乡村饮食文化成了主角。人们要在自酿的农家米酒中、走街串巷的火龙舞动的弧线中，聊慰终岁的辛劳。

山东省章丘市朱家峪村

朱家峪古村位于山东省章丘市东南部，309国道沿线，距省会济南45千米，距淄博54千米，距济南机场32千米，中国历史文化名村，AAA级国家旅游古村，因2008年中央电视台开年大戏《闯关东》而声名鹊起。

古村为梯形聚落，上下盘道，高低参差，错落有致；具备极为理想的山水形制、取法自然的村落格局、完备独特的基础设施、独具特色的建筑形式、尊礼重教的悠久传统、一脉相承的宗族体系；蕴藏底蕴深厚的古村落文化、古老久远的史前文化、博大精深的宗教文化、繁荣一时的商旅文化、古今闻名的军事文化、独具特色的地质文化、闻名遐迩的科举文化、风光秀美的生态文化。

朱家峪原名城角峪，后改为富山峪，朱氏于明洪武二年入村，因朱系国姓，又将富山峪改名朱家峪。据专家考证出土陶器，夏商时期有庐于此，距今3 800年以上。

自明代以来，虽经600余年沧桑，朱家峪古村仍较完整地保存着原来的古桥、古道、古祠、古庙、古宅、古校、古泉、古哨等建筑格局；大小古建筑近200处，大小石桥99座，井泉66处，自然景观100余处，古朴文雅，弥足珍贵。总量丰富、类型多样，自然人文旅游资源交相辉映，异彩纷呈；品质优良、特色鲜明，具有打造国际旅游品牌和山东省生态文明示范教育基地的资源单体。被誉为"齐鲁第一古村，江北聚落标本""中国北方山村的活百科全书"。

《水浒》《章丘铁匠》《红嫂》《闯关东》《小小飞虎队》《游击兵工厂》等30余部影视剧先后在这里拍摄，该村有较好的美誉度和较高的知名度。游人进古村，品美味、尝甘泉、赏民俗，领略明清古村的历史文化内涵，访古、探幽、归真，感悟古风神韵。登礼门，可迎旭瞻麓，一览山乡之秀美。

2005年被建设部和国家文物总局联合评定为"中国历史文化名村"；2009年评为"山东省旅游特色村"，入选"山东十大影视基地"，所在乡镇2009年被评定为"山东省旅游强乡镇"；2010年11月被山东省旅游局认证为AAA级国家旅游古村，2010年年底，在台儿庄全省城乡历史文化遗产保护与利用工作现场会上，作古村保护典型发言，2011年11月代表山东省参加全国魅力乡村评选活动，进入全国20强；2012年9月被全国生态协会评定为"全国生态文化村"。目前，朱家峪古村已成为章丘市对外交流的重要窗口。

近年来，在章丘市委、市政府的正确领导下，朱家峪古村充分发扬艰苦奋斗，克难奋进的精神，对古村15处村庄文物保护单位、18处村庄历史环境要素、21座古院落、

4类非物质文化遗产进行重点保护，有效维护了古村原始风貌和街巷肌理，古村保护和环保意识不断增强，基础设施建设不断完善，生态建设和生态保护不断加强，生态效应不断显现，处处呈现出古村原汁原味，周边山林郁郁葱葱的景象。

朱家峪古村保存完好的古村落、森林生态系统和湿地生态系统，具有古村原始性和丰富的生物多样性，在调节气候、涵养水源、保持生态平衡和维护生态安全等方面发挥着无法替代的作用。随着美丽乡村旅游的发展，朱家峪古村进一步提高保护好这块宝地的认识，用世界眼光、战略思维增强保护工作的紧迫感和责任感，坚持"保护第一、科学规划、合理开发、永续利用"的方针，坚持在保护第一的前提下，把朱家峪古保护和山水的生态价值开发更好、利用更好。

朱家峪古村始终坚定不移地贯彻保护第一方针，坚持科技优先战略，科学保护利用古村落、森林系统、湿地系统和生物多样性。近年来章丘市政府和官庄镇一道，积极筹措资金1.2亿元，对朱家峪古村旅游专线、景观河道、古村街道、供水排污河整体绿化等进行改造提升，极大地提高了朱家峪古村的知名度和美誉度，以实际行动开创各项工作新局面，努力推动朱家峪古村保护与发展，取得了令人瞩目的成绩。

湖南省石门县长梯隘村

罗坪乡长梯隘村地处湘鄂边界，位于壶瓶山南麓，南与张家界相邻，西与湖北鹤峰相接。平均海拔750米，总面积1 966.7公顷，有林地面积1 706.7公顷，其中生态公益林1 320公顷，森林覆盖率达86.8%。全村辖8个村民小组、338户、1 068人，其中土家族人口占总人口的95%以上。村内地形地貌奇特，具有丰富的旅游资源，云海日出、天目洞、青石林、红石林、牙齿洞、香炉观、

岩子口峡谷、百丈峡洞、千年银杏等景点异彩纷呈，是养生、摄影、绘画、自驾、户外、狩猎的理想之地。该村历史文化悠久、民俗文化特色鲜明，是湖南省少数民族特色村寨、湖南省特色旅游名村、湖南省五星级乡村旅游点。由村民表演的土家山歌、九子鞭、薅草锣鼓等民俗节目多次登上中央电视台，享誉四方。

为了建设最美乡村，该村主要从以下几个方面着手：

一是大力保护生态环境。为了保持原生态山水，该村全面封山禁伐，退耕还林，森林覆盖率达 86.8%。

二是充分利用特色旅游资源招商引资。该村的云海日出、天目洞、青石林、红石林、峡谷溶洞、千年银杏等景点分布较集中，布局得天独厚，目前由上海伟仁投资有限公司投资的亮垭山国际狩猎场项目已启动前期规划。

三是发展特别产业。该村产业以茶业为主，人均有茶园面积 0.1 公顷，茶园与红石林相伴，土家阿妹在其中采茶成为了一道亮丽的风景线。

在上级部门的支持和自身的努力下，2011 年，该村被湖南省旅游局评为"湖南省特色旅游名村"，2010 年被湖南省民族事务委员会评为"湖南省少数民族特色村寨"，2013 年被评为"湖南省五星级乡村旅游点"。

广东省广州市白云区寮采村

寮采村位于白云区的北面，钟落潭镇的西面，与花都隔流溪河相望，流溪河在村旁经过，其河岸线长达 4 000 多米，常住人口 5 380 人，其中居民 1 280 人，农民 3 800 人，全村耕地 313.3 公顷，全村 70% 的耕地用作水果种植，村民的收入主要以种养业为主。由于村辖内没有工业厂房，也没有工业用地，所以村集体经济比较落后，年收入只有十几万，一直以来都是白云区的贫困村。

2008 年，村两委新班子上任后，经过充分的调研达成一致意见：要想发展集体经济，带领农民致富只有充分发挥自身优势，走发展休闲农业、乡村旅游之路。结合本村村内鱼塘成片、果树成林，空气清新、村庄宁静，环境优美，十分适宜休闲度假及"依山傍水"的特殊地理优势，同时充分利用其在本村建设绿道驿站的契机，以及借鉴顺德、清远和三水发展"农家乐"生态旅游的成功经验，经过召开全村党员大会、村民代表大会和村民表决，一致签名同意成立寮采村绿韵农家乐农民专业合作社，并以合作社的名义投资兴建世外桃源休闲度假村这一农家乐项目。项目得到了区政府以及钟落潭镇政府的批准。

世外桃源休闲度假村充分依托绿道建设的优势，建成一个集美食、住宿、健身、休闲的以岭南新农村生态旅游为主题的农家乐。突出人与自然、人与文化的互动式体验，以全新的景观营造理念，演绎成现代都市的一首田园牧歌，创造面向未来的新农村生态观光旅游模式。

建设中的世外桃源休闲度假村分为多个不同的活动区域：亲植、亲耕体验区，农产品展销区，农具展览区，鲜花参观区，水果品尝世界，笨猪赛跑区，人鸽亲情广场，水上世界，羽毛球场，乒乓球场，网球场等，各区之间用绿道连接。合作社致力将农家乐项目打造成集农业休闲观光、生态旅游、环境一流、服务一流、设施齐全的生态旅游景点，主要为承接都市人周末或休息日度假、身心放松之场所，景区内的配套设施、卫生达星级标准，以淳朴的民风，周到的服务吸引众多的游客观光游览。

在度假村内，水洁、土净、空气清新，花果绕村争香斗艳，树木成林鸟语花香，漫步绿荫碧水之间，偶尔可闻鸡鸣狗吠之声，使人感受到与自然亲密接触的惬意。在绿道寮采驿站品尝农家饭菜，住农家别墅，幽静舒适、远离喧嚣、田园踏青、绿道慢骑、池边垂钓，林间花草镶嵌，花园、绿地、篮球场、网球场、足球场，为游人休闲、观光、减压、吸氧、娱乐、健身提供理想的场所，亦是深入贯彻落实科学发展观，发展新型农村经济的新模式。

目前，该度假村已开放的项目有美食街、游泳场、水上乐园、单车游等，2012 年收入达到 1 300 万元，平均每股分红达 0.42 元，每年直接为成员增收达 2 000 元，农民的积极性进一步提高，许多原来还处于观望态度的农户纷纷要求加入合作社。

绿韵农家乐农民专业合作社自成立以来，得到了各级政府的大力支持，使合作社能够健康稳定发展。

海南省三亚市槟榔村

槟榔村位于三亚市西北面，地处市区和三亚凤凰国际机场中段，离市区仅 6 千米左右，十多分钟车程，距离三亚湾海滩和三亚凤凰国际机场 10 千米左右。海南西线高速和三亚绕城高速经过槟榔村旁边，为槟榔村往来于三亚任何地方提供便利。槟榔村地处凤凰镇水源池水库下游，东面背山，南面朝海，槟榔河贯穿全境，形成依山傍海、绿水环绕的田园格局。

槟榔村是自然形成的纯黎族村落，共有 5 个自然村，15 个村民小组，全村近 1 300 户，常住人口近 7 000 人。槟榔村下设 2 个党支部，共有 12 个党小组，党员 130 人。

槟榔村现有耕地面积 286.7 公顷，其中水田 260 多公顷，种植槟榔、芒果以及反季节瓜果蔬菜和设施农业，是村民收入的主要来源。进行传统种植，保持传统文明同时，在农业这一块还进行产业升级，利用网络，形成"产—供—销"模式，延伸产业链条，最大限度地为农民增收。

在发展农业同时，槟榔村还契合国际旅游开发，结合本村特色，发展黎家旅游项目。槟榔村拥有原生态的自然环境、纯黎族村落的人文条件以及便利的交通，是发展黎族乡村旅游的首选。在三亚这一庞大的旅游市场环境中，槟榔村开发的热带黎族风情园弥补了三亚旅游项目中一大空白，对完善旅游市场，丰富旅游元素，弘扬黎族文化传统，增加居民收入起到了积极作用。根据市委、市政府提出的"政府＋企业＋农户"发展旅业模式，槟榔村联合企业正在积极打造现代农业设施观光区、农家乐体验区、黎家文化体验区、槟榔河亲水走廊区等，打造成独具乡村风光，民俗特色鲜明的国际乡村旅游胜地。此举不仅弘扬黎族精神文化，对扩大村民就业渠道，发展多元产业格局，切实增加居民收入都起到有力的推动作用。

槟榔村与槟榔河相得益彰，且槟榔河贯穿全境，村内家庭庭院大都沿河分布，与清澈河流一起形成一道独特的风景。房屋设计科学卫生，洗澡间、卫生间、停车场、绿化带等现代设施一应俱全，同时房屋顶层还加盖黎族特色房顶，具有黎家特色气息。庭院椰子树和槟榔树相互交错，圈养家禽，传统与现代文明交相辉映，浑然一体。

近些年，槟榔村为打造最美乡村，开发黎家旅游，从多方面采取措施推进：一是对村开发总体规划有明确方向，主要发展农家乐等与黎家有特色的相关项目，对千篇一律，可复制性强的项目拒之门外；二是建立多元的资金融合渠道，在政策允许范围内，以土地融资、村民募资等多种形式，吸纳整合资金，发展村内经济；三是对村容村貌的严格治理，槟榔村和村内部分公司联合聘请清洁人员，确保村内卫生整齐，对产生的垃圾也及时处理；四是采取典型教育模式，对优秀家庭采取奖励等相关措施，对违反政府规定和村规民约的家庭在相关问题上采取一票否决形式；五是对困难户的关爱和慰问，对于有小孩上大学或者有病患的困难家庭，槟榔村积极向上级部门申请低保，向村内企业申请助学金等方式，尽最大努力积极关照。

在上级部门的关心指导下，在本村人民群众一起奋斗下，槟榔村先后被评为"全国生态文化村""全国文明村镇工作先进村镇""海南省先进基层党组织"等各类光荣称号。

四川省南充市顺庆区青山湖村

青山湖位于搬罾镇东北部，与嘉陵江西岸邻近；涉及 3 个村、35 个社、1 980 户，6 841 人，总耕地面积568.7公顷，人均收入11 000余元；辖区内村社道路、村庄绿化、水利灌溉、人畜饮水及生产便道等基础设施完善；电力、通讯、燃气、公厕、排污等设施基本配套；建有教育、文化、卫生、体育等公共服务体系；停车场、办公设备、健身器材、活动中心、宣传栏、管理制度等一应俱全；村民纯朴，治安氛围良好。

依山傍水、气候宜人的青山湖，地势平坦、土地肥沃、光照充足、雨量充沛，是休闲养生、运动观光、绿色生态的景观特色村庄。一栋栋白墙灰瓦仿式欧派的民居建筑，与周围青山绿水环抱相融；宽阔清洁的道路、整齐明亮的路灯、清新整洁的卫生和湖边观光小道的垂柳、湖内垂钓的钓鱼台、水中观光的廊桥及村民自种的色泽鲜艳香气扑鼻的草莓、以色列蕃茄、口口脆西瓜等给村庄内增添了无穷无尽的美丽景色和春意盎然的乡村气息；农民科技培训室、农家书屋阅览室、政务服务代办点、便民购物超市、幼儿园、敬老院、卫生院、警务室等体系的建立，基本实现了读有所去、学有所教、老有所养、病有所医、物有所购，让农民过上了城市居民般的生活。

青山湖交通十分便捷，搬渔公路和在建的顺蓬公路穿境而过。与即将开建的"龙搬"跨江大桥和规划中的第二绕城高速在青山湖构成交通枢纽。区内产业布局合理，有占地

100 多公顷的"锦绣田园风景区"一处；引进"四川福芝康生物科技有限公司"发展产业，种植药用栀子 140 公顷；"农旺""三公""鑫峰""励业"等农业企业建有设施蔬菜种植大棚 153.3 公顷，种植观光蔬菜、特色蔬菜、季节蔬菜；村民自发种植莲藕，养殖畜禽、水产等面积 120 公顷。这些企业的引进和发展，辐射带动周边十余个村4 600余户的15 700 余人致富。

青山湖是按照新农村建设的新精神和新要求，坚持"政府引导、农民主体、部门配合、社会参与、项目打捆"的运行机制，以打造南充市新农村综合体典范为目标，投资4 000多万元重点实施推进了占地 18.7 公顷的搬罾青山湖新农村综合体建设，促进了农民向集中居住区集中，实现了产村协调共融，推进了城乡一体化发展。

一是规划设计品位高。聘请西安东西部经济研究院按照"突出一心、打造一环、展示一片"的功能布局，高标准规划设计出"体现农村山水田园特色，彰显川东北居民风格"的农村综合居住区，着力打造全省一流国家现代农业示范镇、全省一流乡村旅游示范镇、全省一流新农村综合体示范镇。

二是农房独具特色。规划新建了具有"前庭后院、鸡犬相闻、花果飘香、田园风光、阡陌相连、水天一色"的特色农居房236 户，对原聚居点 184 户农房实施了农村元素改造，对综合体内及周边 240 户农房实施了风貌整治，确保了整个农房风貌协调、风格一致。

三是基础配套完善。建成高标准农田533 公顷、渠系 54.6 千米、蓄水池 53 口，新建园区环形道路 8 千米，整治扩大青山湖至 3.3 公顷，修建绕湖景观大路 1.5 千米、建滨水观景桥一座，培植绿化面积 7 万平方米，铺设水、电、气管网、通讯设施等 6千米。

四是公共服务健全。完善综合体内公共

服务体系，设置了村支两委、警务、便民服务、卫生服务、金融服务、农村书屋、农技培训、多功能会议等室、站、点。配套建设了文体活动中心、停车场、便民购物超市、幼儿园、敬老院、污水处理站等公共服务设施，方便了群众生产生活。

五是产村共融发展。引进了农旺、鑫峰、励业、福芝康等农业龙头企业，采取"公司＋园区＋农户""合作社＋农户"等模式，带动辐射周边农户增收致富，入园农户户均收入1万～3万元。

六是创新自治管理。探索建立了"一核四级"的村级民主治理机制。即是：坚持村党组织的核心领导，形成了"社会组织参与、村民议事会议事、村民委员会执行、村民监事会监督"四个层级村民自治组织。充分发挥党员干部的排头兵和领头羊作用，开展村民自我教育，建立村规民约，实行民主管村，树文明和谐新风尚。

云南省巍山县东莲花村

东莲花村建于明代初叶，至今已有600多年历史，位于巍山县西北部，永建镇坝子中部，全村自东向南呈长蛇状延伸，地势平坦，交通便利，区位优势明显，东距关巍公路1.2千米，南距县城25.5千米，北距下关29.5千米，全村总面积12.4平方千米。连接永建镇西边的红河源公路穿村而过，交通条件良好，自然环境优美，传统文化底蕴淳厚，为坝区纯回族自然村，也是茶马古道上的一个重要驿站。村内民居风貌古朴，清真寺、碉楼等古建筑鼎立村中，是极具地域特色的伊斯兰文化与地方传统民族文化相融合的古村落。东莲花村因伊斯兰民族风情浓郁、马帮历史文化悠久，2005年11月，被巍山县人民政府列为县级重点文物保护单位；2007年1月，被云南省人民政府公布为"省级历史文化名村"；2008年10月被国家住房与城乡建设部、国家文物局公布为中国历史文化名村，是全国迄今为止唯一获此殊荣的纯回族自然村。

东莲花村周围林木葱郁，田园丰沃，水流淙淙，鸟语花香。村东村西各有一个池塘，潭水如镜，风景如画，水流长年不断，从村内、村外流过。村中道路整洁，各户庭院栽花种树，民风淳朴，村民生产生活秩序井然，充分体现了人与自然和谐统一的生活状态。村内至今完好保存着建于清末民初的角楼5座及具有三房一照壁、四合五天井、审阁楼等式样特点的古民居28院，古建筑总面积28 030平方米，建筑整体风格比较统一，不但数量多，保存完好，而且各具特色，处处体现出传统回族文化与其他民族的优秀文化和谐相融的特点。东莲花回族全民信奉伊斯兰教，至今还完整保留着穆民的古老风俗、传统礼仪、民族服饰、饮食文化与民族工艺等都遵循穆斯林的传统，富有异域风情。该村是茶马古道重要驿站，保存至今的古民居、马帮用品等是马帮文化在东莲花村的集中体现，充分展现了马帮的历史文化价值。近年来，各级政府加大了对历史文化名村东莲花村的保护和开发工作，依托项目完善村内基础设施建设。投资2 000多万元实施了小康示范村、民族团结生态示范村、回族特色村、东莲花保护设施建设等项目，改造村内道路、沟渠，修建村内停车场，建成污水处理设施1座，实施电力电讯、给排水、路灯安装、环卫等市政工程。村内基层组织健全，设有村党支部1个，村民小组1个，东莲花村保护管理委员会1个，清真寺管理委员会1个，村集体事务实行以清管会为主体的民主化管理，各项规章制度健全，运行有序。村民遵纪守法，勤劳善良，互敬互爱，和睦团结，与周边各民族和谐共处，整个村庄历史文化底蕴厚重，村容村貌整洁，渠水清冽，邻里和睦，村邻友好，充溢着和谐与宁静，积淀着历史与发展，成为和谐回村的典范。

东莲花村有悠久的历史文化，浓郁的回族风情，美丽和谐的村庄，现在已有乡村旅游经营户 5 户，年接待游客近 3 万人，适宜发展休闲乡村旅游。

新疆维吾尔自治区岳普湖县玛什英恩孜村

岳普湖县拥有得天独厚的旅游资源，既有辽阔无垠的广漠，又有清波浩淼的湖泊。既有神秘幽静的古墓群，又有充满传奇色彩的千年胡杨王与柳树王，以其独有的神韵正成为喀什旅游业的重要组成部分，被誉为喀什旅游"后花园"。达瓦昆湖坐落在铁力木乡 10 村布力曼库木沙漠中，该村现有人口 319 户，1 616 人，全村耕地面积 361.8 公顷。该村距喀什市、喀什国际机场、喀什火车站约 110 千米，距岳普湖县城 33 千米。景区主干道与省道 S310 线贯通，两线相距 5.4 千米，喀什市内、岳普湖县城公交、出租车辆可直接进入景区，交通十分便利。景区以达瓦昆湖为中心，紧邻世界第二大沙漠塔克拉玛干大沙漠的边缘，辐射"千年胡杨王""千年柳树王""千年古墓群"等自然、人文景观。

达瓦昆湖原是沙漠中的一个自然湖泊，经过开挖后，湖面达 66.7 公顷，湖两畔已建成独具特色的欧式风情别墅和极具新疆维吾尔族风情的毡房、民族式餐厅、旅游纪念品店、风情园。夏日里，湖光潋滟，烟波浩渺的湖面上船影点点，游艇的马达与游客的欢笑打破了大漠的亘古的沉寂。湖畔的沙滩上，人们尽情地享受着日光浴，五彩缤纷的阳伞下，游客们逍遥地的品尝沙枣枝、胡杨枝烤出的烤全羊、烤鸡、羊肉串、鲜鱼等维吾尔民族风味美餐及当地产的各类水果，在旅游纪念品店，当地生产的各种手工艺品琳琅满目，宛如维吾尔族传统生产生活的博物馆，让游客充分领略到新疆维吾尔族的民俗风情独有魅力。近年来通过岳普湖县的不懈努力，

达瓦昆风景区的基础设施建设日趋完善，荣获了集娱乐、休闲、度假、购物、探险为一体的国家 AAA 级旅游景区称号，其大漠炊烟、湖光落日的迷人风情使众多的国内外游客流连忘返。

达瓦昆景区已累计接待游客 70 余万人次，带动农户数 230 多余户，实现门票收入 1 500 多万元。景区旅游业发展带动了相关产业发展，实现综合经济收入突破 1 亿元。

目前景区建有商业街，旅游购物商店 3 家，其中：旅游纪念品专卖店一家，景区对其进行了集中管理，并制定了相应的管理制度付诸实施。同时积极推行"文明服务、诚信经营"和"百城万店无假货"等活动，购物场所秩序良好，文明经营蔚然成风。景区共建设旅游公厕 4 个，均为水冲式厕所，其中三星级旅游公厕 1 个。共有厕位 56 个，并设有残疾人专用厕位，可满足高峰期游客需求。景区划有餐饮功能区，共有餐厅 6 家，全部按照国家餐饮服务要求进行管理，餐具、饮具、厨具分类存放，且配备相应的消毒设备和设施，县卫生防疫部门常年进行监督管理。

青岛市黄岛区长阡沟村

一、村庄基本情况

长阡沟村地处黄岛区藏南镇，政府驻地西北 7 千米处，藏马山南麓、陡崖子水库以北。全村由散落于山谷中的 5 个自然村组成，共有 236 户，450 口人，耕地面积 153.3 公顷，山林总面积 186.7 公顷，小型水库 1 座，塘坝12 座。

近年来，该村立足山区实际，依托古朴浓郁的民俗风情和得天独厚的自然景观，引进文化产业项目，开发生态旅游，优化和调整产业结构，积极发展现代农业项目，先后引进建成了中日友好蓝莓观光园、青岛藏马山茶叶有限公司等，而百亿级大项目藏马山

国际生态旅游度假区的引进，成为长阡沟村发展的一个重大契机，2011年该村被评为"青岛市最美丽乡村"，2012年被评为"山东省旅游特色村"。

二、最美乡村建设情况

1. 健全机构，明确职责。为加强最美乡村建设的领导，协调各方关系，有计划、有步骤搞好景点开发、建设及管理，成立了最美乡村建设工作领导小组，设立安全管理小组，为景区搞好协作与服务，有效的维护该村的生产生活秩序。

2. 完善设施、优化环境。为提升乡村旅游服务档次，村两委筹资300万元硬化了村庄及景区周边的旅游道路，同时进行铺设排污管道、造林绿化等配套设施建设。更新村内垃圾桶50余个，购置垃圾车辆，做到垃圾的日产日清。长阡沟村及景区新造林173.3公顷，疏林补植333.3公顷，栽植玉兰、紫叶李、樱花、黄栌等苗木50万株，安装景观灯30盏，新建高标准停车场200平方米，完善了景区导览图和景点的标识牌等旅游配套设施。

3. 整合资源、引导发展。充分利用藏马山、陡崖子水库、沃林蓝莓长阡沟基地、隆辉现代农业等旅游资源，辐射开发了藏马山乡村国际旅游度假区、隆辉现代农业休闲园和长阡沟蓝莓采摘园三大景区。藏马山旅游度假区建成并开放了千亩芳香植物园、板栗采摘园、有机绿茶采摘园等。隆辉现代农业休闲园将重点开展农事采摘、休闲运动、露营体验、垂钓等旅游项目。

4. 强化培训、规范管理。不定期的组织农家餐馆、旅馆进行业务培训，提高服务水平；制定景区的管理制度和旅游应急预案；聘请了专职景区清洁工，抓好旅游持续管理，净化旅游景点的游览环境；统一包装隆辉蓝莓、隆岳红茶等，提升旅游产品档次；规范旅游秩序，严厉查处骗客、宰客、索要回扣行为，维护长阡沟村良好形象，旅游服务水平和景区的接待能力进一步提升。

5. 加大宣传，打造特色。为提高长阡沟特色农家旅游的知名度，我们作了大量的宣传工作。一是与藏马山景区一起进行捆绑宣传，在青岛及周边城市的电视媒体和报纸网络上进行广告宣传和新闻报道，提升了乡村旅游知名度。同时与省内外知名农家旅游强村交流学习，为打造特色农家旅游积累经验。

三、村庄经济发展情况

经过近几年的发展，长阡沟村从单一的传统农业种植模式转变为以种植经济作物及旅游观光、休闲度假为主的多元化产业，同时为村民创造了就业机会，安置农村劳动力200名，村民收入及生活水平有了大幅度提高，全村农民人均收入2.1万元。村集体年收入120余万元，存款2 100万元。

中国美丽田园

油菜花景观——陕西省南郑县油菜花景观
稻田景观——黑龙江省五常市金福稻田
稻田景观——新疆生产建设兵团第四师六十八团稻田
桃花景观——北京市平谷区桃花景观
梨花景观——河北省赵县梨花景观
梯田景观——云南省元阳县哈尼梯田
茶园景观——江苏省金坛市薛埠镇有机茶园
草原景观——内蒙古自治区锡林浩特市白音锡勒草原
果园景观——陕西省洛川县李家坳苹果旅游景观
荷花景观——江西省广昌县荷花景观
向日葵景观——广西壮族自治区武宣县葵花景观
渔业景观——宁夏回族自治区中卫市腾格里沙漠湿地渔作景观
花卉景观——安徽省亳州市谯城区芍药花景观
花卉景观——贵州省兴义市杜鹃花景观
其他景观——湖北省安陆市万亩银杏景观
其他景观——宁波市余姚市四明山红枫景观

油菜花景观——陕西省
南郑县油菜花景观

南郑县位于汉中盆地西南部，素有"西北小江南"之美誉，生态环境优越。每年春天，沿汉水以南的平川、丘陵、山区1.53万公顷错落有致的油菜花，犹如一幅幅天然的国画长卷，把南郑秀美的大地装扮得楚楚动人。

油菜种植主要在南郑县平川丘陵地带，每年3～4月开花，来到田野，犹如进入了一片金色的花海，一座座村庄镶嵌在花海之中。大片油菜花夹杂着小麦、茶叶、中药材等经济作物，黄绿相交，错落有致，极具特色。特别是在汉山顶登高远望，湖光山色，花海人家，更是迷人。

2007年以来，南郑县配合汉中市人民政府成功举办了8届汉中油菜花节，多次承担油菜花节主会场，以花为媒，开展了赏花、采茶、赛歌、乡村游以及文艺演出、书画展等活动，全方位展示南郑"城市魅力、山水魅力、旅游魅力、文化魅力"，精心打造"文化搭台子、旅游聚人气、经贸唱大戏"的发展平台，树立对外开放的崭新形象。2011年，以油菜花为主题的电影《风过菜花黄》在陕西省南郑县川陕革命根据地纪念馆前的广场开机，选择了南郑县油菜花海作为主取景场地。"中国最美油菜花海"的美景始终贯穿全片，成为影片一大亮点，进一步宣传了南郑油菜花的迷人景色，提高了南郑油茶花的对外影响力。

稻田景观——黑龙江省
五常市金福稻田

五常市金福粮油有限公司成立于2005年1月，是黑龙江省农业产业化重点龙头企业，位于中国优质稻米之乡五常市，在美丽的凤凰山和龙凤山脚下，处于拉林河和蟒牛河下

游。该企业拥有现代化的稻米精加工生产能力30万吨，与中国科学院遗传与生物学研究所合作的种子研发中心33.3公顷、绿色水稻种植基地0.53万公顷、黑龙江省农业委员会定点有机水稻示范基地0.13万公顷、6 000吨稻谷油生产能力，是一家拥有全产业链规模的集稻谷种植生产加工销售仓储物流于一体的农产品现代化加工企业。

五常市金福粮油有限公司拥有现代农业观光示范基地两处，一处坐落于国家AAAA级景区龙凤湖下游的龙凤山乡，另一处坐落于五常市政府所在地五常镇南5千米处，是哈尔滨通往凤凰山和雪乡的必经之路，交通便利、农业基础设施建设标准较高、农业观光项目丰富。这里可以观赏一望无际、满眼嫩绿如江南水乡的稻田美景；可以实际体验智能化节水灌溉设施给人们带来的农业物联网科学技术的科技感受；可以体验深入水田与农民一起插秧、一起除草、一起收割、一起驾驶农用车辆等有机种植过程和实际采摘农家蔬菜的乐趣；可以实地参观种子从催芽到育秧到种植再加工的种子生产过程，参观大米加工现代化生产线，认识稻谷经过加工变成精制大米的全过程；可以品尝五常有机大米的香甜、朝鲜泡菜的爽口、东北杀猪菜和狗肉汤的鲜美等。目前，农耕博物馆、历史溯源再现、水文化乐园等旅游观光设施还在继续筹建当中。

五常市金福粮油有限公司现代农业观光示范基地，适合每年6～10月参观游玩，体验夏秋不同的美景和感受。

稻田景观——新疆生产建设
兵团第四师六十八团稻田

六十八团位于新疆兵团第四师，地处伊犁地区察布查尔县西北部的伊犁河南岸冲积扇平原地段，与察布查尔县各镇相连，团部驻地佛尕善镇（锡伯族语意为老村）。交通便

捷，直通 313 省道，东距察布查尔县城 12 千米，距伊宁市 32 千米，西距国家一级口岸都拉塔口岸 47.6 千米，团内 40 多辆线路车，全天线路车通畅，位于团入口处有几路公交车直通察布查尔县和伊宁市，交通便捷。六十八团耕地面积 0.6 万公顷，水稻种植面积 0.57 万公顷，新疆水稻栽培历史较短，距史书记载大约有 1 400 多年的历史。新疆稻区集中分布于水源充沛的河流两岸低洼处和冲积扇缘或泉水溢出带。阿克苏河流域、渭干河流域、克孜勒苏河流域、叶尔羌河流域、和田河流域、克里雅河流域等水源较好的县市是南疆的古老稻区。天山北麓河流冲积扇缘、泉水溢出带和伊犁河下游的部分县市是清末民初开发的稻区。而六十八团气候条件优越、水源充足，拥有近 50 多年的水稻种植历史。种植出的水稻品质优良，被农业部认定为质量追溯产品、绿色食品等，生产的大米出口远销各地。

1. 农田观光和野味采集。六十八团于 2009 年开始实施标准化条田建设工作，截止到 2013 年，已完成标准化条田创建任务 0.5 万公顷。通过这些年的努力，六十八团实现了农田整齐划一，游客不仅可以了解水稻种植生长过程，还可以驾车行驶到田边地角进行观光，道路旁林带葱郁，每逢春季来临，榆钱、荠荠菜、蒲公英、槐树花、车前草等野菜生长茂密，且绿色无公害。

2. 生态环境观光。六十八团水稻种植注重环境质量，在种植过程中注重可持续发展。要求每 666.7 平方米水稻放养 2 只稻田鸭；渠埂上种植作物，如黄豆、玉米、葵花、辣椒、豆角等；禁施高毒农药，田间生态系统优良，有野生水鸡、喜鹊、翠鸟、麻雀、野鸡、布谷鸟、青蛙、蜻蜓、鹳类等，个别地区每年都有候鸟固定迁徙，如天鹅、白鹳等国家保护动物。

3. 公园式团场花园式连队。六十八团在规划设计中，以人性化发展为主。团部规划

整齐，有健身器材、健身广场、图书阅览室、棋牌室、门球场、乒乓球室、商业街、菜市场、文化宫等，近期计划建老年公寓和公园等。团部环境优美，绿树成荫，鸟语花香，沿团道路全部种植了树木和花卉，安装路灯。六十八团共计 12 个农业单位，全部荣获市级"文明生态小康连队"，其中 4 个单位荣获兵团级"文明生态小康连队"。连队建设美丽大方，路面硬化到家到户，房屋规划整齐，营区绿化到家到户，适合游客体验农家感觉。

4. 农家乐种类丰富。依托团场优越的自然环境，团场的职工群众瞅准商机，开起了各类特色农家乐，如以散养农家鸡鸭鹅为主的、以钓鱼观光为主的、特色油桃和草莓种植为主的农家乐。

桃花景观——北京市
平谷区桃花景观

平谷的春天是红色的春天，约 1.3 万公顷桃花竞相开放，漫山遍野桃花红遍，如霞似锦，如海如潮，到平谷赏桃花，宛若进入了梦幻的红色之旅。数万公顷桃花，一眼都望不到边，好像每一朵小花都在争先恐后地向人们开放，努力地展示自己。

平谷最美的赏桃花之地是被称为"平谷桃花海"的桃源，位于大华山镇小峪子村。百里桃花争奇斗艳，青山秀水与绚丽的桃花美景交相辉映。置身花海中，仿佛可以感觉到桃花的呼吸。行走其中，拾起一朵飘落的桃花，颜色以花蕊处向外逐渐变淡，些许深红、些许粉红、些许白色，自然而不留痕迹，正应了杜甫的诗句："桃花一簇开无主，可爱深红变浅红。"

小金山是一个孤峰，是耸立于万亩花海中的小岛，前后左右簇拥着万亩桃林，山峰海拔不高，几分钟就可以登顶，峰顶建有观景亭，是平谷花海全景最佳观赏处之一。从小金山顶上放眼望去直至远山脚下，皆是热

闹的花海，微风吹过，仿佛叠叠的花浪不断向你的脚下涌来。穿越百里桃花观赏走廊赏桃花。古人有云："桃花尽日随流水，洞在清溪何处边"，这是人们心中理想之所。而来到平谷的山水间，到处都是桃花的踪迹，是梦想的天堂。顺着那些山涧、山路，沿着一路的桃花，来一次桃花走廊的穿越，路旁百里桃花相伴，还可花海信步前行，经过的山峰奇美俊秀，山村绿树掩映，或许这就是春日里不可或缺的一部分。

梨花景观——河北省
赵县梨花景观

河北省赵县是全国著名的雪花梨之乡。梨果栽培历史 2 000 年之久，雪花梨"大如拳、甜如蜜、脆如菱"，以其独特品质享誉中外，全县果树总面积约 1.67 万公顷。梨果产业已经成为全县经济发展的重要支柱产业之一。

1995 年，赵县被命名为"中国雪花梨之乡"。在 1997 金秋果乡果品电视综艺品评会上赵县雪花梨荣获"葫芦岛"称号。1998 年，赵州桥牌雪花梨被认定为河北省名牌产品。1999 年，赵州桥牌雪花梨被认定为中国国际农业博览会名牌产品。2000 年，赵州桥牌雪花梨荣获河北省重点农业名牌产品。2001 年，被中国果品协会评为全国优质梨品，特授予"中华明果"称号，且在第三届中国特产文化节荣获"金奖"。2005 年，在首届中国国际林业产业博览会上荣获"林博会名特优新奖"，荣获"中国国际农业博览会名优农产品"称号，被评为第九届中国（廊坊）农产品交易会果王。2006 年，被定为中国优质梨果基地定点县。2007 年，在北京奥运会推荐果品综合评选活动中荣获"一等奖"。2008 年，被中国果品流通协会分别评为"中国名优梨金奖""中国雪梨王""中国梨果创意奖""中国名优梨银奖"等。2011 年，赵州桥牌雪花梨荣获"第二届中国国际林业产业博览会金奖"。

每年梨花盛开的时节集中在 4 月 4 日～15 日，在此期间各地朋友前来"赏梨花、游桥寺、吃农饭、品赵州土特产品"。赵县梨花节主要路线分布在新南路和辛赵路沿线，主要梨花观景台有谢庄乡大郝庄梨花观景台、董庄梨花观景台，范庄镇南庄观景台、贤门楼梨花观景台等。除此之外，还有赵县旭海庄园和河北神花农业广场两个采摘园。

梯田景观——云南省
元阳县哈尼梯田

云南省红河州哈尼梯田距今有 1 300 多年的开垦、耕种和发展历史，形成了一个极具典型意义的人与自然和谐共存的传统梯田稻作农业文化系统。元阳哈尼梯田约有 1.27 万公顷，梯田核心区由多依树、麻栗寨、牛角寨、猛品四个部分组成，总面积 95.9 平方千米。哈尼梯田以其"分布广、规模大、建造奇"而闻名中外，森林—溪流—村寨—梯田"四素共构"的农业生态系统堪称世界山地生态农业的典范，具有极高的历史、文化、生态、经济、科学和美学价值。1993 年，被法国报刊评为"年度新发现的世界七大人文景观之一"。从此，哈尼梯田开始具有了一定的国际影响力，2013 年 6 月 22 日被联合国教科文组织认定为"世界非物质文化遗产"。

哈尼梯田具有独创的农业发展特色，主要表现在：一是节庆，哈尼族节日一般都结合梯田农耕时令和重要农耕活动，并与民族祭祀活动紧密相连，其中最重要的农耕和自然祭祀活动演化成遗产地哈尼民族接亲中最重要的"昂玛突"（农历二月第一轮属龙日或属蛇日起）、"矻扎扎"（农历六月）和"十月年"（农历十月第一轮属龙日起）三大节日。二是服饰，哈尼族崇尚黑色，哈尼族无论男女，其服装均以黑色为主基调，哈尼族服装用料主要是自纺的靛染土布，其纺织、靛染原料都来自于自家梯田及村寨周边的经济林生产。三是饮食，区域内物产丰富，烹饪方法独特，具有哈尼风味特点的典型食品很多。例如，竹筒饭、竹筒鸡、生炸竹虫等，比较有名的风味菜肴还有蜂蛹酱、暴腌芭蕉心、酸笋炒牛肉、肉松酱、清汤橄榄鱼、螃蟹炖蛋清、煮圆子等。四是建筑特色，区域内哈尼族的住房主要是"蘑菇房"，分布在半山地区，村寨背后多半是郁郁葱葱的古木丛林和灌木山坡，村前梯田层层，山麓崎岖，村寨周围喜种棕榈、竹、梨、李、桃、柿等果木。传统的蘑菇房一般有三层：一层住牲畜、存放劳动工具，便于积肥；二层住人；三层干燥，储存粮食。建筑材料多样，一般利用土坯、石头、稻草等。

茶园景观——江苏省金坛市薛埠镇有机茶园

江苏鑫品茶业有限公司的有机茶叶基地位于江苏省金坛市薛埠镇高庄村，这里地处国家 AAAA 级景区——江苏茅山风景名胜区的腹部，西依灵秀茅山，东临茫茫高庄水库，山水交融，独领风骚，这里既是种植茶叶的绝佳境地，又是观光赏景的最好去处。2001 年开始取得了这片山地的经营承包权，通过精心规划与开垦种植，现已发展成片的有机茶园 100 多公顷，并配套建成茶园水泥道路 5 千米，排灌渠系 3.5 千米，茶园四旁绿化与道路绿化 1.5 万株，新建喷灌茶园 40 公顷。从 2003 年起，通过杭州中农有机茶产品认证，2010 年通过农业部茶叶标准园创建验收。该地区属于低山丘陵缓坡地，四季分明，气候宜人，空气清新，水质清澈，植被茂密葱郁，覆盖率达到 90% 以上，生态环境自然、和谐、幽静。茶叶基地周边是花木特色专业村的花木基地，这里四季花香，土壤

肥沃，景观优美，茶叶生长茂盛。春季，起伏的山丘，蜿蜒的小道，一片片新绿的茶行整整齐齐地排列在山丘上，高庄有机茶叶基地被装点得格外清新。登临高处，人们既能观赏到连绵起伏的茶园风光，又可在品饮香茗时，体味一番茶农劳作的景致。冬季，万物寂静，唯有茶园还保存着一片生机，白雪的覆盖下隐约透露着丝丝绿意，象征着生命的坚毅与希望。茶园，红尘的一方净土，城市的一座绿洲，自然的一处美景，心灵的一泓清泉。这是一个"天人合一"的生态家园，远离了喧嚣与浮躁，亲近了和谐与自然。在这里，人们可以真正地领略到大自然给予的无穷魅力。

草原景观——内蒙古自治区锡林浩特市白音锡勒草原

春坤山位于九峰山北麓固阳县境内，距固阳县城 56 千米处，海拔 2 340 米，是包头市制高点。春坤山上空气清新，气候凉爽，它也是内蒙古唯一一块高原草甸草场，生长着黄芪、秦艽、黄芩、柴胡等几十种野生药材，自然草种达 300 多种。神奇景点石洞沟，原始桦林郁郁葱葱，相传此沟内有一条深不见底的石洞，洞口冷风飕飕，洞内潺潺流水。早晨登高远望，似有一条白龙在云山雾海中腾飞，那就是传说中的白龙马，它给人们留下一种无限的传说和遐想。

春坤山的地貌十分奇特，每条山梁都分阴阳两面。向阳的山梁上怪石嶙峋，悬崖峻峭，阴坡上土壤肥沃，草木葱茏。每当三月三、清明节前后，这里沟沟岔岔的阳山上一簇簇一丛丛都是盛开的野桃花，雪白的，粉红的，玫瑰红的，把一座座山崖装扮得姹紫嫣红，分外妖娆。端午节前后，这里各种各样野生植物带着大自然清新淳朴的泥土芳香钻出地面，展示各自生命的魅力和风采，把一座座山坡装扮得鲜翠欲滴。六月盛夏之时，

浓郁的纯天然花香就会随着缕缕清风飘飘荡荡，金钟花、山丹花、虞美人、凤仙花、牵牛花……草坡上繁花似锦，彩蝶纷飞。七月酷暑，这里却是另一番人间仙境。山坡上碧草青青，凉风习习，白云朵朵；山谷里泉水叮咚，鲜花灿烂，彩蝶翩翩，硕果累累，百鸟啾啾。

果园景观——陕西省洛川县
李家塬苹果旅游景观

"秦开阡陌，汉主限田"，洛川是黄河流域农业开发较早的地区之一，是黄土高原面积最大，土层最厚的塬区，也是目前世界上保存最完好的高原地貌之一。1947年，阿寺村农民李新安从河南灵宝引种苹果，迄今已有50多年的苹果栽培历史，洛川苹果以其"个大、色艳、细脆、香甜、耐贮藏、无污染"六大特点享誉中外。李家塬村地处洛川县城北部16.5千米，是以苹果为主导产业的特色农业村，1965年在崾边地带种植，1989年开始大规模种植。该村地处旧县镇的中间地区，交通便利且一面临沟，自然环境优雅，空气清新流畅。与国家级苹果标准化示范园相邻，是发展苹果旅游观光的最好地域，西至王家村，东至东村，南至荆尧科村，北至西关村。为了满足游客的需要，在该村配套建设了迎宾大道、民俗文化广场、文化墙、美丽庭院、农家乐接待户等乡村旅游观光设施，让游客在了解洛川风土人情之际，品尝地域特色餐饮、体验当地民俗文化。

果园分布绵延千里，有道是洛川的美，美在乡村，美在田园。春天果花烂漫，夏天绿染丛林，秋天硕果满枝，金秋十月游客可尽情品尝自己亲手采摘的苹果，享受丰收的喜悦。该村以国家级苹果标准化示范园为带动，旅游服务业发展迅速，果园春赏花、夏消暑、秋摘果、冬踏雪，一年四季风光

迷人。

春赏花在4月中旬，花开时节，万亩果园集中连片，置身其中，虬枝葱茏，蜂飞蝶舞，鸟语花香，争与春光添芬芳；登高而望，洛塬户户尽芳菲，陇亩迷茫飘香雪，繁花万朵枝头闹，万顷果园腾花海。夏消暑在6～8月，夏日流火，万壑披绿，住窑洞，纳凉避暑。学剪纸，赏棉麻绣，做面花，体验洛川民间风情。秋采摘在8～11月，秋天累累硕果挂满枝头，随风摇曳，让人陶醉，游客可观光，可采摘体验，可观苹果节，赏贴纸果，分享农家丰收的喜悦。冬踏雪在12月至次年2月，冬日漫天飞雪，大雪压枝头，游客漫步林海雪塬，仿佛置身于一副"雪似花，花似雪，似和不似都奇绝"的画卷之中。

荷花景观——江西省
广昌县荷花景观

广昌白莲种植历史悠久，古代称为"贡莲"。有文字记载始于唐代仪凤年间，至今已有1 300多年。广昌自古以来就被称为"莲乡"，1995年广昌县在人民大会堂召开的首届百家中国特产之乡命名大会上荣摘"中国白莲之乡"桂冠。

新中国成立初期，广昌白莲种植面积约为266.7公顷，主要分布在驿前、赤水、头陂、水南等乡镇。20世纪70年代，开展白莲新品种选育和繁育试验，选育并推广了广莲1号白莲新品种，促进了广昌白莲的发展。1984年，对白莲新品种选育、栽培技术、病虫害防治及综合利用进行全面系统科研，成功培育了赣莲84—4、赣莲85—8、赣莲62等新品种，在全县16个乡镇大面积种植。80年代，广昌白莲得到大面积发展，种植面积发展到约为0.53万公顷，年产值达1.2亿元，成为广昌县城经济的支柱产业。进入90年代，广昌开展白莲航天诱变育种研究，成

功培育了太空莲系列品种，在全县普及推广种植，建立起万亩白莲无公害生产基地，形成了百里莲花带。

广昌县莲花主要景观位于抚河源头驿前镇姚西村（中国莲花第一村）。群山合抱万亩莲田，仲夏时节，万亩莲花竞相绽放，花海一样的世界。姚西村的百里莲花池已成为远近闻名的旅游胜地。

莲花观赏时间为6～9月，每年阳春三月，莲农开始莳莲，到5月藕芽长出新绿，月底莲花陆续开放。莲花花期大致经过三个阶段：充满希望的初花期、万亩莲花放吉祥的盛花期、雾色的后花期。每当莲花绽放时节，四周的田野就会飘来阵阵清香，一片片接天莲叶无穷碧、映日荷花别样红的莲园仙境。莲花在不同的时节，花姿各有不同。淋浴初夏的雨露，初花期时清秀带着稚嫩，真有小女初长成的味道。盛花期，莲花与骄阳斗艳，显得火热富丽，就像热恋中的情人。秋风起，秋雨凉，在秋高气爽中，在秋雾笼罩里，它又那么的娇媚，像心上人将你在梦里呼唤。莲花在同一天的不同时段，花容也有不同。清晨，伴着朝霞，它带着露珠，静静地舒展身姿。中午，在骄阳下，花瓣渐渐收拢，处于半合状态，恰似诉说衷肠，又欲说还羞。傍晚，孤鹜归巢，落日余晖，所有的花朵又全成了花蕾，变得如此端庄，像淑女般彬彬有礼。每当莲花盛开的时候，广昌就像一幅绿毯添绣的壮美画卷，被它震撼，为之感叹。

在1 000多年白莲种植历史中，广昌民间逐渐形成了一整套与莲相关的民俗。广昌民间莲花灯彩，如手提莲花灯、肩挑莲花篮、莲蓬灯、莲碗灯、莲藕灯等，颇具地方特色。每年农历六月二十四，莲农们称是"莲花生日"（习惯简称"莲花节"）。在农历六月二十四至二十六这三天里要举行莲神太子庙会，酬莲神、祈福祉、庆丰收，边界民众都赶来参与，热闹非凡。

向日葵景观——广西壮族自治区武宣县葵花景观

来宾市武宣县东乡镇河马村下莲塘自然村是广西特色文化名村、历史文化名村；距武宣县城27千米、东乡集镇4千米、AAA级景区百崖大峡谷10千米。全村农业生产以茶叶、油葵、优质稻为主，其中以茶叶、油葵种植为全村突出产业，2013年全村种植油葵约133.3公顷，其中的下莲塘屯连片种植油葵约53.3公顷。

下莲塘自然风光秀美。周边山脉连绵，百崖峡谷溪水绕村而过，村内散布大小池塘10多处，周边林木茂盛，百年以上古树20余株。全村村容整洁、田园清洁，水源清纯。每年金秋十月，油葵花盛开季节，朵朵金葵花，汇成了花的海洋，一望无际，分外妖娆。

下莲塘人文底蕴厚重。现存多处古建筑和历史文物，其中最著名的当属"将军第"和刘炳宇古庄园。"将军第"为清代民居，始建于清嘉庆六年（1801），占地面积12万平方米，建筑面积2.1万平方米。刘炳宇古庄园建于1908年，为中西结合的庭院式庄园，占地面积0.63万平方米，建筑面积0.3万平方米，2004年来宾市人民政府将其列为市级重点文物保护单位。

下莲塘地灵人杰。崇文尚武，名人辈出，自清代至民国就有了8位将军，并留存有30余件精美文物，其中最珍贵的当属清咸丰七年（1857）制作的寿幛，金丝银线，图文精美，具有极高的观赏、研究价值。

近年来，下莲塘村通过实施新农村示范村、桂中土地整治、特色文化名村等项目建设，修建完善了景区大门、游客接待中心、停车场、文体广场、古戏台、道路、水利渠道、太阳能路灯等基础设施。

下莲塘村依托历史人文资源和自然景观生态资源，以发展"春桃、夏莲、秋葵、冬菜"四季花模式，大力发展休闲农业观光旅游业，着重发展"庄园之旅""葵花之旅"等特色景观旅游，打造"鉴史—观园—赏花"一体化的特色旅游项目，通过举办金葵花节、情定庄园集体婚礼、摄影大赛、机车巡演、青年交友会等重大节庆活动和旅游推介活动，带动乡村休闲农业观光旅游发展，增加群众收入。2012年接待游客20万人次，2013年仅葵花盛开的季节接待游客就超过了20万人次，村民年人均纯收入将超过8 500元。

渔业景观——宁夏回族自治区中卫市腾格里沙漠湿地渔作景观

中卫市腾格里沙漠湿地旅游区，又名腾格里湖，位于宁夏回族自治区中卫市沙坡头区飞机场路与五葡路交汇处向西2千米，包兰铁路北侧。腾格里沙漠湿地景区渔业公司于2009年承担建设了农业部黄河鲤鱼良种场建设项目，于2011年经农业部考核验收获得"农业部水产健康养殖示范场"称号，并于2011年被评为"全国水利风景区"及"宁夏垂钓协会会员单位"。2013年，获评"农业部第二批全国渔业休闲师范基地"，并成功举办了"宁夏中卫腾格里湖全国湖库钓鱼邀请赛"。中卫市腾格里沙漠湿地渔业养殖市场辐射力较强，市场吸引力和经济效益较好，年收益30万元，在中卫周边地区有较高的知名度，成为当地重要的旅游目的地。社会效益显著，能直接吸纳就业或间接提供劳动就业岗位，生态效益明显，改善了周边的环境和空气质量。腾格里湖中鱼类主要品种为鲤鱼、鲫鱼、草鱼、花鲢、白鲢，鱼产品效益明显，腾格里湖无公害鱼产品价值高。

腾格里沙漠湿地景区渔业公司每年还举办多项活动，湖面龙舟比赛、腾格里搏鱼大赛、腾格里垂钓比赛等活动，其内容丰富、形式多样、积极向上、雅俗共赏，受到游客的一致好评。

花卉景观——安徽省亳州市谯城区芍药花景观

亳州市谯城区位于安徽西北部，面积2 226平方千米，耕地面积13.2万公顷，人口130万人。从商城王建都开始，是一座具有3 000多年历史的文化古城，以悠久的历史、灿烂的文化闻名遐迩。1986年撤县建市，2000年成立亳州市谯城区。谯城区是著名的"华佗故里，药材之乡"，中国四大药都之首，中药材种植历史已有1 800多年。全区药材种植面积已达5.3万公顷，种植品种有50多种，药用观赏价值皆有，其中芍药为亳州市谯城区地道药材，种植面积达1.47万公顷，各乡镇均有种植，主要分布在沿涡河两岸的十八里、十九里、谯东、五马、华佗、沙土等镇乡。芍药花在每年5月份盛开，多呈红色或粉色，花朵艳丽，多姿多彩，形成花海，清代诗人刘开曾有诗赞曰："小黄城外芍药花，十里五里升朝霞。花前花后皆人家，家家种花如桑麻。"宜观宜赏，香气浓郁，透满谯城，20世纪90年代评为亳州市市花。

《本草纲目》记载："芍药犹绰约也，美好貌，此草花容绰约，故以为名"，对芍药花之美形容得淋漓尽致。而古人关于芍药花的诗词歌赋，可谓数不胜数。大文豪苏轼不吝赞美之词："浩态狂香昔未逢，红灯烁烁绿盘龙。觉来独对情惊恐，身在仙宫第九重。"唐代文学家韩愈也曾陶醉在那一片花海当中。"憨湘云醉眠芍药裀"是《红楼梦》中最美丽的情景之一。

近年来随着旅游业的发展，谯城区每年在5月上旬都举办"芍花节"，芍药花不仅装扮了谯城，美丽了谯城，而且是谯城人民的骄傲。同时，每年还吸引了众多的文人墨客、中外宾朋前来吟诗作画，观光旅游。

花卉景观——贵州省
兴义市杜鹃花景观

白龙山位于贵州省黔西南布依族苗族自治州兴义市七舍镇，距市区 20 千米，位于东经 104°35′～106°32′、北纬 24°38′～26°11′，距北回归线不到 300 千米。年平均气温 13.2℃，最高气温 28℃，平均海拔在 1 950 米，年降水量 1 400～1 600 mm，最低气温 −3℃，湿度 75%～90%，雾天占全年的 1/2 以上，属典型的高海拔低纬度湿润气候地区。

七舍镇集中了 16 个杜鹃花品种，分布于白龙山脉约 10 平方千米，是黔西南唯一具此规模、独具观赏的杜鹃花海，也是理想的绿色天然生态养殖基地和旅游度假避暑胜地。这里的十里野生杜鹃景色迷人，分布有万亩野生杜鹃，每年春夏之交，盛开着的红、白、紫等各色杜鹃花。站在白龙山俯瞰著名风景区万峰林，使人真正感受到一览众山小，这里还是饱览黔、桂、滇三省接合部南盘江畔自然风光最佳之选，白龙山及周边有上千亩的野生杜鹃灌木林，杜鹃的种类繁多，杜鹃花和原始森林绵延数 10 千米，森林覆盖率达 68%。杜鹃花遍及白龙山的山山岭岭，装点着一幅醉人的图画。

人间四月天，七舍看杜鹃，观赏兴义市七舍镇杜鹃花最好的季节在每年的 3 月下旬至 4 月中旬。杜鹃花盛开之时，满山都是山花烂漫，白龙山上杜鹃吐蕊，竞相怒放，盛开的杜鹃花在蓝天白云映衬下分外妖娆。群峦尽染的杜鹃花，形成了"红色海洋"的奇观，令人神清气爽、心旷神怡。

其他景观——湖北省安陆市
万亩银杏景观

钱冲古银杏生态旅游区，位于湖北省安陆市西部的王义贞镇，拥有我国目前现存的两大自然状态古银杏群落之一，是全国的"银杏之乡"，其中的古银杏国家森林公园是全国首家以树命名的森林公园，这也是全世界首家以树命名的森林公园。2009 年 11 月 18 日，由国家林业局命名的首届中国银杏节在钱冲开节。

银杏有"植物界的大熊猫"之美称，是研究古代地球地质演变的活化石，是我国特有的古老而珍奇的名贵树种。钱冲古银杏参天连片，现有千年以上的古银杏 48 株，500 年以上的 180 株，100 年以上的 4 370 株，新开垦银杏基地 2 533.3 公顷。安陆市银杏基地总面积达 1 087 万公顷，定植银杏 240 万株，连片 25 株以上千年银杏景点 36 处。钱冲古银杏群不但数量之多、年代之古老为世所罕见，而且树形各异，有夫妻树、情侣树、子孙树、母子树，极具观赏价值和情趣。钱冲的古银杏群，处于深山之中，独自绿了黄，黄了绿。叶黄的时候，漫山遍野，层林尽染，黄得气势逼人，美得让人沉醉。"黄山归来不看山，九寨沟归来不看水，钱冲归来不看树"，这是一位游遍祖国大好河山的旅游爱好者对钱冲古银杏群落发出的由衷赞美。每年的 11 月中下旬，来钱冲观赏银杏节的游客总数超过 60 万人。钱冲的银杏，树势雄伟，树冠巍峨，形态各异，枝蔓纵横，极具观赏价值和情趣。有的并蒂连枝，状如夫妻；有的揽腰依偎，胜似情侣；有的一老一少，形同母子；有的笔直如桦树，直插云霄；有的张开似伞盖，荫及千余平方米。"银杏王"历经 3 000 多年风雨，仍枝繁叶茂，巨冠参天，虬枝繁多，树干需六人合围，年产果实近千斤，是钱冲当之无愧的镇山之宝；还有一棵古树，树空成洞，可放小桌，容四人于其内，天地造化，让人感慨万千。

其他景观——宁波市余姚市
四明山红枫景观

四明山镇坪头村地处余姚市最南端，距

余姚市区 62 千米，毗邻国家 AAAA 级风景旅游区溪口，33 省道穿镇而过，年平均气温 13℃，夏季最高气温 32℃，冬季最低气温在 −15℃ 以上。特有的高山气候，使这里成为春可赏樱花红枫、夏可休闲避暑、秋可旅游养生、冬可观雾凇奇景的生态旅游胜地。平均海拔近 700 米的四明山镇，风光秀丽，民情淳朴，曾经留下了李白、孟郊、皮日休、陆龟蒙等 40 多位名人与诗人的足迹，为灿烂的唐朝诗坛留下了许多不朽的诗作，还成为明末清初大思想家黄宗羲著书立说的理想之所。四明山镇土地辽阔，生态环境优美，人文景观众多。近年来，四明山镇荣获"中国红枫之乡""中国樱花之乡""浙江省旅游强镇""全国环境优美乡镇""中国最佳文化生态旅游目的地"等荣誉称号。

风光美丽的四明山，有众多的自然景点和景区，充满着自然气息的魅力，这里民情淳朴好客，青山上百花齐放，丛林中百鸟争鸣，如一幅唯美的画面在你面前展现、美不胜收。每年 4～5 月，田间、山野、房前、屋后的遍地红色，却铺陈出了生态的另一面。火红枫叶，粉红樱花，吸引着省内外大量游客前来观光，惊叹于这大自然赋予的美丽。坪头红枫观赏基地位于四明山镇茶培坪头村，该村有种植红枫农户 86 家，20 世纪 80 年代初开始种植花木，是四明山最早种植花木的自然村，目前拥有近 86.7 公顷的种植基地，农户年收入超过 10 万元。2008 年，正式对市内外游客免费开放成为"四明山红枫观赏基地"。

全国休闲农业与乡村旅游星级企业（园区）

北京金福艺农"番茄联合王国"（北京金福艺农农业科技集团有限公司）
山西晋城市阳城县皇城相府生态农业园区
上海都市菜园（上海都市农商社有限公司）
巴比松米勒庄园（浙江桐庐新恒基旅游开发有限公司）
安徽阜阳市生态乐园
长沙望城区百果园
海南南天生态大观园（三亚天行旅游实业有限公司）
北京一品香山农产品销售有限责任公司（一品香山休闲农业园区）
上海联怡枇杷乐园投资管理有限公司
南京新农科创投资有限责任公司
安徽丫山花海石林旅游有限公司
江西明骏实业有限公司九曲旅游度假村
山东泰山花样年华旅游开发有限公司
洪湖市华年生态投资有限公司
陕西阳光雨露现代农业开发有限公司
青海西宁乡趣农业科技有限公司

北京金福艺农"番茄联合王国"（北京金福艺农农业科技集团有限公司）

北京金福艺农农业科技集团有限公司，位于北京市通州区台湖镇北京国际图书城西侧，其下属有五家分公司，分别为：北京金福龙成市政工程有限公司、北京润物园林绿化工程有限公司、北京金福御鸿酒店管理有限公司、北京怡和家美装饰有限公司和北京中枢创意广告有限责任公司，主要经营农业、市政、绿化、宾馆等项目。其中农业是部级示范园，五星级全国休闲农业与乡村旅游单位。

长期以来金福艺农积极与知名农业科研院所建立合作关系，首家在"番茄联合国"主园区应用现代农业物联网技术，成功打造一个特色化"全国数字艺术农业"响亮品牌。同时园区精心培育世界多个国家160多个特色番茄品种，21种颜色，千奇百异。在2011年5月26日举办了北京市第一个以蔬菜命名的节日——番茄文化艺术节，现场展出上百种奇特五彩番茄，琳琅满目，在阳光照耀下仿佛映射出一幅幅晶莹剔透的艺术品，深深受到众多市民百姓的无限喜爱，此破局之策也使金福艺农成为行业中佼佼者，主园区"番茄联合国"为此名声大振！

主园区"番茄联合国"已成熟发展成为一家集是集设施种植、观光采摘、科普教育、餐饮住宿、蔬菜配送、车模竞赛、亲子农耕、宠物互动、休闲垂钓、康体健身、儿童拓展、文化娱乐等为一体的综合配套型现代都市休闲农业园。园区每个角落融入各类番茄元素，用艺术手段将番茄特色打造得淋漓尽致。这里不仅是提供丰富农产品的基地，更是人们观光休闲，体验田园生活，融入自然的好场所。每年都有大量的游客来园区体验农业，感知农业，是市民采摘休闲的乐园、大中小

学生学农的课堂、艺术家灵感的源泉。同时金福艺农得到市民和社会各界高度关注，先后被评为"全国休闲农业与乡村旅游五星级单位""北京市中小学生社会大课堂资源单位""北京市党政机关会议定点协议单位"等。

金福艺农立足市场高起点规划，合理确定都市型农业休闲旅游发展方向，已初步形成了通州区最大的生态旅游文化景区发展框架。相继建成的10万平方米的大型花卉生产基地，占有北方市场的30%的份额；军事农业的主题园将成为北京市81所高校学生正规的军训场所；结合平原造林，依托政府建成的金福渔汇将成为北京市民吃鱼、赏鱼、钓鱼和婚礼的胜地；即将建成的植物工厂将会采用国际最先进的种植技术和模式，生产出最安全的绿色食品，又将是一道靓丽的风景线。

自2006年创立以来，金福艺农景区已由原来的5.7公顷扩展到现在的466.7公顷。金福艺农让都市人远离都市喧嚣，回归自然本色，领略农业、科技、文化、艺术、休闲、娱乐、健身、生活等多种人生品位。

山西晋城市阳城县皇城相府生态农业园区

皇城村位于太行、王屋两山之间的沁河岸畔，隶属于山西省晋城市阳城县北留镇，是清康熙朝文渊阁大学士、《康熙字典》总阅官、康熙皇帝之恩师、曾辅佐康熙皇帝半个世纪之久的一代名相——陈廷敬故里，为国家AAAAA级生态文化旅游景区——皇城相府所在地。皇城村坚持把文化旅游业作为兴村之本。从1998年修复保护和开发皇城相府至今，建成了一个由皇城相府、九女仙湖、农业生态园、休闲度假庄园、皇城小康新村5个景点组成，集历史人文、自然山水、科技农业、休闲度假、新农村样板于一体的晋

城市唯一的国家 AAAAA 级景区。2014 年皇城相府景区接待中外游客 180.9 万人次，实现门票收入 12 410.19 万元。

皇城相府生态农业区是继皇城相府成功开发之后，为确保旅游产业持续发展，新建的一个大型综合性相府庄园区。该项目位于皇城相府景区西北杨庄岭，总规划面积为 71.47 公顷，其中可建设用地为 24 公顷。总投资 1.3 亿元，投资回收期为 9 年。

皇城相府生态农业园区以"科学规划、协调发展"为原则，坚持"整体开发、突出主题、打造精品、市场导向、强化特色"理念，努力建设生态与文化相辅相成的休闲旅游目的地。项目建成后，将成为晋东南旅游产业龙头景区、山西休闲旅游知名景区、国家级农业旅游示范区和社会主义新农村建设样板区。根据规划设计要求，本项目将以生态农业为主题、高新科技为支撑、景观文化为主线，精心营造与皇城相府人文旅游优势互补的现代生态特色景观，形成宰相故里文化氛围下的生态农业名园。生态农业区分为园林养生、娱乐休闲、农业科技和生态抚育四个功能区，计划用 3 年时间搭建起现代农业展示平台，建成以生态农业、养生文化、现代园艺为特色的现代化旅游景观。按照规划，景观养生区占地近 10 公顷，通过开挖湖面、布置溪流、种植花卉、设计水景、花景和绿景，建成优美彩虹谷；休闲度假区占地 7.2 公顷，主要是建设具有皇城相府特色、与陈氏家族文化相衔接的集会议接待、餐饮住宿、休闲度假的梅园山庄；生态农业区包括珍奇花卉园（采用可移动苗床展示新型花卉产品）、热带风情园（展示热带、亚热带花卉树种，突出热带风情观赏的游玩主题）、奇特瓜蔬园（展现国内外多种新奇果蔬品种以及最新栽培方法）、芳香养生园（突出养生文化理念，展示多种芳香植物的品种及栽培种植方法）。

皇城相府生态农业区还将利用自身科技资源、物资资源和品牌优势，以农业设施及园艺产品为核心内容，形成农业科技企业孵化器，对外提供科研、技术、信息、培训支持，带动形成"一村一品"，培育新的经济增长点，建成设施农业示范基地、高新技术推广基地、园艺人才培训基地，推动产业结构调整，促进农民增收。

皇城相府生态农业区已投资 1 000 多万元，完成 4 栋自动化连栋温室，18 栋半自动日光温室以及基础设施建设。

上海都市菜园
（上海都市农商社有限公司）

上海都市菜园景区坐落在离市中心约 45 千米的上海奉贤海湾镇杭州湾畔，东临洋山深水港，南临奉贤海湾旅游度假区，西贴中国化工城，北靠浦东铁路，始建于 2007 年 3 月，于 2008 年 6 月正式对外开放，是由光明食品（集团）有限公司投资兴建的休闲旅游景区。都市菜园占地面积 333.3 公顷，是目前国内区域面积最大，蔬菜种植品种最多，中国最大的蔬菜主题公园之一，是国家 AAAA 级旅游景区、全国农业旅游示范点、上海市科普教育基地。

在都市菜园园区内，可以观赏到新奇特优、流光溢彩的 200 多种蔬菜，体验到种植、收割、采摘、烹饪、品尝蔬菜的乐趣，了解到农耕历史文化、菜文化、现代农业的种植技术、种植模式、农产品加工等相关知识，以蔬菜全新的面貌带给您全新的感受，让你放松身心、回归自然、享受健康快乐。位于公园西面的休闲娱乐区，拥有生态迷宫、水生蔬菜区、草地足球、沙滩排球、风筝放飞等景点。

都市菜园拥有农耕博览馆、博雅农园、奇瓜异蔬园、四季果园、馨香蔬苑等主体场馆。农耕博览馆通过塑造自然起伏的山水及农村田野景观，培植多样化的蔬菜、五谷、瓜果等作物，配建江南典型的古老农居建筑，并将传统的豆腐坊、酱菜坊、织布坊、蚕坊及农耕器具、农耕历史展示有机结合其中，形成长江中下游地区典型的江南农耕文化博览园。博雅农园是一个现代化设施农业栽培新技术的展示区，以园林化的布局，来提升现代农业的品位，充分高效利用温室的立体空间，并以提高趣味性和观赏性为目标，是"博"与"雅"的体现。奇瓜异蔬园以种植国内外搜集的各种食用、药用、观赏瓜类等几十个品种为主。同时种植有彩色蔬菜、观赏蔬菜以及通过太空育种培育的太空蔬菜，展现了丰富多彩的奇异蔬菜品种和科技艺术的完美融合，给游客以全新的视觉感受。四季果园主要栽培从热带、亚热带引进的南方果树，有香蕉、芒果、桂圆、番木瓜、火龙果、莲雾以及柑橘类等30多个品种，让游客不用走出上海就能看到生长在热带的水果。馨香蔬苑以种植各种芳香蔬菜为主，有薄荷、迷迭香、罗勒、薰衣草、马约兰花等，进入到该场馆就能闻到浓郁的、沁人心脾的香气，是游客休憩的最佳场馆。

上海都市菜园依托诗情画意的田园美景、丰富的人文景观，以蔬菜为灵魂，以绿色、自然、健康为底蕴，借助现代化的蔬菜栽培技术，运用艺术化的写真手法，融入小桥、流水、亭榭的江南园林韵味，展现出江南特有的农耕文化及蔬菜的自然美，是名副其实的植物博览馆。

巴比松米勒庄园
（浙江桐庐新恒基旅游
开发有限公司）

巴比松米勒庄园位于桐庐大奇山国家森林公园旁，占地80多公顷，是"杭州—千岛湖—黄山"国家级黄金旅游线上一个独具法国风情的大型度假庄园。它交通方便，位于杭千高速桐庐出口1千米处、距桐庐县城2千米，是杭千高速和桐庐县城区的接入口。

巴比松米勒庄园拥有各种类型豪华度假酒店，客房共500多套，可以让游客真正地亲山近水，一览山间林木和碧波荡漾。庄园内拥有各种不同类型的餐厅。简洁典雅的美泉湖中餐厅提供徽州风味农家菜及田园时蔬。浪漫温馨的薰衣草花园餐厅可以完完全全感受普罗旺斯淳朴和浪漫的生活态度、方式、氛围。以餐厅的二楼为山坡的最高点，向远方俯视眺望，依次有烧烤区、店前木廊、游泳池、香草园……浪漫、优雅、自然、健康，食物更以本真的方式进行加工，既做到味美，又能做到健康饮食。巴比松宴会厅以新杭帮菜为主，极富现代化气息的华丽装修，可接待各类型的大小宴会。庄园多种类型的会议室，可挑选不同规格的商务会议及宴会，最大的宴会厅能同时容纳300人。

庄园的娱乐项目丰富多彩，不仅拥有KTV、陶艺吧、棋牌室等户内娱乐设施，还有露天游泳、射箭、脚踏船、越野卡丁车、骑马、水上碰碰船、水上滚筒、垂钓、篝火晚会等户外娱乐项目。此外，庄园的水果林、私家水库为游客提供别具一格的休闲娱乐项目，户外拓展、CS基地为企业培训提供了选择。

初夏季节进入巴比松米勒庄园，无论是谁必定都会被那扑面而来的熟透的薰衣草香所吸引，漫山遍野的薰衣草，如同阳光下普罗旺斯跳跃的灵魂，让人不禁沉醉于这纯粹的法国式浪漫美景。徜徉在那一片紫色的花海中，城市的喧嚣顿时消散，一种感动油然而生——那是被自然乡村的优雅所感动的恬淡心情，也是对于摒除忧虑后隐居生活的无限向往。夕阳西下，微风拂过，巴比松米勒庄园的薰衣草花海随风摇曳，如同一片闪着微微金光的紫色波浪；这一刻，整个庄园犹如披上了紫底金线的华丽外衣，在青山绿水之间向世人展示透露着幽幽清香的典雅气质。

安徽阜阳市生态乐园

"欧公故居·生态仙境"——阜阳生态园是一家以生态农业观光为主线的集农业示范、科普教育、生态环保、休闲娱乐为一体的综合类旅游景区，是皖北地区旅游胜地。

阜阳生态园坐落在阜阳市城北新区（古颍州西湖遗址），紧靠105国道，位于阜阳市北京西路与西三环交汇处，交通便捷，区位优越。景区所在地为古颍州西湖，兴于唐而盛于宋，曾波澜壮阔、甚为繁盛，为众多文人雅士所倾慕，苏东坡盛赞其"大千起灭一尘里，未觉杭颍谁雌雄"，欧阳修感慨"都将二十四桥月，换得西湖十顷秋"。由于历次黄河水的泛滥淤积，古颍州西湖最终破败埋没成为苇草丛生的低洼地，但阜阳人民恢复颍州西湖胜景的良好愿望却越发强烈。通过多方考察论证，颍泉区委、区政府以科学的发展观为指导，高瞻远瞩、因地制宜，决定以生态环境的保护性开发和生态农业观光为主旨，通过农业结构调整和泉河洼地综合治理，在古颍州西湖遗址上建设阜阳市生态农业科技观光示范园。2001年7月，阜阳生态园建设大幕正式打开。"发展生态农业、建设美好家园"的美好愿景激发了全区人民的建设热情，大家群策群力、废寝忘食、以园为家，经过短短8个月的艰苦奋战，一个面积32公顷，包括百果园、瓜果采摘园、动物园、儿童游乐园、水上乐园、罗马广场等景观的荷香鱼肥、绿树成荫、瓜果流香的农业观光旅游景区绽放在阜阳大地。2002年5月1日开业当天，可谓是比肩接踵、舟车赛道、盛况空前。阜阳生态园的开发建设赢得了各级政府及社会各界的广泛好评。应广大游客及市民的要求，2004年6月阜阳生态园启动面积48公顷的二期景观建设。2005年5月1日，二期景观对外开放，包括热带植物园、江南

水乡、现代农业园、恐龙园、休闲中心、水上音乐广场、科普中心、欧阳修故居·会老堂、农家乐小区、大型游乐园等主题景观，再次引起轰动。近年来，景区时刻保持与时俱进，开拓创新的建园精神，不断推出新的景点景观。2006年、2008年分别扩建热带植物园二期、三期工程，使植物园面积达到15 000平方米。2009年建成面积8公顷的精品果园，2010年建成大熊猫馆、百鸟园、明禽园、猛兽馆、竖琴广场等旅游景点、设施。

为发挥景区的生态示范效应，积极实现生态突围，2008年颍泉区委区政府正式启动以阜阳生态园为核心区的面积3.6平方千米的古西湖生态产业园建设项目，着力建设了古西湖生态农庄、醉翁庄园、天一生态农庄等农家乐餐饮酒店，200公顷优质果品基地，200公顷花卉基地及200公顷特色养殖基地及其旅游配套设施设备。这些景点景观的建成使用进一步丰富景区的旅游内涵，提升了景区的旅游品位。

十年来，景区已累计投资超过10 000万元。经过不断发展建设，阜阳生态园已经成为皖北地区颇具人气的旅游目的地，实现了"让环境美起来，让农民富起来，让市民乐起来"的建园初衷。这里秀水拍岸、竹影叠嶂、绿荫匝地、花团锦簇，可观赏的人文景观多达100余处，现代农业园、热带植物园、精品果园、欧阳修故居·会老堂、大熊猫馆、百鸟园等18处主题景观精彩靓丽、美不胜收，让你在观赏中陶醉，陶醉中流连忘返，身心愉悦、兴趣倍增。

底蕴厚重的历史文化、魅力精彩的现代农业、钟灵毓秀的园林美景、缤纷多彩的热带雨林、中西合璧的人文景观、和谐优美的生态环境，使阜阳生态园誉贯江淮、声名远播。自2003年以来阜阳生态园先后被评为安徽省环境教育基地、全国首批农业旅游示范点、安徽省科普基地、国家AAAA级旅游景区、安徽省诚信单位、安徽省文明单位、

全国休闲农业与乡村旅游五星级园区、全国科普教育基地、全国林业科普基地、全国休闲农业与乡村旅游示范点。

为丰富景区游园内容，打造开心舒心的游园环境，阜阳生态园自 2009 年以来每年都举办春节游园灯会、杜鹃花艺术节、冰灯文化艺术节、菊花文化艺术节及瓜果采摘节等节庆活动。这些活动的举办，进一步提升了景区的知名度和美誉度，尤其是每年春节的大型游园灯会，以单次活动游客突破 20 万人次，成为皖北地区旅游业发展的里程碑。

长沙望城区百果园

长沙百果园始建于 1998 年，占地面积 73.3 公顷，隶属湖南省农业厅，是农业部和省政府共同投资建设的国家级种苗龙头，又是湖南省规模大、科技含量高、生态环境美、观光休闲配套全的现代农业高科技生态观光园。自建园以来获得国家种苗龙头基地、国家农业旅游示范点、湖南省五星级休闲农庄、湖南省休闲农业示范点、湖南省科普教育基地、全省绿化先进集体、长沙市十佳乡村旅游点、长沙市五星级农庄等荣誉。

园内视野开阔，布局合理，果茶林木成行成列，大棚设施规模宏大。宽广的葡萄架下果实累累，此起彼伏的山丘上葱绿满眼、果茶满坡。从以色列引进的电脑自控滴喷灌系统喷射着甘露，数百亩果茶园的灌溉全由电脑操控，是省城第一座以赏花、尝果、品茶、垂钓为主题的农业观光休闲园。这里空气清新，景色宜人，神似世外桃源。春有草莓、樱桃、"明前"茶；夏有枇杷、苹果、葡萄、桃、李、杨梅与瓜类；秋有板栗、梨、猕猴桃；冬有埃及糖橙、蜜橘、脐橙等。一年四季，百果飘香，是个名副其实的"百果园"。镶嵌在青山果园之间面积近 5.3 公顷的人工湖，湖水波光粼粼、跳跃闪烁，似一颗晶莹剔透的明珠大放异彩，曲折蜿蜒的湖岸边楼阁水榭、垂柳婀娜、石榴吐艳。入园游览或羡鱼垂钓或观赏休憩，既能大饱了口福，又可以品味亲手采撷的乐趣。畅游了绿的海洋，品尝了甜美的果实，呼吸了清新的空气后，若还意犹未尽的话，还可挑选几样碧翠鲜嫩的无公害蔬菜带回家，与家人或亲朋好友共享这大自然的惠赠。

作为湖南省首批"科普基地"之一，百果园每年接待游客约 20 万人以上，尤其是与各大旅行社合作开展的学生"科技游"活动，取得较好的社会效益，使百果园品牌逐渐深入人心。

现在，百果园度假酒店可为农业高科技培训和旅游观光团队及各类会议、商务客人提供更周到更舒适的服务。酒店建筑面积 6 000 平方米，共有客房 50 间（套），标准床位共计 128 个。综合楼按三星级硬件标准修建、贵宾楼按四星级标准配套；各类餐厅、包厢等共 300 余餐位；各类商务会议室、接待室多间。另有水果（蔬菜）自采、高尔夫球、骑马、垂钓、拓展训练、农家乐、棋牌、球类、健身、KTV 等十余种室内外娱乐项目供游客选择。

海南南天生态大观园
（三亚天行旅游实业有限公司）

南天生态大观园是由三亚市天行旅游实业有限公司投资兴建的，集农林科普教育、园林生态旅游和休闲度假观光为一体的大型。位于海南省三亚市天涯镇塔岭，东邻天涯海角，西壤南山寺。园区规划总面积 171.68 公顷。

依托三亚独有的旅游资源，采用生态体材料，南天生态大观园成功打造了海南最大的生态植物园，有仙人植物园、奇瓜异果园、无土栽培园、海洋馆、兰花大世界、热带百果园、儒学文化园、道家文化园（道家文化园是用几亿颗海螺塑造的道家文化）、海螺博物馆、佛教文化园、种子博物馆等景观。园内多项景观获得国家专利。景区内奇花异草，绿林掩映，堪称现代世外桃源。在游览观光之余，还可以近距离认识各种热带植物和海洋生物，学习现代科技和传统工艺，感受民族风情文化。

景区现已开放的主要景点有：兰花大世界、奇瓜异果园、仙人植物园、热带百果园、无土栽培园、海洋馆和南天瀑、不老松、天缘树等观光景园，还有南天香茶坊、兰花工艺坊、植物克隆室、品茗园，以及黎族、苗族风情歌舞表演的"民俗风苑"等。

兰花大世界中有万代兰、千代兰、石斛兰、蝴蝶兰、卡特兰、文心兰、莫氏兰、国兰、兜兰等近千种世界名贵兰花，千姿百态，争奇斗艳。奇瓜异果园生长的瓜果、葫芦形状各异、琳琅满目，数百公斤重的大南瓜和6 666个小葫芦结成的巨型宝葫芦尽显农业的神奇。无土栽培园内应该深植土壤的植物根系却在水雾中伸展，造型优美的薄膜壁纸、水管梁柱上满布着茁壮生长的植物和累累硕果，让游客尽情领略科技的魅力。仙人植物园几百种类的沙漠植物云集密布，来自仙人掌之国——墨西哥的南天柱如臂擎天，巨型仙人塔和五彩缤纷的仙人球柱雄踞一方。热带百果园、海洋馆使人流连忘返，天缘树奇景愿天下有情人终成眷属，千年不老松奇观是长寿的象征。兰花工艺坊、南天香茶坊展示了南天生态大观园的传统工艺品和美味香茶的制作工艺，品茗园内免费品尝茶中之珍品——南天兰花香茶、感受具有魔力的天下第一奇果——南天神秘果的神奇，民俗风情苑集纳了民族文化精粹的黎、苗风情歌舞表演令人心醉……

南天生态大观园填补了海南国际旅游岛的多项空白，被三亚市列为高科技示范园，被列为三亚市旅游对外宣传窗口。

北京一品香山农产品销售有限责任公司（一品香山休闲农业园区）

北京一品香山农产品销售有限责任公司，地处风景秀丽的香山脚下，紧邻北京植物园和静明园—玉泉山，坐拥广阔的平原，北依绵绵群山，这里环境优美、景色宜人，交通发达，多条城市主、次干道和环路鱼贯其间，是人们休闲、旅游的上佳选择。

北京一品香山农产品销售有限责任公司系香山村集体性质的法人单位，是香山村集体经济的组成部分。公司由6个农业种植园和1个苗圃组成，园区总面积133公顷，现主要种植有果树、蔬菜、杂粮，同时也兼有部分畜禽养殖和餐饮娱乐设施，是集农业观光采摘、餐饮、休闲、科普为一体的大型都市农业园区。现园区内建有116栋日光温室和24栋陆地大棚，使水果成熟期在人为因素影响下得到控制和延长，实现了香山人打造"四季精品水果"的理想。公司的经营思路是：以礼品市场为主，以节日确定产品成熟期为特色，以不断提高现代都市农业经济效益为动力，依托旅游环境优势，拓展产业链，不断繁荣现代都市农业新元素。

近年来，北京一品香山农产品销售有限责任公司致力于农业科技力量的扶持，与北京市农业科学院林业果树研究所及其他单位的多名专家合作，不断调整、优化园区农业种植结构，使一品香山系列果品质量得到显著提升。2008年公司御香观光采摘园在北京名果擂台赛"樱桃专场"活动中荣获樱桃评比一等奖，2009年草莓文化节上一举荣获3金、4银、3铜及"最受北京市民喜爱的草莓"等11项大奖。2009年5月公司御香观光采摘园及绿色果品观光园的樱桃在中国北京樱桃擂台赛上均获二等奖。2010年3月6日，在第五届中国（南京·溧水）草莓文化节上，北京一品香山销售有限公司两个观光园种植的草莓一举荣获了3金、7银、8优胜等18项大奖。

如今公司生产的一品香山鲜草莓、一品香山甜西瓜、一品香山大樱桃等系列水果因为优良的品质和较好的声誉，备受市场青睐，已经成为北京市知名的优质果品，从而带动了香山村经济效益的提高和社会效益的扩大。

香山村集体法人单位除北京一品香山农产品销售有限责任公司外，还有香山工业公司和香林物业管理中心等村集体营业执照，涵盖了村集体一、二、三产。经过两年多的努力，香山村都市现代农业第一步发展战略思想已基本实现，村党总支又提出了香山村都市现代家业第二步发展战略，即：以科学发展观为统领；以都市现代农业发展理念为核心；以提高土地利用率和劳动产出率为前提；以改善劳动环境、减轻劳动强度、提高劳动者收和增加人员就业岗位为根本；在成功引种新品种、继续深化管理，提高品质，延长采摘期的同时，追求经济效益与社会效益的最优化。第二点步发展战略思想将是香山村今后一个时期都市现代农业的工作方针和工作重点。

上海联怡枇杷乐园投资管理有限公司

联怡枇杷生态园，成立于1999年，前身是上海香绿园艺有限公司，公司通过从苏州东山引入近5公顷的白沙系白玉枇杷品种开始发展特色种植。2004年，公司发起成立上海沪香果业合作社，将枇杷园的种植面积推广至26公顷。然而，虽然枇杷几乎年年丰收，但是由于缺乏后续产业的加工储存、运输、销售支持，导致枇杷的价格低廉，没有销路，合作社几乎无法收回成本，农民收入自然很低，合作社的经营一度陷入困境，运作难以为继。2009年，热爱农业的沈振明放弃自己正在经营的六家酒店，选择投资建设

枇杷园，成立了上海联怡枇杷乐园投资管理有限公司。

2010年5月，枇杷园开始向旅游业迈进第一步——推出时令特色采摘活动，很快便引起了周边市民的关注，枇杷采摘活动给游客带来了乐趣，也为园区解决了枇杷采摘、销售的问题，实现园区的增收增产。为了留下更多客人，枇杷园开设了生态农家乐餐厅。

合作社理事长沈振明在与游客的聊天中得知，他们对农业园里的安全和绿色期望值都很高。为此，园内坚持科学的套种套养，如采用生态套养鸡、鸭等畜禽，靠吃枇杷果林中掉落的果实、虫等自然生长。沈振明想到餐饮的食材，首先要全部来自园内，既能充分发挥园内作物的价值，又能够保障菜肴的安全绿色。由于枇杷具有很强的季节性，特别是单一农产品种植会遇到很多不确定性风险，枇杷园还引入了多种观光蔬果新品种，例如，从台湾引进了火龙果、百香果、释迦、莲雾等十多种水果，并在园区里构建了观赏水果新品种示范区。

枇杷味虽美，却是不易保鲜的时令水果，而每到6月底，果农常常眼见着黄色果子掉进土里，大为可惜。果农也都知道，枇杷树浑身都是宝，除了果实味美外，枇杷叶是中药材，枇杷花还能拿来泡茶喝。现在，到枇杷园来采摘的游客，可以打包带走更多不受季节限制的美味。2011年开始，联怡枇杷生态园尝试进行枇杷衍生产品的研发，目前已经开发出的产品有：枇杷果汁饮料、枇杷花茶、枇杷糕、枇杷苏打、枇杷果冻、枇杷酥等；枇杷含片、枇杷口服液正在开发中。而以"枇杷花茶"为主题的11个系列产品，深受各类人群的喜爱，一个重要的原因就是《本草纲目》记载：枇杷具有润喉、养肺、养生、养颜的功效。枇杷园还和中国人民解放军海军医学研究所合作，对枇杷叶的提取液正申报国家新资源食品。枇杷园开发的"枇杷糕点系列""枇杷果汁饮料"分别荣获"全

国休闲农业创意精品大赛产品创意类金奖""上海特色旅游食品"称号。除了对枇杷品种进行科学改良，园区内还进行科学套种套养。新苗的栽植，新品种的引入，往往需要经历三年的成长期才能开始产果。枇杷园的作物生长期间，在不改变主作物种植方式、不影响作物生产的基础上，通过充分利用主作物生长空余的地面与空间套种作物。走在枇杷生态园内，仔细观察便能够发现几乎每一片主作物种植地的空余空间种植着另外一种作物品种。比如，枇杷树下就种植着中草药，收获之时又会为园区增加一笔不小的收入。

生态园的产业链拉长了，但同时也造成了更多碳排放。2012年，枇杷园引进了环保节能处理系统。经过一年多的使用，餐厨垃圾的处理为园区的发展带来了看得见的效益。通过对餐厨垃圾进行生物技术处理，形成以沼泽为纽带的能源综合利用模式，所产生的沼气用于支持厨房、路灯的能源供给，而沼液则作为有机肥用于园区的土壤改造。环保处理系统的引进，一方面通过"自然资源—农产品—餐厨垃圾—再生资源"的资源反馈式循环经济体系，实现园区内部的资源利用最大化和零排放、零污染，另一方面又保证了农业循环经济的"经济"性。据介绍，通过环保处理系统，对资源的可再生利用，枇杷园"收益"可观：枇杷园实现年发电1.5万千瓦时，年产有机肥2 800吨，为园区每年创造近70万元左右的经济效益。预计全部设备投资能在三年内全部进行回收，为园区经济的良性循环提供了保障。除此以外，利用餐厨垃圾制成的有机肥，富含有机物质和作物生长所需的营养物质，非常有助于促进枇杷产量和品质的提升，据测算，用了有机肥料后，园区枇杷的甜度提高了1.2%。

目前，联怡枇杷乐园共有五大特色景区，分别是精品枇杷种植区、枇杷科普长廊区、新品种示范区、节能减排示范区和循环经济示范区。联怡枇杷乐园已经成为上海市热门休闲观光景点之一。

南京新农科创投资有限责任公司

南京新农科创投资有限责任公司于2009年注册成立，注册资本1.35亿元，为市属企业南京新农发展集团全资子公司，主要投资建设有南京汤山翠谷现代农业科技园。汤山翠谷园区位于江宁区汤山街道，西距南京主城约28千米，东距上海、杭州车程2.5小时以内，北接二桥、润扬大桥，京沪铁路、京沪高速客运铁路等都从周边穿过，汤山完全处于宁镇扬都市圈的"地理中心"，交通便利。汤山翠谷园区占地面积近200公顷，总投资2.5亿元。园区建设坚持"科技、高效、生态"定位，规划分区为"一带、二中心、三主题"，即休闲农业带，产业文化中心、农业展示中心，南京农业文化主题、休闲养生主题、农业知识教育主题。园区建设目标是，依托"汤山温泉"的知名品牌，将温泉与园区产业有机结合，通过引进国内外高科技农业项目，打造出一个集高科技农业、休闲疗养度假于一体，独具特色的现代农业示范园。现在园区已形成三大板块：现代高效农业展示区（300平方米植物工厂、3 400平方米现代农业创意馆、40 000平方米智能温室、20公顷高效设施果园）、工厂化农业生产区（食用菌工厂、乳鸽养殖工厂）和乡村旅游景区（13.3公顷薰衣草园、4 000平方米生态餐厅）。目前园区已获得全国休闲农业与乡村旅游五星级示范企业（园区）、江苏省现代农业科技园、江苏省青少年科普教育基地、江苏省农机化科技示范基地、南京市农业产业化重点龙头企业、南京现代农业示范区、南京市农业科技成果转化基地等各类荣誉称号。

2014年，公司全力打造青奥配套服务鲜切菜果品加工项目，已圆满完成第二届青奥会果蔬供应任务。该项目配套工程（鲜切菜加工厂）占地公顷，总投资3 000万元（其中固定资产投资2 400万元），建设高标准生产车间4 000平方米，引进国外生产线两条，配套制冷系统、检测检验设备及相关配套设施。该项目将填补南京鲜切净菜加工供应的空白，在为青奥供应鲜切净菜的同时，将为南京市民提供优质、安全、健康的果蔬。公司在南京市已经设立了三家门店，经营生鲜果蔬，公司还开发了杂粮、蔬菜、鸡蛋等礼盒产品，进一步丰富了产品种类。此外，公司建立了电子商务渠道，利用自有网站销售时令蔬菜、粮油干货、肉禽蛋奶、新鲜水果、鲜切果蔬、礼盒系列等优质农产品，形成了线上线下互补结合的销售渠道。

安徽丫山花海石林旅游有限公司

安徽丫山花海石林旅游有限公司隶属于安徽国游集团。丫山景区是国家地质公园、国家 AAAA 级旅游景区、省级重点风景名胜区、国家凤丹原产地地理保护标志、全国休闲农业与乡村旅游示范点。丫山景区获得全国科普教育基地、中国十大自驾游景点、2010 年度农业产业化市级龙头企业、安徽省影视基地等殊荣。

景区位于长江南岸，安徽省芜湖市南陵县何湾镇内，地处铜陵、池州、芜湖三市交界处，是安徽"两山一湖"旅游经济圈的重要景点。丫山地质公园占地 25 平方千米，因主峰呈"丫"字型得名，以典型的岩溶景观、独特的岩溶石芽，石林地貌以及丰富的湖、瀑、泉等水文地质景观而闻名，是华东地区岩溶地貌体系最完整、岩溶地貌景观最美的地点之一，具有较高的科学研究价值和旅游观光价值。

景区原属凤丹原产地，当地居民祖祖辈辈种植牡丹，现景区内拥有三个牡丹观赏园。收集中外牡丹品种繁多，有红、黄、紫、白、粉、蓝、黑、绿诸多花色，各色之间还有过渡色。有些花朵硕大，花瓣层叠高耸多达百

叶；有些花龄长久，丫山牡丹王寿逾百年；还有些花色富于变化，甚是奇妙。每年 4、5 月，各色牡丹和石林组成了壮观的花海石林奇景。

在自然景观外，景区数年来精心打造的牡丹节庆活动更是精彩纷呈。牡丹盛开的 4、5 月，持续数十天的各类大型文艺演出和特色互动节目都会免费提供给日以万计的游客们欣赏、参与。每年一届的牡丹节庆已成长为华东地区极具影响的旅游与文化盛事。

景区基础设施和配套设施较为完善，户外拓展基地、真人 CS 野战基地、丫山大舞台日常化开放，相继建立了丫山五星级农家乐丫山饭店、四星级牡丹宾馆、牡丹国际会议中心等设施。另有博物馆两座，民俗博物馆是安徽省同类展览馆中种类较多、展品较全的博物馆，收藏有明清时期家具、徽州三雕、字画、铜、锡、木质工艺品等；地质博物馆是安徽省科普教育基地，收藏有众多史前化石标本、奇石标本及动植物标本。

丫山风景区已成为旅游观光、科研探险、休闲养生、商务会议、娱乐度假的好去处，在安徽省内、华东地区乃至全国都具有很大的影响力。

江西明骏实业有限公司
九曲旅游度假村

赣州市九曲度假村，位于江西省赣州市定南县天九镇的九曲河畔，是江西明骏香港实业有限公司投资兴建的大型综合生态保健旅游项目。九曲河是东江之源，也是广东人和香港人的母亲河。九曲度假村内修建了 19 个景区，总共将近 100 个景点，每个景点都融入了生态保健的理念，巧夺天工、和谐自然。度假村山清水秀，空气清新，负氧离子浓度极高，可以增强人体免疫力。此外，度假村还充满着浓郁的客家民俗风情和革命老区的古朴民风。近年来明骏公司还隆重推出

了"看望母亲河、回归大自然"的绿色休闲保健活动，开创了生态养生度假的旅游保健模式，受到了广州、深圳、香港等地游客的青睐。度假村于2006年6月，荣获了"首届中国最具特色生态旅游度假村"称号。

九曲度假村区位优越、交通便利。度假村位于江西省定南县天九镇九曲河畔，距离县城18千米，距离深圳320千米，距离广州338千米，有粤港澳"后花园"之美称。九曲度假村依山傍水，景区占地面积近200公顷，森林覆盖面积达80%，年均气温19℃左右，空气相对湿度75%，负氧离子浓度达到10万个/立方厘米以上，比城市多50～100倍，是天然的大"氧吧"。九曲度假村风景如画，设施齐全，有望江亭、同心树、养生湖、千米峡谷、东江飞瀑、河道漂流、钟楼、儿童娱乐城、小猪表演、九转相思径、客家围屋等主要景点，每个景点均融入生态保健的理念，既巧夺天工，又和谐自然。有别具一格的客家吊脚楼群，有提供无公害绿色食品的清风饭庄，有烧烤场、露天篝火会场、休闲保健娱乐中心、会议接待中心等，是休闲、保健、疗养、度假、办公的最佳场所。

九曲度假村以生态保健为主题，以客家文化为特色，以流金岁月为理念，将自然景观与人文景观完美融合，构造出独特的文化内涵和自然魅力。自创建以来，度假村连续荣获首届中国最具特色旅游度假村、中国旅游行业十大影响力品牌、2006年度百姓喜爱的"江西百景"等殊荣。

山东泰山花样年华旅游开发有限公司

山东泰山花样年华旅游开发有限公司是在泰山区委、区政府和农业高新技术产业示范区管理委员会的正确领导下，泰山花样年华景区迎合市场发展需求于2011年4月成立的，主要负责泰山花样年华景区的内部管理和市场营销工作。公司倡导"以艰苦的作风打拼坚实的企业基础，以坚定的信念承诺一流的企业服务，以实干的精神创造高效的企业业绩"的企业文化，对景区实行了封闭式管理、企业化经营、市场化运作。公司下设行政中心负责办公室日常工作、内外部关系协调和人力资源招聘等工作；管理中心负责景区日常管理运营和景区安保等工作；经营中心负责景区快餐厅招商管理和旅游纪念品开发销售等工作；游客服务中心负责游客接待服务、失物招领和投诉建议等工作；市场营销中心负责景区策划宣传和市场销售等工作。公司实行内部封闭式管理，对工作人员实行统一管理，以竞争上岗择优录用的原则，定员定岗定薪，增强企业竞争力，适应市场经济的需求。2012年景区进一步创新机制，对景区内各部门实行目标化管理，定任务，定奖惩，实行绩效工资，激发了员工的工作积极性，增强了队伍的凝聚力。

泰山花样年华景区是全国著名的影视拍摄基地，是集休闲观光、体验为一体的国家AAAA级景区。景区位于五岳独尊的泰山脚下，地理位置优越，交通便利，四通八达。景区先后被评选为山东省旅游示范点、山东省十佳旅游景区、最美中国（山东）十大品牌景区、山东旅游风云榜"十佳景区"、山东省文化产业重点园区，入选"到山东不可不去的100个地方"，景区热带风情生态餐厅被评为山东省十佳餐饮名店。泰山花样年华景区已成为山东省科普教育基地，北京师范大学、山东农业大学、泰山学院科研实践基地及山东、江苏、河南、安徽小记者实践基地，中华旅游沙龙战略合作伙伴，电视连续剧《人来风》、30集电视连续剧《花一样的年华》等影视拍摄基地。景区占地80公顷，有泰山·水乐谷、梦幻花都、热带风情、宝岛兰苑、未来田园、天合乐园、千年紫薇以及正在施工建设的花样年华景区二期工程至高动漫体验园等景点。

洪湖市华年生态投资有限公司

湖北洪湖市华年生态投资有限公司，成立于 2011 年 6 月 7 日，注册资本为 500 万元。经营范围为农业生态、生态旅游及酒店项目的投资，农作物种植，水产养殖等。公司于 2011 年接管位于湖北洪湖市瞿家湾镇的蓝田工业园、蓝田生态园、蓝田旅行社、蓝田码头及船队、观湖度假酒店（原鸳鸯湖酒店）、莲花酒店、大湖养殖场等资产，公司将以保护湿地生态环境为主题，以发展生态农业和生态旅游业为先导，志在成为人与自然和谐进步的典范企业，倾力打造出中国中部地区湖泊生态休闲度假胜地和湖北省首屈一指的农业产业化示范地。

蓝田生态旅游风景区位于湖北省洪湖市瞿家湾瞿家湾大道，是国家 AAAA 级旅游风景区、全国农业旅游示范点、全国百家红色旅游经典景区。风景区陆路四通八达，距宜黄高速公路 58 千米，东接武汉，距武汉市 170 千米，西挽荆州。洪湖蓝田旅游风景区是以洪湖自然风貌和人文景观为依托的风景区，具有古（明清文化）、老（革命老区）、水（水乡特色）、新（全国农业产业化示范区）等特点，属湖泊型自然风景区。

洪湖是世界上迄今少有的未被污染的淡水湖泊，有着自然纯朴的原始生态美。20 世纪 90 年代，洪湖蓝田水产品开发有限公司依托洪湖丰富的水生资源在农业产业化发展的同时，大力兴办生态农业旅游，在洪湖的西北角建造了一个占 800 多公顷的生态园，于 1998 年开园。生态园区碧水似镜，鹤鸥翔集，游鱼腾浪；莲湖红荷灼灼，白荷皎皎，粉荷盈盈；莲花源似海市蜃楼。

在洪湖蓝田生态旅游风景区中，有湘鄂西革命旧址群、观荷桥、莲花源、观音莲台、荷花仙子、百米观荷长廊等数十处景点。民俗街有 500 多年历史，集古建筑和革命旧址于一体，是国内少有保存完整的明清建筑群。贺龙等老一辈革命家创建的湘鄂西革命根据地首府，被称为"没有围墙的博物馆"，是国家级爱国主义教育基地，全国重点文物保护单位。生态园门口设有巨大的仿古建筑牌坊，古色古香。生态园以垂钓、赏荷采莲、划船捕鱼、渔家乐等水上特色的生态农业旅游项目为主打旅游产品。莲花源原为百里洪湖上的一个自然小岛，每年夏季，这里的荷花最先开放，格外清香。周边有朝圣门、重约 22.5 吨的铜铸观音像等景点。岛上可眺望湖区的自然美景。

陕西阳光雨露现代农业开发有限公司

陕西阳光雨露现代农业开发有限公司成立于 2008 年 9 月 1 日，办公地点位于西安市高新区高新三路 8 号西高智能大厦。由陕西阳光雨露现代农业开发有限公司投资兴建的"阳光雨露现代农业旅游观光示范园"农业建设项目，位于西安市长安区环山路中段路北，秦岭野生动物园斜对面。用地面积约 73.13 公顷，该项目定位为高品位的具有足够接待能力、高档次的，以农业生产、农产品加工、观赏、娱乐、采摘、体验劳作、垂钓、实验、实习、科技示范、住宿、品尝、农产品交易等为主要目的的果园、菜园、花园、渔场和动物养殖园等，可满足游览、住宿、会议接待、采摘等功能的高科技农业示范园。项目以共同发展追求品质生活为理念，努力打造国家级现代旅游观光农业顶尖品牌。

在整个农业观光园中，有两条主要的景观轴线，一条南北贯穿全园，在中间形成视线的聚焦终点，为主轴线。在主入口入园之后，沿主路就可沿着轴线的方向遥望，经过开阔的草坪、水体区、中心景观区及观光标志建筑，最终到远处的温泉场地和建筑，达到了视线的高潮。另一条东西向贯穿于休憩区的景观风情轴线，整个分区采用轴线式的布局方式，这条轴线与主要的景观轴线相互呼应，在末端汇集于主入口进门之后的一个环岛道路中，环岛道路之中有局部的水景和点景种植，沿路将人引向两个分开的部分之中。示范园内规划有科技·生态·休闲馆、名贵花卉馆、奇异水果馆、亚热带水族馆、珍稀菌类馆、太空种子馆6大高科技智能温室馆。现建有观光采摘园、蔬菜种植区、智能水产养殖区、餐饮休闲度假区、文化自耕区（QQ农场）等区域，简称6馆6区。种植反时令蔬菜、珍奇瓜果、花卉，放养有多种珍稀禽类。

陕西阳光雨露农业高科技示范园的设计，尽可能满足人们的使用需求，使这个项目不同于目前纯粹的采摘园、农家乐和度假村，使其被赋予了更多的文化内涵。农业本身也是一种文化，一种博大精深的文化，让中国最传统的农业风光、农业景色与现代园林、现代建筑发挥到极致，改变人们对农业的传统认识，营造出一片舒适、典雅、静谧的环境，感受别样的农、家、乐风情。阳关雨露示范园已成为西安市民及周边省市游客休闲度假、参观学习、体验现代农业魅力的时尚去处，年观光人数近50万人。

青海西宁乡趣农业科技有限公司

西宁乡趣农耕文化生态园隶属西宁乡趣农业科技有限公司，位于西宁市城北区大堡子镇陶北村口，是全国休闲观光农业和乡村旅游发展的典范，其特色浓郁的乡土文化、新颖别致的农家小院、无污染的绿色果蔬采摘观光、口味纯正的乡土餐饮、丰富的乡村文化活动等已成为该园区的品牌，并广泛受到社会各界的喜爱和省市各部门的认可。

该生态观光休闲园经过4年来的规划和建设，在占地面积33.3公顷的"西宁乡趣农耕文化生态园"核心区内已完成基础与配套设施建设，累计投资近1.2亿元，建成120栋日光节能温室、2 000平方米农耕文化展示钢架大棚、30座不同时期的青海民居拆旧复原庭院、12座户外茅草棚、400平方米乡村大舞台演艺厅、6栋独立乡村别墅、乡村田野观光塔、1 000平方米民俗文化展馆、4 000平方米河湟乡土文化大院、野趣活动游乐园和60间客房的乡趣度假宾馆。同时，分区域建设了餐饮接待服务区、乡村舞台展演区、生态农业种植区、科技成果展示区、农民演艺培训区、休闲旅游区、田野花海观赏区、乡村文化展示区、认种认养区、自助野炊区、水上游乐垂钓区、冬季滑雪场、自驾车户外营地、青少年农业科普户外拓展培训营地、乡村游乐场等15个功能区，2013年园区新增加建设了收藏上千件珍贵藏品青海省首家河湟农耕文化民俗博物馆，建设完成了青海省户外演艺舞台最大高清LED屏，完成了自驾车营地的乡村灯光多功能运动场、乡村游乐场以及CS实战训练与户外拓展基地。开展果蔬种植、观光、采摘，开展以现代设施农业生产为主线、农耕文化搭台、旅游休闲唱戏、科技成果转化等富有特色的河湟乡趣活动。通过农旅结合，园区年接待游客达到了30余万人。为凸显河湟农耕文化特色，园区还收集、摆放了300余件各式乡村生活与生产用具和1 000余张农村生活老照片，初步形成了兼具20世纪60年代至21世纪初河湟谷地农耕文化生活印记和风貌的青海省较大的农耕文化生态园。

领导讲话

在全国休闲农业经验交流会上的讲话

——农业部党组成员杨绍品

（2014 年 10 月 11 日）

这次会议的主要任务是深入贯彻党的十八大、十八届三中全会、中央 1 号文件和习近平总书记系列讲话精神，总结交流近年来休闲农业的工作情况，研究分析面临的形势任务，部署当前和今后一个时期的发展思路和主要措施。下面，我讲三点意见。

一、深刻认识发展休闲农业的重要意义

改革开放以来，我国休闲农业经历了萌芽、起步和全面发展的历史阶段。进入新世纪后，各地休闲农业竞相推进、蓬勃发展，呈现出产业规模日渐扩大，发展内涵不断提升，类型模式逐步丰富，发展方式逐步转变，综合效益同步提高的特点，形成了"发展加快、布局优化、质量提升、领域拓展"的良好态势。全国以农家乐、民俗村、休闲农园、休闲农庄为代表的多元化休闲农业类型竞相发展。据不完全统计，截止到 2013 年底，各类经营主体已经超过 180 万家，年接待游客 9 亿人次，营业收入2 700亿元，带动2 900万农民受益，接待人数和经营收入均保持年均 15％以上的增速。当前，我国正在加快发展现代农业、推进生态文明、建设美丽中国、促进四化同步和城乡发展一体化。休闲农业作为一种新型产业形态和新型消费业态，在服务居民、发展农业、繁荣农村、富裕农民、保护生态、传承文化等方面具有不可替代的地位和作用，与国家正在实施的发展战略密切关联、高度契合。休闲农业是我国农村地区很有发展潜力、前景广阔的一项朝阳产业，是今后一段时期内农村发展新型产业的一个极具潜力的增长点，是农业农村经济发展的一个重要方面。我们一定要把它作为一项重要产业来对待，而绝不能简单地理解为是吃喝玩乐的事情。

（一）发展休闲农业是促进现代农业发展的有效方式。发展休闲农业，能够将农业从单一的生产功能向休闲观光、农事体验、生态保护、文化传承等多功能拓展，满足城乡居民走进自然、认识农业、体验农趣、休闲娱乐的需要。其较高的经济效益，充分调动了各类经营主体改善农业基础设施、主动运用高新技术、保护产地环境的积极性，带动了无公害、绿色、有机农业的发展和农业标准化生产，成为运用现代农业科技、先进农业设施的重要平台。

（二）发展休闲农业是促进农民就业增收的有效途径。发展休闲农业的主要目的是促进农民就业增收。发展休闲农业，使农业生产实现了劳动成果基本只体现为物化产品到物化产品与精神产品并重的转变，使农民的季节性和常年性收入相叠加，有效增加了农民的经营性收入；能够延长农业产业链条，扩大就业容量，为农民增加工资性收入提供了空间；能够把农家庭院变成丰富市民生活的"农家乐园"，为农民增加财产性收入开辟了渠道；把农业产区变成居民亲近自然、享受田园风光的景区，保障了农民收入"一季两收""四季不断"。不管城镇化发展多快，农村还是有相当大的人口比例。这些人以家庭为单位经营休闲农业，就可以有效的解决就地就业增收的问题。所以说，促进农民就业增收是发展休闲农业的出发点、落脚点、根本点。

（三）发展休闲农业是建设美丽乡村的有效手段。建设美丽乡村关键是要贯彻产业主导、产村融合的理念。没有产业的有力支撑，美丽乡村建设将成为空中楼阁。休闲农业以农业为基础、农民为主体、农村为场所，是农业产业与乡村建设高度融合的统一体。发展休闲农业，客观上倒逼农民改善水、电、路、气、房和通讯等基础设施，把山水林田

湖作为一个生命共同体，美化村貌、绿化道路、净化环境，营造良好的休闲氛围。同时，引导农民把耕读文明作为乡村发展的软实力，不断提高乡村的文化内涵，整体上带动了有文化、懂经营、会管理的新型农民不断成长，提升了乡风文明水平。

（四）发展休闲农业是促进城乡融合的有效载体。推动城乡人口、技术、资本、资源等要素相互融合，是构建城乡经济社会一体化新格局的关键。休闲农业在连接城乡、沟通工农方面具有重要功能。一方面，休闲农业的发展，留住了农村的人气和资源要素，缓解了农村"三留守""空心村"等问题，促进了农村社会的和谐稳定。另一方面，经营休闲农业的巨大经济效益，吸引着越来越多的人才、技术和资金向农村集聚，拉动城市基础设施和公共服务向农村延伸，促进消费支出由城市向农村流动，遏制和改变了长期以来资源要素主要由农村向城市单向流动的格局，正在并必将为打破城乡二元结构带来深远影响。

（五）发展休闲农业是传承农耕文明的有效举措。中华农耕文化是中华文明立足传承之根基。休闲农业的发展，系统整合了农业生产过程、农民劳动生活、农村风情风貌中的文化元素，历史古村、特色民居、特色民俗等一批有厚重历史文化的村落，都成为休闲农业可以依托的历史文化资源和景观资源，推动了传统文化和现代文明的有机融合。近年来，农业部组织开展的中国重要农业文化遗产发掘工作，已在社会上产生了强烈影响，初步走出了一条"在发掘中保护、在利用中传承"的农业文化发展道路。发展休闲农业已经成为宣传、展示、传承农耕文化的一种重要而有效的形式。

休闲农业的发展，已充分彰显了其促进增收的经济功能、带动就业的社会功能、保护传承农耕文明的文化功能、美化乡村环境的生态功能，促使农区变景区、田园变公园、空气变人气、劳动变运动、农产品变商品，让农村闲置的土地利用起来，让农民闲暇的时间充实起来，让富余的劳动力流动起来，让传统的文化活跃起来，在农业农村经济社会发展中发挥了不可替代的重要作用。

二、进一步认清发展休闲农业的形势任务

国际经验表明，在工业化、城镇化快速推进的过程中，往往也伴随着人们休闲需求的快速增长。当前，我国正处于工业化中期，每年城镇化率提高一个百分点，约有1 300万农村人口转移到城镇。随着居民收入水平的提高和消费方式的转变，休闲农业正面临难得的发展机遇，蕴含着巨大的发展潜力。

一是美丽中国和新型城镇化建设为休闲农业发展提供了重要机遇。党的十八大作出了推进生态文明、建设美丽中国的重大决策部署，中央城镇化工作会议提出了生产空间集约高效、生活空间宜居适度、生态空间山清水秀的总体要求。习近平总书记指出，中国要美，农村必须美。美丽乡村、美丽田园作为美丽中国的重要组成部分和新型城镇化规划布局中的重要领域，恰恰是休闲农业的重要载体。可以预见，随着美丽中国和新型城镇化建设步伐的加快，休闲农业必将受到各级政府高度关注，必将受到城乡居民的更大青睐，也必将进入快速的发展机遇期。

二是良好的政策环境为休闲农业发展提供了有力支撑。连续几年的中央1号文件都提出要积极发展休闲农业，拓展农村非农就业增收空间，这为休闲农业发展指明了方向。前不久印发的《国务院关于促进旅游业改革发展的若干意见》明确指出，要以转型升级、提质增效为主线，推动旅游向观光、休闲、度假并重转变，以满足城乡居民多样化、多层次的消费需求。而休闲农业低价、简便、省时、灵活的特点，完全符合旅游业改革的方向，势必成为市民节假日休闲度假的首选。

三是旺盛的市场需求为休闲农业发展提供了动力源泉。2013年我国城镇化率已经达到53.7%，城镇居民年人均纯收入接近27 000元，年人均国内生产总值近7 000美元。由于城市人居环境、生活工作压力等诸多因素的影响，市民远离城市喧嚣，到乡村望蓝天白云、看碧水清波、吸清新空气、品特色美食的愿望更加强烈。随着国家法定节假日的优化调整和带薪休假制度的逐步落实，休闲观光大众化、家庭旅游普遍化必将激活休闲观光、农事体验、度假养生等需求，必将成为拉动休闲农业快速发展的动力源泉。

四是日趋完善的农村设施为休闲农业发展提供了基础条件。近年来，中央将"三农"工作放在全部工作的重中之重，大力推进城乡一体化发展，不断加大基础设施建设投入力度，推动公共服务均等化和城乡要素平等交换，农村的水电路气房和通讯等设施得到较大改善，科教文卫保等社会事业水平明显提高，这为发展休闲农业打下了良好基础。

在看到发展机遇的同时，我们也必须看到，休闲农业作为一种新型农业产业形态，发展时间不长，特别是在快速发展过程中，由于认识不足、管理滞后、服务欠缺等因素，难免会存在这样那样的问题。突出表现在：一是一些地方发展模式和服务功能单一，经营形式简单雷同，活动缺乏创意，项目缺乏特色，同质同构现象明显，导致游客引不进、留不住、难再来。二是一些从业人员总体素质较低，专门的经营管理团队、具有专业知识的经营人才缺乏，难以满足产业发展需求。三是有些地方经营主体行为不够规范，少数工商资本进入休闲农业领域后，在经济利益驱动下，忽略了农业这一基础和元素，忽视了农民这一主体，项目农"味"不足，个别项目还存在老板"圈地"建房、侵害农民利益问题；众多农户投身休闲农业后，布局分散零碎，污水排放、垃圾处理等配套设施跟进不够，导致生态环境保护不力。四是许多

地方引导扶持政策体系不完善，还没有针对休闲农业的专门性扶持政策，有的政策还比较零散细碎，缺乏力度，交通、宣传、规划、环保、财政等职能部门的支持明显滞后。五是一些地方规划布局不尽科学合理，农业部制定的《全国休闲农业发展"十二五"规划》明确了总体布局，各省也制定了有关规划，但规划衔接不够，未能形成规划体系，省级以下的地方规划仍然总体滞后，难以对行业形成指向明确、稳定有力的引导作用；有的地方不同程度地存在一哄而上、盲目发展的现象。部分休闲农业经营主体对文化的深入挖掘和传承开发投入的精力较少，无法突出地方特色和满足消费者的个性化需求。

面对新形势新任务，我们要深入贯彻党的十八大、十八届三中全会、中央1号文件精神和习近平总书记系列重要讲话精神，紧紧围绕促进农民就业增收、满足居民休闲消费的目标任务，以农耕文化为魂，以美丽田园为韵，以生态农业为基，以创新创造为径，以古朴村落为形，坚持深化改革，将休闲农业发展与现代农业、美丽乡村、生态文明、文化创意产业建设融为一体，更加注重规范管理、更加注重内涵提升、更加注重公共服务、更加注重文化发掘、更加注重氛围营造，加快构建完善的政策扶持、公共服务、宣传推介、资金投入等支撑体系，把发展的强大动力和需求的巨大潜力释放出来，推动形成政府依法监管、经营主体守法经营、城乡居民文明休闲的发展格局。

三、正确把握发展休闲农业的重大关系

进一步促进休闲农业发展，必须遵循"以农为本、科学规划，因地制宜、突出特色，规范管理、强化服务，政府引导、社会参与"的总体原则，科学规划，突出特色，创新机制，充分调动社会各方面的积极性、主动性和创造性，促进休闲农业持续健康发展。在具体工作中，特别要注意把握和处理

好五大关系。

第一，正确处理市场决定与政府引导的关系。在资源配置中，核心是既要让市场起决定性作用，又要更好发挥政府的引导和支持作用。休闲农业自发展以来，一直由市场起决定作用。在我国社会主义市场经济体制不断完善的情况下，发展休闲农业必须要按照"供给产业化、产品品质化、营销信息化、服务专业化、管理智能化"的要求，继续发挥市场配置资源的决定性作用，调动各经营主体从事休闲农业的积极性，从而使休闲农业在经营上更加灵活多样，在机制上更加充满活力，在服务上更加贴近市场需求。同时，要充分发挥政府在经济调节、社会管理、公共服务和市场监管方面的作用。政府要通过制定发展规划，引导休闲农业发展方向；通过强化管理，推动休闲农业规范有序发展；通过制定政策措施、做实公共服务，营造良好发展环境，促进休闲农业持续健康发展。

第二，正确处理农民主体与社会参与的关系。农民是农业生产的主体，也是休闲农业发展的主体。在休闲农业发展过程中，坚持以农为本、农民主体的原则，有利于提高农业综合效益，有利于拓宽农民就业增收渠道，有利于保护农村生态环境。与此同时，也要拓宽社会参与、支持休闲农业发展的途径和方式，引导人才、资金、管理等要素流向休闲农业，推动休闲农业提档升级；要建立健全体制机制，在突出农民主体地位的前提下，积极探索建立多方参与、互惠共赢的机制，促使休闲农业让农民利益最大化，决不能让"农家乐"变成"老板乐"。

第三，正确处理设施完善与耕地保护的关系。休闲农业的发展要上规模、上水平，就需要完善基础设施和相关配套设施。但我国人多地少的基本国情，决定了在任何时候都要高度重视对耕地的保护。因此，在休闲农业的发展过程中，正确处理好完善设施和保护耕地的关系，保护好耕地是一个必须始终坚持的重大原则问题。一是在发展模式选择上，不要贪大求洋，要因地制宜优先发展不占耕地的休闲农业类型，如利用农民自己的住宅和宅基地兴办农家乐等。二是在发展空间上，要引导休闲农业在荒山、荒坡、荒滩等土地上开发，做到既促进休闲农业发展，又增加农产品供给的新模式。三是在土地使用上，要引导休闲农业在节约、集约上狠下功夫，提高单位面积的产出和效益，努力走出一条既促进休闲农业发展，又节约土地的发展道路。发展休闲农业不能仅仅以经济效益为出发点，特别是在发达地区尤其要注意。发展休闲农业如果在耕地上做文章，就是走上了歧路。

第四，正确处理经济效益与生态效益的关系。休闲农业要持续发展，必须注重经济效益。只有较好的经济效益，才能吸引人才、资金等要素的流入，才能带动农业增产增效、农民就业增收、农村繁荣发展。但是，良好的生态环境是休闲农业区别于其他服务业最本质的特点，是吸引消费者前来休闲的重要因素。乡村让生活更美好，乡村让人们更向往，在很大程度上得益于乡村优美的环境，清新的空气，纯净的水质，健康的食品，得益于休闲农业关注人们的"胃、肺、手、眼、脑"，让人们开胃、清肺、好玩、养眼、增趣。如果环境受到破坏，乡村休闲将失去吸引力。从这个意义上讲，生态环境的好坏在某种程度上决定着休闲农业的经济效益，决定着休闲农业的发展前景。我们一定要认识保护生态环境的重要性，按照经济效益和生态效益并重的原则，在统筹考虑资源和环境承载能力的情况下，加强对休闲农业的引导、规范，加强对经营者和从业人员的教育培训，引导休闲农业走资源节约型和环境友好型的发展道路，努力使休闲农业成为生态文明的示范产业。

第五，正确处理点上创建与面上推进的关系。发展休闲农业是一项复杂的系统工程，再加上各地的情况不同，因此既不能平均用力，也不能盲目蛮干，而要通过点创新、线模仿、面推广结合的方式，既抓好点上的创建，又注重发挥点的示范辐射带动作用，促进线面工作的推进。发展休闲农业要有特色，千篇一律、同质化是不行的。"只有民族的才是世界的"，有特色才能推广，雷同是不行的。点线面结合，以点带线促面是一个很重要的工作方法。各地在发展休闲农业过程中，如果只注重点而忽视线和面，不仅很难形成"串珠成线、串线成面"的规模效应，最终点的发展也失去了根基，难以为继；如果只注重线面而忽视点，这样就会千篇一律，没有特色，同样也不能实现良性发展。多年来，我部与国家旅游局联合开展全国休闲农业与乡村旅游示范县、示范点的创建活动，我部还开展了中国最美休闲乡村、中国美丽田园等认定活动，其目的就是在全国树立一批休闲农业发展的典型，为各地提供借鉴，促进面上休闲农业的发展。各级休闲农业管理部门要按照点线面结合的方法，既搞好典型创建工作，又注重推动面上工作，努力实现休闲农业的全面发展、协调发展、持续发展。

休闲农业的发展面临千载难逢的机遇，是一项有广阔前景的产业。农业部门要将其作为一项重要的事业，把旗扛起来。农业部是由农产品加工局负责休闲农业工作，希望各地也能进一步理顺管理职责，把这项工作抓好。

在第二批中国重要农业文化遗产发布活动上的讲话

——农业部党组成员杨绍品
（2014 年 6 月 12 日）

女士们、先生们、新闻界的朋友们：

大家好！在我国第 9 个"文化遗产日"即将到来之际，我们在这里举行第二批中国重要农业文化遗产发布活动。这是我国遗产保护领域的一件大事。首先，我代表农业部向确定的第二批中国重要农业文化遗产所在地表示热烈的祝贺，向长期关心支持农业文化遗产发掘工作的专家学者、新闻媒体和社会各界朋友表示衷心的感谢！

党的十八大提出，要"建设优秀传统文化传承体系，弘扬中华优秀传统文化"。习近平总书记在今年中央农村工作会议上指出，"农耕文化是我国农业的宝贵财富，是中华文化的重要组成部分，不仅不能丢，而且要不断发扬光大"。党中央的战略决策，不仅为我们做好这项工作指明了方向，也向我们提出了新的任务和要求。

我国农耕文化源远流长，是中华文明立足传承之根基。中华民族在长期的生息发展中，凭借着独特而多样的自然条件和勤劳与智慧，创造了种类繁多、特色明显、经济与生态价值高度统一的传统农业生产系统，不仅推动了农业的发展，保障了百姓的生计，促进了社会的进步，也由此演进和创造了悠久灿烂的中华文明，是老祖宗留给我们的宝贵遗产。它们蕴含着天人合一的哲学思想，体现着中华民族的生命力和创造力，贯穿于中国传统文化的始终，是各族劳动人民长久以来生产、生活实践的智慧结晶，是全人类文明的瑰宝。时至今日，我国农业文化遗产中蕴含的天人合一、取物有时、循环利用等许多理念，在农民的日常生活和农业生产中起着潜移默化的作用，在保护民族特色、传承文化传统中仍发挥着重要的基础作用。

当前，由于缺乏系统有效的保护，在经济快速发展和城镇化加快推进的过程中，一些重要农业文化遗产正面临着被破坏、被遗忘、被抛弃的危险。为加强对我国重要农业文化遗产的挖掘、保护、传承和利用，农业部在对国内农业文化遗产现状进行广泛调研的基础上，按照"在发掘中保护、在利用中传承"的思路，于 2012 年在全国部署开展了中国重要农业文化遗产发掘工作，旨在通过发掘农业文化遗产的历史价值、文化和社会功能，探索传承的途径、方法，逐步形成中国重要农业文化遗产动态保护机制，努力实现文化、生态、社会和经济效益的统一。

发掘工作开展以来，各地高度重视，按照农业部制定的申报书编写导则、保护与发展规划编写导则和认定标准，积极挖掘整理当地的重要农业文化遗产。农业部农产品加工局依托农业部中国重要农业文化遗产专家委员会的专家，对地方挖掘整理、省级管理部门审核上报的资料进行了严格评审，并经过网络公示，最终认定天津滨海崔庄古冬枣园等 20 个传统农业系统，为第二批中国重要农业文化遗产。这些遗产具有悠久的历史渊源、独特的农业产品、丰富的生物资源、完善的知识技术体系以及较高的美学和文化价值，在活态性、适应性、复合性、战略性、多功能性和濒危性等方面具有显著特征。

农业文化遗产作为全人类文明的瑰宝，近年来备受各国政府和国际组织的关注。2002 年，联合国粮农组织启动了全球重要农业文化遗产保护试点项目。农业部高度重视此项工作，组建了农业部全球重要农业文化遗产专家委员会，并指导有关省市积极申报，已有 11 个项目陆续被认定为全球重要农业文化遗产。

今天举行发布活动的目的，就是向社会宣传第二批中国重要农业文化遗产，扩大知名度，提高全社会的保护意识，为发掘工作营造良好氛围。希望省级农业管理部门对辖区内的文化遗产加强管理、服务和监督，强化宣传推介，争取扶持政策，为发掘工作提供有力保障。遗产地政府作为遗产保护、传承的主体，要设立遗产标识，切实履行职责，按照遗产保护规划和管理办法，加大挖掘保护力度，不断健全农业文化遗产动态保护机制。

同志们：农业文化遗产是传统文化遗产的重要组成部分。加强重要农业文化遗产的发掘保护，是各级农业部门的重要职责，也是贯彻党的十八大精神，建设美丽乡村和美丽中国的具体举措。在今天发布第二批遗产的同时，也将启动第三批发掘工作。各地要按照农业部的工作部署，开展摸底调查，加大工作力度，力争把农业文化遗产保护、传承工作推向一个新阶段，为弘扬中华农业文化、促进农民增收和农业可持续发展做出新的更大的贡献！

谢谢大家！

在全国休闲农业经验交流会上的讲话

——农业部农产品加工局（乡镇企业局）局长宗锦耀
（2014 年 10 月 11 日）

同志们：

休闲农业是我国近年来兴起的新型消费业态和重要民生产业。它的发展为农业增值增效、农民创业增收、农村繁荣稳定和经济社会持续发展做出了积极贡献。农业部党组高度重视休闲农业发展，先后就推动休闲农业发展作出了一系列部署安排。杨绍品党组成员亲自出席这次会议并作了一个十分重要的讲话。讲话贯彻党的十八大、十八届三中全会、中央 1 号文件和习近平总书记系列讲话精神，全面系统阐述了发展休闲农业的重要意义、形势任务和需要正确把握的重大关系。讲话紧贴实际、主题鲜明、内涵丰富、要求明确，提出了很多新思想、新观点、新论断，具有很强的理论性、实践性和针对性，对当前和今后一个时期我国休闲农业发展具有重要的指导意义。我们一定要认真学习，深刻领会，结合实际贯彻落实。下面，我再讲三点意见。

一、肯定成绩，总结经验，进一步坚定发展休闲农业的信心决心

"十二五"以来，顺应城乡居民休闲消费快速增长的需求，各级休闲农业管理部门因势而谋，应势而动，顺势而为，通过加强部门合作、完善扶持政策、规范行业管理、加强公共服务、培育知名品牌等工作，齐心协力，迎难而上，开拓创新，扎实工作，有力地推动了休闲农业持续健康发展。主要体现在以下几个方面：

——产业规模日趋壮大。2013年，全国休闲农业的年接待人数达9亿人次，经营收入达2 700亿元，均保持在15％以上的增长速度，呈现出快速增长的态势。今年上半年接待游客5亿人次，营业收入1 500亿元，带动3 000万农民受益。北京市大力推进休闲农业提档升级工程，2013年休闲农业共接待游客3 751万人次，同比增长13.2％。天津市按照"串点成线、连线成片、整体推进"的理念，规划休闲农业精品线路，引领休闲农业提档升级，2013年休闲农业综合收入26.3亿元，同比增长31.5％。江苏省各类休闲观光农业园区景点达4 150个，综合收入超过220亿元，同比增长18％。可以说，休闲农业已成为现代旅游业的重要内容和重要民生产业。

——产业类型丰富多样。农业部提出了因地制宜、科学规划、合理布局、多元发展等要求。各地根据自然特色、区位优势、文化底蕴、生态环境、经济发展水平和消费习惯，以城市郊区、景区周边、山水牧区、民族地区和传统农区为重点，在农家乐、民俗村、休闲农园、休闲农庄等形式基础上，不断创新发展，形成了形式多样、功能多元、特色各异的类型。如河北省在发展中，逐渐形成了休闲度假、观光体验、观光采摘、休闲垂钓、科普教育、田园风光六种类型。山西省形成了参与体验、现代农业展示教育示范、休闲疗养和综合观光四种类型。吉林省形成了城市依托、景区带动、农业观光、民俗特色、农家体验五种类型。可以说，各地创新休闲农业类型，拓展休闲农业的经济、社会、文化和生态等功能，激活了一片区域、

兴起了一批产业、带富了一批百姓、建成了一方乐园，已成为建设现代农业、促进农民创业增收的重要载体和有效途径。

——发展方式逐步转变。农业部和各地通过加强休闲农业发展的规范和服务，不断引导休闲农业良性、健康、有序发展。在发展方式上，休闲农业已从农民自发发展向各级政府规划引导转变；在经营规模上，已从零星分布、分散经营向集群分布、集约经营转变；在功能定位上，已从单一餐饮功能向休闲、食宿、教育、体验等多产业一体化经营转变；在空间布局上，已从局限于景区周边和城市郊区向更多的适宜发展区域布局转变；在经营主体上，已从农户经营为主向农民合作组织和社会资本共同投资经营发展转变。各地形成的产业区、产业带，注重功能衔接和特色互补，突出服务功能，强化休闲体验。休闲农业已成为满足城乡居民日益多元化休闲需求的新型业态和健康产业。

——品牌建设不断推进。农业部和各地通过典型带动和示范拉动，广辟渠道，不断提升休闲农业的社会影响力，品牌建设呈现出"百花齐放"的良好态势。目前农业部创建了149个全国休闲农业与乡村旅游示范县、386个示范点，推介了140个中国最美休闲乡村、247个中国美丽田园和1万余件创意精品，认定了39个中国重要农业文化遗产，其中全球重要农业文化遗产11个。各地在发展过程中，也围绕高、特、优、新、奇，努力打造休闲农业地方品牌。发展形成了南京农业嘉年华和北京农业嘉年华，南京"十朵金花"，云南罗平油菜花节、江西婺源油菜花节和浙江余姚杨梅节，内蒙古、新疆、甘肃等地的草原度假和贵州的村寨游，上海的都市农业游和安徽的美好乡村体验游，宁夏的果林品鉴观光产业带和新疆兵团的万亩观光葡萄园等一大批知名品牌。休闲农业已成为一些地方的特色产业和支柱产业。

实践证明，休闲农业是符合经济、自然

和社会发展规律、适应市场需求、蕴藏巨大潜力强农产业、富民产业，是利国利民、一举多效、牵动全局的朝阳产业、新兴产业。它的发展与国家正在实施的现代农业建设、生态文明战略、城乡一体化发展、美丽中国建设等高度契合。休闲农业能使农业变成快乐高效的产业、农村变成美丽和谐的家园、农民变成富裕而有尊严生活的群体。因其在沟通城乡、衔接工农等方面的独特作用，被一些著名经济学家称为"桥梁产业"、"枢纽产业"，赞誉其为促进城乡要素双向流动、建设新型工农城乡关系作出了重要贡献。

休闲农业发展取得的成效，是休闲农业管理部门认真贯彻落实党中央、国务院一系列决策部署的结果，是各地区、各部门组织指导、合力推进的结果，也是广大休闲农业从业者开拓创新、辛勤劳作的结果。尤其是各级休闲农业管理部门攻坚克难、勇于实践，探索和积累了许多宝贵经验。

一是注重组织领导。农业部于2010年成立了休闲农业管理机构，从国家层面加强对全国休闲农业工作的组织领导和顶层设计，并与国家旅游局签署合作框架协议，引导地方农旅系统合力发展休闲农业。各地政府及相关部门对休闲农业工作也高度重视，制定政策措施强力推进。如湖南省政府成立了由副省长任组长的休闲农业工作领导小组，农业厅、发改委、财政厅等17个单位共同参与，协同推进本省休闲农业发展。广西区农业厅不断健全工作架构、明确工作定位、加大扶持力度，连续三年举办休闲农业推进年活动，引领全区休闲农业发展。四川、云南、贵州、河南等省也都成立了由农业厅、旅游局等部门参加的休闲农业与乡村旅游领导协调机构，对休闲农业工作进行统筹谋划和顶端设计。

二是注重政策支持。为规范休闲农业用地，农业部与国土资源部联合下发了《关于完善设施农用地管理有关问题的通知》，对

休闲农业发展中建设永久性餐饮、住宿等设施用地，要求依法办理建设用地审批手续，切实维护农民的利益。各地为推动休闲农业发展，从资金奖励、项目支持、扶持政策等方面给予保障。四川省在全国率先以省政府名义制定出台《关于加快发展休闲农业与乡村旅游的意见》，明确了对国家级、省级休闲农业与乡村旅游示范点、精品农家乐、精品休闲农庄、五星级乡村酒店的扶持措施。湖南省印发了《关于加快休闲农业发展的意见》，从加强规划指导、加大财政投入、加强信贷服务、实行税费优惠、合理解决用地、优化经营环境等六方面提出了支持政策。天津市实施休闲农业精品培育项目，对每个项目给予50万元扶持资金。宁夏对符合要求，经营面积达到6.7公顷以上，在金融部门贷款30万～200万元的休闲农业场点，给予贴息补助。陕西对于国家级和省级休闲农业示范县（区）、休闲农业示范园、休闲农家专业村和农业文化遗产地每年给予10万～20万元的扶持资金。吉林将符合要求的休闲农业企业列入政府采购会议培训定点饭店名单。

三是注重规划引导。2010年农业部组织制定了《全国休闲农业发展"十二五"规划》，通过明确休闲农业发展的思路、原则、布局和重点等，引导在大中城市郊区、名胜景区周边、依山傍水逐草自然生态区、少数民族地区和传统特色农区五类地区有序发展。以此为引领，各地相继研究制定发展规划、行业标准和评级标准。北京市编制了《北京市观光农业发展总体规划》，按照与区县功能定位相结合的原则，着力打造"一区一色、一村一品"的休闲农业特色。一些休闲农业点成为城乡居民休闲度假、观光旅游的好去处。江苏省以大中城市和名胜景区周边为中心，以临江面海、环湖抱山、丘陵岗地区域为重心，着力发展以特色农业和生态农业产业带为重点的休闲观光农业空间格局。目前，

全国绝大多数的省、区、市均制定了本地的休闲农业发展规划，对科学引导休闲农业发展发挥了指向明确、路径清晰、稳定有力的重要作用。

四是注重典型示范。农业部联合国家旅游局开展了全国休闲农业与乡村旅游示范县、示范点创建活动。近年来农业部组织了中国最美休闲乡村、中国美丽田园评选认定活动，在全国范围内树立了一批发展典型，正成为引领各地发展的典范。各地在积极参加全国性创建活动的同时，注重结合当地实际开展省级创建活动，并不断完善有关标准和办法，也收到了良好成效。北京市先后出台了《乡村民俗旅游户等级划分与评定》等四项正式地方标准。河北省制定了《河北省农家乐（乡村酒店）旅游等级划分与评定》地方标准、《河北省休闲农业星级采摘园、星级休闲农业园评定办法》和《河北省星级休闲采摘园、星级休闲农业园评分标准》。

五是注重提升内涵。休闲农业是物质享受和精神享受并重的业态，需要深厚的趣味和深刻的文化内涵作支撑。为培育创意理念，推动创意农业发展，不断提升休闲农业的文化软实力和持续吸引力，农业部以"创意提升农业、休闲改变生活"为主题，于2012年和2014年两次组织开展了全国休闲农业创意精品推介活动。一大批以农副产品为原材料的创意精品备受公众喜爱，现场销售额超过1亿元，投资合作签约额超过13亿元。按照"在发掘中保护、在利用中传承"的思路，组织开展了中国重要农业文化遗产发掘工作，认定并发布一批中国重要农业文化遗产，拓宽休闲农业发展的资源载体，初步构建遗产动态传承保护机制。可以说，这两项活动的组织，为提升休闲农业内涵搭建了交流学习的平台、营造了良好社会氛围。

六是注重氛围营造。农业部结合各项休闲农业工作，利用报刊、广播、电视、网络等多种媒体，开展了一系列的宣传、推介、展示活动，从市民休闲体验、文化创意设计、农耕文明传承等多视角宣传休闲农业。指导北京市和南京市举办农业嘉年华，在重点节假日通过中国农业信息网、中国休闲农业网集中推介精品景点和精品线路，不断提升行业的影响力和社会知晓度。重庆市提出唱响休闲旅游活动"四季歌"，不断加大宣传力度，做到季季有主题、月月有重点、周周有亮点，引导重庆人游重庆，吸引外地人到重庆。海南省把一年一度的"冬交会"作为休闲农业展示的大舞台，集中宣传展示省内休闲农业业态。江西省南昌市开展"舞动休闲农业、打造秀美乡村"活动，取得了良好效果。

以上成绩来之不易，经验弥足珍贵。这既是我们辛劳工作的成果，也是事业发展的见证。我们要认真总结这些成绩和经验，并持续实践创新，相互交流借鉴。也只要这样，我们才能进一步增强信心和决心，才能不断推动休闲农业取得新发展新进步。

二、明确思路，突出重点，努力构建促进休闲农业发展的长效机制

杨绍品党组成员在讲话中，为我们分析了休闲农业发展形势，提出了未来发展的思路和措施，为我们做好下一步工作指明了方向。按照部党组的部署要求，我们必须立足当前，着眼长远，继续加大工作力度，特别要在以下五方面狠下功夫。

一要优化休闲农业发展布局，在丰富类型和产业集聚上下功夫。在产业布局上，要从本地实际出发按照总体规划，优化结构布局，发挥优势，重点在大中城市周边、名胜景区周边、依山傍水逐草自然生态区、少数民族地区和传统特色农区，以拓展农业功能、传承农耕文化、提供度假体验和科普宣传为核心，遵循环境优美、特色明显的要求，选择适宜区域布局，不能搞一哄而上、盲目建设。在产业类型上，各地要进一步依据区位优势、资源禀赋、历史文化和市场需求，创新发展形式，丰富发展类型，促进休闲农业多样化、个性化发展。特别要重视支持农民以自家庭院为载体发展农家乐，鼓励发展农家乐聚集村。要着力打造一批美丽田园，努力提高农业综合效益。同时，结合都市农业发展，引导发展楼宇农业、阳台农艺，进一步拓展休闲农业发展空间。支持经营主体协作联合，打造精品线路、特色产业带和优势产业群，推动休闲农业资源共享、优势互补、信息互通、利益互惠和产业集聚。

二要丰富休闲农业发展内涵，在创意设计和文化传承上下功夫。休闲农业发展要在新、特、奇、优方面下功夫，注重农村文化资源挖掘，注重把农业生产、农民生活、农村生态作为一个整体资源进行开发，强化农业产品、农事景观、环保包装、乡土文化和休闲农业经营场所的创意设计。鼓励开发具有地方特色的休闲产品，推进农业与文化、科技、生态、旅游的融合，提高农产品附加值，提升休闲农业文化软实力和持续竞争力，着力打造一批集农耕体验、田园观光、教育展示、文化传承于一体的休闲农业园，开发一批具有地方特色的休闲商品。遵循传承与创新相结合的理念，挖掘田园文化，发扬山水文化，传承建筑文化，发展民俗文化。按照"在发掘中保护、在利用中传承"的思路，加大农业文化遗产历史、文化、景观价值的发掘，把其作为休闲农业的重要资源来传承利用，推动遗产地经济社会协调可持续发展。

三要提升休闲农业发展水平，在人员素质提升和设施改善上下功夫。人才资源是第一资源。我们必须用战略眼光看待人才工作。要加强人才队伍建设，着力培养一批规划设计、创意策划和市场营销人才，为休闲农业发展提供智力支撑。继续依托阳光工程、农村实用人才带头人、职业院校、行业协会和产业基地，分层次、分类别开展人员培训，争取将休闲农业讲解员、导览员纳入职业技能培训体系，逐步推动持证上岗制度，不断提高从业人员素质。结合农村环境整治，推动休闲农业经营场所的道路、水电、通讯、安全防护等基础设施建设，完善路标指示、导游牌、停车场、游客接待中心、公共卫生间等辅助设施。改善休闲农业种养基础条件，拓展科普展示、示范推广功能。鼓励各类经营主体兴建特色餐饮、住宿、购物、娱乐等配套服务设施，满足消费者多样化的需求。

四要规范休闲农业发展秩序，在规范管理和生态保护上下功夫。加大休闲农业标准的制定和宣贯力度，指导各地分层次制定相关标准，逐步推进管理规范化和服务标准化；严格执行国家土地政策，鼓励利用荒山、荒坡、荒滩、废弃矿山等发展休闲农业，杜绝侵害农民利益、违法占用耕地等行为；引导各休闲农业经营主体树立开发与保护并举的理念，在统筹考虑资源和环境承载能力的情况下，加大生态环境保护的力度，走资源节约型和环境友好型的发展道路，实现经济效益、生态效益、社会效益有机统一。积极推进行业协会和服务组织建设，通过自我服务、管理和约束，规范竞争行为，营造公平环境，促进休闲农业良性、健康和有序发展。

五要培育休闲农业品牌，在典型示范和营造环境上下功夫。品牌是消费者脑子里的记忆点。走品牌化之路，将信誉凝结成品牌，以品牌引领经营管理，是休闲农业发展的必由之路。要以一流服务创品牌、一流设施强品牌、一流创意树品牌，实施质量立业、品牌强业战略。引导休闲农业经营主体合理进行要素流动、资本重组和品牌整合，培育一批叫得响、传得开、留得住的知名品牌。继续开展全国休闲农业与乡村旅游示范县、示范点创建，继续开展以中国最美休闲乡村推介、中国美丽田园推介为核心的品牌培育工程，打造一批有影响的休闲农业知名品牌活动。要将诚信理念渗透到品牌建设全过程，提升信用度和竞争力。各地也可以结合上述工作，开展本区域的特色村、先进户、精品线路等创建与推介活动，培育各具特色的地方知名品牌。

优化布局、丰富内涵、提升水平、规范秩序和培育品牌工作，在未来相当长的一个时期，都是我国休闲农业工作的战略重点。我们要按照中央的要求，遵循经济规律，实现休闲农业科学发展；遵循自然规律，实现休闲农业可持续发展；遵循社会规律，实现休闲农业包容性发展。

三、加强领导，完善服务，不断提高推进休闲农业发展的工作水平

发展休闲农业是一项长期性的重要任务，事关经济社会发展全局。我们要按照杨绍品党组成员的讲话要求，在认清形势任务，正确处理好五大关系的基础上，继续加强规划引导，加强规范管理，加强政策扶持，加强公共服务，努力推动休闲农业持续健康发展。要着力抓好以下五项具体工作。

第一，以农耕文化为魂，扎实推进重要农业文化遗产的发掘保护。农业文化是中华传统文化的重要组成部分，是主导休闲农业发展的灵魂所在，缺乏精神层面引导的产业容易把人们引导到单纯享受物欲的层面，我们必须找回统摄休闲农业发展的文化之魂、趣味之魂。发掘农业文化遗产对于弘扬中华文化，推动我国农业农村经济社会可持续发展具有重要意义。虽然我国重要农业文化遗产发掘工作取得了一定成效，但也存在农业文化遗产底数不清、保护意识不强、遗产精髓挖掘不够、发掘与保护机制有待健全等问题。加强农业文化遗产的发掘保护，是各级农业部门的重要职责。我们一定要提高保护意识，完善保护机制，深挖科学内涵，着力发掘保护好祖先留下的宝贵财富。一要精心组织指导。各省级休闲农业管理部门要切实肩负起牵头单位的作用，对本地的农业文化遗产进行全面普查，在摸清底数和评估价值

的基础上，明确保护重点。二要完善工作机制。按照"在发掘中保护、在利用中传承"的思路，以带动遗产地经济社会可持续发展为出发点和落脚点，积极探索和完善保护农业文化遗产的政策措施和工作机制。三要加强监督管理。要不定期进行检查，督促认定的遗产所在地政府按照要求树立遗产标识，按照申报时编制的保护发展规划和管理办法做好保护工作。四要加大宣传推介。要在深挖农业文化遗产的精神内涵的基础上，运用现代展示手段加大宣传力度，营造良好的社会氛围，促进中华农耕文明的传承。

第二，以美丽田园为韵，扎实推进休闲农业与乡村旅游的示范创建。我们中国人都有自己的梦想，有现代梦、都市梦，也有田园梦、生态梦，城镇和乡村都是人们所需要的居落系统，两者优势互补、互惠双赢。我部与国家旅游局自2010年开始联合开展全国休闲农业与乡村旅游示范创建工作，受到了各地的高度关注，正在成为引领各地休闲农业发展的样板。中国美丽田园推介活动已经开展了两届，这些田园美景给每一个看到的人都留下了深刻印象。但也存在示范创建"满腔热情"，后续提升"无人问津"，项目农"味"不足，未能形成规划体系等问题。我们要继续按照示范创建的要求，加强工作指导，努力形成合力，把示范创建工作推向深入。一要完善创建机制。更加注重创建过程，强化动态管理，把创建过程与美丽田园的打造相结合，真正使那些田园美、山水美、人文美的典型县和典型点在示范创建中脱颖而出。二要加强协调配合。各级休闲农业管理部门在示范创建工作中，要切实发挥牵头作用，主动与旅游部门沟通协调，遇事多商量，做事多商量，双方合力做好示范创建工作。三要进一步加强保护建设。要争取把示范县、示范点建设纳入当地经济社会发展总体规划，加大支持力度，加快建设速度。把美丽田园纳入基本农田或永久农田，要像保护文物和

大熊猫一样加以珍惜和保护。四要加大宣传推介。要利用报纸、电视、网络等媒体渠道，以图片、文字、视频等多种形式，加强对示范县、示范点和美丽田园的宣传推介，形成全社会关注的良好氛围。

第三，以生态农业为基，扎实推进农村资源环境的保护利用。相互依存、相生共荣的好环境，天人共美、各美其美的好生态，天蓝地净、山青水绿的和谐美，是休闲农业区别于传统旅游的重要特点，也是休闲农业赖以生存发展的根本所在。随着休闲农业总体规模的扩大，污水排放、垃圾处理等配套设施建设相对滞后，在一些地方也对生态环境产生了不利影响。我们要清醒认识加强生态文明建设的重要性和必要性，把休闲农业发展与生态保护有机结合，统筹推进。一要正确处理休闲农业发展与生态环境保护的关系。牢固树立保护改善生态环境就是保护发展生产力、绿水青山就是金山银山的理念，更加自觉地推动休闲农业绿色发展、循环发展、低碳发展，慎砍树、禁挖山、不填湖、少拆房，实现人与自然和谐发展，防止丢失了乡村风貌、田园风光，决不以牺牲环境为代价去换取休闲农业的发展。二要切实坚守生态红线。山水林田湖是一个生命共同体。休闲农业的发展需要土地、水等多方面自然资源的支撑，在发展中要运用底线思维，对于耕地保护红线、水质保护红线等决不能突破。三要努力实现生态修复。在休闲农业发展中，良好生态环境所带来的巨大经济效益和社会效益，已经促使许多地方政府和经营者主动改善当地环境。今后要进一步支持鼓励通过发展休闲农业修复、改善生态环境的行为，引导经营主体不断增强生态产品生产能力。

第四，以创新创造为径，扎实推进创意农业的策划设计。国务院高度重视农业领域的创意设计，今年印发的《关于推进文化创意和设计服务与相关产业融合发展的若干意见》指出，要提高农业领域的创意与设计水平，推进农业与文化、科技、生态、旅游的融合。按照国务院的决策部署，针对休闲农业发展中存在的服务功能单一、经营形式雷同、创意人才缺乏等问题，我们要切实引导休闲农业经营主体提高创意策划水平。一要树立创意理念。特色化经营、差异化发展、人文化创意是推进休闲农业持续发展的重要方法。我们一定要认识到创意设计在增强休闲农业文化软实力、产业竞争力和持续吸引力方面的重要性，把创意农业摆上重要位置抓实抓好。二要培育人才队伍。要继续加强休闲农业从业人员培训，利用各种渠道培养创意农业人才队伍，搭建艺术专家、创意人员与休闲农业经营主体的对接平台，吸引更多的创意爱好者投入到休闲农业创意事业中来，为农业领域创意产业发展提供强有力的智力支撑。三要明确创意重点。要以休闲农业的产品、包装、活动、景观等为创意重点，挖掘传统文化，突出时代特征，彰显人文风尚，创作一批充满艺术创造力、想象力和感染力的创意精品，建设一批集农耕体验、田园观光、教育展示、文化传承于一体的休闲农园，着力培育一批知名品牌，催生新兴消费业态的形成。

第五，以古朴村落为形，扎实推进最美休闲乡村的开发建设。古朴村落凝聚着古人"天人合一"的智慧，不仅有美学价值，而且是乡村文明的载体，是休闲农业的软实力，对完善新农村规划、提高城市建设水平都是有益借鉴。然而我国仅有1561个有重要保护价值的传统村落列入了中国传统村落保护名录，每年都有一批传统村落在衰落，甚至消失。我们要以中国最美休闲乡村开发建设为抓手，切实推进古朴村落的保护开发工作。一要强化保护意识。要认识到没了传统村落，我们将看不见山。望不见水，我们的乡愁将无处安放，我们的"落叶"终将无根依托。对传统村落的保护是一项时不我待、迫在眉睫的任务。二要综合开发利用。传统村落的保护利用，不是用玻璃罩把村庄罩起来，更不是把农村建成城市的"浓缩版"。离开了人文活动的传统村落，其灵魂和韵味就不再完整，因此保护工作必须与促进农民的就业增收相结合，有效引导当地农民在保护基础上结合发展休闲农业，努力打造"一村一景"，做到活态保护。对那些位于少数民族地区或者相对贫困地区的传统村落，要将保护利用工作与促进民族地区加快发展和扶贫开发工作统筹推进。重视利用独特地理风貌和文化特点，规划建设一批具有民族风情的特色村镇，逐步把休闲旅游建成当地的支柱产业，不断提高扶贫效能。三要加强宣传推介。目前，中国最美休闲乡村已经形成了一定的社会影响力，要在此基础上拓宽展示渠道，创新宣传推介方式，真正使中国最美休闲乡村成为美丽乡村和美丽中国建设的一张亮丽名片。

另外，我们还要进一步加强政策研究，做好监测统计工作。近年来，我局高度重视政策研究，不断加强对扶持休闲农业政策的收集梳理，并围绕行业发展的关键问题进行实地调研。今年我们组织起草了《农业部关于进一步促进休闲农业持续健康发展的意见》，在前不久已经征求了各省级休闲农业管理部门的意见。我们将在充分吸纳各地意见的基础上，进一步修改完善，争取年内印发各地。下一步，我们将进一步加大调研力度，在充分总结各地行之有效做法的基础上，加强与相关部门沟通协调，争取财政、税收、金融、投资等相关政策。同时，组织研究具体的监测统计方法，科学设置监测指标，建立健全休闲农业监测统计数据。各地要认真按照杨绍品党组成员的讲话精神和部署要求，强化调查研究，根据本地实际做好政策创设和工作谋划等各项工作。

同志们，发展休闲农业是人民的愿望、时代的要求、历史的必然。它的发展有利于促进农民就业增收、有利于保护美化农村环境、有利于传承农耕文明和促进城乡一体化发展。我们要深入贯彻党的十八大、十八届三中全会、中央1号文件和习近平总书记系列重要讲话精神，进一步增强责任感和使命感，改革创新、攻坚克难、求真务实、真抓实干，努力推动休闲农业工作再上一个新台阶，为拓展农业功能、建设美丽乡村、富裕广大农民，全面建成小康社会做出新的更大的贡献！

在中国最美乡村和中国美丽田园发布活动上的讲话

——农业部农产品加工局（乡镇企业局）局长宗锦耀

（2014 年 3 月 4 日）

3月的贵州，春回大地，万物复苏，正如全国休闲农业发展一样，朝气蓬勃，蒸蒸日上。今天，我们大家齐聚美丽的黔西南州兴义市，向全社会发布2013中国最有魅力休闲乡村和中国美丽田园活动推介结果。首先，我代表农业部农产品加工局和乡镇企业局，向出席今天活动的各位领导和来宾表示热烈的欢迎，向长期关心、支持休闲农业发展的朋友们表示衷心的感谢，向从事休闲农业领域工作的同志们表示诚挚的慰问！

党的十八大作出了大力推进生态文明、努力建设美丽中国的重大决策部署。习近平总书记在中央农村工作会议上指出，中国要强，农业必须强；中国要美，农村必须美；中国要富，农民必须富。这表明了中央坚持把解决好"三农"问题作为全党工作重中之重，始终把"三农"工作牢牢抓住紧紧抓好的坚定意志，也表明了中央坚持把建设生态文明作为关系人民福祉、关乎民族未来的长远大计，努力建设美丽中国、实现中华民族永续发展的坚强决心。

休闲农业是拓展农业的观光休闲、文化传承、科技普及等功能，围绕农业生产过程、农民劳动生活和农村风情风貌，通过创意、创新、创造让人们品味农业情调、享受田园生活、体验农耕文化，带动农村一、二、三产业联动发展的新型农业产业形态和新型消费业态。虽然发展时间不长，但在各级政府和农业部门的大力推动和市场需求的强力拉动下，全国休闲农业产业规模日渐扩大，发展内涵不断提升，发展类型逐步丰富，发展方式逐步转变，呈现出"数量提高、质量提档、效益提升"的良好发展态势。据不完全统计，截止到2013年底，全国休闲农业聚集村9万个，规模以上休闲农业园区超过3.3万家，农家乐已超150万家，接待游客超过9亿人次，营业收入超过2 700亿元，带动2 900万农民受益。各地的发展实践，进一步彰显了休闲农业促进增收的经济功能、带动就业的社会功能、保护利用传承农耕文明的文化功能、美化乡村环境的生态功能等，促使大量的农区变"景区"、田园变"公园"、农产品变商品，让闲置的土地流动起来，让闲暇的时间充实起来，让富余的劳动力活跃起来，日益成为富裕农民、提升农业、美化乡村的战略性新兴产业。

在我国休闲农业快速发展过程中，各地不断创新发展模式，拓宽发展领域，涌现出了许多产业特色突出、村容景致独特、乡风文明和谐的魅力乡村，培育出了一批农耕文明悠久、乡村文化浓郁、民俗风情多彩、自然环境优美的美丽田园。这些魅力乡村和美丽田园是中国美丽乡村的典型代表，也是推进生态文明和美丽中国建设的重要内容。他们不仅成为新时期发展现代农业、建设美丽乡村、带动农民增收的重要基础，而且成为满足城乡居民休闲消费、传承乡村文明和中华民族文化的重要载体。

为提升这些魅力乡村和美丽田园的知名度和影响力，激发各地建设魅力乡村和美丽田园的积极性，培育休闲农业知名品牌，进一步扩大城乡居民休闲旅游消费，农业部在2013年开展了中国最有魅力休闲乡村和中国美丽田园推介活动。这是农业部门深入贯彻党的十八大提出的大力推进生态文明、建设美丽中国决策部署的重要行动，是总结魅力乡村和美丽田园发展经验、培育休闲农业品牌的重大举措。

为突出社会大众在推荐活动中的主体地位，提高推荐活动的公信力和透明度，并把寻找的过程变成宣传、展示、推荐的过程，农业部在推介活动中创新工作机制，对各地休闲农业主管部门推荐的候选乡村和候选田园，采取公众投票和专家评审相结合的方式进行评选。投票活动吸引了社会公众的广泛关注，展示魅力乡村和美丽田园的专题页面浏览量超过3 000万次，有效投票超过1 200万张。最终经过专家评审和网上公示等程序，农业部认定了北京市密云县蔡家洼村等10个村为中国最有魅力休闲乡村，贵州省黔西南州万峰林油菜花等108项农事景观为中国美丽田园。

最终认定的魅力乡村都是以农业为基础、农民为主体、乡村为单元，围绕农业生产过程、农民劳动生活和农村风情风貌，因地制宜发展休闲农业，功能特色突出，文化内涵丰富。被认定的油菜花、桃花、梨花、向日葵、梯田、茶园、稻田、渔作和畜牧转场等美丽田园，产业规模大、体验类型多、生态条件好、配套环境优，反映了各地的农耕文明、地域风情和特色风貌，诠释了农事景观的人文积淀，具有较高的农业综合效益。总之，这些乡村以耕读乡土文化为魂，以久远优美田园为韵，以生态循环农业为基，以古朴村落民居为形，实现人与自然和谐发展，成为农民幸福生活的美好家园，也成为建设美丽乡村、美丽中国的缩影和经典。

今天举行发布活动的目的就是向全社会宣传魅力乡村和美丽田园，扩大这些休闲农业品牌的知名度，提高全社会对休闲农业的认知和接受程度，为推动休闲农业工作营造良好的氛围。希望这些魅力乡村和美丽田园在已有工作基础上，再接再厉、戒骄戒躁、改革创新、开拓进取，在不断展现自身魅力和美丽的同时，为我国休闲农业的持续健康发展和建设美丽乡村切实发挥示范带动作用。

同志们、朋友们，发展休闲农业是建设生态循环农业的重要内容，是带动农民就业增收的重要渠道，是建设美丽乡村和推进城乡一体化发展的重要途径。发展休闲农业是农民的愿望、市民的期待、时代的要求、历史的必然。做好新时期休闲农业工作责任重大、使命光荣，任务艰巨。在此，我希望全国各级休闲农业管理部门以本次活动为契机，围绕美丽乡村建设，不断增强使命感、责任感和紧迫感，切实加强组织领导，完善政策措施，加大工作力度，充分发挥规划指导、管理监督、协调服务的职能作用，努力推进我国休闲农业持续健康发展，为农业强起来、农民富起来、农村美起来，全面建成小康社会，实现中华民族伟大复兴的中国梦作出新的更大的贡献。

法律法规与规范性文件

全国休闲农业发展"十二五"规划

农业部关于进一步促进休闲农业持续健康发展的通知

关于实施乡村旅游富民工程推进旅游扶贫工作的通知

中国重要农业文化遗产管理办法（试行）

江西省人民政府办公厅关于促进我省休闲农业发展的若干意见

四川省人民政府办公厅关于加快发展休闲农业与乡村旅游的意见

甘肃省人民政府办公厅关于加快发展休闲农业与乡村旅游的意见

海南省农业厅关于做好当前休闲农业发展工作的通知

海南省休闲农业发展局关于印发海南省休闲农业示范点评定和管理试行办法的通知

全国休闲农业发展"十二五"规划

发展休闲农业，对于转变农业发展方式，促进农民就业增收，推进新农村建设，统筹城乡发展，满足城乡居民日益增长的休闲消费需求具有重要的意义。为全面贯彻落实《中共中央关于制定国民经济和社会发展第十二个五年规划的建议》和《全国农业农村经济发展第十二个五年规划》的精神，促进休闲农业又好又快发展，特制定本规划。

一、休闲农业发展形势

休闲农业是贯穿农村一、二、三产业，融合生产、生活和生态功能，紧密联结农业、农产品加工业、服务业的新型农业产业形态和新型消费业态。随着国民经济的发展、居民收入的提高，城乡居民对休闲消费需求高涨，休闲农业已进入快速发展的新阶段。

（一）发展休闲农业意义重大。休闲农业是符合经济发展规律、有市场需求、蕴藏着巨大发展潜力、有助于解决"三农"问题的朝阳产业，是利国利民、一举多效的新兴产业。一是推进农业功能拓展和农村产业结构调整的重要举措。休闲农业能够融合一、二、三产业，将农业从单一的食品保障功能向原料供给、就业增收、生态涵养、观光休闲、文化传承等多功能拓展，带动农产品加工业、服务业、交通运输、人文创意等相关产业的发展，满足城乡居民休闲消费需要，开辟了现代农业建设新途径。二是促进农民就业增收的重要渠道。保障粮食及主要农产品有效供给，促进农民就业增收是农业农村经济工作的主要任务。发展休闲农业能够延伸农业产业链条，带动相关配套产业发展，有效拓展农民就业增收空间，成为农民"四季不断"的重要收入来源。三是推进社会主义新农村

建设的重要载体。发展休闲农业能够有效引导生产要素流向农村，带动农村基础设施建设和生产发展，改善农村发展环境和村容村貌；能够加快培养一批有文化、懂经营、会管理的新型农民，从而整体带动农业生产水平、农民生活水平和乡风文明水平的提高，推进社会主义新农村建设。四是推进城乡一体化发展的有效途径。休闲农业以农业为依托，以农村为空间，以农民为主体，以城市居民为客源，能够实现"大农业"与"大旅游"的有机结合，使得城乡互为资源、互为市场、互为环境，必将在加快城乡经济文化融合和三次产业联动发展，缩小城乡差别，加快城乡一体化进程方面发挥重要作用。五是丰富我国旅游产品体系的重要内容。当前，我国农村地区集聚了70%的旅游资源，休闲农业发展潜力巨大。大力发展集农业生产、农业观光、休闲度假、参与体验于一体的休闲农业，对于适应我国旅游消费转型升级，培育新型消费业态，提高居民幸福指数具有重要意义。

（二）休闲农业发展态势良好。当前，我国休闲农业蓬勃发展，规模逐年扩大，功能日益拓展，模式丰富多样，内涵不断丰富，发展方式逐步转变，呈现出良好的发展态势。一是产业规模逐年壮大。全国农家乐已超150万家，规模休闲农业园区1.8万家，年接待人数超过4亿人次。二是产业类型丰富多样。各地根据自然特色、区位优势、文化底蕴、生态环境和经济发展水平，先后发展形成了形式多样、功能多元、特色各异的模式和类型。三是发展方式逐步转变。休闲农业逐步从零星分布向规模集约，从单一功能向休闲教育体验多功能，从单一产业向多产业一体化经营，从农民自发展向政府规划引导转变。四是产业品牌影响扩大。围绕"高、新、特、优、雅、奇"努力打造特色休闲品牌，一批服务能力好、休闲功能强、顾客认同度高的休闲农业品牌初步形成。五是

产业效益初步显现。休闲农业年经营收入超过1 200亿元以上，带动1 500万农民受益，已成为一些地区壮大县域经济的支柱产业和民生产业。

（三）休闲农业发展机遇难得。"十二五"时期是我国全面建设小康社会的关键时期，是加快转变经济发展方式的攻坚时期。城乡居民收入的提高、消费方式的转变、新农村基础设施的改善，都为休闲农业提供了难得的发展机遇。一是党和政府高度重视。中央1号文件提出要积极发展休闲农业，拓展农村非农就业增收空间；《国务院关于加快发展旅游业的意见》指出要开展农业观光和体验性旅游活动，规范发展农家乐、休闲农庄。地方党委政府把发展休闲农业作为破解"三农"问题的有效途径，加大政策资金扶持，引导其快速发展。二是农村基础设施改善为休闲农业发展创造了条件。近年来，中央和地方财政新增投资主要用于加强农村基础设施建设，农村路、水、电、通讯等基础设施明显改善，这为休闲农业发展提供了基础支撑。三是国民经济快速发展为休闲农业发展提供了需求动力。我国人均国内生产总值已超4 000美元，城乡居民对休闲消费需求持续高涨，个性化休闲体验渐成新宠；我国70%的旅游资源分布在农村，广大农村优美的田园风光、恬淡的生活环境，必将成为休闲消费的主阵地。四是休假增多为休闲农业发展提供了现实机遇。国民休闲纲要、带薪休假制度以及法定节假日的调整优化，居民休闲时间明显增多，这为休闲农业发展提供了发展拉力。五是农业生产方式变革为休闲农业发展提供了条件保障。随着科学技术进步和农业服务体系的健全，农业生产机械化、规模化势头强劲，大量农民已经从繁重的农业劳作中解脱出来，这为农民依托农业产业、依靠农村资源发展休闲农业，走创业就业发展道路提供了条件保障。

（四）休闲农业发展任重道远。我国休闲农业发展迅猛，一批发展潜力大、带动能力强、品牌优势明显的休闲农业企业迅速壮大，显示出强大的生命力和巨大的发展潜力。但从总体情况来看，休闲农业发展仍存在一系列困难和问题。从产业内部看，主要存在布局不合理、管理水平不高、人员素质较低、基础设施较差、投资结构不合理等问题；从外部环境看，主要存在思想认识不统一、规划引导不到位、行业管理不规范、政策扶持滞后、融资渠道不畅、企业运行负担重等问题。这些困难和问题已经成为制约休闲农业进一步发展的瓶颈，必须加大政府扶持和规范的力度切实加以解决。

二、指导思想、原则、目标

（一）指导思想

以科学发展观为指导，适应农业农村经济发展新变化，顺应城乡居民过上更好生活新期待，以推进现代农业和建设社会主义新农村为目标，以促进农民就业增收为核心，以快速推进休闲农业发展为重点，立足"富裕农民、改造农业、建设农村"，按照"夯实基础、加快转变、提升水平、引领发展"的思路，科学规划，整合资源，创新机制，规范管理，强化服务，完善设施，打造品牌，形成"政府引导、农民主体、社会参与、市场运作"的发展新格局，推动我国休闲农业快速持续发展。

夯实基础，是通过强化政策引导、项目倾斜和财政支持，充分发挥农户、农民专业合作社和龙头企业的主体作用，不断强化休闲农业发展的产业基础、设施基础、队伍基础和平台基础，改善休闲农业的发展条件。

加快转变，就是以市场为导向，不断创新休闲农业经营管理模式、产业组织模式和市场服务模式，促进联合与协作，加快推进一、二、三产业融合，从根本上实现休闲农业发展方式转变，增强休闲农业发展能力。

提升水平，就是以科技为支撑，着力培育一批休闲农业发展基础好、素质高、自我发展能力强、示范带动作用大的重点农户、农民专业合作社和龙头企业，增强休闲产品科技含量、文化特色和转化增值能力，提升休闲农业产业发展整体规模、层次、素质和水平。

引领发展，就是以满足城乡居民不断增长的物质、文化和精神需求为动力，通过体系建设和机制创新，不断提高休闲农业的创新能力和经济社会效益，促进农业战略性结构调整和城乡居民消费结构转变，引领农村新型产业和新型消费业态发展。

（二）基本原则

以农为本，科学规划。坚持以农业为基础，农民为主体，农村为单元，按照统一生产、生活、生态，融合一、二、三产业的要求，围绕农业生产过程、农民劳动生活和农村风情风貌，分类规划，合理布局，引导各地有序发展。

因地制宜，突出特色。以突出自然生态，挖掘文化内涵为重点，坚持传承与创新相统一，加快培育大中城市和名胜景区周边、依山傍水逐草自然生态区、少数民族地区和传统特色农区的休闲农业发展，变资源文化优势为产业经济优势。

强化服务，规范管理。加大教育培训、宣传推介、营造环境力度，制定规范标准，创建示范典型，引导行业自律，实现休闲农业基地建设、食品安全、公共安全、生产安全、产品服务、环境保护的标准化、规范化。

政府引导，社会参与。创新体制机制，强化政府在政策扶持、规范管理、公共服务、营造环境等方面的作用，充分发挥市场调配资源的基础性作用，调动社会力量和行业协会的积极性，形成休闲农业发展良好局面。

（三）发展目标

到 2015 年，休闲农业成为横跨农村一、二、三产业的新兴产业，成为促进农民就业增收和满足居民休闲需求的民生产业，成为缓解资源约束和保护生态环境的绿色产业，成为发展新型消费业态和扩大内需的支柱产业。

产业规模不断扩大。休闲农业点数量稳步增长，年营业收入 500 万元以上的休闲农业点增长 20％，接待人次和经营收入年均增长 15％以上。

产业结构明显优化。布局科学、结构合理、服务完善、特色明显、管理规范的休闲农业产业带、产业群基本形成，产业地位明显提升。

产业类型丰富多元。创新农家乐、休闲农庄、农业示范园、农业观光园、民俗文化和农事节庆等模式，新颖性、趣味性、体验性进一步增强。

增收贡献显著提高。在休闲农业聚集地区，休闲农业收入占农民全部收入的 50％以上，从事休闲农业的农民收入比本地农民人均收入平均水平高一倍。

经济社会效益明显。通过拓展农业功能，大幅度提高就地就近吸纳农民就业的容量，促进城乡经济文化融合，农村面貌明显改善，农民综合素质显著提高。

三、主要任务

（一）优化产业结构，扩大规模经营。以规划为先导，挖掘文化内涵，注重参与体验，加快创意发展，加大休闲农业资源整合力度，形成集农业生产、农耕体验、文化娱乐、教育展示、生态环保、产品加工销售于一体的多元化休闲农业园区。遵循休闲产业发展规律和市场规律，以需求为导向，突出区域资源、环境和文化特色，科学配置种、养、加、销比例，鼓励产业间联合与协作，构建新型休闲农业产业联盟，打造生产标准化、经营集约化、服务规范化、功能多样化的现代休闲农业特色优势产业带和产业群。农家乐和小型休闲农业企业要主动与附近的大型旅游场所加强联合，形成功能衔接和特色互补的格局。

（二）创新发展模式，塑造产业特色。积极引导符合条件的农户利用农业与生活资源，大力发展以"吃农家饭、住农家院、摘农家果"为主要内容的农家乐。以休闲度假和参与体验为核心，拓展多元功能，发展功能齐全、环境友好、文化浓郁的休闲农庄。突出传统农耕文化与现代科技的结合，拓展教育示范功能，推进现代农业示范园建设。充分利用农业生产过程的时空景观，发展农业观光园，彰显人与自然和谐的丰收景象。挖掘包装民俗文化，强化民族精神，塑造民族品格，推进民俗村发展。全面提升农事节庆活动内涵，实现"以节会友、以节拓市、以节富民"。

（三）强化品牌建设，提升产业地位。以自然生态、田园文化、农耕文明为基础，以诚信经营、提升内涵、保障质量为重点，积极弘扬"回归自然、认识农业、怡情生活、生态环保"的发展理念，着力创建一批优势产业突出、发展潜力大、带动能力强的全国休闲农业与乡村旅游示范县；加快培育一批经营特色化、管理规范化、服务标准化的休闲农业示范点，形成一批休闲农业特色品牌；扩大农村消费，使休闲农业成为"十二五"期间扩大内需、壮大县域经济的重要途径，显著提升休闲农业地位。

（四）加强队伍建设，提高经营水平。围绕休闲农业产业发展要求，依托职业院校、行业协会和产业基地，分类、分层开展休闲农业管理和服务人员培训，提高从业人员素质。对休闲农业管理人员重点开展政策法规、宏观管理、发展理念、农业创意、信贷融资、生产安全、综合服务等知识培训。对一线员工开展专业知识、服务技能和服务礼仪培训，

重点培训职业道德、作业内容、操作规程、工作方法、产品知识、安全生产等知识，增强服务意识，提升管理水平。

（五）健全服务体系，增强发展后劲。加快完善行政管理体系、信息统计体系和社会服务体系。强化对各类休闲农业合作组织和行业协会管理与支持力度，增强行业自律性。组织开展对休闲农业产业发展战略、发展规律、发展政策、发展模式、管理机制等研究，增强管理的协调性和针对性。引导科研教学单位创新、集成和推广休闲农业技术成果，建立休闲农业产业技术体系，增强休闲农业支撑保障能力。顺应互联网、物联网和手机等新兴媒体发展趋势，拓展信息终端，加快信息服务体系建设。

四、区域布局

依据区位优势、资源禀赋、历史文化背景等条件，我国休闲农业发展总体布局分为四类区域：大中城市和名胜景区周边，依山傍水逐草自然生态区，少数民族地区和传统特色农区。

（一）大中城市和名胜景区周边。大中城市周边的农业基础好、城镇化水平较高，已经构建起集农产品生产、休闲观光、生态环保功能三位一体的现代农业雏形。该区域要以满足市民多样化消费需求为目标，积极建设以大型设施农业为基础，以新、奇、特等高档农产品生产为主，集休闲、观光、度假、教育为一体的综合性休闲农业园区、农业主题公园、观光采摘园和休闲农庄，努力打造现代农业新型产业模式。名胜景区周边客源丰富，需求量大，具备了发展休闲农业的条件。要以功能衔接和特色互补为重点，突出服务功能，强化休闲体验，满足多元需求。

（二）依山傍水逐草自然生态区。山区、滨水地区与草原地区具有得天独厚的山水、气候、植被、生态和人文优势，承载着农业

生产、农民生活、生态涵养等重要生产生态功能。该类地区要以农民就业增收为核心，紧密依托自然资源、生产资源、历史文化与独特民风，打破区域界限，营造特色休闲农业功能区，在保护生态环境基础上，大力发展以农业生态游、农业景观游、民俗风情游、特色农（牧、渔）业游为主的休闲农（山、渔）庄和农（牧、渔）家乐等。

（三）少数民族地区。少数民族地区具有发展休闲农业的独特基础。应依托丰富的特色民风、民俗资源大力发展休闲农业，促进民族传统文化保护、传承与弘扬。加快基础设施建设，借助特有的资源优势和广阔的空间，创新少数民族地区发展休闲农业的有效途径。着力保护特色村庄和田园风光，拓展国内外市场，大力发展以农民家庭经营为基础，以特色乡村游、民族风情游、村落风光游等为特色的休闲农业新兴休闲度假方式。

（四）传统特色农区。传统特色农区是我国现代农业建设的主战场，要在稳定农业生产、保障农产品供给的前提下，拓展农业的多功能性，立足当地农业资源、农耕文化、生产条件和自然景观，着力发展景观农业、农事节庆、观光采摘、特色动植物欣赏以及农业园区等多种形式的休闲农业，强化农业生产过程和产品功能创意，增加文化内涵，创新农业发展思路，拓宽农民致富途径，努力在传统特色农区建成一批农业与休闲产业并举的多功能现代农业区，提升传统特色农区的社会经济效益。

五、重点工程

（一）示范基地创建工程。为进一步调动地方发展休闲农业的积极性和主动性，激发社会公众的参与热情，农业部和国家旅游局将持续开展全国休闲农业与乡村旅游示范县、示范点创建活动。通过创新机制、完善标准、优化环境、规范引导，逐步使休闲农业由单一休闲服务向农业生产、农产品加工、现代服务业一体化延伸，形成主题鲜明、特色突出、内涵丰富、产业完备、功能齐全的休闲农业示范基地，带动全国休闲农业持续健康发展。到2015年全国建成一批休闲农业示范基地。

（二）知名品牌创建工程。围绕生产、生活、生态、人文等内部要素，接待能力、就业人数、休闲收入、游客感受等外部因素，统筹设计评价指标，分类开展以全国最有魅力的休闲乡村推介、全国休闲农业星级评定为核心的休闲农业品牌培育工程，打造一批有影响的休闲农业知名品牌和节庆活动，提升产业影响力、社会认知度和产品知名度，引领休闲消费热点的形成，提高全国休闲农业发展水平和经济社会效益。到2015年全国培育一批休闲农业乡村和星级休闲农业点。

（三）支撑体系建设工程。围绕休闲农业产业发展需求，加快建设休闲农业公共服务平台，形成集全国休闲农业信息服务、管理咨询、营销推介、物流交易、虚拟展示为一体的现代信息支撑体系，为休闲农业发展营造良好氛围。借鉴相关行业管理经验，遵循休闲农业产业发展规律，制定休闲农业行业标准，规范休闲农业设施建设和服务。加强休闲农业设计研究体系建设，依托高等院校和科研单位建立一批休闲农业设计研究中心。

（四）从业人员培训工程。将休闲农业从业人员培训作为一项公益性工程纳入国家财政支持范畴，加大投入力度，扩大培训规模。组织专家精心编撰培训教材，确保培训质量。依托各类培训机构，大力开展休闲农业管理和服务人员培训。充分运用现代传媒技术在培训方面的优势，加大远程培训，显著提升信息化对休闲农业发展的支撑作用。到2015年全国从事休闲农业的从业人员大部分参加过专门培训。

（五）乡土文化挖掘工程。乡土民俗文化是我国传统文化的瑰宝，也是休闲农业持续发展的灵魂。针对目前休闲农业区域同构和产品同质问题，"十二五"期间，要加大乡土民俗文化收集整理挖掘力度，开展全国休闲农业乡土文化艺术园创建活动。按照传承与创新相结合的理念，就地取材挖掘田园文化，寻幽探微发扬山水文化，追根溯源传承建筑文化，去伪存真浓缩民俗文化，促进乡土文化创意产业发展，形成乡土民俗文化区，加快乡土民俗文化的推广、保护和延续。

（六）基础设施建设工程。加快休闲农业场所的路、水、电、通讯等基础设施建设，建立明晰的路标指示和完备的停车场。参照相关规范标准，改善住宿、餐饮、娱乐、垃圾污水无害化处理等服务设施，使休闲场所和卫生条件达到公共卫生标准，实现垃圾净化、环境美化、村容绿化。加强休闲农业生产基础条件建设，在动植物新品种引进、现代种养技术示范、设施农业生产设备、绿色有机农产品生产等方面加大建设力度，为拓展农业功能创造条件，使消费者"乘兴而来、放心休闲、满意而归"。

六、保障措施

（一）加强组织领导。各级政府要建立以农业部门牵头，相关部门参与的休闲农业行业管理体系。省级农业行政管理部门应设立专门的机构，基层农业行政主管部门应安排专人从事休闲农业管理工作，确保本规划顺利实施。要按照规划精神，结合当地实际，制定区域发展规划，并纳入本地经济社会发展总体规划。要加大对行业协会和中介服务组织的管理支持，引导休闲农业有序发展和规范经营，为休闲农业发展提供组织保障。

（二）完善政策体系。各地要加大休闲农业政策扶持力度，争取把休闲农业场所纳入政府采购体系。贯彻《国土资源部 农业部关于完善设施农用地管理有关问题的通知》精神，依法对休闲农业用地进行管理。要加大相关政策衔接力度，争取"农家乐"经营户减免营业税政策，休闲农业场所销售自产的初级农产品及初级加工品享受免税政策，休闲农业用电享受农业用电收费政策。各级政府要结合本地实际制定休闲农业发展的政策性意见，指导本地区休闲农业的规范发展。各地要结合实际，争取在土地使用税、房产税、营业税、教育附加费、城市建设费、排污费、垃圾处理费等方面出台优惠政策。

（三）优化发展环境。各级政府（部门）要加大管理服务的力度，为休闲农业创造良好的发展环境。要加大公共服务平台建设力度，有效衔接供需，进一步宣传推介农耕文明、乡土文化，普及农业知识，让消费者方便、及时、准确地获得休闲农业的真实信息。做好休闲农业的统计分析工作，为政府决策提供依据。

（四）加大政府投入。各级政府和各有关部门要加大对休闲农业发展的支持力度，现有基本建设和财政资金项目要向休闲农业倾斜。要将休闲农业的公共基础设施建设，纳入当地基础设施建设计划予以支持。各级政府要逐步建立休闲农业发展基金，专项支持休闲农业的规划制订、基础设施建设、宣传推介和产业促进等工作。

（五）拓宽融资渠道。鼓励民间资本采取独资、合资、合伙等多种形式参与休闲农业开发和经营。鼓励农户以土地使用权、固定资产、资金、技术、劳动力等多种生产要素投资休闲农业项目，以互助联保方式实现小额融资。鼓励金融机构对信用状况好、资源优势明显的休闲农业项目适当放宽担保抵押条件，并在贷款利率上给予优惠。贫困地区要积极协调，争取将休闲农业发展纳入扶贫开发贷款扶持范畴。

农业部关于进一步促进休闲农业持续健康发展的通知

农加发〔2014〕4 号

各省、自治区、直辖市及计划单列市、新疆生产建设兵团休闲农业管理部门：

休闲农业是重要的民生产业和新型消费业态，为农业增效、农民增收、农村环境改善和经济社会发展做出了积极贡献。为深入贯彻党的十八大，十八届三中、四中全会和习近平总书记系列重要讲话精神，落实中央 1 号文件的有关部署，进一步引导休闲农业持续健康发展，现就有关事项通知如下。

一、充分认识发展休闲农业的重大意义

发展休闲农业是提高农业效益、增加农民收入的有效途径。通过发展休闲农业，有利于带动餐饮住宿、农产品加工、交通运输、建筑和文化等关联产业发展，延伸农业产业链，推动一、二、三产业良性互动；增加农业单位面积的多功能产出，提高综合效益，增加农民的生产性收入；把农家的庭前屋后变为经营场所，增加农民的财产性收入；保障农民收入四季不断，开辟农民增收的新空间。

发展休闲农业是增加就业容量、促进社会和谐的有效渠道。通过发展休闲农业，可以有效吸引资金、技术、管理、人才、设施等要素流向农村，增加就业容量，实现农民就地就近就业；培养一批有文化、懂经营、会管理的新型农民，带动农业生产、农民生活和乡风文明水平的提高；促进构建新型工农城乡关系，让广大农民平等参与现代化进程、分享现代化成果。

发展休闲农业是传承农耕文明、弘扬传统文化的重要举措。通过发展休闲农业，能够系统整合农业生产过程、农民劳动生活、农村风情风貌中的文化要素，推动传统文化和现代文明有机融合，促进农村文化事业和文化产业的发展繁荣；能够顺应城乡居民文化消费新期待，把农业文化遗产、历史古村、特色民居等作为历史文化资源和景观资源加以开发利用，实现在发掘中保护、在利用中传承。

发展休闲农业是保护生态环境、建设美丽乡村的有效手段。通过发展休闲农业，能够有效带动农村基础设施建设，改善村容村貌，促进农村生态环境的改善；促进农业产区向产区景区融合发展转变，推动美丽乡村建设；提高农民保护生态环境的意识，有利于农村生态、景观等资源优势转化为产业经济优势。

二、正确把握发展休闲农业的总体要求和基本原则

发展休闲农业，要深入贯彻党中央和国务院的有关部署要求，紧紧围绕促进农民就业增收、满足居民休闲消费需求的目标任务，以农耕文化为魂，以美丽田园为韵，以生态农业为基，以创新创造为径，以古朴村落为形，将休闲农业发展与现代农业、美丽乡村、生态文明、文化创意产业建设融为一体，注重规范管理、内涵提升、公共服务、文化发掘和氛围营造，推动形成政府依法监管、经营主体守法经营、城乡居民文明休闲的发展格局。

发展休闲农业要坚持的基本原则：一是以农为本、科学规划。要以农业为基础，农民为主体，农村为载体，鼓励利用荒山、荒坡、荒滩、废弃矿山和农村空闲地发展休闲农业，不得滥占耕地。二是因地制宜、突出特色。要结合资源禀赋、人文历史、交通区位和产业特色，在大中城市郊区、名胜景区周边等适宜区域，因地制宜、突出特色、适度发展。三是规范管理、强化服务。要加大

教育培训、宣传推介力度，制定规范标准，引导行业自律，实现管理规范化和服务标准化。四是政府引导、多方参与。要发挥市场配置资源的决定性作用，更好发挥政府在宏观指导、规范管理等方面的作用，调动各方积极性。五是保护环境、持续发展。要遵循开发与保护并举、生产与生态并重的理念，统筹考虑资源和环境承载能力，加大生态环境保护力度，实现经济、生态、社会效益全面可持续发展。

三、进一步明确发展休闲农业的目标任务

到 2020 年，力争使休闲农业成为促进农业增效、农民增收、农村环境改善的支柱性产业。产业规模进一步扩大，接待人次和营业收入年均增长 10%；布局优化、类型丰富、功能完善、特色明显的格局基本形成；社会效益明显提高，从事休闲农业的农民收入较快增长，全国农民受益面达到 3 500 万人；发展质量明显提高，服务水平较大提升，可持续发展能力进一步增强。

——注重丰富类型，促进产业聚集。各地要依据区位优势、资源禀赋、历史文化和市场需求，在现有基础上，开拓创新农业主题公园等新型模式，促进多样化、个性化发展。积极支持农民以庭前屋后等资源为载体发展农家乐，鼓励发展农家乐聚集村。引导在适宜区域发展以拓展农业功能、传承农耕文化、适宜度假体验的休闲农庄。结合传统农耕文化展示，建设具有科普、教育、示范功能的休闲农园。支持经营主体协作联合，着力打造精品线路、特色产业带和优势产业群。

——注重创意设计，促进文化传承。重视农村文化资源挖掘，强化农业产品、农事景观、环保包装、乡土文化和休闲农业经营场所的创意设计。开发具有地方特色的休闲产品，推进农业与文化、科技、生态、旅游的融合，提高农产品附加值。按照传承与创新相结合的理念，加强农业文化遗产和古村落、古民居的保护，发展具有文化内涵的休闲乡村，促进乡土民俗文化的推广、保护和延续。

——注重素质提升，促进提档升级。加大从业人员培训力度，将休闲农业讲解员、导览员纳入职业技能培训体系，逐步推进持证上岗制度。建立人才引进机制，充实一批规划设计、创意策划和市场营销人才。加快休闲农业经营场所的道路、水电、通信、安全防护等基础设施建设，完善路标指示牌、停车场、游客接待中心、公共卫生间、垃圾污水无害化处理等辅助设施。鼓励因地制宜兴建特色餐饮、住宿、购物、娱乐等配套服务设施，满足消费者多样化需求。改善休闲农业种养基础条件，拓展科普展示、示范推广功能。

——注重规范管理，促进生态保护。要加大休闲农业标准的制定和宣传力度，因地制宜分层次制定相关标准，逐步推进管理规范化和服务标准化。积极推进行业协会和服务组织建设，通过自我服务、管理和约束，规范竞争行为，营造公平环境。引导各休闲农业经营主体树立开发与保护并举的理念，走资源节约型和环境友好型的发展道路。

——注重示范创建，促进品牌培育。鼓励休闲农业经营主体通过要素流动、资本重组和品牌整合，打造叫得响、传得开、留得住的知名品牌。继续开展全国休闲农业与乡村旅游示范县、示范点创建，带动全国休闲农业规范有序发展。开展以中国最美休闲乡村推介、中国美丽田园推介、全国休闲农业星级评定为核心的品牌培育工程。要将诚信理念渗透到品牌建设全过程，提升信用度和竞争力。开展区域性示范点、特色村、星级户、精品线路等创建与推介活动，培育各具特色的地方知名品牌。

四、完善落实促进休闲农业发展的保障措施

不断完善休闲农业支持政策。要积极落实和创设有关扶持政策。认真推动落实现有扶持政策，争取用水用电享受农业收费标准等政策，鼓励休闲农业经营主体争取分时电价政策。休闲农业发展集聚地区，要争取当地政府出台排污费、垃圾处理费等方面的优惠政策。以改善基础设施为重点，广辟渠道，多方增加休闲农业投入，尤其对培育的休闲农业品牌给予扶持。鼓励中小休闲农业企业和经营户以互助联保方式实现小额融资，鼓励农民以资产、资金、技术等要素入股参与经营。鼓励将休闲农业列入农业产业化龙头企业贷款贴息、中小企业创业贷款、扶贫开发贷款范畴，解决发展过程中的融资需求。

加快推进休闲农业公共服务。加快构建网络营销、网络预订和网上支付等公共服务平台，全面提升行业的信息化服务水平。加强科技支撑，依托科研教学单位建立一批设计研究中心、规划中心、创意中心，为产业发展提供智力支撑。强化行业运行监测分析，设计完善休闲农业监测统计制度。加强行业组织服务，加快形成自我管理、自我监督、自我服务的社会化服务体系。

不断加强休闲农业宣传推介。制定并发布全国休闲农业统一标识，并推广使用。完善全国休闲农业网有关功能，加快智能终端开发，加强与地方休闲农业网站的链接，全方位、多渠道、跨平台搭建政务信息发布和供需信息对接平台。鼓励社会资本参与休闲农业推介平台建设，做好休闲农业专题宣传，及时总结推广各地发展经验和先进典型。分季节、区域和特色遴选整合休闲农业经营点，串联形成一批精品线路和精品景点。

五、切实加强对休闲农业工作的组织领导

各级农业部门要从战略和全局的高度深化对发展休闲农业的认识，把促进休闲农业发展摆上重要位置。要加强机构职能和队伍建设，理顺职责关系，建立高效的管理体系。认真履行规划指导、监督管理、协调服务的职责，组织拟定发展战略、政策、规划、计划并指导实施，切实提高指导推动休闲农业科学发展的能力。积极争取当地政府的重视和支持，把休闲农业发展纳入本地农业发展目标考核内容，列入当地经济发展统计指标体系。

要加强调查研究，结合现代农业、美丽乡村和新型城镇化建设，制定区域休闲农业发展规划。对休闲农业进行科学合理的布局，形成与现代农业发展、土地利用、城镇建设、新农村建设、旅游业发展相衔接的规划体系。要积极争取将休闲农业基础设施和重点项目建设纳入当地国民经济和社会发展规划。

要加强力量整合，落实责任分工，形成工作合力。强化与发改、财政、国土、旅游、税收、金融、保险等有关部门的协调与合作，建立由农业、旅游和其他有关部门参与的管理机制，积极争取休闲农业扶持政策措施，并合力推动落实，共同促进休闲农业持续健康发展。

农业部
2014 年 11 月 26 日

关于实施乡村旅游富民工程推进旅游扶贫工作的通知

发改社会〔2014〕2344 号

有关省、自治区、直辖市发展改革委、环保厅（局）、住房城乡建设厅（建委）、农业厅

（局）、林业厅（局）、旅游局（委）、扶贫办：

为贯彻落实《中国农村扶贫开发纲要（2011—2020 年)》和《关于创新机制扎实推进农村扶贫开发工作的意见》（中办发〔2013〕25 号），国家发展改革委、国家旅游局、环境保护部、住房城乡建设部、农业部、国家林业局、国务院扶贫办决定实施乡村旅游富民工程，扎实推进旅游扶贫工作。现就有关事项通知如下。

一、总体要求

（一）指导思想

按照全面建成小康社会的总体要求，深入贯彻落实习近平总书记等中央领导同志关于扶贫开发工作的一系列重要指示，以增强贫困地区发展的内生动力为根本，以环境改善为基础，以景点景区为依托，以发展乡村旅游为重点，以增加农民就业、提高收入为目标，创新工作体制机制，集中力量解决贫困村乡村旅游发展面临的突出困难，支持重点景区和乡村旅游发展，带动贫困地区群众加快脱贫致富步伐。

（二）基本原则

中央统筹、地方负责。按照中央统筹、省（自治区、直辖市）负总责、县（市、区、旗）抓落实的管理体制，中央各相关部门负责制定乡村旅游扶贫总体方案，明确工作部署。各省（自治区、直辖市）统筹负责本区域内重点乡村旅游扶贫工作，整合省内资源予以支持。各县（市、区、旗）政府要组织实施好扶贫项目，确保政策措施落到实处，扶贫资金用到刀刃上。

部门协作、合力推进。各相关部门要根据总体方案要求，结合各自职能，在制定政策、编制规划、分配资金、安排项目时向重点贫困村倾斜，形成乡村旅游扶贫开发合力。因地制宜、突出重点。从全国扶贫开发重点县和集中连片特困地区贫困县中选择具备一定条件的行政村，作为美丽乡村旅游扶贫重点村，精准施力，因地制宜，确保扶贫取得实效。

（三）主要目标

到 2015 年，扶持约 2 000 个贫困村开展乡村旅游，到 2020 年，扶持约 6 000 个贫困村开展乡村旅游，带动农村劳动力就业。力争每个重点村乡村旅游年经营收入达到 100 万元。每年通过乡村旅游，直接拉动 10 万贫困人口脱贫致富，间接拉动 50 万贫困人口脱贫致富。

二、重点任务

（一）加强基础设施建设，改善重点村旅游接待条件。

各地要加大对重点村乡村旅游基础设施建设的投入，切实改善重点村道路、步行道、停车场、厕所、供水供电、应急救援、游客信息等服务设施。各有关部门在安排交通基础设施建设、农村危房改造、农村环境综合整治、生态搬迁、游牧民定居、特色景观旅游村镇和传统村落及民居保护等项目建设时，要向重点村倾斜，加大政策、资金扶持力度，增强乡村旅游发展能力。

（二）大力发展乡村旅游，提高规范管理水平。

各地要紧紧依托当地区位和资源优势，挖掘文化内涵，发挥生态优势，开发形式多样、特色鲜明的乡村旅游产品。鼓励有条件的重点村建成有历史记忆、地域特色、民族特点的特色景观旅游名镇名村，大力发展休闲度假、养生养老和研学旅行。要特别重视生态环境和古建筑、古民居等特色资源保护，加强规划引导，规范乡村旅游开发建设，保持传统乡村风貌，传承优秀民俗文化，着力提升乡村旅游组织化、产业化、规范化发展水平。加强乡村旅游服务体系建设，着力加强重点村商贸物流体系，着力优化刷卡消费环境，着力提升重点村网络通信水平，鼓励开发和销售特色农产品和特色手工艺品。鼓励各地成立乡村旅游经营者协会或联盟，强化行业自律和自我管理。各地旅游部门要制定相关卫生、安全标准和服务规范，开展专项检查，提高贫困村乡村旅游的管理水平和服务质量。

（三）发挥精品景区辐射作用，带动重点村脱贫致富。各地要全面系统梳理贫困县特别是集中连片特困地区的旅游资源，综合考虑资源品质、区域交通情况、邻近地区贫困人口规模，规划建设一批知名度高的精品景区。要加大基础设施投入，加强资源和产品整合，逐步形成旅游线（区）整体开发态势。要强化当地居民参与，通过多种方式吸引居民参与旅游业发展，更好发挥辐射作用，带动重点村农民就业致富，实现经济效益、社会效益和生态效益相统一。

（四）加强重点村旅游宣传推广，提高旅游市场竞争力。各地要制定实施重点村旅游市场宣传推广方案，加大财政投入，通过微信、微博、微电影、旅游节庆和媒体专栏专题等多种方式，提升重点村乡村旅游的市场影响力。鼓励有条件的地区积极发展智慧乡村游，提高乡村旅游在线营销能力。各地旅游部门在邀请国内旅游媒体和旅行商赴当地开展采风时，要将重点村的推介纳入其中。

（五）加强人才培训，为重点村旅游发展提供智力支持。各地要加大对贫困地区的市县分管领导和旅游部门主要领导的培训力度，积极支持有关部门和协会加强对乡村旅游企业和乡村旅游经营户开展有针对性的培训，提升经营管理人员和服务人员的综合素质。开展旅游规划扶贫公益行动，鼓励旅游规划单位提供公益性旅游开发咨询服务，倡导旅游规划单位与重点村结对帮扶。鼓励专业志愿者、艺术和科技工作者驻村帮扶，参与乡村风貌设计、乡村规划和建筑设计等工作。

三、组织实施

（一）明确任务分工。发展改革部门牵头落实本省（自治区、直辖市）乡村旅游扶贫

工作，指导协调重点村交通体系发展，支持重点村和周边重点景区基础设施建设。旅游部门负责重点村的旅游规划引导、公共服务设施建设、宣传推广、人才培训、市场监管以及跟踪统计工作。环保部门指导重点村农村环境综合整治工作。住房城乡建设部门负责重点村的规划设计工作，协调利用农村危房改造、特色景观旅游村镇和传统村落及民居保护等项目资金支持重点村建设。农业部门负责协调重点村的特色农产品开发和指导休闲农业发展及观光体验、教育展示、文化传承等设施建设。林业部门要结合职能，发挥资源管理优势，指导周边景区生态保护与开发，打造精品景区。扶贫办负责协调利用专项扶贫资金和扶贫小额信贷，支持重点村建档立卡贫困户参与乡村旅游项目。

（二）整合聚焦重点。各相关部门要结合职能，将重点村的有关项目建设作为工作重点纳入各自工作体系，予以重点支持，其中建档立卡贫困村优先支持。除国家支持外，各地也要出台具体的政策措施，整合资金，集中力量，支持重点村乡村旅游发展。同时，要广泛吸引社会力量参与重点村的建设，鼓励企业、院校、协会和社会组织在重点村建设中发挥积极作用。

（三）加强组织协调。各地应成立由发展改革部门牵头，有关部门共同参加的乡村旅游扶贫工作协调机制，整合力量，共同推进有关工作落实。要布置有关县编制本地区重点村乡村旅游扶贫实施方案，明确发展方向和需要解决的突出问题以及具体措施。当前要集中精力抓好第一批重点村的建设工作。要把乡村旅游扶贫工作纳入各级党委政府的议事日程，纳入工作考核体系，做到有目标、有计划、有措施、有检查、有奖惩。要跟踪分析重点村发展，及时总结经验成绩，发现问题，并于每年10月前将有关进展情况报送国家发展改革委、国家旅游局、环境保护部、住房城乡建设部、农业部、国家林业局和国

务院扶贫办。根据扶贫工作整体进展和实际情况，如需对重点村名单进行调整，各地也可提出申请报上述部门审定。

特此通知。

国家发展和改革委员会
国家旅游局
环境保护部
住房和城乡建设部
农业部
国家林业局
国务院扶贫办
2014 年 11 月 3 日

中国重要农业文化遗产
管理办法（试行）

农办加〔2014〕10 号

第一章　总则

第一条　为规范中国重要农业文化遗产的管理，促进农业文化遗产的动态保护、文化传承和生态环境保护，推动农业文化遗产地经济社会可持续发展，制定本办法。

第二条　本办法所称中国重要农业文化遗产，是指农业部认定公布的中国重要农业文化遗产。

本办法所称中国重要农业文化遗产地（简称遗产地），是指中国重要农业文化遗产的初始申报地。

第三条　中国重要农业文化遗产发掘工作，应当遵循"在发掘中保护、在利用中传承"的方针，坚持"动态保护、协调发展、多方参与、利益共享"的管理原则。

第四条　农业部主管中国重要农业文化遗产发掘工作，并对中国重要农业文化遗产管理工作进行宏观指导。

省级农业行政管理部门负责组织、协调

和监督本辖区内中国重要农业文化遗产的管理工作。

遗产地人民政府是遗产保护与管理的主体，依照本办法和有关文件的规定，负责制定管理制度、保护与发展规划，并组织落实。

第五条　鼓励公民、法人和其他组织参与中国重要农业文化遗产保护工作。

第六条　各中国重要农业文化遗产的保护与发展规划由遗产地人民政府组织编制并实施。

各中国重要农业文化遗产的保护与发展规划应当纳入遗产地的国民经济和社会发展规划、土地利用总体规划和城乡建设规划。规划应当明确遗产的整体范围和核心保护区域范围、特征及价值，保护与发展的优势与劣势、机遇与挑战，保护与发展措施等，且应当符合农业部有关中国重要农业文化遗产的规定。

第二章　申报

第七条　中国重要农业文化遗产的申报，由遗产地的县级或市（地）级人民政府通过省级农业行政管理部门向农业部提出申请，由农业部评审后认定。

跨两个以上行政区域的中国重要农业文化遗产申报，由相关行政区域人民政府协商一致后，按规定程序联合申报。

第八条　申报中国重要农业文化遗产的传统农业系统，应当符合农业部发布的《中国重要农业文化遗产认定标准》，具备活态性、动态性、适应性、复合性、战略性、多功能性、可持续性、濒危性等特征。

第九条　申报中国重要农业文化遗产，应当提交如下材料：

（一）中国重要农业文化遗产申报书；

（二）该传统农业系统的保护与发展规划；

（三）该传统农业系统的管理办法；

（四）反映该传统农业系统的图片和影像资料；

（五）申请地人民政府加盖公章的承诺函。

第十条 申报中国重要农业文化遗产，应当履行如下程序：

（一）各传统农业系统所在地的县级或市（地）级人民政府按照申报要求准备申报材料，报送至所在省、自治区、直辖市及计划单列市、新疆生产建设兵团农业行政管理部门；

（二）各省、自治区、直辖市及计划单列市、新疆生产建设兵团农业行政管理部门对本辖区内的申报项目进行严格筛选评审后，将申报材料、审核意见上报农业部；

（三）农业部组织专家进行评审，并形成专家意见；

（四）农业部根据申报材料，各省、自治区、直辖市及计划单列市、新疆生产建设兵团农业行政管理部门的审核意见以及专家意见，认定中国重要农业文化遗产。

第三章　保护与利用

第十一条 遗产地应当根据中国重要农业文化遗产保护的需要，明确划定核心保护区域范围、界限和建设控制地带并予以公布。

第十二条 遗产地应当设立或明确专门管理机构，负责辖区内中国重要农业文化遗产的具体管理工作。

遗产地应当将中国重要农业文化遗产管理工作所需的经费纳入本级财政预算。

第十三条 在不影响遗产保护与传承，且不影响遗产地生态环境、农业资源的前提下，遗产地人民政府应当积极宣传推介中国重要农业文化遗产，并拓展遗产系统的多功能。

第十四条 在中国重要农业文化遗产各功能区内设置服务项目的，应当符合中国重要农业文化遗产保护与发展规划的要求，并与中国重要农业文化遗产的历史和文化属性相协调。

服务项目由中国重要农业文化遗产管理机构负责具体管理和落实。实施服务项目，

应当遵循公平、公正、公开和公共利益优先的原则，并维护当地居民的合法权益。

第十五条 对遗产的开发利用，应当尊重遗产所在地农民的主体地位，充分听取农民意见，广泛吸纳农民参与，构建以农民为核心的多方参与和利益共享机制。

第十六条 中国重要农业文化遗产统一使用农业部公布的唯一标识。任何单位和个人使用中国重要农业文化遗产相关的名称、概念、标识等内容，应当报该遗产地人民政府或其指定机构备案。

第十七条 遗产地应当在该遗产获得农业部认定后6个月内在遗产核心区域设立醒目标志，标志内容应当包括"中国重要农业文化遗产"字样、"中国重要农业文化遗产标识"、遗产的名称、遗产管理机构名称和该遗产的相关说明（包括遗产的名称、主要特征、历史文化、保护区域范围和功能区等）。标志的设立不得对中国重要农业文化遗产造成损害。

遗产地应当在该遗产获得农业部认定后1年内在遗产核心区域或其他适宜地点设立遗产展示厅，宣传农业文化遗产概念内涵、传统技术、景观资源、历史文化、民俗风情。

第四章　监督管理

第十八条 遗产地的中国重要农业文化遗产管理机构应当履行以下职责：

（一）贯彻执行国家有关中国重要农业文化遗产管理的法律、法规和方针、政策；

（二）执行辖区内中国重要农业文化遗产的各项管理制度、保护与发展规划，并进行统一管理；

（三）负责中国重要农业文化遗产的日常监测和维护，调查中国重要农业文化遗产地的农业资源、农业文化、传统知识和技术体系并建立档案，并采取有效措施，保护遗产地的生态环境、农业文化、传统知识和技艺；

（四）组织或者协助有关部门开展中国重要农业文化遗产的科学研究工作，发掘并展

示中国重要农业文化遗产的历史、文化、生态与生产价值；

（五）通过节日活动、展览展示、教育培训、大众传媒等手段，宣传、普及中国重要农业文化遗产知识，促进其传承和社会共享；

（六）在不影响生态环境、农业资源和遗产传承的前提下，组织开展教育参观、休闲旅游等活动；

（七）每年向省级农业行政管理部门报告本年度中国重要农业文化遗产的管理工作及下一年度的工作计划，并接受其监督。

第十九条　在中国重要农业文化遗产发生重大改变、发生或可能发生危及中国重要农业文化遗产的事件时，遗产地的管理机构应当立即采取必要补救措施，并及时向省级农业行政管理部门报告。省级农业行政管理部门接到有关报告后，应当区别情况决定处理办法并组织实施，同时向省级人民政府和农业部报告有关情况。

第二十条　因保护和管理不善，致使真实性和完整性受到损害的中国重要农业文化遗产，由农业部列入《中国重要农业文化遗产警示名单》予以公布。

列入《中国重要农业文化遗产警示名单》的，遗产地应当针对保护和管理工作中存在的问题提出整改措施，并限期进行整改。

逾期不整改或整改不合格的，由农业部撤销中国重要农业文化遗产认定资格。

第五章　附则

第二十一条　本办法自 2014 年 10 月 1 日起施行。

江西省人民政府办公厅关于促进我省休闲农业发展的若干意见

赣府厅发〔2012〕21 号

各市、县（区）人民政府，省政府各部门：

为全面贯彻落实国务院《关于加快发展旅游业的意见》和省委、省政府建设旅游产业大省的决策部署，充分发挥休闲农业在保增长、惠民生、扩内需、调结构等方面的积极作用，进一步推进鄱阳湖生态经济区建设，现就加快我省休闲农业的发展提出以下意见。

一、充分认识发展休闲农业的重要意义

近年来，我省以农村和农业资源为基础的"农（渔）家乐"、休闲农庄、观光采摘园、现代农业示范园、休闲乡村等各种模式的农业与旅游结合的新兴业态大量出现，迅速发展，成为转变农业发展方式、拓展农民增收渠道、改善农村生态环境的重要推手。但总体而言，我省休闲农业产业目前尚处于自由发展阶段，缺乏有效管理，规模小、起点低、功能单一、建设雷同，与全国先进地区相比还有较大差距。因此，各地各部门必须进一步提高认识，把发展休闲农业作为建设富裕和谐秀美江西的重要任务、推进城乡统筹发展的重要措施和社会主义新农村建设的重要途径，着力解决好休闲农业发展中存在的突出问题，推动休闲农业又好又快发展。

二、明确休闲农业的指导思想、发展原则和发展目标

（一）指导思想。深入贯彻落实科学发展观，按照鄱阳湖生态经济区建设规划要求，以推进现代农业发展和社会主义新农村建设为目标，以促进农民就业增收为核心，围绕加快转变经济发展方式、优化生态环境、加强城乡统筹、促进经济发展，立足政府引导、市场主导、农民主体、社会参与，科学规划，整合资源，合理布局，创新机制，规范管理，强化服务，完善设施，打造品牌，推动我省休闲农业快速健康发展。

（二）发展原则。坚持以农业为基础、以农村为特色、以农民为主体、以产业为依托，把统筹城乡发展、促进农业产业化经营、扶

持农民增收就业放在首位；坚持因地制宜、分类指导，合理利用农村农业资源，科学规划布局，突出区域特色与优势；坚持规范管理，建立和完善休闲农业规范和标准体系，促进产业有序健康发展；坚持以人为本，提高管理与服务水平，寓管理于服务之中；坚持经济、生态、社会效益相统一，促进休闲农业可持续发展。

（三）发展目标。休闲农业服务水平明显提高，市场秩序明显好转，可持续发展能力明显增强，休闲农业规模、质量、效益基本达到全国强省水平。到2015年，休闲农业企业达到5 000个，规模以上"农家乐"10 000家，创建省级休闲农业示范县20个、示范园区20个、示范点200个，建立和完善休闲农业服务体系。休闲农业年接待游客超过4 000万人次。农民就业增收逐年增加，年新增直接就业10万人，带动间接就业60万人，年培训从业人员10 000人以上，从业农民年均收入增长10%以上，休闲农业经济和社会效益更加明显。

三、促进休闲农业发展的工作重点

（一）科学编制发展规划。各市县政府要强化规划对休闲农业发展的引领和指导作用，以实施鄱阳湖生态经济区规划为龙头，精心组织编制休闲农业发展规划，并与当地经济社会发展总体规划、土地利用总体规划、农业发展规划、环境保护规划、文物保护规划和旅游业发展规划有机结合，提高规划的整体性、前瞻性、科学性和可持续性。

（二）鼓励多元化投资和经营。鼓励和支持各类企业以及广大农户参与休闲农业的建设；鼓励和支持各类资本以协作、参股、合作、独资、土地承包经营权等多种形式参与休闲农业的投资开发。加大招商引资力度，精心包装、策划一批特色鲜明、市场前景好的休闲农业项目。通过资本嫁接和引入先进的管理模式，发展一批主题突出、特色鲜明、科技含量高、设施配套齐全的休闲农业项目，带动全省休闲农业向集约型、规模化方向发展。

（三）加快基础设施建设。将休闲农业的公共基础设施建设纳入新农村建设总体布局规划，以满足休闲观光旅游需求为导向，以完善旅游服务功能为目标，统筹安排，协调推进，突出推进交通、饮水、电力、邮政、电信、广播电视等基础设施建设。加大乡村环境整洁力度，积极发展清洁能源。加快完善配套服务设施，不断夯实休闲农业发展后劲。

（四）加强服务体系建设。建立健全休闲农业管理体系、信息统计体系和社会服务体系。强化对各类休闲农业合作组织和行业协会管理与支持力度，增强行业自律性。制定休闲农业企业经营管理规范，加紧制定和完善行业标准，规范休闲农业经营服务场地、从业资格、经营服务设施、环境保护、服务质量、经营项目，以规范化、标准化推进产业升级。加快信息服务体系建设，逐步建立和完善信息交流平台和统计报送系统。

（五）积极开展示范创建。坚持示范引导、以点带面，规范建设一批休闲农业示范县（点）和农产品示范购物中心和休闲食品研发、生产示范企业实行规范管理，并在政策扶持上给予适当倾斜、项目建设上优先安排、宣传营销上重点支持；对符合省、市级农业产业化龙头企业标准的，可优先评定为省、市级龙头企业。

（六）坚持多样化发展。各地要依托资源优势，立足实际，因地制宜，着力打造农业产业特色观光游、休闲度假游、农耕文化展示游、休闲乡村游、农业科普教育游等各具特色的休闲农业精品。要充分利用文化及自然遗产地、民族村寨、古村古镇等自然和历史文化遗存，在妥善保护自然生态、原居环境和文化生态的前提下，优化景观设计，打造有代表性的休闲农业观光精品区。要鼓励相关企业从事有机食品、绿色食品、无公害农产品、特色农产品的生产、加工和销售，延长休闲农业产业链，提高农产品购物在游客消费中的比重。

（七）强化从业人员培训。省人保、教育、农业、旅游等部门要将休闲农业的人才培养工作纳入本部门工作计划，加强休闲农业师资和管理人员的培训。各地要重点开展对休闲农业发展带头人、经营户和专业技术人员的培训，提高企业经营管理水平。要将休闲农业讲解员、乡村旅游导游员、农家乐接待服务人员的培训纳入职业技能培训体系，并与农村劳动力转移培训阳光工程、新型农民科技培训工程结合起来，按项目补助标准给予经费补助，切实提高从业人员技能。

（八）加大宣传推介力度。各地要高度重视休闲农业的宣传推介工作，不断创新营销方式，建立健全信息发布与交流平台。积极融入我省大旅游产业宣传，要通过策划、组织和包装，充分发挥互联网、报刊、电视、广播等媒体作用，有计划、有重点地进行宣传推介。要精心筹办各类农事节庆、节会活动，积极依托农业博览会、农产品展示展销会、旅游投资洽谈会等大型会展，扩大休闲农业的知名度和影响面。要及时挖掘、总结、推广各地发展经验和先进典型，带动促进我省休闲农业发展。

四、促进休闲农业发展的保障措施

（一）加强组织领导。各地、各有关部门要把休闲农业作为现代农业建设和旅游业发展的重点工作，加强组织领导，切实抓紧抓好。各地要将休闲农业纳入县域经济发展规划，建立以农业和旅游部门牵头，相关部门参与的休闲农业发展的协调机制，及时研究协调解决发展中的重大问题。各有关部门要充分发挥职能作用，各级农业行政主管部门要指定专门机构负责并安排专人从事休闲农

业管理工作。要积极培育和发展休闲农业行业协会，充分发挥其在行业自律、市场营销、协调服务等方面的作用，引导休闲农业有序发展和规范经营。

（二）加大政府投入。各级政府和各有关部门要加大对休闲农业发展的支持力度，基本建设和财政涉农资金项目要向休闲农业倾斜。要将休闲农业的公共基础设施建设纳入当地基础设施建设计划予以支持。各地要根据实际需要，设立休闲农业发展专项经费，纳入财政预算，支持休闲农业的发展。

（三）实施税费优惠。落实有关税费减免的优惠政策，对新开办的休闲农业项目，各有关部门不得在国家和省规定之外收取任何费用，休闲农业场所销售自产的初级农产品及初级加工品按照国家规定享受税收优惠政策，休闲农业景点中经省旅游局评定为三星级及以上的宾馆、饭店用电实行比商业用电低 0.1 元/千瓦时的价格，用气实行与一般工业企业同等的价格。

（四）完善用地支持。加强农村土地承包经营权流转管理和服务，健全流转市场，在依法自愿有偿流转的基础上开展休闲农业规模经营。休闲农业企业用地应纳入当地城乡规划、土地利用总规划和林地保护利用规划，取得建设用地规划许可后申请办理用地手续。加快推进涉及休闲农业经营用农村房屋产权的登记发证工作，加快农村集体土地所有权、宅基地使用权、集体建设用地使用权等涉及休闲农业的确权登记颁证工作。鼓励休闲农业企业开发荒山、荒地、荒滩，提高土地的利用率。

（五）拓宽融资渠道。鼓励民间资本采取独资、合资、合伙等多种形式参与休闲农业开发和经营。鼓励农户以土地承包经营权、固定资产、资金、技术、劳动力等多种生产要素投资休闲农业项目，以互助联保方式实现小额融资。鼓励金融机构为休闲农业发展提供信贷支持，对信用状况好、资源优势明显的休闲农业项目适当放宽担保抵押条件，并在贷款利率上

给予优惠。建立健全融资担保体系，推行动产抵押、权益抵押、林权抵押、土地使用权抵押和休闲农业景区门票权质押等多种形式的抵押贷款办法，鼓励担保企业为符合条件的休闲农业企业提供贷款担保。金融机构要组织开展企业信用等级评定，根据信用等级，确定一定的授信额度，并给予利率优惠。

2012 年 4 月 13 日

四川省人民政府办公厅关于加快发展休闲农业与乡村旅游的意见

川办发〔2012〕64 号

各市（州）、县（市、区）人民政府，省政府有关部门、有关直属机构，有关单位：

作为"中国农家乐发源地"，我省经过30 多年的发展，休闲农业与乡村旅游产业日趋壮大，产业类型丰富多样，发展方式逐步转变，效益不断上升，在富裕农民、改造农业、建设农村和促进城乡统筹发展等方面发挥着日益重要的作用。为进一步加快我省休闲农业与乡村旅游发展，经省政府同意，现提出如下意见。

一、加快发展休闲农业与乡村旅游的重要意义

休闲农业与乡村旅游产业是符合经济发展规律、有市场需求、蕴藏着巨大发展潜力、有助于解决"三农"问题的朝阳产业，促使其加快发展具有十分重要的意义。

（一）加快发展休闲农业与乡村旅游是促进农民就业增收的重要渠道。发展休闲农业与乡村旅游，能够延伸农业产业链条，带动相关配套产业发展，有效拓展农民就业增收空间，促进农民就地就近就业，是农民收入四季不断的重要来源。

（二）加快发展休闲农业与乡村旅游是推进城乡一体化发展的有效途径。发展休闲农业与乡村旅游，以农业为依托，以农村为空间，以农民为主体，以城市居民为客源，能够实现"大农业"与"大旅游"的有机结合，使城乡互为资源、互为市场、互为环境，在加快城乡经济文化融合和三次产业联动发展、缩小城乡差别、丰富统筹城乡内涵、加快城乡一体化进程方面发挥着重要作用。

（三）加快发展休闲农业与乡村旅游是推进社会主义新农村建设的重要内容。发展休闲农业与乡村旅游，能够使农村成为城市居民亲近自然、体验农业、怡情生活的新天地，引导城市人才、技术与资金等生产要素流向农村，带动农村基础设施建设和生产发展，改善农村发展环境和村容村貌；能够加快培养一批有文化、懂经营、会管理的新型农民，从而整体带动农业生产水平、农民生活水平和乡风文明水平的提高，推进社会主义新农村建设。

（四）加快发展休闲农业与乡村旅游是推进农业功能拓展和农村产业结构调整的重要抓手。休闲农业与乡村旅游能够融合一、二、三产业，将农业从单一的食品保障功能向原料供给、就业增收、生态涵养、观光休闲、文化传承等多功能拓展，带动农产品加工业、服务业、交通运输、建筑、文化等相关产业的发展，满足城乡居民新型消费需求，开辟现代农业发展新途径。

（五）加快发展休闲农业与乡村旅游是传承乡村文化的重要手段。农村拥有丰富的历史文化资源。发展休闲农业与乡村旅游，通过挖掘、包装、宣传农耕文化和民俗文化，将进一步促进农村文化和文化产业的发展、开发和保护传承，有利于农村文化事业的发展。

二、总体思路、基本原则及总体目标

（一）总体思路。坚持以邓小平理论和"三个代表"重要思想为指导，深入贯彻落实科学发展观，以推进现代农业发展和建设

社会主义新农村为目标，以促进农民就业增收为核心，以市场为导向，按照"夯实基础、突出特色、提升水平、规范发展"的思路，突出区域特色和比较优势，整合资源，融合发展，进一步完善基础设施和配套服务设施，建设一批精品景区（点），培育一批精品目的地，打造一批精品线路，开发一批休闲农业与乡村旅游特色商品，培养一批高素质从业人员，丰富和完善产业体系和产品体系，优化发展环境，提高公共服务能力，全面提升全省休闲农业与乡村旅游的发展质量和水平。

（二）基本原则。

——坚持以农为本、彰显文化。发展休闲农业与乡村旅游，农业是根本，文化是灵魂。各地要坚持以农为本，立足农村，结合实际，深入挖掘乡村深厚的农耕文化和民俗文化资源，推进乡村传统文化的产品化，变资源优势、文化优势为经济优势。

——坚持政府引导、市场导向。加强统筹协调和引导扶持，积极引入市场机制，鼓励支持农民和各类经济实体参与休闲农业与乡村旅游开发建设，采取多种经营模式，发挥社会资金在休闲农业与乡村旅游发展中的重要作用。

——坚持科学规划、持续发展。按照科学规划、严格保护、合理开发、规范经营、聚群发展、持续利用的要求，正确处理资源开发与生态环境保护、经济效益与社会效益、当前利益与长远利益的关系，推动休闲农业与乡村旅游有序持续健康发展。以大中城市周边、名胜景区周边、依山傍水逐草自然生态区、少数民族地区和传统特色农区五大区域为重点，做好系统规划。

——坚持整合资源、融合发展。加强休闲农业、乡村旅游与农业产业化、旅游业的结合，树立大产业、大基地、大品牌、大市场发展理念，充分整合农业、林业、牧业、渔业、旅游、文化等资源，实现差异对接、优势互补、合理组合，构建功能完善、形式多样的产业布局，推动休闲农业与乡村旅游及其他旅游业态融合发展。

——坚持创新机制、提升效益。不断创新发展模式和经营机制，完善投融资体制和分配机制，充分调动农民和旅游经营者的积极性，推动休闲农业与乡村旅游扩大规模、提升层次、提高效益。

（三）总体目标。到2015年，力争全省休闲农业与乡村旅游经营综合收入达到1 000亿元，带动1 000万农民就业增收。在"十二五"期间，围绕现代农业发展，突出区域特色和比较优势，重点打造五大产业带：一是以成都平原为核心的平原风光休闲农业与乡村旅游产业带；二是以甘孜州、阿坝州、凉山州为重点的民族风情休闲农业与乡村旅游产业带；三是以巴中市、达州市、广安市等为重点的红色故里休闲农业与乡村旅游产业带；四是以乐山市、宜宾市、泸州市等为重点的川南田园风光休闲农业与乡村旅游产业带；五是以德阳市、绵阳市、阿坝州等为重点的灾后恢复重建新貌休闲农业与乡村旅游产业带。

三、工作重点

（一）科学编制规划。各地要按照国家和我省休闲农业、旅游业发展的有关规划，坚持因地制宜、分类发展原则，围绕粮食、油料、蔬菜、水果、茶叶、中药材、蚕桑、花卉等主导产业和特色产业，依托区域特色鲜明、优势突出、竞争力强的万亩示范区、现代农业产业基地、国家现代农业示范区等大基地以及农业化产业化龙头企业，结合乡（镇）土地利用总体规划、村庄和集镇规划及新村规划，积极组织编制当地休闲农业与乡村旅游发展专项规划。以规划为先导，挖掘文化内涵，注重参与体验，加快创意发展，加大休闲农业资源整合力度，培育多元化休闲农业园区。遵循休闲产业发展规律和市场规律，鼓励产业间开展联合与协作，构建新型休闲农业产业联盟，打造生产标准化、经营集约化、服务规范化、功能多样化的现代休闲农业特色优势产业带和产业群。

（二）改善基础设施。大力实施"米袋子"工程、现代农业千亿示范工程、高标准农田工程、农村能源工程、农机化工程等建设，推进规模化、标准化、现代化特色产业发展，着力改善休闲农业与乡村旅游景区（点）基础设施；大力整治村容镇貌，推进旅游村镇、街道的硬化、绿化和亮化工作，指导旅游景区（点）房屋外观改造和标牌、标识规范设置；改善旅游景区（点）的供电、供水、通信、消防以及教育、医疗卫生条件，营造文化氛围；加快兴建特色餐饮、住宿、购物、娱乐等配套服务设施，努力提高旅游景区（点）的可进入性与旅游活动的安全性、舒适性。

（三）健全标准体系。农业、旅游部门要组织制订并完善休闲农业与乡村旅游服务标准体系。制订并实施《四川省休闲农业与乡村旅游服务规范》、《四川省休闲农业与乡村旅游示范县（点）评定标准》、《四川省休闲农业与乡村旅游特色商品认定标准》，完善四川省农家乐、乡村酒店星级划分与评定等系列标准，提高休闲农业与乡村旅游景区（点）农产品质量安全水平。对休闲农业与乡村旅游景区（点）的食宿娱乐、游客中心、购物场所、安全设施等进行规范指导，提升经营管理和接待服务水平。积极培育和发展休闲农业与乡村旅游行业协会，充分发挥其在行业自律、市场营销、协调服务等方面的作用，建立和完善行业规范发展长效机制。

（四）创新服务产品。积极引导符合条件的农户利用农业与生活资源，大力发展以"吃农家饭、住农家院、摘农家果、干农家活"为主要内容的农家乐；挖掘文化底蕴，丰富文化内涵，拓展多元功能，发展功能齐全、环境友好、文化浓郁的休闲农庄；推进

现代农业示范园区建设，大力培育规模大、特色明、档次高、功能全、效益好的休闲农业园区；挖掘包装特色民俗文化，打造民俗村；以创新的理念盘活当地传统资源，打造特色鲜明、富有吸引力的农村古镇；将农业资源与创意相结合，开发丰富多样的创意农业产品，形成创意农业产业带。全面提升农事节庆活动内涵，实现"以节会友、以节拓市、以节富民"。积极支持和鼓励休闲农业与乡村旅游经营者和农民群众，依托当地特色资源开发农业旅游产品。

（五）强化品牌建设。坚持在发掘中保护、在利用中传承的原则，培育和保护一批重要农业文化遗产；以自然生态、田园文化、农耕文明为基础，以诚信经营、提升内涵、保障质量为重点，着力创建一批优势产业突出、发展潜力大、带动能力强的国家级、省级休闲农业与乡村旅游示范县；加快培育一批经营特色化、管理规范化、服务标准化的休闲农业与乡村旅游精品点、精品休闲农庄、精品农家乐以及名优特色商品品牌、品牌企业等，组织开展推介展示活动，形成一批休闲农业与乡村旅游特色品牌，重点培育乡村旅游著名、驰名商标和品牌，提高我省休闲农业与乡村旅游业在国内外的知名度和竞争力。

（六）加强人才培训。加大教育培训力度，力争建设一支精于管理、善于经营的休闲农业与乡村旅游管理队伍，一支具有国际战略眼光、深谙当地实际的休闲农业与乡村旅游营销队伍，一支素质较高、服务优良的休闲农业与乡村旅游从业人员队伍。重点开展对休闲农业与乡村旅游发展带头人、经营户和专业技术人员的培训，重点扶持一批特色休闲农业与乡村旅游经纪人，提高企业经营管理水平。

四、保障措施

（一）加强组织领导。全省各级人民政府

要高度重视休闲农业与乡村旅游的发展，要把加快发展休闲农业与乡村旅游作为积极发展现代农业、扎实推进农业强省和旅游强省建设的一项重要工作纳入议事日程，切实抓紧抓好。建立由省委农工委、省发展改革委、财政厅、水利厅、农业厅、林业厅、省旅游局、省畜牧食品局等部门组成的四川省休闲农业与乡村旅游发展联席会议制度。省委农工委、农业厅、省旅游局共同负责联席会议的日常工作，农业厅负责处理具体事务，定期组织召开联席会议，协调和制订我省关于推进休闲农业与乡村旅游发展的相关政策、争取相关项目资金支持、研究部署重大活动和工作措施，总结省内外休闲农业与乡村旅游发展的经验和做法，因地制宜，示范推广，发挥典型带动作用，扎实推进我省休闲农业与乡村旅游发展。各地要建立相应的工作机制。

（二）加强协调服务。各有关部门要依据职能，对休闲农业与乡村旅游工作给予积极支持。农业、旅游部门要牵头联合有关部门编制休闲农业与乡村旅游发展规划；农业部门要把休闲农业与乡村旅游纳入现代农业发展和新农村建设整体布局，扶持和培育主导产业；旅游部门要加强行业指导和宣传营销，有效争取国内外客源；财税部门要加大对休闲农业与乡村旅游的扶持力度；交通运输部门要积极支持重点休闲农业与乡村旅游景区（点）相关乡镇、建制村的农村公路建设，有条件的地方要开通城市到旅游景区（点）的客运线路；住房城乡建设部门要加强对旅游特色村庄建设的指导，加大对旅游特色村庄基础设施和公共服务设施的建设投入；林业和环境保护部门要共同加强休闲农业与乡村旅游景区（点）及周边的生态景观建设和环境保护治理；扶贫部门安排相关扶贫项目和资金，要向发展休闲农业与乡村旅游的贫困村倾斜；文化部门要积极创新策划宣传休闲农业与乡村旅游演艺产品，利用文艺下乡机

会到重点景区（点）演出，营造休闲农业与乡村旅游良好发展氛围；工商部门要会同相关部门制订并推广休闲农业与乡村旅游合同示范文本，完善休闲农业与乡村旅游市场监管和服务机制，维护良好的乡村旅游市场秩序；卫生、食品监督部门要加强食品安全监管；水利、电力、通信、广电等部门要着力加强休闲农业与乡村旅游景区（点）的饮用水、供电、通信设施等建设；公安、消防部门要积极推动有关部门落实休闲农业与乡村旅游景区（点）公共消防设施等安全设施建设，依法对休闲农业与乡村旅游经营单位的消防安全工作实施监督管理。其他部门要根据各自职能，积极支持休闲农业与乡村旅游发展。

（三）加大投入力度。各地要将发展休闲农业与乡村旅游纳入当地社会经济发展的整体布局，根据产业发展规划，加快建立政府投入为引导、企业和社会投入为主体的多元化投入机制。充分利用规划、扶贫、环境保护、培训、基础设施建设等专项支持政策，统筹利用相关资金，加大投入力度，支持休闲农业与乡村旅游发展。农村水、电、路等基础设施建设项目，要向符合条件的休闲农业与乡村旅游项目倾斜。

（四）完善政策支持。对国家级、省级休闲农业与乡村旅游示范县（点）、魅力乡村和精品景区实行以奖代补，给予扶持发展资金。放宽休闲农业与乡村旅游服务业企业的经营范围，除涉及前置审批和法律明令禁止的外，允许企业自主选择经营项目，开展经营活动；支持优化休闲农业与乡村旅游产品结构，对新兴的特色乡村旅游产品，凡是法律法规没有明令禁止并且行业主管部门同意的，积极予以登记注册，先行先试。对新开办的休闲农业与乡村旅游项目，工商、卫生等部门免收办证费用。对国家级、省级休闲农业与乡村旅游示范点、精品农家乐、精品休闲农庄、五星级乡村酒店免收标牌费，用电、用水、

用气分别按居民生活用电、用水、用气价格实行。

（五）加大金融支持。鼓励金融机构为休闲农业与乡村旅游发展提供信贷支持，适当加大信贷投放力度，适度降低旅游企业贷款准入门槛，扶持龙头企业发展。加大对农户经营休闲农业与乡村旅游项目的扶持力度，凡是符合小额担保贷款政策支持对象的，均可申请小额担保贷款，并按规定予以贴息。积极进行体制机制创新，探索农户以房屋、土地、果蔬园等入股，发展休闲农业与乡村旅游。贫困地区可将休闲农业与乡村旅游纳入扶贫开发贷款扶持范围。鼓励社会资本及各类经济实体投资休闲农业与乡村旅游景区（点）、旅游项目、商业网点以及服务接待、交通运输等设施的建设和经营。

四川省人民政府办公厅
2012 年 10 月 22 日

甘肃省人民政府办公厅关于加快发展休闲农业与乡村旅游的意见

甘政办发〔2010〕220 号

各市、自治州人民政府，省直有关部门：

为了推进我省休闲农业与乡村旅游发展，推动农业结构调整，加快现代农业建设步伐，促进农民就业增收，根据《国务院关于加快发展旅游业的意见》（国发〔2009〕41 号）、《国务院办公厅关于进一步支持甘肃经济社会发展的若干意见》（国办发〔2010〕29 号）和《中共甘肃省委甘肃省人民政府关于加快发展旅游业的意见》（甘发〔2010〕9 号）精神，现提出以下意见。

一、充分认识加快发展休闲农业与乡村旅游的重要意义

休闲农业与乡村旅游是以农事活动为基础，以农业生产经营为特色，充分利用农村田园景观、自然生态、农耕文化、民俗文化、民族风情和地形地貌特点，结合农林牧渔业生产经营活动和农家生活，吸引休闲旅游人员前来观光、品赏、习作、体验、休闲、旅游度假的一种新型农业生产经营形态。发展休闲农业与乡村旅游是推进城乡一体化发展的重要举措，是农村实现第一产业与第三产业有机融合的有效途径，有利于促进农村剩余劳动力就地就近转移就业，改善农民就业结构，增加农民收入；有利于促进城乡交流，满足人们多层次、多元化的消费需求。积极开发农业和农村蕴藏的自然生态、生产生活、民族风情等休闲旅游资源，对于统筹城乡经济社会发展、建设和谐社会、推进社会主义新农村建设具有重要的现实意义。

二、发展休闲农业与乡村旅游的基本原则

（一）坚持政府引导、市场运作的原则。发展休闲农业与乡村旅游，要统筹安排，在扶持政策、公共设施、引导资金、规范管理、宣传推广等方面加大支持和引导力度。要坚持市场化运作，以市场导向配置资源，鼓励工商企业、乡村集体经济组织、农民专业合作社、农业产业化龙头企业、农户和个人等投资开发休闲农业与乡村旅游，形成多元投资格局，广泛开展自主经营和联合经营。

（二）坚持因地制宜、保护环境资源的原则。发展休闲农业与乡村旅游，必须充分考虑区位、自然生态、民俗文化等条件以及投入能力、市场容量和环境承载等因素，要量力而行、适度开发、合理布局、稳步推进，实现人与自然和谐发展。要突出乡村生态、乡村文化和乡村文化遗产保护，防止资源浪费和环境污染，实现休闲农业与乡村旅游、资源环境的可持续发展。

（三）坚持服务"三农"、突出特色的原则。发展休闲农业与乡村旅游，必须坚持以

农为本，立足乡村，服务城乡居民，要以促进农业增效、农民增收、农村发展为目标，依托农村资源，突出地方特色，因地制宜，探索各具特色的休闲农业与乡村旅游发展模式，培育具有浓郁地域特色的休闲农业与乡村旅游产品。要突出产业化经营，积极发展规模化种养、农产品加工、餐饮、农产品流通等行业，拓宽农村劳动力转移就业和农民增收致富的渠道，促进高效农业、农产品加工业和农村服务业的联动发展，延伸农业产业链条，使休闲农业与乡村旅游成为农村经济发展新的增长点。

（四）坚持农民主体、社会参与的原则。发展休闲农业与乡村旅游，要坚持农民的主体地位，充分尊重广大农民群众意愿，当前要重点支持发展以农民家庭为经营主体的"农家乐"，鼓励发展以企业法人为经营主体，依托各类农业园区和特色农产品基地的"农家乐"，鼓励社会各界参与建设一家一户农民办不了的休闲旅游项目和配套产业，带动周边小规模"农家乐"的发展。

三、发展休闲农业与乡村旅游的措施

（一）制定发展规划，加大资金投入。各市州、县市区政府部门要因地制宜、突出特色，组织编制休闲农业与乡村旅游发展规划。要加大对乡村道路、水电设施、信息网络、旅游资源、环境保护等休闲农业与乡村旅游基础设施的建设和开发力度。全省各级政府要从实际出发，按照"政府扶持、业主为主、社会参与"的原则，逐步建立和完善休闲农业与乡村旅游投入机制，进一步加大扶持力度。要积极协调金融机构加大对休闲农业与乡村旅游的扶持力度，对经营特色明显、带动能力强、运作规范的休闲农业与乡村旅游企业，优先给予信贷支持。要进一步改进服务方式，简化贷款手续，采取信用贷款和抵押贷款等多种方式，支持休闲农业与乡村旅游信贷。要实施税收优惠政策，对月经营收

入未达到起征点的"农家乐"等休闲农业与乡村旅游个体经营户免征营业税。

（二）严格政策界限，依法解决用地。休闲农业与乡村旅游企业用地应符合地方土地利用总体规划，依法办理用地手续。要充分利用现有集体建设用地，不占用基本农田，并经村民代表大会审议通过。村民利用现有宅基地、承包地兴办休闲农业的，可以依法采取临时用地的方式进行，但不能改变农用地用途，不得修建永久性建（构）筑物。规模较大的休闲农业企业可以依法采取与农村集体经济组织合资、联营或者征收集体土地的方式进行。支持休闲农业与乡村旅游企业依法采取招标、拍卖、公开协商等方式取得"四荒"地（荒山、荒沟、荒丘、荒滩）的土地经营权，发展休闲农业与乡村旅游。

（三）强化行业管理，提升服务水平。建立休闲农业与乡村旅游行业自律组织，制定企业服务标准、互助合作规范和行业自律公约，加强行业自律和互助。工商、卫生、治安等部门要定期对休闲农业与乡村旅游企业进行证照检查，制定休闲农业与乡村旅游质量投诉与责任事故处理办法，确保食品卫生和游客人身安全，维护游客的合法权益。农业和旅游部门要扶植一批经营水平高、经济实力强、市场信誉好、发展后劲足的休闲农业与乡村旅游企业，逐步提高组织化程度。

（四）开展休闲农业与乡村旅游示范县和休闲农业示范点创建活动。坚持典型引路，开展示范创建活动，进一步探索休闲农业与乡村旅游发展规律，理清发展思路，明确发展目标，创新体制机制，完善标准体系，优化发展环境。从2010年起，利用3年时间，在全省培育5～10个生态环境优、产业优势大、发展势头好、管理规范、示范带动能力强、农民广泛参与的休闲农业与乡村旅游示范县。培育20～30个发展产业化、经营特色化、管理规范化、产品品牌化、服务标准化的休闲农业示范点。"十二五"期间，扶

持发展 500 个专业旅游村和 1 万户"农家乐",以引领全省休闲农业与乡村旅游持续健康发展。

（五）加强宣传，提高市场知名度。全省各级农业和旅游部门要密切配合，充分利用各自优势，加强宣传策划工作，通过促销会、说明会、洽谈会、节会、简报等多种形式，加大宣传推介力度，不断扩大我省休闲农业与乡村旅游的知名度。全省各级新闻媒体要利用报刊、广播电视、网络等宣传工具，大力宣传发展休闲农业与乡村旅游的重要意义、政策措施以及典型经验，营造良好的发展氛围。

四、加强组织领导

全省各级政府要把加快发展休闲农业与乡村旅游作为积极发展现代农业、扎实推进社会主义新农村建设的一项重要工作纳入议事日程，努力实现农业提升、农民致富、农村发展、旅游业拓展的预期目标。要加强部门协作配合，形成各有关部门共同参与、齐抓共管、协同推进的良好氛围。农业部门要会同旅游部门制定休闲农业与乡村旅游发展规划，加强行业管理，积极开展人才培训，提高从业人员素质。发展改革、财政、卫生、税务、工商、国土资源、建设等部门要发挥各自职能作用，形成推动休闲农业与乡村旅游发展的强大合力，积极为休闲农业与乡村旅游发展创造条件，认真落实扶持政策，保护经营者的合法权益，努力提高休闲农业与乡村旅游的经济社会效益。

2010 年 12 月 8 日

海南省农业厅关于做好当前休闲农业发展工作的通知

琼农字〔2010〕78 号

各市县、自治县农业局（委）、乡镇企业局（中心）、休闲农业主管部门：

为贯彻落实《国务院关于推进海南国际旅游岛建设发展若干意见》（国发〔2009〕44号）的精神，切实抓好我省 2010 年休闲农业的各项工作，现将有关意见通知如下：

一、编制全省休闲农业发展规划纲要。由省休闲农业发展局牵头，省金农休闲农业发展有限公司配合，组织相关部门，在今年上半年，编制完成《海南省休闲农业发展规划纲要》。各市县根据规划纲要，结合地方资源优势实际，编制区域规划，以规划指导休闲农业发展。

二、重点推动建设 30 个休闲农业示范点。根据"力争用 3 年时间创建 100 个具有浓郁地方特色的乡村自然风光、民俗风情、人文景观、农业特色产业等休闲农业示范点"的工作部署，要在制定出台《海南省休闲农业示范点评定标准和管理暂行办法》的同时，今年重点推动建设 30 个示范点，以典型示范推动海南休闲农业发展。

三、抓紧实施与海口市政府共建海口休闲农业示范带（区）的工作部署，共同签订工作备忘录，推出海口休闲农业"一日游"、"半日游"线路，拉开海南休闲农业发展序幕。由省休闲农业发展局、省金农休闲农业发展有限公司与海口市农业等相关部门负责具体实施工作。

四、与海南商务旅游学校合作，挂牌建立省级休闲农业培训基地，抓好休闲农业教育培训工作。省休闲农业发展局、省金农休闲农业发展有限公司抓好协调落实，开展休闲农业知识和管理服务技能教育培训，不断提高休闲农业从业人员综合素质和服务水平，把我省休闲农业从业人员培养成为具有现代经营理念和服务水平、符合海南国际旅游岛建设要求的新型实用人才。

五、推动建设 30 个休闲农庄自驾营地。自驾休闲游是我国方兴未艾的新兴产业，通过组织协调农庄、车商、协会，共同推动营地建设，促进休闲农业多样化、多功能发展。

六、与台湾休闲农业学会等行业组织建立长期、稳定的交流合作机制，开展经常性的人员交往、项目咨询、行业培训等交流合作活动。年内组织若干批休闲农业管理人员、休闲农业示范点相关人员等赴台湾参观学习，同时组织台湾休闲农业的专家、学者、企业代表来琼参加"冬交会"等活动，开展广泛深入交流合作。

七、推动成立海南省休闲农业协会。省休闲农业发展局负责组织筹备工作，力争在年内完成成立工作，使其在休闲农业发展中发挥中介服务作用。

八、开展我省休闲农业示范县和示范企业认定活动。根据农业部在全国范围内开展休闲农业示范县和示范企业认定活动的工作部署，积极开展推动建设工作，力争我省今年有市县和企业列入全国休闲农业示范市县和示范企业。

九、搭建信息服务平台，建设海南休闲农业网。省休闲农业发展局牵头组织，省金农休闲农业发展有限公司等单位要整合全省休闲农业资源，上半年建成"海南休闲农业网"，开创网上信息发布、查询、宣传业务、在线服务等，实现海南休闲农业网络信息化服务。

十、争取省政府和市县政府出台支持发展休闲农业的有关政策。农业部门要认真做好调查研究，提出可行的方案和政策举措，争取支持。请各市县结合实际，制定切实可行措施，认真抓好贯彻落实。

2010 年 4 月 15 日

海南省休闲农业发展局关于印发海南省休闲农业示范点评定和管理试行办法的通知

琼农休闲〔2010〕1 号

各市、县、自治县农业（农林、农科）局（农委），乡镇企业局（中心）：

为贯彻落实《国务院关于推进海南国际旅游岛建设发展的若干意见》精神，规范我省休闲农业示范点的评定和管理工作，促进休闲农业示范点建设，加大对休闲农业的扶持力度，创建休闲农业品牌，提升我省休闲农业水平，我们制定了《海南省休闲农业示范点评定和管理试行办法》，经海南省农业厅2010 年第八次厅务会议审议通过，现印发你们，请认真遵照执行。

2010 年 9 月 1 日

海南省休闲农业示范点评定和管理试行办法

第一章 总 则

第一条 为了规范我省休闲农业示范点的评定和管理工作，加大对休闲农业的扶持力度，创建休闲农业品牌，提升我省休闲农业水平，促进休闲农业示范点建设，根据《国务院关于推进海南国际旅游岛建设发展的若干意见》，结合海南的实际情况，制定本办法。

第二条 本办法所称的海南省休闲农业示范点，是指利用现代特色农业产业园区、农村田园景观、自然生态环境资源等，结合农业生产经营、农村文化及民俗风情，经过科学规划、创意开发，配备相应的服务设施，为游人提供休闲、观光、体验等服务，达到规定标准并经海南省农业厅评定的经营场所。

第三条 海南省休闲农业示范点的评定和管理，遵循市场经济规律，坚持科学性与可操作性相结合，导向性和前瞻性相结合，规范性与创新性相结合，定性与定量相结合，全面评价与重点评价相结合。引入竞争淘汰机制，实行动态管理，坚持自愿申报及公开、公平、公正原则，不干预经营主体的经营自主权。

第四条 凡申报或已获准评定为海南省

休闲农业示范点的各种类型休闲农业经营实体，适用于本办法。

第二章 申报与评定

第五条 符合以下基本条件，可申报海南省休闲农业示范点：

（一）休闲农业点建设在海南省行政区域内，符合当地社会经济发展总体规划、农业产业发展规划要求，从事休闲农业经营活动的企业、农民专业合作组织、农村集体经济组织和农户等，相关经营执照齐备，产权关系清晰。

（二）遵守国家和地方政府颁布的有关法律法规，依法经营，不偷税漏税，不搞黄赌毒，不欺客宰客，不拖欠工资和社会保障金。

（三）具有一定规模，且相对集中连片，布局合理，有充足的休闲、游览、体验、展示等活动空间，与周边环境协调和谐。

（四）交通便捷，标志明显。

（五）经营内容以农业生产经营或农村生活为基础，有鲜明的热带农业特色，农业项目用地面积占示范点总面积70％以上；涉农生产项目和设施、生产活动能有机地融入休闲观光活动中，体现出较高的产业融合度和景点特色；特色鲜明，主题突出，内容健康、丰富、安全，参与性、趣味性、体验性、知识性强，农味浓厚。

（六）区内设施完善，配套齐全，有相应的游客接待设施和场所，卫生整洁，绿化较好。

（七）各项管理和质量安全制度健全，每一景点（项目）有专门的管理人员，职责明确；安全防护措施到位，危险地段标志明显；现场品尝、销售的产品符合卫生安全要求。

（八）管理规范，有完善的接待制度，各接待环节协调有序，态度热情，服务优良，有专人负责服务咨询与投诉。

（九）经济效益、社会效益较好，有吸纳当地农村劳动力就业。

（十）注重生态环境保护，具有良好的水土保持和生物多样性保护措施，对周边环境不造成建设性和运营性破坏。

（十一）注重形象宣传，有一定的促销手段和活动能力，在周边地区有较高的知名度和信誉度。

第六条 海南省休闲农业示范点申报材料：

（一）海南省休闲农业示范点申报表；

（二）申报点建设、运行基本情况书面总结材料；

（三）符合申报条件的相关辅证材料；

（四）市、县、自治县休闲农业主管部门书面审核意见。

申报材料要求客观、真实。

第七条 申报与评定程序：

（一）由经营主体向申报点所在的市、县、自治县休闲农业主管部门提出申请；

（二）各市、县、自治县休闲农业主管部门对申报材料的真实性进行审核；

（三）各市、县、自治县休闲农业主管部门正式行文向省农业厅推荐，并附上书面审核意见和相关申报材料。

（四）省级休闲农业主管部门组织现场勘验核实，并按标准和条件作出初评意见后，报省农业厅主要领导审批或厅务会议审议。

（五）经审议通过的当年海南省休闲农业示范点候选名单，在"海南农业信息网"上向社会公示，公示期7天，公示无异议的，省农业厅以正式文件评定为"海南省休闲农业示范点"，并颁发证书和牌匾。

第八条 经评定公布的海南省休闲农业示范点，可享受有关优惠政策。

第三章 监测管理

第九条 对海南省休闲农业示范点实行动态管理，定期监测，优保劣汰。海南省休闲农业示范点评定后每两年复评一次。

经复评合格的海南省休闲农业示范点，继续享受荣誉称号和有关优惠政策，复评不合格的取消其称号。

第十条 对运转不良，经营不善、经营中违反国家政策、存在违法违纪行为的，以及出现重大安全、质量问题的，取消其海南省休闲农业示范点资格。

第四章 附 则

第十一条 申报海南省休闲农业示范点的单位应按要求如实提供有关材料，不得弄虚作假，如果存在舞弊行为，一经查实，已经评定的单位取消其休闲农业示范点资格；未经评定的单位取消其申报资格；有舞弊行为的两年内不得再行申报。

第十二条 对在申报、认定、监测评价过程中不能坚持公开、公平，公正原则，存在徇私舞弊行为的工作人员，主管机关按党纪政纪有关规定予以严肃查处。

第十三条 本办法自发布之日起施行。

第十四条 本办法由海南省农业厅负责解释。

2014 年大事记

3月4日，农业部农产品加工局（乡镇企业局）在贵州省黔西南州兴义市举行2013中国最美休闲乡村和中国美丽田园发布活动，向社会推介已认定的2013年10个中国最美休闲乡村和108项中国美丽田园。农业部农产品加工局局长宗锦耀出席活动并讲话。

3月15日，农业部农产品加工局（乡镇企业局）在北京市昌平区小汤山举行2014全国休闲农业创意精品推介活动，展示各省（自治区、直辖市）的产品创意、包装创意、活动创意、景观创意四大类3 000余件休闲农业创意精品。农业部农产品加工局局长宗锦耀出席活动并讲话。

3月20日，农业部办公厅印发《农业部办公厅关于成立第一届农业部中国重要农业文化遗产专家委员会的通知》（农办加〔2014〕9号），3月25日，在京举行中国重要农业文化遗产专家委员会成立仪式，农业部党组成员杨绍品出席成立仪式并做重要讲话。

3月25日，农业部办公厅印发《农业部办公厅关于开展中国美丽田园推介活动的通知》（农办加〔2014〕4号）和《农业部办公厅关于开展中国最美休闲乡村推介活动的通知》（农办加〔2014〕6号），部署中国美丽田园和中国最美休闲乡村推介工作。

4月30日，农业部办公厅、国家旅游局办公室联合印发《农业部办公厅 国家旅游局办公室关于开展2014年全国休闲农业与乡村旅游示范县、示范点创建工作的通知》（农办加〔2014〕1号），部署全国休闲农业与乡村旅游示范县、示范点创建工作。

5月18日，农业部农村社会事业发展中心、民革中央社会服务部、中国旅游协会休闲农业与乡村旅游分会联合在山东省临沂市兰陵县代村举办2014中国休闲农业与美丽乡村建设系列活动，向全国推介了兰陵代村同步推进美丽乡村和新型城镇化的成功经验，农业部党组成员杨绍品出席活动并做重要讲话。

5月28日，农业部办公厅印发《关于开展第三批中国重要农业文化遗产发掘工作的通知》（农办加〔2014〕13号），部署第三批中国重要农业文化遗产发掘工作。

5月30日，农业部印发《农业部关于公布第二批中国重要农业文化遗产名单的通知》（农加发〔2014〕1号），认定天津滨海崔庄古冬枣园等20个传统农业系统为第二批中国重要农业文化遗产，并出版《中国重要农业文化遗产》画册。

6月4日，农业部办公厅印发《关于印发〈中国重要农业文化遗产管理办法（试行）〉的通知》（农办加〔2014〕10号），加强规范管理，促进动态保护，推动中国重要农业文化遗产地经济社会可持续发展。

6月12日，农业部在京举行第二批20个中国重要农业文化遗产发布活动，农业部党组成员杨绍品出席发布活动并做重要讲话。

10月8日，农业部办公厅印发《关于发布2014年中国最美休闲乡村和中国美丽田园推介结果的通知》（农办加〔2014〕20号），认定北京市密云县干峪沟村等100个村为2014年中国最美休闲乡村，北京市密云县蔡家洼玫瑰花景观等140项农事景观为2014年中国美丽田园。

10月11日，农业部农产品加工局（乡镇企业局）在江苏南京召开全国休闲农业经验交流会，总结交流休闲农业工作情况，研究分析面临的形势任务，部署当前和今后一个时期的发展思路和主要措施，农业部党组成员杨绍品出席会议并做重要讲话。

11月27日，农业部印发《农业部关于进一步促进休闲农业持续健康发展的通知》（农加发〔2014〕4号），就进一步促进休闲农业持续健康发展作出全面部署。

12 月 30 日，农业部、国家旅游局联合印发《农业部 国家旅游局关于公布全国休闲农业与乡村旅游示范县和示范点的通知》（农加发〔2014〕5 号），共同认定北京市平谷区等 37 个县（市、区）为全国休闲农业与乡村旅游示范县、北京市通州区第五季富饶生态农业园等 100 个点为全国休闲农业与乡村旅游示范点。

附

录

农业部关于开展中国重要农业文化遗产发掘工作的通知

农业部办公厅关于继续开展中国重要农业文化遗产发掘工作的通知

农业部办公厅关于开展第三批中国重要农业文化遗产发掘工作的通知

农业部关于公布第一批中国重要农业文化遗产名单的通知

农业部关于公布第二批中国重要农业文化遗产名单的通知

农业部办公厅关于成立第一届农业部中国重要农业文化遗产专家委员会的通知

农业部　国家旅游局关于继续开展全国休闲农业与乡村旅游示范县、示范点创建活动的通知

农业部办公厅　国家旅游局办公室关于开展 2014 年全国休闲农业与乡村旅游示范县、示范点创建工作的通知

农业部　国家旅游局关于认定全国休闲农业与乡村旅游示范县和全国休闲农业示范点的通知（2010 年）

农业部　国家旅游局关于认定全国休闲农业与乡村旅游示范县示范点的通知（2011 年）

农业部　国家旅游局关于认定全国休闲农业与乡村旅游示范县示范点的通知（2012 年）

农业部　国家旅游局关于认定全国休闲农业与乡村旅游示范县、示范点的通知（2013 年）

农业部　国家旅游局关于公布全国休闲农业与乡村旅游示范县和示范点的通知（2014 年）

农业部办公厅关于开展中国最美休闲乡村推介活动的通知

农业部关于公布中国最有魅力休闲乡村的通知

2011 年中国最有魅力休闲乡村推荐名单公示

农业部关于发布 2012 年中国最有魅力休闲乡村推荐活动结果的通知

农业部关于发布 2013 年中国最有魅力休闲乡村推荐活动结果的通知

农业部办公厅关于发布 2014 年中国最美休闲乡村和中国美丽田园推介结果的通知

农业部办公厅关于开展中国美丽田园推介活动的通知

关于公布中国美丽田园名单的通知

农业部办公厅关于成立第一届农业部全国休闲农业专家委员会的通知

关于公布 2011 年全国休闲农业与乡村旅游星级示范创建企业（园区）名单的函

关于公布 2012 年全国休闲农业与乡村旅游星级示范创建企业（园区）名单的通知

关于公布 2013 年全国休闲农业与乡村旅游星级示范创建企业（园区）名单的通知

关于公布 2014 年全国休闲农业与乡村旅游星级示范创建企业（园区）名单的函

农业部关于开展中国重要农业文化遗产发掘工作的通知

农企发〔2012〕4 号

各省、自治区、直辖市及计划单列市休闲农业行政管理部门，新疆生产建设兵团农业局：

我国悠久灿烂的农耕文化历史，加上不同地区自然与人文的巨大差异，创造了种类繁多、特色明显、经济与生态价值高度统一的重要农业文化遗产。这些都是我国劳动人民凭借着独特而多样的自然条件和他们的勤劳与智慧，创造出的农业文化典范，蕴含着天人合一的哲学思想，具有较高历史文化价值。但是，在经济快速发展、城镇化加快推进和现代技术应用的过程中，由于缺乏系统有效的保护，一些重要农业文化遗产正面临着被破坏、被遗忘、被抛弃的危险。为加强我国重要农业文化遗产的挖掘、保护、传承和利用，我部决定开展中国重要农业文化遗产发掘工作，现就有关事项通知如下：

一、充分认识开展中国重要农业文化遗产发掘工作的重要意义

中国重要农业文化遗产的挖掘、保护、传承和利用工作是农业系统贯彻落实十七届六中全会精神的重要举措，不但对弘扬中华农业文化，增强国民对民族文化的认同感、自豪感，以及促进农业可持续发展具有重要意义，而且把重要农业文化遗产作为丰富休闲农业的重要历史文化资源和景观资源来开发利用，能够增强产业发展后劲，带动遗产地农民就业增收，可以实现在发掘中保护，在利用中传承。

（一）开展此项工作是切实贯彻落实党的十七届六中全会精神的重要举措。《中共中央关于深化文化体制改革推动社会主义文化大发展大繁荣若干重要问题的决定》提出"建设优秀传统文化传承体系"，"加强对优秀传统文化思想价值的挖掘和阐发，维护民族文化基本元素，使优秀传统文化成为新时代鼓舞人民前进的精神力量。"农业文化是我国传统文化的重要组成部分，加强对农业文化的挖掘和阐发是贯彻十七届六中全会精神，促进农业农村文化大发展、大繁荣的重要举措。

（二）开展此项工作是保护弘扬中华文化的重要内容。我国农耕文化源远流长、内容丰富，是中华文化之根基，是劳动人民长久以来生产、生活实践的智慧结晶。深入发掘这其中的精粹和重要遗产并以动态保护的形式进行展示，能够向社会公众宣传农业文化的精髓及承载于其上的优秀哲学思想，进而带动全社会对民族文化的关注和认知，促进中华文化的传承和弘扬。

（三）开展此项工作是促进我国农业可持续发展的基本要求。我国传统农业文化中蕴含着丰富的生产经验、传统技术和人与自然和谐发展的思想，对于现代农业发展可以提供许多值得借鉴和学习的先进理念。加强对农业文化遗产的发掘可以促进传承与创新的结合，增强我国现代农业发展的全面性、协调性和可持续性。

（四）开展此项工作是丰富休闲农业发展资源，促进农民就业增收的重要途径。我国许多重要农业文化遗产既是重要的农业生产系统，又是重要的文化和景观资源。通过对农业文化遗产的发掘，在保护的基础上，将农业文化宣传展示与休闲农业发展有机结合，既能为休闲农业发展提供资源载体，为遗产保护提供资金、

人力支持，又能有效带动遗产地农民的就业增收，推动当地经济社会的发展。

二、开展中国重要农业文化遗产发掘工作的目标任务

中国重要农业文化遗产发掘工作要以挖掘、保护、传承和利用为核心，以筛选认定中国重要农业文化遗产为重点，不断发掘重要农业文化遗产的历史价值、文化和社会功能，并在有效保护的基础上，与休闲农业发展有机结合，探索开拓动态传承的途径、方法，努力实现文化、生态、社会和经济效益的统一，逐步形成中国重要农业文化遗产动态保护机制，为繁荣农业农村文化、推进现代农业发展、促进农民就业增收作出积极的贡献。从 2012 年开始，每两年发掘和认定一批中国重要农业文化遗产。

三、中国重要农业文化遗产的相关标准条件

中国重要农业文化遗产是指人类与其所处环境长期协同发展中，创造并传承至今的独特的农业生产系统，这些系统具有丰富的农业生物多样性、传统知识与技术体系和独特的生态与文化景观等，对我国农业文化传承、农业可持续发展和农业功能拓展具有重要的科学价值和实践意义。

中国重要农业文化遗产应在活态性、适应性、复合性、战略性、多功能性和濒危性方面有显著特征，具有悠久的历史渊源、独特的农业产品，丰富的生物资源，完善的知识技术体系，较高的美学和文化价值，以及较强的示范带动能力。具体标准和条件见附件中《中国重要农业文化遗产认定标准》。

四、中国重要农业文化遗产申报程序

（一）各县级人民政府为申报主体，负责撰写申请报告并按照附件中《中国重要农业文化遗产申报书模板》要求准备申报材料，报送至各省、自治区、直辖市及计划单列市、新疆生产建设兵团休闲农业行政主管部门。

（二）各省（自治区、直辖市）及计划单列市、新疆生产建设兵团休闲农业行政主管部门负责本地遗产项目的审核和上报。要严格按照相关标准，根据本地申报情况，本着优中选优的原则，组织筛选审核，筛选过程要求有专家评审等相应程序。所有上报材料请统一行文一次性报至我部乡镇企业局休闲农业处。各省、自治区、直辖市及计划单列市、新疆生产建设兵团上报的候选项目原则上不超过 2 个。

（三）请各地休闲农业行政管理部门于 2012 年 9 月 15 日前，将所有纸质申报材料（一式二份）和所有材料的电子版光盘（一式二份）报到农业部乡镇企业局休闲农业处（为便于进行跟踪查寻，请尽量使用中国邮政 EMS 报送材料）。

五、中国重要农业文化遗产的确定和管理

（一）农业部组织有关专家对各地上报的候选项目进行综合评审，并对评审结果进行严格把关和择优确定后，在"中国农业信息网"公示 7 天。通过公示的项目，由农业部发文认定为中国重要农业文化遗产。

（二）获得认定的中国重要农业文化遗产统一使用唯一标识，标识样式见附件，其他任何单位和个人未经授权不得使用该标识。

（三）获得认定的中国重要农业文化遗产所在地县级人民政府既是该项遗产的申报主体，也是该遗产的保护、传承主体，要在遗产获得认定后 3 个月内在遗产核心区域设立醒目标志（标志内容为"中国重要农业文化遗产"字样、"中国重要农业文化遗产标识"和此遗产的相关说明），并严格按照本地已制订的保护与发展管理办法和相关规划进行保护、传承和开发、

利用。

（四）任何单位和个人如使用被认定的中国重要农业文化遗产相关的名称、概念、标识等内容，应报该遗产所在地县级人民政府审核、批准，否则不得使用。

（五）各省（自治区、直辖市）及计划单列市、新疆生产建设兵团休闲农业行政管理部门负责对所辖区域内中国重要农业文化遗产的管理、服务和监督。对于已获认定的遗产，如发生重大改变或者当地政府和部门没有达到相关管理要求的，应督促当地县级人民政府进行整改并及时报告农业部乡镇企业局。

（六）农业部对中国重要农业文化遗产实行动态管理，对于已获认定的遗产，如发生重大改变或者当地政府和部门没有达到相关管理要求的，要限期整改。整改
附件1

后仍不能满足要求的，将取消其中国重要农业文化遗产资格。被取消资格的中国重要农业文化遗产，其所在地县级人民政府负责去除相关标志，并监督相关单位和个人停止使用中国重要农业文化遗产相关名称、概念、标识等内容。

六、有关工作要求

（一）加强组织领导。各级休闲农业行政主管部门要把发掘和推荐工作作为贯彻落实十七届六中全会精神的重要举措，按照本通知精神制订工作方案，完善工作措施，落实工作责任，切实加大工作力度。

（二）强化政策扶持。在开展重要农业文化遗产发掘工作过程中，各级休闲农业行政主管部门要结合工作实际，积极研究和探索对中国重要农业文化遗产的相关

扶持政策，拓展工作思路，加强服务手段，创新工作方法，努力形成促进重要农业文化遗产保护与传承的良性机制。

（三）搞好总结宣传。要及时了解发掘和推荐工作的进展情况，不断总结推广好经验、好做法，加强典型宣传，营造良好的社会舆论环境。

联系方式：

农业部乡镇企业局休闲农业处

电话：010-59192797，59192754，59193256

传真：010-59192761

附件：

1. 中国重要农业文化遗产认定标准
2. 中国重要农业文化遗产申报书模板
3. 中国重要农业文化遗产标识

2012年3月13日

中国重要农业文化遗产认定标准

一、概念与特点

中国重要农业文化遗产是指人类与其所处环境长期协同发展中，创造并传承至今的独特的农业生产系统，这些系统具有丰富的农业生物多样性、传统知识与技术体系和独特的生态与文化景观等，对我国农业文化传

承、农业可持续发展和农业功能拓展具有重要的科学价值和实践意义。具体体现出以下6个特点：

一是活态性：这些系统历史悠久，至今仍然具有较强的生产与生态功能，是农民生计保障和乡村和谐发展的重要基础。

二是适应性：这些系统

随着自然条件变化、社会经济发展与技术进步，为了满足人类不断增长的生存与发展需要，在系统稳定基础上因地、因时地进行结构与功能的调整，充分体现出人与自然和谐发展的生存智慧。

三是复合性：这些系统不仅包括一般意义上的传统农业知识和技术，还包括那

些历史悠久、结构合理的传统农业景观，以及独特的农业生物资源与丰富的生物多样性。

四是战略性：这些系统对于应对经济全球化和全球气候变化，保护生物多样性、生态安全、粮食安全，解决贫困等重大问题以及促进农业可持续发展和农村生态文明建设具有重要的战略意义。

五是多功能性：这些系统或兼具食品保障、原料供给、就业增收、生态保护、观光休闲、文化传承、科学研究等多种功能。

六是濒危性：由于政策与技术原因和社会经济发展的阶段性造成这些系统的变化具有不可逆性，会产生农业生物多样性减少、传统农业技术知识丧失以及农业生态环境退化等方面的风险。

二、基本标准

（一）历史性

1. 历史起源：指系统所在地是有据可考的主要物种的原产地和相关技术的创造地，或者该系统的主要物种和相关技术在中国有过重大改进。

2. 历史长度：指该系统以及所包含的物种、知识、技术、景观等在中国使用的时间至少有 100 年历史。

（二）系统性

1. 物质与产品：指该系统的直接产品及其对于当地居民的食物安全、生计安全、原料供给、人类福祉方面的保障能力。基本要求：具有独具特色和显著地理特征的产品。

2. 生态系统服务：指该系统在遗传资源与生物多样性保护、水土保持、水源涵养、气候调节与适应、病虫草害控制、养分循环等方面的价值。基本要求：至少具备上述两项功能且作用明显。

3. 知识与技术体系：指在生物资源利用、种植、养殖、水土管理、景观保持、产品加工、病虫草害防治、规避自然灾害等方面具有的知识与技术，并对生态农业和循环农业发展以及科学研究具有重要价值。基本要求：知识与技术系统较完善，具有一定的科学价值和实践意义。

4. 景观与美学：指能体现人与自然和谐演进的生存智慧，具有美轮美奂的视觉冲击力的景观生态特征，在发展休闲农业和乡村旅游方面有较高价值。基本要求：有较高的美学价值和一定的休闲农业发展潜力。

5. 精神与文化：指该系统拥有文化多样性，在社会组织、精神、宗教信仰、哲学、生活和艺术等方面发挥重要作用，在文化传承与和谐社会建设方面具有较高价值。基本要求：具有较为丰富的文化多样性。

（三）持续性

1. 自然适应：指该系统通过自身调节机制所表现出的对气候变化和自然灾害影响的恢复能力。基本要求：具有一定的恢复能力。

2. 人文发展：指该系统通过其多功能特性表现出的在食物、就业、增收等方面满足人们日益增长的需求的能力。基本要求：能够保障区域内基本生计安全。

（四）濒危性

1. 变化趋势：指该系统过去 50 年来的变化情况与未来趋势，包括物种丰富程度、传统技术使用程度、景观稳定性以及文化表现形式的丰富程度。基本要求：丰富程度处于下降趋势。

2. 胁迫因素：指影响该系统健康维持的主要因素（如气候变化、自然灾害、生物入侵等自然因素和城市化、工业化、农业新技术、外来文化等人文因素）的多少和强度。基本要求：受到多种因素的负面影响。

三、辅助标准

（一）示范性

1. 参与情况：指系统内居民的认可与参与程度，需要有公示及反馈信息。基本要求：50% 以上的居民支持作为农业文化遗产保护。

2. 可进入性：指进入该

系统的方便程度与交通条件。基本要求：进入困难较少。

3. 可推广性：指该系统及其技术与知识对于其他地区的推广应用价值。基本要求：有一定的推广价值。

（二）保障性

1. 组织建设：指农业文化遗产保护与发展领导机构与管理机构。基本要求：有明确的管理部门和人员。

2. 制度建设：指针对农业文化遗产所制定的《保护与发展管理办法》完成情况，要求包括明确的政策措施、监督和奖惩手段等。基本要求：基本完成《保护与发展管理办法》制定工作。

3. 规划编制：指针对农业文化遗产所编制的《保护与发展规划》完成情况，要求包括对农业文化遗产的变化、现状与价值的系统分析，提出明确的保护目标、相应的行动计划和保障措施等。基本要求：编制完成并通过专家评审。

附件 2

略。

附件 3

农业部办公厅关于继续开展中国重要农业文化遗产发掘工作的通知

农办企〔2013〕22 号

《农业部关于开展中国重要农业文化遗产发掘工作的通知》（农企发〔2012〕4 号）（以下简称《通知》）下发以来，各地高度重视，积极开展农业文化遗产发掘，有效地挖掘、保护和传承了一批重要农业文化遗产。2013 年 5 月，农业部第一批确定了 19 项中国重要农业文化遗产。根据《通知》要求，现决定在全国范围开展第二批中国重要农业文化遗产发掘工作。现将有关事项通知如下：

一、开展中国重要农业文化遗产发掘工作的目标任务

中国重要农业文化遗产发掘工作以挖掘、保护、传承和利用为核心，以筛选认

定中国重要农业文化遗产为重点，不断发掘其历史价值、文化和社会功能，并在有效保护的基础上，探索开拓动态传承的途径、方法，努力实现文化、生态、社会和经济效益的统一，逐步形成中国重要农业文化遗产动态保护机制，为繁荣农业农村文化、推进现代农业发展、促进农民就业增收作出积极的贡献。

二、申报标准条件

中国重要农业文化遗产是指人类与其所处环境长期协同发展中，创造并传承至今的独特的农业生产系统，这些系统具有丰富的农业生物多样性、传统知识与技术体系和独特的生态与文化景观等，对我国农业文化传承、农业可持续发展、农业功能拓展具有重要的科学价值和实践意义。

中国重要农业文化遗产应在活态性、适应性、复合性、战略性、多功能性和濒危性方面有显著特征，具有悠久的历史渊源，独特的农业产品，丰富的生物资源，完善的知识技术体系，较高的美学和文化价值，以及较强的示范带动能力。具体标准和条件见附件中《中国重要农业文化遗产认定标准》。

三、申报程序

（一）各传统农业系统所在地人民政府为申报主体，负责撰写申请报告，按照附件中《中国重要农业文化遗产申报书模板》要求准备申报书，并提交制定好的保护规划和管理办法。有关材料报送至省级休闲农业管理部门。

（二）各省级休闲农业管理部门负责本地遗产项目的审核和上报。要严格按照相关标准，根据本地申报情况，本着优中选优的原则，组织筛选审核，筛选过程要求有专家评审等相应程序。各地上报的候选项目原则上不超过 2 个。

（三）请各地休闲农业行政管理部门于 2013 年 9 月 15 日前，将所有纸质申报材料（一式二份）和所有材料的电子版光盘（一式二份），统一行文一次性报至我部乡镇企业局休闲农业处（为便于进行跟踪查寻，请尽量使用中国邮政 EMS 报送材料）。

四、有关要求

（一）加强组织领导。各级休闲农业管理部门要高度重视发掘和推荐工作，按照本通知精神制订工作方案，完善工作措施，落实工作责任，切实加大工作力度。

（二）强化政策扶持。在开展重要农业文化遗产发掘工作过程中，各级休闲农业管理部门要结合实际，积极研究和探索重要农业文化遗产的相关扶持政策，拓展工作思路，加强服务手段，创新工作方法，努力形成促进重要农业文化遗产保护与传承的良性机制。

（三）搞好总结宣传。要及时了解发掘和推荐工作的进展情况，不断总结推广好经验、好做法，加强典型宣传，营造良好的社会舆论环境。

联系方式：

农业部乡镇企业局休闲农业处

电　话：010-59193256，59192754，59192797

传真：010-59192761

附件：1. 中国重要农业文化遗产认定标准

2. 中国重要农业文化遗产申报书模板

农业部办公厅

2013 年 5 月 8 日

附件

略。

农业部办公厅关于开展第三批中国重要
农业文化遗产发掘工作的通知

农加办〔2014〕13 号

为贯彻党的十八大提出的"建设优秀传统文化传承体系，弘扬中华优秀传统文化"决策部署，我部印发了《农业部关于开展中国重要农业文化遗产发掘工作的通知》（以下简称《通知》）。《通知》下发以来，各地高度重视，积极开展农业文化遗产发掘。截至目前，农业部已分两批认定了 39 项中国重要农业文化遗产。为进一步推动农业文化遗产的保护传承工作，经研究决定在全国范围内开展第三批中国重要农业文化遗产发掘工作。现将有关事项通知如下。

一、开展中国重要农业文化遗产发掘工作的目标任务

中国重要农业文化遗产发掘工作要以挖掘、保护、传承和利用为核心，以筛选认定中国重要农业文化遗产为重点，不断发掘重要农业文化遗产的历史价值、文化和社会功能，并在有效保护的基础上，探索开拓动态传承的途径、方法，努力实现文化、生态、社会和经济效益的统一，逐步形成中国重要农业文化遗产动态保护机制，为繁荣农业农村文化、推进现代农业发展、促进农民就业增收做出积极的贡献。

二、中国重要农业文化遗产认定的标准

中国重要农业文化遗产是指人类与其所处环境长期协同发展中，创造并传承至今的独特农业生产系统，具有丰富的农业生物多样性、传统知识与技术体系和独特的生态与文化景观等，对我国农业文化传承、农业可持续发展和农业功能拓展具有重要的科学价值和实践意义。

中国重要农业文化遗产应在活态性、适应性、复合性、战略性、多功能性和濒危性方面有显著特征，具有悠久的历史渊源、独特的农业产品，丰富的生物资源，完善的知识技术体系，较高的美学和文化价值，以及较强的示范带动能力。具体条件见附件《中国重要农业文化遗产认定标准》。

三、中国重要农业文化遗产申报程序

（一）各传统农业系统所在地人民政府按照附件中的《中国重要农业文化遗产申报书模板》和《农业文化遗产保护与发展规划编写导则》分别准备申报书、编制保护规划及管理办法，有关材料报送至所在省、自治区、直辖市及计划单列市、新疆生产建设兵团农业管理部门。

（二）各省级农业行政管理部门严格按照认定标准，本着优中选优的原则组织筛选审核。各省、自治区、直辖市及计划单列市、新疆生产建设兵团上报的候选项目原则上不超过 3 个。

（三）请各省级农业行政管理部门于 2014 年 9 月 30 日前统一行文，将所有纸质申报材料和电子版光盘（一式二份）报送至农业部农产品加工局休闲农业处。

四、有关工作要求

（一）加强组织领导。各级农业行政管理部门要高度重视发掘和推荐工作，按照本通知要求制订工作方案，完善工作措施，落实工作责任，切实加大工作力度。

（二）强化政策扶持。各级农业行政管理部门要结合工作实际，研究探索对中

国重要农业文化遗产的扶持政策，拓展工作思路，加强服务手段，创新工作方法，努力形成促进重要农业文化遗产保护与传承的良性机制。

（三）搞好总结宣传。要及时了解发掘和推荐工作的进展情况，不断总结推广好经验、好做法，加强典型

宣传，营造良好氛围。

联系方式：

农业部农产品加工局休闲农业处

电话：010-59192797，59193256

传真：010-59192761

附件：1. 中国重要农业文化遗产认定标准

2. 中国重要农业文化遗产申报书模板

3. 农业文化遗产保护与发展规划编写导则

农业部办公厅

2014 年 5 月 27 日

附件

略。

农业部关于公布第一批中国重要农业文化遗产名单的通知

农企发〔2013〕3 号

按照《农业部关于开展中国重要农业文化遗产发掘工作的通知》（农企发〔2012〕4 号）要求，各地积极开展了中国重要农业文化遗产发掘工作。依据《中国重要农业文化遗产认定标准》，经专家认真评审，现确定河北宣化传统葡萄园等 19 个传统农业系统为第一批中国重要农业文化遗产（详见附件），现予以公布。

开展中国重要农业文化附件

遗产发掘工作，是农业系统贯彻落实中央有关精神，促进优秀传统文化传承体系建设的重要举措。挖掘、保护、传承和利用中国重要农业文化遗产，对于弘扬中华农业文化，增强国民对民族文化的认同感、自豪感，促进农业可持续发展和农民就业增收具有重要意义。

中国重要农业文化遗产所在地省级休闲农业管理部门要加强工作指导，加大宣

传推介，做好动态管理，持续推进中国重要农业文化遗产保护工作。中国重要农业文化遗产所在地人民政府要以此为契机，按照保护规划和管理措施，进一步做好挖掘保护，强化传承利用，不断健全中国重要农业文化遗产动态保护机制。

附件：第一批中国重要农业文化遗产名单

农业部

2013 年 5 月 9 日

第一批中国重要农业文化遗产名单

河北宣化传统葡萄园
内蒙古敖汉旱作农业系统
辽宁鞍山南果梨栽培系统
辽宁宽甸柱参传统栽培体系
江苏兴化垛田传统农业系统
浙江青田稻鱼共生系统
浙江绍兴会稽山古香榧群

福建福州茉莉花种植与茶文化系统
福建尤溪联合梯田
江西万年稻作文化系统
湖南新化紫鹊界梯田
云南红河哈尼稻作梯田系统
云南普洱古茶园与茶文化系统

云南漾濞核桃-作物复合系统
贵州从江侗乡稻鱼鸭系统
陕西佳县古枣园
甘肃皋兰什川古梨园
甘肃迭部扎尕那农林牧复合系统
新疆吐鲁番坎儿井农业系统

农业部关于公布第二批中国重要农业文化遗产名单的通知

农加发〔2014〕1号

为贯彻党的十八大提出的"建设优秀传统文化传承体系，弘扬中华优秀传统文化"决策部署，根据《农业部关于开展中国重要农业文化遗产发掘工作的通知》要求，在省级主管部门初审推荐的基础上，经农业部中国重要农业文化遗产专家委员会的评审，并在中国农业信息网公示，现认定天津滨海崔庄古冬枣园等20个传统农业系统为第二批中国重要农业文化遗产（名单详见附件）。

中国重要农业文化遗产蕴含着天人合一的哲学思想，附件

是各族劳动人民长久以来生产、生活实践的智慧结晶，体现着中华民族的生命力和创造力。开展中国重要农业文化遗产发掘工作，填补我国遗产保护在农业领域空白，是农业系统贯彻落实党的十八大精神，促进优秀传统文化传承体系建设的重要举措，对于弘扬中华农业文化，增强国民对民族文化的认同感，促进农业可持续发展和农民就业增收具有重要意义。

中国重要农业文化遗产所在地省级农业管理部门要加强工作指导，加大宣传推

介，做好动态管理，持续推进中国重要农业文化遗产保护工作。中国重要农业文化遗产所在地人民政府要以此为契机，不断健全中国重要农业文化遗产动态保护机制，按照制定好的规划和管理措施，进一步做好中国重要农业文化遗产的保护与传承，努力实现遗产地文化、生态、经济、社会全面协调可持续发展。

附件：第二批中国重要农业文化遗产名单

农业部
2014年5月29日

第二批中国重要农业文化遗产名单

天津滨海崔庄古冬枣园
河北宽城传统板栗栽培系统
河北涉县旱作梯田系统
内蒙古阿鲁科尔沁草原游牧系统
浙江杭州西湖龙井茶文化系统
浙江湖州桑基鱼塘系统
浙江庆元香菇文化系统

福建安溪铁观音茶文化系统
江西崇义客家梯田系统
山东夏津黄河故道古桑树群
湖北赤壁羊楼洞砖茶文化系统
湖南新晃侗藏红米种植系统
广东潮安凤凰单丛茶文化系统

广西龙胜龙脊梯田系统
四川江油辛夷花传统栽培体系
云南广南八宝稻作生态系统
云南剑川稻麦复种系统
甘肃岷县当归种植系统
宁夏灵武长枣种植系统
新疆哈密市哈密瓜栽培与贡瓜文化系统

农业部办公厅关于成立第一届农业部中国
重要农业文化遗产专家委员会的通知

农办加〔2014〕9 号

为进一步推动中国重要农业文化遗产发掘工作，强化农业文化遗产申报与管理的技术支撑，提高遗产保护工作的科学性、专业性和规范性，经研究，决定成立第一届农业部中国重要农业文化遗产专家委员会，任期五年。李文华院士任主任委员，任继周院士、刘旭院士、朱有勇院士、骆世明研究员、曹幸穗研究员、闵庆文研究员任副主任委员，闵庆文研究员兼任专家委员会秘书长。

农业部中国重要农业文化遗产专家委员会的主要职责是对中国重要农业文化遗产的资源、文化、经济和社会等价值进行系统研究；为中国重要农业文化遗产的挖掘、保护、传承和利用提供专家咨询和技术指导；协助政府部门做好中国重要农业文化遗产标准研制、管理办法制定、项目评审、学术研讨等方面的工作。

各位委员要充分认识此项工作的重要性，以认真的态度、科学的精神、严谨的作风，切实履行好相关职责。希望有关单位积极为本单位专家提供便利条件，支持、配合委员会开展好各项工作。

附件：1. 中国重要农业文化遗产专家委员会名单
2. 中国重要农业文化遗产专家委员会章程

农业部办公厅
2014 年 3 月 19 日

附件 1

中国重要农业文化遗产专家委员会名单

主任委员：
李文华院士　中国科学院（生态学专家）

副主任委员：
任继周院士　中国农业科学院/兰州大学（草原学专家）
刘　旭院士　中国农业科学院（生物多样性专家）
朱有勇院士　云南农业大学（植物保护专家）
骆世明研究员　华南农业大学（农业生态学专家）
曹幸穗研究员　中国农业博物馆（农业史学家）

闵庆文研究员　中国科学院（农业遗产专家）
宛晓春研究员　安徽农业大学（茶学专家）

秘书长：
闵庆文研究员

专家委员：
（一）农业历史文化领域
樊志民教授　西北农业大学（农业史专家）
王思明教授　中国农业科学院/南京农业大学（农业史专家）

徐旺生研究员　中国农业博物馆（农业史专家）
刘红婴教授　中国政法大学（法律专家）
孙庆忠教授　中国农业大学（农业文化与人类学专家）
苑　利研究员　中国艺术研究院（非物质文化遗产专家）
赵志军研究员　中国社科院（农业考古专家）

（二）农业生态环境领域
卢　琦研究员　中国林科院（水土保持与荒漠化专家）
王克林研究员　中国科学院

（区域生态专家）
吴文良教授　中国农业大学（农业生态专家）
薛达元教授　中央民族大学（民族生态学专家）
张林波研究员　中国环境科学研究院（生态环境专家）
孙好勤研究员　中国热带农

业科学院（农业生态专家）

（三）农业经济领域
刘金龙教授　中国人民大学（农村发展专家）
李先德研究员　中国农业科学院（农业经济专家）
田志宏教授　中国农业大学

（农业经济专家）
胡瑞法教授　北京理工大学（发展经济和农业技术经济专家）
廖小军教授　中国农业大学（食品加工专家）
王东阳研究员　中国农业科学院（农业经济专家）

附件 2

中国重要农业文化遗产专家委员会章程

第一条　为加强中国重要农业文化遗产相关工作的科学性、专业性和规范性，农业部成立"中国重要农业文化遗产专家委员会"（以下简称"专家委员会"）。

第二条　专家委员会主要职责如下：

（一）对中国重要农业文化遗产的资源、文化、经济和社会价值等开展研究；

（二）为中国重要农业文化遗产的挖掘、保护、传承和利用提供专家咨询和技术指导；

（三）参与中国重要农业文化遗产项目的评审；

（四）参与中国重要农业文化遗产有关标准及相关政策的制定等工作；

（五）参与中国重要农业文化遗产科研技术交流。

第三条　专家委员会由1名主任委员，4～7名副主

任委员和若干名专家委员组成，并在委员中设秘书长1名。

第四条　专家委员来自农业、资源、生态、经济、社会、历史、文化等相关领域，由农业部农产品加工局（乡镇企业局）根据聘任条件、专家学术水平和专家委员会组成结构等综合因素确定聘任人选。

第五条　专家委员会秘书处设在农业部农产品加工局（乡镇企业局），负责承办专家委员会会议、联系相关领域专家、收集整理专家意见及其他日常事务。

第六条　专家委员聘任条件：

（一）在农业、资源、生态、经济、社会、历史、文化等领域具有系统的专业知识与技术水平；

（二）热心农业文化遗

产工作，愿意承担相关研究、咨询、评审等工作，能正确履行相关职责；

（三）具有高级以上专业技术职称或相应学术水平；

（四）身体健康，具有良好的职业道德，服从专家委员会管理。

第七条　专家委员会全体委员实行聘任制，聘期5年。期满重新履行聘任程序。不再符合专家委员会聘任条件的，将予以解聘。

第八条　专家委员在参与研究、评审、咨询等工作中，应当坚持原则，做到廉洁自律，自觉遵守相关法律法规和规定，对需要保密的工作具有保守秘密的义务。

第九条　本章程由农业部农产品加工局（乡镇企业局）负责解释，自通知印发之日起施行。

农业部　国家旅游局关于继续开展全国休闲农业与乡村旅游示范县、示范点创建活动的通知

农企发〔2013〕1号

各省、自治区、直辖市及计划单列市、新疆生产建设兵团休闲农业、旅游行政主管部门：

《农业部国家旅游局关于开展全国休闲农业与乡村旅游示范县和全国休闲农业示范点创建活动的意见》（农企发〔2010〕2号）（以下简称《创建意见》）印发以来，各地高度重视，采取多种措施积极创建，涌现了一大批示范典型，正在成为带动各地休闲农业与乡村旅游提档升级、集群发展的重要力量。为持续发挥示范创建工作的带动作用，推进休闲农业与乡村旅游事业发展，农业部、国家旅游局决定从2013年到2015年继续开展全国休闲农业与乡村旅游示范县、示范点创建活动。现将有关事项通知如下：

一、示范创建的指导思想、基本原则和目标任务

（一）指导思想

贯彻十八大精神，以科学发展观为指导，以推进现代农业发展和建设社会主义新农村为目标，以促进农民就业增收和满足城乡居民休闲消费为核心，以规范提升休闲农业与乡村旅游发展为重点，坚持"农旅结合、以农促旅、以旅强农"方针，创新机制、规范管理、强化服务、培育品牌，形成"政府引导、农民主体、社会参与、市场运作"的休闲农业与乡村旅游发展新格局，推动我国休闲农业与乡村旅游持续健康发展。

（二）基本原则

开展示范创建活动，是完善体制机制，创新工作思路，加强工作指导，提升发展内涵的有效途径，应坚持以下原则：

一是坚持示范创建与示范带动相结合。示范创建的目的是通过示范引路，总结发展规律，探索发展模式，明确发展思路。因此，既要抓好示范创建，树立典型，培育品牌，又要及时总结提炼经验，形成全面推动产业的发展思路和政策措施，达到以点带面的效果。

二是坚持政府引导与社会参与相结合。既要强化政府在政策扶持、规范管理、公共服务、营造环境等方面的作用，又要充分发挥市场调配资源的基础性作用，调动社会力量和行业协会的积极性，形成吸引各种资源要素流向休闲农业与乡村旅游产业的体制机制。

三是坚持系统开发与突出特色相结合。要紧紧依托农业生产过程、农民文化生活和农村风情风貌，坚持因地制宜、科学规划，避免盲目发展。同时，要注重挖掘乡土文化，强化人文创意，培育特色产业，提升产业影响力、社会认知度和品牌知名度。

四是坚持设施改造与素质提升相结合。推动休闲农业与乡村旅游发展是一项系统性工程。既要在创建过程中加大资金投入，全面改造基础设施条件，又要加强从业人员培训力度，强化策划创意，注重科技支撑，提升服务水平，推进休闲农业与乡村旅游产业提档升级。

（三）目标任务

通过示范创建活动，进一步探索休闲农业与乡村旅游发展规律，理清发展思路，明确发展目标，创新体制机制，完善标准体系，优化发展环境，加快培育一批生态环境优、产业优势大、发展势头好、示范带动能力强的全国休闲农业与乡村旅游示范县和一批发展产业化、经营特色化、管理规范

化、产品品牌化、服务标准化的示范点，引领全国休闲农业与乡村旅游持续健康发展。从 2013 年起，利用 3 年时间，创建 100 个全国休闲农业与乡村旅游示范县和 300 个全国休闲农业与乡村旅游示范点。

二、示范创建的条件

（一）全国休闲农业与乡村旅游示范县创建条件

拟创建的示范县应该有发展休闲农业与乡村旅游的资源禀赋、区位优势、产业特色和人文历史，休闲农业与乡村旅游是发展县域经济的主导产业，而且具有以下基础条件：

1. 规划编制科学。示范县应该编制休闲农业与乡村旅游发展规划，发展思路清晰，功能定位准确，布局结构合理，工作措施有力。

2. 扶持政策完善。当地党委政府认真贯彻党中央、国务院关于加强"三农"和旅游工作的方针政策，能够根据本县休闲农业与乡村旅游发展的实际需求，出台较为完善的扶持政策和工作措施。

3. 工作体系健全。明确休闲农业与乡村旅游的管理职能和主管部门，有健全的管理制度，已建立了休闲农业与乡村旅游行业协会等行业自律组织。重视公共服务，能为经营点提供信息咨询、宣传推介、教育培训等服务。

4. 行业管理规范。围绕农家乐、休闲农庄、休闲农业产业园区、民俗村等类型分别建立了管理制度和行业标准，近三年内无安全生产和食品质量安全事故发生，无擅自占用耕地和基本农田行为，无以破坏农业生产为代价发展休闲农业与乡村旅游现象，没有发生污染和破坏生态环境的事件。

5. 基础条件完备。县域范围内的休闲农业与乡村旅游点要做到通路、通水、通电，通讯网络畅通，要有路标、有停车场，住宿、餐饮、娱乐、卫生等基础设施要达到相应的建设规范和公共安全卫生标准。生产生活垃圾实行无害化处理。

6. 产业优势突出。在全省范围内有一定知名度的休闲农业与乡村旅游点 10 个以上，总数须超过 100 个；休闲农业与乡村旅游点分布在全县 30％以上的乡镇区域，形成了一定规模的休闲农业与乡村旅游产业带或集聚区；主要休闲农业与乡村旅游点要有地域、民俗和文化特色，体验项目和餐饮、服务功能有较强的吸引力。能够依托当地特色种植业、养殖业和农产品加工业开发设计休闲农业与乡村旅游产品。

7. 发展成效显著。休闲农业与乡村旅游主要经济指标在全省处于领先水平。年接待游客 100 万人次以上，从业人员中农民就业比例达到 60％以上，从业人员 30％以上取得相应的职业资格证书或 60％以上接受过专门培训。

（二）全国休闲农业与乡村旅游示范点创建条件

1. 示范带动作用强。休闲农业与乡村旅游项目符合当地规划布局和有关要求，并得到相关部门批准。能够紧紧围绕当地农业生产过程、农民劳动生活、农村风情风貌开发休闲产品，周边农民能够广泛参与和直接受益，对当地经济发展、农民就业增收和新农村建设能起到带动作用。

2. 经营管理规范。遵守国家法律法规，诚实守信，依法经营，依法纳税，热心公益事业，社会形象良好。管理制度完善，岗位责任明确，接待服务规范。近三年内没有发生安全生产事故和食品质量安全事故，无拖欠职工工资和损害职工合法权益现象。

3. 服务功能完善。经营场所布局合理，休闲项目特色鲜明，功能突出，知识性、趣味性、体验性强。客房、餐厅干净整洁，卫生设施达标。通讯、网络等设施顺畅。农耕文化展示和农业科技普及、教育等设施完善。游览、娱乐等设备完好，运行正常，无安全隐患。

4. 基础设施健全。道路通畅，路标、指示牌、路灯、停车场健全。消防、安防、救护等设备完好。无违规建筑和乱占耕地现象。建立了符合环保标准的污水和生活垃圾处理设施，生产和生活垃圾实行无害化处理，近三年内没有发生污染环境等现象。

5. 从业人员素质较高。高度重视提高员工素质，注重加强人才培养。有完善的培训制度，健全的管理机制，坚持开展经常性的业务培训，上岗人员培训率达100%，关键和重点岗位人员持证上岗。

6. 发展成长性好。主导产业特色突出，坚持标准化生产和产业化经营，所产农产品要达到无公害、绿色或有机农产品标准。近三年示范点总资产、销售收入和利税等主要经济指标稳定增长。当年营业收入要达到1 000万元以上，年接待游客10万人次以上，当地农村劳动力占职工总数的60%以上。

三、申报程序

通过自我创建，达到"全国休闲农业与乡村旅游示范县创建条件"的县（市、区）和"全国休闲农业与乡村旅游示范点创建条件"的休闲农业经营点（包括农家乐及农家乐专业村、休闲农庄、休闲农业产业园区、民俗村等），均可自愿申报。

申报工作由各省、自治区、直辖市及计划单列市、新疆生产建设兵团休闲农业行政主管部门会同旅游行政主管部门负责。2013年将认定30个全国休闲农业与乡村旅游示范县和100个全国休闲农业与乡村旅游示范点。每省（自治区、直辖市）上报示范县不超过2个、示范点不超过5个，计划单列市、新疆生产建设兵团上报示范县不超过1个、示范点不超过2个。

（一）示范县申报程序

1. 由县级农业行政主管部门会同旅游行政主管部门对本县休闲农业与乡村旅游发展情况进行综合评估，并向县级人民政府提出申报建议。

2. 县级人民政府负责向省级休闲农业和旅游行政主管部门提出申请，填写《全国休闲农业与乡村旅游示范县申报表》，并附本县休闲农业与乡村旅游发展情况、发展规划等材料。

3. 省级休闲农业行政主管部门会同旅游行政主管部门负责示范县初审，符合条件的择优报农业部和国家旅游局。

（二）示范点申报程序

1. 休闲农业经营点对照创建条件进行自我评估的基础上，自愿向县级休闲农业和旅游行政主管部门提出申请，填写《全国休闲农业与乡村旅游示范点申报表》，并附本单位综合情况和相关证照等材料。

2. 县级休闲农业行政主管部门会同旅游行政主管部门负责对本县申报单位进行考核、评估，符合条件的可向省级休闲农业和旅游行政主管部门择优推荐。

3. 省级休闲农业和旅游行政主管部门初审后择优报农业部和国家旅游局。

（三）申报形式

由各省、自治区、直辖市及计划单列市、新疆生产建设兵团休闲农业行政主管部门会同旅游行政主管部门以联合发文形式将拟申请全国休闲农业与乡村旅游示范县、示范点的名单报送农业部和国家旅游局，并附相关申报材料。

（四）申报时间

2013年8月31日前，各地休闲农业和旅游行政主管部门将2013年度的联合申报文件、示范县和示范点的申报表以及相关资料一式两份分别报送农业部乡镇企业局和国家旅游局规划财务司，同时附资料光盘。

四、认定及管理

农业部、国家旅游局组织有关专家对各地报送的示范县、示范点材料进行综合评审，并对评审结果进行严格审核和择优确定后，在"中国农业信息网"和"中国旅游网"上进行 7 个工作日的公示。公示通过的单位，由农业部、国家旅游局发文确认，并颁发"全国休闲农业与乡村旅游示范县"或"全国休闲农业与乡村旅游示范点"牌匾。

农业部、国家旅游局对示范县和示范点实行动态管理。对违反国家法律法规，侵害消费者权益、危害员工和农民利益、发生重大安全生产、食品质量安全事故的，取消其示范县或示范点资格。

五、有关要求

（一）精心组织安排。各级休闲农业、旅游行政主管部门要把创建认定活动作为引领休闲农业与乡村旅游发展的重要举措，精心组织安排，创新遴选机制，注重遴选过程，按照标准从优筛选，从严控制申报数量。

（二）强化政策扶持。各地要以示范创建工作为契机，进一步增强服务意识，完善服务体系，拓展服务领域，加大扶持力度，不断提升休闲农业与乡村旅游发展水平，引领休闲农业与乡村旅游持续健康发展。

（三）搞好总结宣传。各地要加大宣传力度，通过示范创建活动，树立一批典型，打造一批知名品牌，进一步营造推动休闲农业与乡村旅游发展的良好氛围。认定的示范县、示范点的有关信息，将在有关网站进行宣传推介。

联系方式：

1. 农业部乡镇企业局

电话：010-59192754，59193256

传真：010-59192761

电子邮件：xxny2010@163.com

2. 国家旅游局规划财务司

电话：010-65201526，65201528

传真：010-65201500

附件：1. 全国休闲农业与乡村旅游示范县申报表

2. 全国休闲农业与乡村旅游示范点申报表

农业部　国家旅游局

2013 年 3 月 2 日

农业部办公厅　国家旅游局办公室关于开展 2014 年全国休闲农业与乡村旅游示范县、示范点创建工作的通知

农办加〔2014〕1 号

《农业部国家旅游局关于继续开展全国休闲农业与乡村旅游示范县、示范点创建活动的通知》（农企发〔2013〕1 号）（以下简称《创建通知》）下发以来，各地高度重视，积极创建，促进了休闲农业与乡村旅游业发展。现就做好 2014 年全国休闲农业与乡村旅游示范县、示范点创建工作通知如下。

一、创建数量

按照 3 年创建 100 个示范县和 300 个示范点的目标，农业部和国家旅游局决定，2014 年计划认定约 35 个全国休闲农业与乡村旅游示范县，约 100 个全国休闲农业与乡村旅游示范点。

二、申报程序

符合《创建通知》申报程序。由各省、自治区、直辖市及计划单列市、新疆生产建设兵团休闲农业行政管理部门、旅游行政主管部门，以联合发文形式将确认名单报农业部和国家旅游局，并附相关申报材料。

三、申报数量

每省（自治区、直辖市）上报示范县不超过 2 个、示范点不超过 5 个，计划单列市、新疆生产建设兵团上报示范县不超过 1 个、示范点不超过 2 个。超名额申报的退回重报。

四、报送时间

2014 年 8 月 31 日前，各地休闲农业和旅游行政主管部门将联合申报文件、申报表以及相关资料一式两份分别报农业部农产品加工局和国家旅游局规划财务司，同时附数据光盘。

五、有关要求

（一）严格评定要求和程序。各级休闲农业、旅游行政主管部门要按照《创建通知》中的创建条件进行评定，严格相关工作程序，从严控制申报数量。原则上，示范县（示范点）的评定不搞各省平衡。

（二）加强示范引领。各地在创建工作中，要突出示范县（示范点）的示范引领作用，重点选取在体制机制、政策措施、资金支持、发展模式、经营管理方式等方面具有示范作用、取得明显成效的单位。

（三）做好总结评估。各地要对本辖区内已认定的全国休闲农业与乡村旅游示范县（示范点）加强指导和评估，对已开展的重要工作、取得的成效和存在的主要问题进行总结，并将总结评估情况与申报材料一起报送至农业部和国家旅游局。

（四）加大检查督促。农业部和国家旅游局将对试点示范区建设工作进行监督检查，对于示范作用不明显，实施多年工作推进缓慢，没有实际成效的示范县（示范点）予以公告取消。

所有认定的示范县、示范点相关信息，将在网上公布。

联系方式：

1. 农业部农产品加工局

电话：010-59192754，59193256

传真：010-59192761

电子邮件：xqjxxc@agri.gov.cn

2. 国家旅游局规划财务司

电话：010-65201526，65201528

传真：010-65201500

附件：1. 全国休闲农业与乡村旅游示范县申报表

2. 全国休闲农业与乡村旅游示范点申报表

3. 农业部国家旅游局关于继续开展全国休闲农业与乡村旅游示范县、示范点创建活动的通知

农业部办公厅
国家旅游局办公室
2014 年 1 月 21 日

农业部　国家旅游局关于认定全国休闲农业与乡村旅游示范县和全国休闲农业示范点的通知（2010 年）

农企发〔2011〕2 号

根据《农业部　国家旅游局关于开展全国休闲农业与乡村旅游示范县和全国休闲农业示范点创建活动的意见》（农企发〔2010〕2 号），农业部、国家旅游局开展了全国休闲农业与乡村旅游示范县和全国休闲农业示范点创建活动。通过基层单位申报、地方主管部门审核、专家评审和网上公示，决定认定北京市怀柔区等 32 家单位为全国休闲农业与乡村旅游示范县（以下简称示范县），认定北京御林汤泉农庄等 100 家单位为全国休闲农业示范点（以下简称示范点），现予以公布。

发展休闲农业和乡村旅游，对于转变农业发展方式，拓展农业功能，促进农

民就业增收，推进新农村建设，统筹城乡发展，满足居民日益增长的休闲消费需求具有重要意义。开展示范县和示范点创建活动，是促进全国休闲农业与乡村旅游发展的重要举措，获得认定的示范县、示范点要以此为契机，进一步加强规范化建设，强化示范作用，带动全国休闲农业与乡村旅游又好又快发展。

各地休闲农业与旅游行政管理部门要加强对示范县、示范点的业务指导和服务，加大宣传推介，做好监督检查工作，推动示范县、示范点相关产业不断发展壮大，促进休闲农业与乡村旅游持续快速健康发展。

附件：

1. 全国休闲农业与乡村旅游示范县名单

2. 全国休闲农业示范点名单

2011 年 3 月 14 日

附件 1

全国休闲农业与乡村旅游示范县名单

北京市怀柔区	安徽省黟县	重庆市九龙坡区
天津市蓟县	福建省南靖县	四川省郫县
河北省迁安市	江西省婺源县	四川省蒲江县
山西省清徐县	江西省新余市渝水区	贵州省桐梓县
内蒙古自治区扎兰屯市	山东省荣成市	云南省腾冲县
辽宁省清原满族自治县	河南省郑州市惠济区	甘肃省天水市麦积区
黑龙江省宁安市	河南省栾川县	宁夏回族自治区银川市西夏区
上海市崇明县	湖北省恩施市	
江苏省句容市	湖南省隆回县	新疆维吾尔自治区昌吉市
浙江省安吉县	广东省从化市	大连市金州新区
浙江省嘉善县	广西壮族自治区阳朔县	宁波市奉化市

附件 2

全国休闲农业示范点名单

北京市
北京御林汤泉农庄
北京张裕爱斐堡国际酒庄
北京交道富恒休闲农庄
北京华坤庄园
天津市
天津市东淀都市型现代农业核心区有限公司
天津诺恩渔业生态园

天津市松江乡村俱乐部
河北省
秦皇岛市北戴河集发农业综合开发股份有限公司
渔夫水寨休闲农业观光园
河北省滦平县周台子现代农业休闲园区
山西省
昔阳县大寨村

山西省文水县苍儿会休闲农业园区
山西世泰湖休闲农业旅游开发中心
内蒙古自治区
内蒙古天福祥生态农业旅游区
内蒙古汉森酒业集团有限公司观光农业示范园

内蒙古香岛生态农业产业园

辽宁省

阜新桃李园民族文化村有限公司

葫芦岛葫芦山庄有限责任公司

凤城市大梨树生态农业观光旅游区

吉林省

吉林市神农庄园有限公司

关东文化园

长春净月经济技术开发区玉潭镇

黑龙江省

宁安市渤海上京旅游有限公司

甘南县兴十四村

漠河县北极乡

上海市

上海市奉贤区金色田园

上海马陆葡萄艺术村

上海五库农业休闲观光园

上海市宝山区罗店镇

江苏省

江苏天目湖生态农业有限公司

苏州太湖胥王山休闲农业园

海门市海永乡现代农业产业园区

南京傅家边现代农业园

浙江省

浙江省农业高科技示范园区

中南百草原集团有限公司

湖州吴兴移沿山生态农庄

杭州同家乡村乐园

安徽省

安徽恩龙林业集团有限公司

肥西老母鸡农牧科技有限公司

大浦乡村世界

福建省

龙佳生态温泉山庄

五龙农家乐

棋磐寨

永福高山农业旅游区

江西省

江西省现代生态农业示范园

江西国鸿旅游管理有限公司

上饶市田园牧歌农产品专业合作社

山东省

昌邑市绿博园

沂南县竹泉村旅游度假区

烟台市农博园

阳信县金阳街道办事处

河南省

中国银杏嘉年华

河南省龙泉集团农业开发有限公司

宁陵县刘花桥村

湖北省

湖北省现代农业展示中心

湖北省钟祥市石牌镇彭墩村

武汉佳海-农耕年华农业风情园

湖南省

长沙千龙湖生态旅游度假村

沅江德群庄园

湖南锦龙生态农庄

长沙浩博农庄

广东省

广东陈村花卉世界休闲农业园

梅县雁南飞茶田景区

饶平绿岛旅游山庄有限公司

清远根本农业科技扶贫有限

公司

广西壮族自治区

北海田野生态农业旅游区

上思县十万大山金花茶观赏园

柳州农工商有限责任公司观光农业旅游区

广西乐业县草王山茶业有限公司

重庆市

重庆市永川区黄瓜山统筹城乡发展示范区

农龙蔬菜科普休闲观光园

万州古红橘主题公园

大木花谷

四川省

都江堰市虹口乡高原村

华蓥山黄花梨度假村

四川省常乐酒业有限公司

绵阳市游仙区老龙山生态农业旅游区

贵州省

凤冈县中国西部茶海之心景区

湄潭县桃花江田园休闲度假区

云南省

云南省昆明市福保村

宣威市万松居民族园

丽江玉水寨风景区

甘肃省

庆阳市西峰区黄土地生态农业专业合作社

敦煌市阳关镇龙勒村

青海省

大通县桥头镇向阳堡特色果品种植观光休闲基地

乐都县洪水坪生态农业旅游观光园

西宁乡趣农耕文化生态园 　闲观光园 　厦门市

宁夏回族自治区 　**大连市** 　小嶝休闲渔村

宁夏万义生态园 　长海县大长山岛镇杨家村 　厦门五峰土楼生态庄园开发

宁夏银川鸣翠湖国家湿地公 　**青岛市** 　　有限公司

　园 　大泽山葡萄观光园 　**新疆生产建设兵团**

新疆维吾尔自治区 　青岛市枯桃花卉实业有限公 　石河子西部新丝路旅游开发

新疆华联建设投资集团有限 　　司 　　有限公司桃源农业生态旅

　公司板房沟现代农业科技 　**宁波市** 　　游区

　示范园 　宁波大桥生态农庄 　新疆新天冰湖农业科技示范

吐鲁番皇家瓜园生态农业休 　宁波天宫庄园休闲旅游区 　　园区

农业部　国家旅游局关于认定全国休闲农业与乡村旅游示范县和示范点的通知（2011 年）

农企发〔2011〕9 号

各省、自治区、直辖市及计划单列市农业（农牧、农村经济）厅（委、办、局）、乡镇企业局、旅游局，新疆生产建设兵团农业局、旅游局：

　　根据《农业部　国家旅游局关于开展全国休闲农业与乡村旅游示范县和全国休闲农业示范点创建活动的意见》（农企发〔2010〕2 号），2011 年，农业部、国家旅游局继续开展了全国休闲农业与乡村旅游示范县、示范点创建活动。通过基层单位申报、地方主管部门审核、专

家评审和网上公示，决定认定河北省涉县等 38 家单位为全国休闲农业与乡村旅游示范县（以下简称示范县），认定北京鹅和鸭农庄等 100 家单位为全国休闲农业与乡村旅游示范点（以下简称示范点），现予以公布。

　　发展休闲农业和乡村旅游，对于转变农业发展方式，拓展农业功能，促进农民就业增收，推进新农村建设，统筹城乡发展，满足居民日益增长的休闲消费需求具有重要意义。开展示范县和示范点创建活动，是促进

全国休闲农业与乡村旅游发展的重要举措，获得认定的示范县、示范点要以此为契机，进一步加强规范化建设，强化示范作用，带动全国休闲农业与乡村旅游又好又快发展。

　　各地休闲农业与旅游行政管理部门要加强对示范县、示范点的业务指导和服务，加大宣传推介，做好监督检查工作，推动示范县、示范点相关产业不断发展壮大，促进休闲农业与乡村旅游持续快速健康发展。

2011 年 12 月 23 日

附件 1

全国休闲农业与乡村旅游示范县名单

河北省涉县 　山西省长治市郊区 　辽宁省宽甸满族自治县

河北省围场县 　内蒙古自治区额尔古纳市 　吉林省集安市

吉林省珲春市	江西省井冈山市	四川省成都市温江区
黑龙江省铁力市	山东省沂源县	四川省汶川县
黑龙江省宾县	山东省烟台市牟平区	云南省罗平县
江苏省南京市江宁区	河南省鄢陵县	陕西省西安市长安区
江苏省如皋市	河南省新县	陕西省凤县
浙江省桐庐县	湖北省洪湖市	甘肃省敦煌市
浙江省遂昌县	湖南省张家界市永定区	青海省贵德县
安徽省绩溪县	湖南省岳阳市君山区	宁夏回族自治区贺兰县
安徽省宁国市	广西壮族自治区恭城县	新疆维吾尔自治区乌鲁木齐县
福建省闽侯县	海南省保亭县	
福建省漳平市	重庆市大足县	青岛市平度市

附件 2

全国休闲农业与乡村旅游示范点名单

北京市
北京鹅和鸭农庄
北京金福艺农番茄联合国
北京市延庆县井庄镇柳沟村
北京市密云蔡家洼农业观光园区

天津市
蓟县穿芳峪镇毛家峪村
北辰区双街镇万源龙顺度假庄园
西青区杨柳青镇杨柳青庄园
蓟县下营镇常州村

河北省
邢台临城蓝天生态观光园有限责任公司
永年县文兰种养有限公司（汇龙湾生态观光园）

山西省
临汾市尧都区卧虎山特色农业文化旅游区
晋城市城区仕帝生态农业观光园

内蒙古自治区
鄂尔多斯市东胜区九城宫旅游景区
扎兰屯市鄂伦春民族乡鹿鸣山庄

辽宁省
盘锦鼎翔农工建（集团）有限公司（辽河湿地鼎翔休闲农业与生态旅游园区）
辽阳新特现代农业园区
沈阳农乐现代农业开发有限责任公司（乐农庄园）

吉林省
吉林圣德泉亲水度假花园有限公司
吉林省扶余县官地泡生态园

黑龙江省
香坊实验农场北大荒现代农业园
兰西黄崖子东北民俗旅游文化村

上海市
上海前卫生态村休闲农业旅游集聚区
上海淀山湖金龟岛渔村
上海联怡枇杷生态园
上海崇明明珠湖景区

江苏省
南通市海安县中洋河豚庄园
张家港市永联村
南京市高淳县银林生态园
泰州市江苏现代农业综合开发示范区

浙江省
嘉兴碧云花园有限公司（嘉兴碧云花园）
台州市三特渔村休闲观光农业园区
温州市瓯海区白云山农业观光园区

安徽省
合肥市包河区大圩镇
蚌埠市禾泉农庄
凤阳县藤茶山庄

福建省
南安香草世界度假村
南靖县云水谣景区

宁德上金贝畲家寨

江西省

江西得雨生态园

江西新光山水开发有限公司

山东省

山东冠县梨园生态旅游有限公司（冠州梨园风景区）

山东莱芜吕祖泉旅游区

德州馨秋种苗科技有限公司（馨秋园区）

河南省

固始华阳湖生态旅游风景区

郑州丰乐农庄有限公司

河南中昊生态农业园

湖北省

武当道茶文化旅游山庄

湖北省枝江市安福寺镇安福桃缘景区

京山丁家冲休闲农业观光园

湖南省

长沙市滴翠山庄

郴州市桂阳县奇秀休闲农庄

岳阳市君山区虹宇生态园

常德市安乡县土生源避暑山庄

广东省

广东长鹿环保度假农庄

珠海市一棵树休闲农庄

广西壮族自治区

广西北流绿满地提子观光园

三江侗族自治县丹洲村休闲农业旅游区

南宁乡村大世界

梧州市藤县石表山休闲旅游景区

海南省

三亚小鱼温泉

兴隆热带植物园

甘什岭槟榔谷原生态黎苗文化旅游区

文昌文亭休闲生态农业有限公司（龙泉乡园）

重庆市

江津区四面山镇四面村

长寿区"福村"香耕村文化体验园

綦江县永新镇梨花山

四川省

成都双流县元聪万亩生态休闲农业田园区

自贡市自流井区飞龙峡景区

泸州市纳溪区天仙硐景区

绵阳市北川维斯特农业科技集团有限公司

贵州省

贵阳市开阳县十里画廊乡村旅游区

遵义市务川自治县龙潭仡佬丹砂古寨旅游景区

遵义市湄潭县四品君旅游有限公司（茶海生态园）

云南省

丽江拉市海美乐旅游度假有限公司（拉市海湿地公园）

西双版纳傣族园有限公司

宣威市虹桥生态旅游开发有限公司

陕西省

汉中市城固县桔园镇刘家营村

榆林市神木县陕北民俗文化大观园

铜川丰润农业综合开发有限公司阳光绿都休闲山庄

渭南市临渭区渭北葡萄产业园

甘肃省

临夏州关滩沟生态旅游经济开发有限公司

酒泉市肃州区生态农业观光园

青海省

湟源县西石峡乡村生态旅游园

湟中县万聚源生态园

宁夏回族自治区

银川市金凤区盈南生态园

贺兰县宁夏园艺产业园

宁夏盐池县哈巴湖旅游开发有限公司

新疆维吾尔自治区

阜康市瑶池休闲农业园

库尔勒市普惠休闲农业园

岳普湖县达瓦昆沙漠休闲风景区

昌吉市杜氏休闲农业庄园

大连市

普湾新区东沟农业旅游风景区

庄河市冰峪酒庄生态园

青岛市

崂山区王哥庄街道晓望社区

青岛藏马山乡村旅游休闲度假地

宁波市

奉化市腾头村

宁海县欢乐佳田农场

厦门市

同安区丽田园农家乐专业合作社

海沧区厦门青龙寨果园观光有限公司

新疆生产建设兵团

农五师怪石峪风景区

农业部　国家旅游局关于认定全国休闲农业与乡村旅游示范县和示范点的通知（2012 年）

农企发〔2012〕9 号

根据《农业部　国家旅游局关于开展全国休闲农业与乡村旅游示范县和全国休闲农业示范点创建活动的意见》（农企发〔2010〕2 号）要求，2012 年，农业部和国家旅游局继续开展了全国休闲农业与乡村旅游示范县、示范点创建活动。通过基层单位申报、地方主管部门审核、专家评审和网上公示，决定认定北京市密云县等 41 县（市、区）为全国休闲农业与乡村旅游示范县（以下简称示范县），北京市朝阳区蟹岛绿色生态农庄等 100 家单位为全国休闲农业与乡村旅游示范点（以下简称示范点），现予以公布。

发展休闲农业和乡村旅游，对于转变农业发展方式，拓展农业功能，促进农民就业增收，推进新农村建设，统筹城乡发展，满足城乡居民日益增长的休闲消费需求具有重要意义。开展示范县和示范点创建活动，是促进全国休闲农业与乡村旅游发展的重要举措。各地休闲农业与旅游行政管理部门要加强对示范县、示范点的业务指导和管理，加大宣传推介，做好监督检查工作，推动示范县、示范点发展壮大。获得认定的示范县、示范点要以此为契机，进一步加强规范化建设，强化示范带动，带动全国休闲农业与乡村旅游又好又快发展。

附件：

1. 全国休闲农业与乡村旅游示范县名单

2. 全国休闲农业与乡村旅游示范点名单

农业部　国家旅游局

2012 年 12 月 11 日

附件 1

全国休闲农业与乡村旅游示范县名单

北京市密云县
天津市西青区
河北省迁西县
山西省运城市盐湖区
内蒙古自治区赤峰市喀喇沁旗
辽宁省桓仁满族自治县
吉林省临江市、敦化市
黑龙江省友谊县
上海市金山区
江苏省高淳县、徐州市铜山区
浙江省仙居县、长兴县

安徽省石台县、岳西县
福建省上杭县
江西省安义县
山东省东平县、沂水县
河南省嵩县
湖北省武汉市黄陂区、罗田县
湖南省长沙市望城区、通道县、桃江县
广东省和平县
广西壮族自治区灌阳县、巴马瑶族自治县
重庆市南川区

四川省长宁县、绵竹市
贵州省丹寨县
云南省大理市
西藏自治区拉萨市城关区
陕西省宝鸡市休闲农业示范区
甘肃省金塔县
青海省大通县
宁夏回族自治区银川市永宁县
新疆维吾尔自治区伊宁县
宁波市余姚市

附件 2

全国休闲农业与乡村旅游示范点名单

北京市
朝阳区蟹岛绿色生态农庄
房山区霞云岭乡四马台村
怀柔区杨宋鹿世界主题园

天津市
滨海新区大港管委会太平镇
　　崔庄村
武清区下朱庄街君利现代农
　　业示范园
滨海新区汉沽管委会陆强农
　　家院庄园

河北省
张北生态人农业科技园区
迁安市白羊峪休闲农业与乡
　　村旅游区
唐县秀水峪旅游开发有限公
　　司农业观光园
保定昌利农业旅游示范园

山西省
晋城市阳城县皇城生态农业
　　区
太原市小店区华辰农耕园
吕梁市柳林县昌盛农场

内蒙古自治区
赤峰市弘坤蒙野酒业有限责
　　任公司休闲庄园
乌海金沙湾生态旅游有限责
　　任公司观光园
包头市青鸟养生庄园

辽宁省
丹东市宽甸县长甸镇河口村
沈阳市沈北新区紫烟薰衣草
　　庄园
绥中县洪家村滨海渔家乐旅
　　游度假区

吉林省
吉林市圣鑫庄园休闲旅游农
　　业度假观光园区
和龙市金达莱朝鲜族民俗村
大安市嫩江旅游度假村

黑龙江省
北大荒闫家岗国际温泉旅游
　　度假区
佳木斯市敖其赫哲新村
大庆市杜尔伯特县银沙湾景
　　区

上海市
上海沥江农家园
上海东方假日田园
上海奉贤新农园

江苏省
宜兴市兴望农业休闲文化园
盐城市丰收大地生态园
常州金坛市久红农业生态观
　　光园
句容市九龙山庄

浙江省
杭州明朗休闲农庄
龙泉金观音白天鹅观光农业
　　园区
湖州荻港渔庄休闲观光农业
　　示范园
浙江在水一方农业开发有限
　　公司观光园

安徽省
阜阳生态乐园
桐城市嬉子湖生态旅游有限
　　公司观光园
利辛县印象江南生态农业风
　　景区

福建省
沙县马岩生态休闲山庄
城厢区九龙谷生态风情园
福州春伦茶业生态观光园

江西省
赣州市五龙客家风情园
新余市鑫海休闲农庄
萍乡市毛家湾文化村

山东省
山东济宁南阳湖农场
宁阳县葛石镇
莒南县涝坡镇休闲农业集中
　　区

河南省
永城市芒砀山休闲旅游景区
信阳黄淮大丰收生态农业旅
　　游观光园
驻马店友利实业有限公司休
　　闲农业观光园
济源市思礼镇休闲农业旅游
　　观光园

湖北省
神农架木鱼镇青天袍民俗山
　　庄
通山县九宫山生态农业观光
　　园

湖南省
湘乡市茅浒水乡度假村
邵阳市隆回县九龙生态休闲
　　农庄
株洲市云龙区云田村

广东省
汕头市澄海区莲花乡乡村旅
　　游区
广东省热龙温泉度假村

广东永乐绿色生态农庄

广西壮族自治区

广西现代农业技术展示中心

广西桂林茶叶科学研究所茶叶科技园

宜州市刘三姐乡流河社区马山塘屯

海南省

三亚南天生态大观园

三亚兰花世界

保亭呀诺达

重庆市

巴南区云篆山生态观光农业园

潼南县旺龙湖高效农业大观苑

万盛经开区重庆黑山八角小城

江津区石门生态农业观光园

四川省

阿坝州汶川大禹生态农业循环经济示范园

泸州市华阳现代农业休闲观光园

自贡市贡井区建设镇固胜村

达州市开江县眷虹居农业开发有限公司观光园

贵州省

黔西南州兴义市万峰林泉汇休闲农业观光园

遵义市凤冈县益池园大鲵乡村旅游示范点

六盘水市水城县百车河现代高效农业生态园

白云蓬莱仙界贵州现代农业展示区

云南省

云南太阳魂酒业有限公司休闲庄园

昆明锦庄农业科技有限公司

宾川高原有机农业开发有限公司观光园

腾冲县高黎贡山生态茶业有限责任公司观光园

西藏自治区

林芝地区工布江达县错高乡结布村

拉萨市堆龙德庆县东嘎镇桑木村

陕西省

杨凌秦岭山现代农业股份有限公司示范园

西安曲江农业博览园

陕西阳光雨露现代农业旅游观光示范园

三原县金源山庄

甘肃省

临洮县八里镇王家大庄农家乐

庆阳市庆城县农耕文化产业园

青海省

湟中县安福设施农业休闲观光园

桃盛源休闲度假园

宁夏回族自治区

银川市西夏区红柳湾山庄

吴忠市利通区扁担沟林枫生态园

新疆维吾尔自治区

阿瓦提县刀郎部落

博湖县西海渔村休闲农业园

克拉玛依市荒漠绿洲生态园

大连市

庄河市台湾风情天一休闲庄园

青岛市

岈峪樱桃专业合作社

厦门市

集美区仙灵旗休闲农庄

农业部　国家旅游局关于认定全国休闲农业与乡村旅游示范县和示范点的通知（2013年）

农企发〔2013〕6号

　　根据《农业部　国家旅游局关于继续开展全国休闲农业与乡村旅游示范县和示范点创建活动的通知》（农企发〔2013〕1号）要求，2013年，农业部和国家旅游局继续开展了全国休闲农业与乡村旅游示范县、示范点创建活动。通过基层单位申报、地方主管部门审核、专家评审和网上公示，决定认定北京市延庆县等38个县（市、区）为全国休闲农业与乡村旅游示范县（以下简称示范县），北京市怀柔区白河湾沟域经济产业带等83家单位为全国休闲农业与乡村旅游示范点（以下简称示范点），现予以公布。

发展休闲农业和乡村旅游，对于转变农业发展方式，拓展农业功能，促进农民就业增收，推进新农村建设，统筹城乡发展，满足居民日益增长的休闲消费需求具有重要意义。开展示范县和示范点创建活动，是促进全国休闲农业与乡村旅游发展的重要举措。获得认定的示范县、示范点要以此为契机，进一步加强规范化建设，强化示范作用，带动全国休闲农业与乡村旅游又好又快发展。

各地休闲农业与旅游行政管理部门要加强对示范县、示范点的业务指导和服务，加大宣传推介，做好监督检查，推动示范县、示范点相关产业不断发展壮大，促进休闲农业与乡村旅游持续快速健康发展。

附件：

1. 全国休闲农业与乡村旅游示范县名单
2. 全国休闲农业与乡村旅游示范点名单

农业部　国家旅游局

2013 年 12 月 9 日

附件 1

全国休闲农业与乡村旅游示范县名单

北京市延庆县	安徽省颍上县	四川省苍溪县、平昌县
河北省滦平县	福建省长泰县、顺昌县	贵州省雷山县、兴义市
山西省榆次区	江西省靖安县、石城县	云南省玉龙县、弥勒市
内蒙古自治区乌审旗	山东省沂南县、岱岳区	陕西省平利县
辽宁省辽中县	河南省确山县	甘肃省永靖县
吉林省抚松县、丰满区	湖北省谷城县	青海省湟中县
黑龙江省虎林县	湖南省桂阳县	宁夏回族自治区吴忠市利通区
上海市奉贤区	广东省新兴县	
江苏省盱眙县、兴化市	广西壮族自治区灵川县	新疆维吾尔自治区博湖县
浙江省绍兴市上虞区、江山市	重庆市黔江区	新疆生产建设兵团五家渠市

附件 2

全国休闲农业与乡村旅游示范点名单

北京市	武清区梅厂镇现代农业示范园	科技园
怀柔区白河湾沟域经济产业带	静海县绿源生态园	承德尚亚葡萄产业示范园
门头沟区妙峰山镇涧沟村	**河北省**	**山西省**
天津市	廊坊市绿野仙庄	曲沃县磨盘岭农业观光园
蓟县下营镇郭家沟村	张家口市张北佳圣现代农业	晋城市现代都市农业示范园
		内蒙古自治区

包头市圣鹿源旅游示范点

鄂尔多斯市水镜湖休闲度假区

辽宁省

清原县百合谷庄园

丹东东港市北井子镇獐岛村

吉林省

通化东来人参产业及乡村旅游观光园

东辽县万平生态农业观光园

黑龙江省

哈尔滨市南岗区红旗农场都市农业园

哈尔滨市阿城区金龙山度假山庄

上海市

上海市闵行区陶家湾休闲农庄

上海市金山区金山嘴渔村

江苏省

宜兴市篱笆园农家乐

南京市浦口区雨发生态园

大丰市大中镇恒北村

浙江省

建德市红群高科技草莓园

湖州市德清县浩雄生态园

金华市金东区锦林佛手生态农业观光园

安徽省

霍邱县田园度假村

宁国市千秋畲族休闲园区

南陵县丫山花海观光园

福建省

福清市天生农庄

三明市三元区月亮湾山庄

江西省

莲花县琴亭镇莲花村

进贤县前坊镇西湖李家村

吉安县横江镇公塘古村葡萄

观光园

山东省

滨州市芳绿食用菌高效生态休闲农业点

乐陵市千年枣林公园

枣庄市山亭区汉诺庄园-翼云石头部落

河南省

巩义市汇鑫芳香世界

固始县九华山茶叶生态农业观光园

濮阳县绿园果品种植农场

湖北省

保康县马桥镇尧治河村

咸丰县黄金洞乡麻柳溪羌寨

武汉市蔡甸区金龙水寨十里荷花长廊景区

湖南省

郴州市小埠生态农业产业园

宁乡县金太阳现代休闲农庄

岳阳市君山区乡村之恋休闲农庄

广东省

东莞市东坑农业园

博罗县罗浮山风景区澜石村

广西壮族自治区

武宣县东乡镇河马村下莲屯

南丹县湖瑶族乡王尚屯

东兴市东兴镇竹山村

重庆市

北碚花漾栖谷休闲农业体验园

秀山县花灯寨

渝北玉峰山百果红风情生态沟

四川省

资阳市雁江区明苑湖休闲农庄

武胜县白坪飞龙休闲农业与乡村旅游产业园

泸县龙桥文化生态园

贵州省

金沙县台金休闲观光农业科技园

铜仁市云林仙境桃花谷休闲农业观光园

安顺市西秀区西秀双堡休闲农业观光园

云南省

峨山县高香万亩生态茶园

腾冲县固东镇江东村

宾川县爽馨石榴农业生态旅游休闲园

西藏自治区

林芝县鲁朗镇扎西岗村

工布江达县工布江达镇阿沛村

陕西省

华阴县农垦英考现代农业观光园

省眉县西部兰花生态园

富平县陶艺村

甘肃省

白银市白银区四龙镇民乐村

秦安县南苑高新农业科技示范区

西峰区小崆峒庆阳农耕民俗文化村

青海省

湟源县树莓种植休闲农业观光示范点

民和县休闲观光旅游农业示范园

宁夏回族自治区

贺兰县宁夏西昱普罗旺斯薰衣草庄园

石嘴山市惠农区金岸红柳湾

生态园

新疆维吾尔自治区

乌鲁木齐市天山丽都休闲农
业观光园

霍城县解忧公主薰衣草休闲
观光园

大连市

金州新区向应生态休闲农业
旅游区

青岛市

青岛宫家巨峰葡萄生态观光
园

厦门市

厦门集志农庄

宁波市

宁波市北仑现代农业园区

深圳市

深圳市南山区西丽果场

新疆生产建设兵团

十二师头屯河农场花田林海
休闲农业观光区

农业部　国家旅游局关于公布全国休闲农业与乡村旅游示范县和示范点的通知（2014 年）

农加发〔2014〕5 号

为深入贯彻党的十八大和十八届三中、四中全会精神、中央 1 号文件和习近平总书记系列重要讲话精神，2014 年，农业部和国家旅游局继续开展全国休闲农业与乡村旅游示范县、示范点创建活动。经基层单位申报、地方主管部门审核、专家评审和网上公示，决定认定北京市平谷区等 37 个县（市、区）为全国休闲农业与乡村旅游示范县（以下简称示范县）、北京市通州区第五季富饶生态农业园等 100 个点为全国休闲农业与乡村旅游示范点（以下简称示范点），现予以公布。

休闲农业与乡村旅游作为一种新型产业形态和新型消费业态，在稳增长、调结构、惠民生方面具有重要的地位和作用，是促进农业提质增效、带动农民就业增收、拉动国内旅游消费的新产业，是农业农村经济新的增长点。希望获得认定的示范县、示范点要以此为契机，进一步加强规范化建设，强化示范带动，推动全国休闲农业与乡村旅游又好又快发展。各地休闲农业与旅游行政管理部门要加强对示范县、示范点的业务指导和服务，加大宣传推介，推动示范县、示范点相关产业不断发展壮大，促进休闲农业与乡村旅游持续快速健康发展，为农业强起来、农村美起来、农民富起来做出更大贡献。

附件：1. 全国休闲农业与乡村旅游示范县名单

2. 全国休闲农业与乡村旅游示范点名单

农业部　国家旅游局

2014 年 12 月 24 日

附件 1

全国休闲农业与乡村旅游示范县名单

北京市平谷区

河北省元氏县、承德市双滦
区

山西省阳城县

内蒙古自治区赤峰市克什克
腾旗

辽宁省本溪满族自治县

吉林省长春市双阳区

黑龙江省木兰县

江苏省泰州市姜堰区、宜兴
市

浙江省兰溪市、新昌县

安徽省霍山县

福建省泰宁县、连城县

江西省武宁县

山东省泗水县、临朐县

河南省登封市

湖北省远安县

湖南省新化县、麻阳苗族自
　治县
广东省博罗县
广西壮族自治区龙胜各族自
　治县
海南省琼海市
重庆市武隆县

四川省武胜县
贵州省凤冈县
云南省澄江县
陕西省柞水县
甘肃省两当县
青海省门源回族自治县
宁夏回族自治区银川市金凤

区
新疆维吾尔自治区玛纳斯县
大连市庄河市
宁波市宁海县
新疆生产建设兵团第十师
　185 团

附件 2

全国休闲农业与乡村旅游示范点名单

北京市
通州区第五季富饶生态农业
　园
延庆县四季花海农园
丰台区王佐镇南宫村
天津市
滨海新区海滨街沙井子三村
蓟县穿芳峪镇小穿芳峪村
河北省
迁西县喜峰口板栗专业合作
　社观光园
宣化县假日绿岛生态农业文
　化旅游观光园
临城县尚水渔庄
武安市白沙村休闲农业园区
山西省
忻州市凤凰山生态植物园
阳泉市华北奕丰生态园
长治市襄垣富阳绿盈休闲农
　业观光示范园
内蒙古自治区
宁城县黑里河松枫山庄
科右前旗玫瑰庄园
鄂尔多斯市达拉特旗万通旅
　游度假村
辽宁省
鞍山市高新区山水庄园

建平县万寿街道小平房村
辽阳市三禾农业观光园区
吉林省
抚松县康红农特产种植场
和龙市东城镇光东朝鲜族民
　俗村
黑龙江省
尚志市一面坡镇长营村
兰西县锡伯部落
宾县滨州镇友联村
上海市
崇明县泰生示范农场
崇明县陈家镇瀛东村
松江区雪浪湖生态园
江苏省
如皋市长江药用植物园
无锡市绿缘农业观光园
张家港市金港镇长江村
无锡市锡山区东港镇山联村
浙江省
杭州市余杭区琵琶湾生态农
　庄
台州市三门农博园
绍兴市上虞区盖北野藤葡萄
　休闲观光园
嘉兴市南湖区梅花洲农业休
　闲园

安徽省
东至县江南农业科技园
合肥市庐阳区三十岗乡
和县林海旅游农业观光园
福建省
邵武市云灵山庄
晋江市金井镇围头村
仙游县聚仙堂生态旅游山庄
永安市天斗生态文明示范区
江西省
婺源县江岭风景区
石城县通天寨荷花园区
浮梁县瑶里梅岭山庄
新建县溪霞怪石岭旅游景区
山东省
夏津县黄河故道森林公园
泰安市岱岳区道郎镇里峪村
日照市淞晨茶文化产业园
兰陵县国家农业公园
河南省
驻马店市老乐山休闲农业产
　业园
嵩县车村镇天桥沟村
济源市养生嘉源休闲观光园
湖北省
襄阳市襄城区中华紫薇园
大冶市龙凤山生态园休闲度

假村

竹溪县龙王垭生态文化观光园

湖南省

衡阳市珠晖区怡心生态园

长沙市开福区新富豪云尚庄园

城步苗族自治县神龙山庄

湘潭市昭山示范区山那边度假村

广东省

东莞市清溪生态农业产业园

连州市湟川三峡-龙潭度假区

潮州市紫莲度假村

广西壮族自治区

南丹县芒场镇巴平村下街屯

防城港市港口区企沙镇簕山古渔村

阳朔县百里新村休闲农业示范区

海南省

三亚市亚龙湾国际玫瑰谷

万宁市兴隆热带花园

琼海县博鳌美雅乡村公园

重庆市

涪陵区南沱休闲观光生态农业园

铜梁区巴岳山玄天湖休闲农业与乡村旅游示范园区

开县奇圣现代观光农业生态产业园

合川区铜梁洞森林公园友缘山庄

四川省

广元市利州区曙光休闲观光农业园

丹棱县梅湾湖度假村

泸州市江阳区醉美江湾农业园

什邡市箭台村

贵州省

福泉市黄丝休闲农业与乡村旅游示范点

盘县哒啦仙谷休闲农业示范园

赤水市金钗石斛生态示范园

云南省

香格里拉县藏龙休闲观光园

宁洱县磨黑镇

澄江县禄充村

西藏自治区

拉萨市城关区蔡公堂白定村

陕西省

汉中市西乡钧鑫农场

合阳县洽川温泉度假村

铜川市新区照金现代生态休

闲农业示范园区

西安市沣东新城现代都市农业示范园

甘肃省

皋兰县古梨园

平凉市崆峒区崆峒镇

景泰县条山农庄

青海省

共和县生态休闲农庄

互助县高寨青海四和撒拉文化园

宁夏回族自治区

隆德县神林山庄

永宁县鹤泉湖生态度假区

新疆维吾尔自治区

尉犁县罗布人村寨

察布查尔锡伯自治县锡伯民俗风情园

奇台县壹方阳光休闲观光农业园区

大连市

庄河市银月湾民俗生态观光园

厦门市

同安区莲花罗汉山休闲农业园区

新疆生产建设兵团

第十二师五一农场现代农业示范园

农业部办公厅关于开展中国最美休闲乡村推介活动的通知

农办加〔2014〕6号

为深入贯彻落实党的十八大和中央一号文件精神，总结各地建设美丽乡村的经验模式，在全国培育一批最美休闲乡村品牌，农业部决定组织开展中国最美休闲乡村推介活动。现就有关事项通知如下。

一、充分认识开展最美休闲乡村推介活动的重要意义

习近平总书记指出，中国要强，农业必须强；中国要美，农村必须美；中国要富，农民必须富。近年来，各地按照党的十八大提出的"大力推进生态文明、努力建设美丽中国"重大决策部署，采取多种措施加快美丽乡村建设，涌现出许多以农耕文明为根基、以传统民居为景观、以民俗文化为依托、以美丽田园为特色、以休闲农业为主导，产业优势突出、功能特色明显、示范带动性强、品牌知名度高的休闲乡村。这些乡村是农民幸福生活的美好家园，是美丽乡村的典型代表，是推进生态文明和美丽中国建设的重要内容。及时总结推广这些乡村的发展经验，在全国树立一批最美休闲乡村品牌，对于推动现代农业建设、带动农民就业收入、促进农村经济发展、推进"四化同步"和城乡经济社会一体化发展具有十分重要的意义。各地要充分认识开展中国最美休闲乡村推介活动的重要意义，加强组织领导，加大规划指导，强化公共服务，通过树立中国最美休闲乡村品牌，引领农耕文明传承、民俗文化展示、传统民居保护、美丽田园建设和休闲农业发展，推动人与自然和谐发展。

二、指导思想、基本原则和目标任务

（一）指导思想

深入贯彻党的十八大精神，以科学发展观为指导，以推进生态文明、建设美丽乡村为目标，以实现人与自然和谐发展为核心，以传承

农耕文明、展示民俗文化、保护传统民居、建设美丽田园、发展休闲农业为重点，按照"政府指导、目标引导、农民主体、多方参与"的思路，加强组织领导，完善政策措施，加大公共服务，强化宣传推介，推介一批天蓝、地绿、水净，安居、乐业、增收的最美休闲乡村，推动我国休闲农业持续健康发展，促进我国农业强起来、农村美起来、农民富起来。

（二）基本原则

一是坚持品牌培育与示范带动相结合。抓好示范带动树立典型、培育品牌，及时总结提炼经验，形成全面推动最美休闲乡村建设的发展思路和政策措施，达到以点带面的良好效果。

二是坚持政府引导与社会参与相结合。强化政府在政策扶持、规范管理、公共服务、营造环境等方面的作用，充分发挥市场配置资源的决定性作用，调动社会资源建设美丽乡村的积极性。

三是坚持保护传承与系统推进相结合。依托农业生产过程、农民文化生活和农村风情风貌等资源，因地制宜、科学规划，坚持在发掘中保护、在利用中传承，注重挖掘乡土文化，强化人文创意，培育特色产业，提升最美休闲乡村的社会影响力

和品牌知名度。

（三）目标任务

通过推介活动，进一步总结最美休闲乡村建设规律，理清发展思路，明确发展目标，创新体制机制，优化发展环境，加快培育一批生态环境优、产业优势大、发展势头好、示范带动性强的最美休闲乡村。

三、推介条件

中国最美休闲乡村推介活动以行政村为主体单位，包括历史古镇、特色民居、传统村落、民俗村落等类型。参加推介的村应以农业为基础、农民为主体、乡村为单元，依托悠久的村落建筑、独特的民居风貌、厚重的农耕文明、浓郁的乡村文化、多彩的民俗风情、良好的生态资源，因地制宜发展休闲农业，确保功能特色突出，文化内涵丰富，品牌知名度高，具有很强的示范辐射和推广作用。具体条件为：

（一）多元的产业功能。农业功能充分拓展，农耕文明、田园风貌、民俗文化得到传承，生态环境得到保护，农业生产功能与休闲功能有机结合。产业链条延伸，就地吸纳农民创业就业容量大，带动农民增收能力强。

（二）独特的村容景致。乡土民俗文化内涵丰富，村

落民居原生状态保持完整，基础设施功能齐全，乡村各要素统一协调，传统文化与现代文明交相辉映，浑然一体，村容景致令人流连忘返。

（三）良好的精神风貌。基层组织健全，管理民主，社会和谐；村民尊老爱幼，邻里相互关爱，村民生活怡然自得；民风淳朴，热情好客，诚实守信。

四、推介程序

申报推介的组织工作由各省、自治区、直辖市及计划单列市、新疆生产建设兵团休闲农业行政主管部门负责。

（一）乡村申报。各行政村在对照推介条件进行自我评估的基础上，向县级农业行政主管部门提出申请，填写《中国最美乡村申报表》，并附本村综合情况材料。

（二）县级审核。县级农业行政主管部门负责对本县的申报乡村进行考核、评估，符合条件的可向省级休闲农业行政主管部门择优推荐。

（三）省级推荐。省级休闲农业行政主管部门初审后择优申报。每省（自治区、直辖市）最多申报5个村，计划单列市和新疆生产建设兵团最多申报2个村。

（四）申报时间。2014年度的申报截至时间为2014年6月27日。

五、认定管理

中国最美休闲乡村认定采取各地休闲农业行政主管部门推荐和专家评审相结合的形式进行。

（一）各地推荐。各省、自治区、直辖市及计划单列市、新疆生产建设兵团休闲农业行政主管部门以正式文件，将申报的中国最美休闲乡村名单报送农业部农村社会事业发展中心休闲农业处，并附每个村的纸质申报材料和电子光盘。

（二）专家评审。组织专家组对各地申报的村进行评审，根据有关标准，筛选出一批中国最美休闲乡村。

（三）网上公示。经主管部门审定后，对拟认定的中国最美休闲乡村在中国休闲农业网进行公示。

（四）正式认定。网上公示无异议的村，由我部认定为中国最美休闲乡村，并颁发牌匾。

（五）动态管理。农业部对认定的中国最美休闲乡村实行动态管理。对违反国家法律法规、侵害消费者权益、危害农民利益、发生重大安全事故的，取消其资格。

六、宣传推介

对认定的中国最美休闲乡村，农业部将采取以下方式进行宣传推介。

（一）报纸专版表彰。充分利用"十一"长假之前的黄金时机，通过中央主流媒体发布评选结果，并在《农民日报》等新闻媒体上刊登表彰专版，集中宣传认定的中国最美休闲乡村。

（二）官方网站常年宣传。以中国休闲农业网为活动官方网站（www.crr.gov.cn），突出宣传候选村庄，为每一个村庄开设专题网页，通过视频、图片、文字等形式进行长期宣传展示。

（三）媒体采访新闻宣传。利用《中国休闲农业与乡村旅游》杂志、CCTV7、旅游卫视等平台，通过专题、专栏、专版等形式，对认定的中国最美休闲乡村进行连续性、互动性的主题宣传。

（四）组织开展中国最美乡村摄影大赛。组织开展2014年中国最美休闲乡村摄影大赛，对获奖作品进行奖励并广泛宣传，吸引社会公众主动挖掘乡村之美，提升知名度。

七、相关要求

（一）加强组织领导。各级休闲农业行政主管部门要精心组织安排，创新遴选机制，注重遴选过程，按照标准从优筛选，从严控制申报数量，确保推荐的村具有典型的示范带动作用。

（二）强化政策扶持。各地要以推介工作为契机，进一步增强服务意识，完善服务体系，拓展服务领域，加大扶持力度，不断提升休闲农业发展水平，引领休闲农业持续健康发展。

（三）搞好宣传推介。各地要加大宣传力度，让中国最美休闲乡村推介成为农民的内在需求和自觉行动。通过推介活动，树立一批典型，打造一批知名品牌，营造最美休闲乡村建设的良好氛围。

八、联系方式

（一）农业部农产品加工局（乡镇企业局）休闲农业处

电话：010-59193256，59192754

（二）农业部农村社会事业发展中心休闲农业处

电话：010-59199672，59199671

联系人：辛欣、方家

E-mail：clarta @ sina. com

QQ：2323750810

通讯地址：北京市朝阳区东三环南路 96 号农丰大厦 1006 室

邮编：100122

附件：2014 年中国最美休闲乡村申报表

农业部办公厅

2014 年 3 月 12 日

农业部关于公布中国最有魅力休闲乡村的通知

农企发〔2011〕3 号

根据《农业部关于推荐中国最有魅力休闲乡村的通知》（农企发〔2010〕4 号），我部开展了中国最有魅力休闲乡村推荐活动。经地方主管部门审核和推荐，并经专家评审和网上公示等程序，我部认定北京市密云县古北口村等 10 个村为中国最有魅力休闲乡村，现予公布。

开展最有魅力休闲乡村创建活动，对于转变农业发展方式、促进农民就业增收、推进新农村建设、统筹城乡发展具有重要意义。希望获得认定的中国最有魅力休闲乡村珍惜荣誉，进一步加强自我管理、规范和提高，充分发挥典型示范作用，带动休闲农业在全国农村又好又快发展。

各级休闲农业行政管理部门要加强对中国最有魅力休闲乡村的业务指导和服务，加大宣传推介力度，推动相关产业发展，促进我国休闲农业持续快速健康发展。

附件：中国最有魅力休闲乡村名单

2011 年 3 月 28 日

附件

中国最有魅力休闲乡村名单

北京市密云县古北口村
天津市静海县西双塘村
江苏省常熟市蒋巷村
江西省井冈山市菖蒲村

山东省荣成市西霞口村
广东省广州市海珠区小洲村
贵州省贵定县音寨村
陕西省礼泉县袁家村

新疆维吾尔自治区喀纳斯景区禾木村
大连市金州区石河村

农业部关于发布 2011 年中国最有魅力休闲乡村推荐活动结果的通知

农企发〔2011〕10 号

各省、自治区、直辖市及计划单列市、新疆生产建设兵团休闲农业行政管理部门：

根据《农业部关于开展 2011 年中国最有魅力休闲乡村推荐活动的通知》（农企发〔2011〕7 号），2011 年我部继续开展了中国最有魅力休闲乡村推荐活动，经各地行政管理部门初选推荐、大众投票评选、专家评审和网上公示等程序，最终确定北京市平谷区大华山镇挂甲峪村等10 个村为 2011 年中国最有魅力休闲乡村，现予以公布。

开展最有魅力休闲乡村创建活动，对于转变农业发展方式、促进农民就业增收、推进新农村建设、统筹城乡发展具有重要意义。希望获得认定的中国最有魅力休闲乡村珍惜荣誉，进一步加强自我管理、规范和提高，充分发挥典型示范作用，带动休闲农业在全国农村又好又快发展。

各级休闲农业行政管理部门要加强对中国最有魅力休闲乡村的业务指导和服务，加大宣传推介力度，推动相关产业发展，促进我国休闲农业持续快速健康发展。

2011 年 12 月 27 日

附件：

中国最有魅力休闲乡村名单

北京市平谷区大华山镇挂甲峪村

天津市武清区梅厂镇灰锅口村

吉林省四平市梨树县梨树镇霍家店村

上海市崇明县竖新镇前卫村

浙江省临安市太湖源镇白沙村

福建省宁德市寿宁县犀溪乡西浦村

湖北省十堰市武当山特区八仙观村

云南省普洱市澜沧县惠民乡芒景村

贵州省毕节市黔西县洪水乡解放村

陕西省宝鸡市岐山县凤鸣镇北郭村

农业部关于发布 2012 年中国最有魅力休闲乡村推荐活动结果的通知

农企发〔2012〕8 号

根据《农业部关于开展 2011 年中国最有魅力休闲乡村推荐活动的通知》（农企发〔2011〕7 号），2012 年我部继续开展了中国最有魅力休闲乡村推荐活动，经各地行政管理部门初选推荐、大众投票评选、专家评审和网上公示等程序，认定北京市怀柔区渤海镇北沟村等 10 个村为 2012 年中国最有魅力休闲乡村，现予以公布（名单见附件）。

开展最有魅力休闲乡村推荐活动，对于转变农业发展方式、促进农民就业增收、建设美丽农村、统筹城乡发展具有重要意义。希望获得认定的中国最有魅力休闲乡村珍惜荣誉,进一步加强自我管理、规范和提高,充分发挥典型示范作用,带动休闲农业在全国农村又好又快发展。

各级休闲农业行政管理部门要加强对中国最有魅力休闲乡村的指导和服务,加大宣传推介力度,推动相关产业发展,促进我国休闲农业持续快速健康发展。

农业部

2012 年 11 月 28 日

附件

2012 年中国最有魅力休闲乡村名单

北京市怀柔区渤海镇北沟村
吉林省通化县东来乡鹿圈村
江苏省张家港市南丰镇永联村
浙江省东阳市南马镇花园村

福建省尤溪县洋中镇桂峰村
山东省招远市阜山镇九曲蒋家村
湖南省宁乡县金洲镇关山村
广西壮族自治区恭城瑶族自

治县莲花镇竹山村
重庆市九龙坡区白市驿镇高峰寺村
西藏自治区林芝县林芝镇卡斯木村

农业部关于发布 2013 年中国最有魅力休闲乡村推荐活动结果的通知

农企发〔2013〕5 号

各省、自治区、直辖市及计划单列市、新疆生产建设兵团休闲农业行政管理部门:

根据《农业部关于开展 2011 年中国最有魅力休闲乡村推荐活动的通知》(农企发〔2011〕7 号),2013 年我部继续开展中国最有魅力休闲乡村推荐活动,印发了《农业部办公厅关于开展 2013 年中国最有魅力休闲乡村推荐活动的通知》(农办企〔2013〕1 号)。经各地行政管理部门

初选推荐、大众投票评选、专家评审和网上公示等程序,认定北京市密云县蔡家洼村等 10 个村为 2013 年中国最有魅力休闲乡村,现予以公布(名单见附件)。

开展最有魅力休闲乡村推荐活动,对于转变农业发展方式、促进农民就业增收、建设美丽农村、统筹城乡发展具有重要意义。希望获得认定的中国最有魅力休闲乡村珍惜荣誉,进一步加强自

我管理、规范和提高,充分发挥典型示范作用,带动休闲农业在全国农村又好又快发展。

各级休闲农业行政管理部门要加强对中国最有魅力休闲乡村的指导和服务,加大宣传推介力度,推动相关产业发展,促进我国休闲农业持续快速健康发展。

附件:2013 年中国最有魅力休闲乡村名单

农业部

2013 年 11 月 25 日

附件

2013 年中国最有魅力休闲乡村名单

北京市密云县蔡家洼村　　　　天津市北辰区双街村　　　　河北省邢台市沙河市王硇村

吉林省延边朝鲜族自治州和龙市金达莱村	山东省烟台市蓬莱市马家沟村	村
江苏省无锡市惠山区桃源村	四川省成都市郫县农科村	新疆维吾尔自治区伊犁哈萨克自治州伊宁县上吐鲁番于孜村
福建省泉州市永春县北溪村	陕西省榆林市米脂县高西沟	

农业部办公厅关于发布 2014 年中国最美休闲乡村和中国美丽田园推介结果的通知

农办加〔2014〕20 号

各省、自治区、直辖市及计划单列市、新疆生产建设兵团休闲农业管理部门：

为深入贯彻党的十八大、十八届三中全会、中央 1 号文件和习近平总书记系列重要讲话精神，进一步推进生态文明和美丽中国建设，我部开展了 2014 年中国最美休闲乡村和中国美丽田园推介活动。经过地方推荐、专家评审和网上公示等程序，认定北京市密云县干峪沟村等 100 个村为 2014 年中国最美休闲乡村，北京市密云县蔡家洼玫瑰花景观等 140 项农事景观为 2014 年中国美丽田园，现予以公布（名单见附件）。

开展中国最美休闲乡村和中国美丽田园推介活动对于发展现代农业、带动农民就业增收、建设美丽乡村、传承农耕文明和促进城乡一体化发展具有重要意义。希望获得认定的单位珍惜荣誉，进一步总结经验，加强管理，持续创新，切实发挥好示范带动作用。各级休闲农业管理部门要加强组织领导，完善政策措施，强化公共服务，着力培育一批天蓝、地绿、水净，安居、乐业、增收的最美休闲乡村和美丽田园，为农业强起来、农村美起来、农民富起来做出更大贡献。

附件：

1.2014 年中国最美休闲乡村名单

2.2014 年中国美丽田园名单

农业部办公厅
2014 年 10 月 8 日

附件 1

2014 年中国最美休闲乡村名单

特色民居村（29 个）
北京市密云县干峪沟村
河北省辛集市双柳树村
山西省平顺县白杨坡村
内蒙古自治区乌兰浩特市胡力斯台嘎查
辽宁省海城市三家堡村
吉林省吉林市昌邑区大荒地村

黑龙江省绥滨县中兴村
黑龙江省五常市新庄村
江苏省南京市江宁区黄龙岘村
浙江省仙居县高迁村
安徽省宁国市千秋畲族村
福建省南安市观山村
山东省临朐县牛寨村
山东省广饶县刘集后村

河南省陕县北营村
湖北省保康县尧治河村
湖南省新化县正龙村
广西壮族自治区灌阳县小龙村
海南省三亚市槟榔村
重庆市巴南区集体村
四川省苍溪县文家角村
云南省巍山县东莲花村

贵州省黄果树县滑石哨村
甘肃省和政县吊滩村
宁夏回族自治区西吉县龙王坝村
新疆维吾尔自治区尼勒克县加哈乌拉斯台村
大连市庄河市东滩村
厦门市同安区顶村村
新疆生产建设兵团第十师181团克木齐社区二连

特色民俗村（22个）
北京市门头沟区洪水口村
北京市平谷区张家台村
天津市静海县西双塘村
内蒙古自治区阿尔山市林俗村
辽宁省凤城市大梨树村
吉林省安图县红旗村
上海市金山区渔业村
浙江省庆元县月山村
福建省长泰县后坊村
江西省婺源县篁岭民俗文化村
河南省信阳市平桥区郝堂村
湖北省英山县乌云山村
湖南省石门县长梯隘村
广东省平远县畲脑村
广西壮族自治区灵山县大芦村
四川省南充市顺庆区青山湖村
云南省弥勒县可邑村
贵州省兴义市下纳灰村

陕西省平利县龙头村
甘肃省迭部县扎尕那村
青海省海东市乐都区新联村
新疆维吾尔自治区岳普湖县玛什英恩孜村

现代新村（28个）
天津市蓟县常州村
河北省正定县塔元庄村
山西省朔州市朔城区东神头村
山西省阳城县皇城村
内蒙古自治区乌拉特前旗公田村
辽宁省大洼县北窑村
吉林省农安县陈家店村
上海市松江区黄桥村
江苏省盐城市盐都区杨侍村
福建省闽侯县孔元村
山东省莒县陵阳街村
河南省舞钢市张庄村
湖北省钟祥市彭墩村
湖南省平江县茅田村
湖南省长沙市望城区桐林坳村
广东省广州市白云区寮采村
海南省海口市琼山区田心村
重庆市璧山区天池村
四川省武胜县庐山村
云南省武定县狮山村
贵州省安顺市西秀区桃子村
陕西省铜川市新区陈坪村
甘肃省临泽县南台村
青海省互助县高羌村

新疆维吾尔自治区阜康市花儿沟村
青岛市黄岛区长阡沟村
宁波市鄞州区湾底村
新疆生产建设兵团第十二师三坪农场七连

历史古村（21个）
河北省涉县王金庄一街村
河北省蔚县西古堡村
山西省平定县娘子关村
上海市奉贤区潘垫村
江苏省苏州市吴中区三山村
浙江省永嘉县埭头村
浙江省湖州市南浔区荻港村
安徽省绩溪县仁里村
福建省福安市棠溪村
江西省吉水县燕坊村
山东省章丘市朱家峪村
河南省巩义市民权村
广东省汕头市澄海区前美村
广西壮族自治区东兴市竹山村
海南省琼中县什寒村
重庆市万州区凤凰村
四川省成都市龙泉驿区双槐村
云南省宁洱哈尼族彝族自治县那柯里村
陕西省宁强县青木川村
宁夏回族自治区隆德县红崖村
厦门市翔安区小嶝村

附件 2

2014 年中国美丽田园名单

油菜花景观（10项）　　　上海市奉贤区庄行油菜花景　　　观

江苏省南京市高淳区慢城油菜花景观

安徽省望江县沿江油菜花景观

重庆市巫山县万亩油菜花景观

四川省泸州市江阳区油菜花景观

云南省腾冲县万亩油菜花景观

陕西省南郑县油菜花景观

甘肃省永昌县油菜花景观

青海省祁连县卓尔山油菜花景观

新疆生产建设兵团第四师76团油菜花景观

稻田景观（16项）

北京市海淀区稻香小镇稻田

吉林省和龙市平岗绿洲稻田

黑龙江省五常市金福稻田

江苏省常熟市支塘镇蒋巷村稻田

浙江省泰顺县稻田

安徽省潜山县官庄稻田

福建省德化县上涌稻田

江西省资溪县稻田

湖北省大悟县稻田

广东省罗定市苹塘镇稻田

广西壮族自治区隆安县布泉河稻田

海南省琼海市龙寿洋稻田

贵州省惠水县稻田

云南省云龙县检槽稻田

陕西省岚皋县稻田

新疆生产建设兵团第四师68团稻田

桃花景观（共10项）

北京市平谷区桃花景观

河北省顺平县桃花景观

山西省夏县兴南桃花景观

江苏省徐州市贾汪区桃花景观

浙江省嘉兴市南湖区凤桥桃花景观

山东省乳山市石佛山桃花景观

河南省西华县万亩桃花景观

湖北省孝感市孝南区万亩桃花景观

重庆市沙坪坝区虎峰山桃花景观

贵州省瓮安县桃花景观

梨花景观（共10项）

河北省赵县梨花景观

山西省平遥县梨花景观

江苏省苏州市高新区树山梨花景观

安徽省寿县八公山梨花景观

福建省德化县辉阳梨花景观

广西壮族自治区灌阳县大仁村梨花景观

四川省金川县雪梨花景观

甘肃省景泰县条山农庄梨花景观

青岛市黄岛区梨花景观

宁波市余姚市朗霞梨花景观

梯田景观（共10项）

河北省围场县梯田

浙江省云和县梯田

福建省永定县岩太梯田

山东省安丘市辉渠镇梯田

广东省乐昌市上黎组梯田

重庆市万州区大石板梯田

贵州省从江县加榜梯田

云南省元阳县哈尼梯田

陕西省宜君县哭泉乡旱作梯田

甘肃省庄浪县赵墩沟梯田

茶园景观（共10项）

江苏省金坛市薛埠镇有机茶园

浙江省临海市羊岩山茶园

安徽省东至县龙泉镇生态茶园

福建省武夷山市星村镇茶园

江西省武宁县白鹤坪茶园

湖南省长沙县湘丰飞跃有机茶园

广东省英德市积庆里茶园

贵州省瓮安县茶园

云南省勐海县贺开古茶园

陕西省平利县长安十里茶园

草原景观（共9项）

内蒙古自治区固阳县春坤山草原

内蒙古自治区锡林浩特市白音锡勒草原

湖南省城步苗族自治县南山草原

贵州省兴仁县放马坪草原

云南省会泽县大海草原

甘肃省山丹县军马场草原

甘肃省玛曲县草原

新疆维吾尔自治区和静县巩乃斯草原

新疆维吾尔自治区巴里坤县草原

果园景观（共10项）

福建省龙岩市新罗区葡萄景观

河南省洛宁县苹果采摘景观

重庆市合川区枇杷景观

四川省华蓥市华蓥山葡萄景观

贵州省兴义市下五屯镇葡萄景观

云南省弥勒市葡萄景观

陕西省洛川县李家坳苹果旅游景观

青海省大通县北川河果园景观

青岛市黄岛区墨禅庵果园景观

新疆生产建设兵团第四师 61 团果园景观

荷花景观（共 10 项）

天津市宝坻区休闲观光园荷花景观

山西省左权县荷花景观

上海市松江区南杨村荷花景观

江苏省丰县大沙河镇荷花景观

浙江省建德市荷花景观

福建省漳平市拱桥镇荷花景观

江西省广昌县荷花景观

山东省济宁市微山岛湿地荷花景观

湖北省钟祥市石牌镇荷花景观

广西壮族自治区柳江县荷花景观

向日葵景观（共 8 项）

北京市房山区天开花海葵花景观

内蒙古自治区杭锦后旗葵花景观

黑龙江省九三农场管理局荣军农场葵花景观

浙江省仙居县下各镇葵花景观

河南省遂平县四季花卉葵花景观

广西壮族自治区武宣县葵花景观

四川省古蔺县梦里苗乡葵花景观

新疆维吾尔自治区阿勒泰市塘巴湖葵花景观

渔作景观（共 9 项）

吉林省前郭尔罗斯蒙古族自治县查干湖冰湖腾鱼景观

黑龙江省虎林市石头河水库渔作景观

江苏省海安县里下河白甸水乡渔作景观

浙江省淳安县千岛湖渔作景观

江西省新余市仙女湖渔作景观

山东省东平县东平湖湿地渔作景观

湖北省洪湖市洪湖生态旅游风景区渔作景观

广西壮族自治区东兴市北仑河口渔作景观

宁夏回族自治区中卫市腾格里沙漠湿地渔作景观

花卉景观（共 18 项）

北京市密云县蔡家洼玫瑰花景观

河北省易县牡丹花景观

辽宁省沈阳市沈北新区紫烟薰衣草景观

吉林省和龙市金达莱花景观

江苏省南京市江宁区大塘金村薰衣草景观

浙江省遂昌县高坪杜鹃花景观

浙江省义乌市龙溪香谷薰衣草景观

安徽省亳州市谯城区芍药花景观

江西省南昌县凤凰沟樱花景观

山东省博兴县黄河打渔张风景区薰衣草景观

河南省巩义市薰衣草景观

湖南省浏阳市大围山花卉景观

重庆市秀山县金银花景观

贵州省兴义市杜鹃花景观

贵州省盘县哒啦仙谷薰衣草景观

陕西省榆林市榆阳区杏花景观

宁夏回族自治区中卫市沙坡头区薰衣草景观

新疆生产建设兵团第四师 70 团薰衣草景观

其他类景观（共 10 项）

天津市蓟县白庄子湿地景观

河北省围场县马铃薯花景观

江苏省邳州市港上银杏景观

安徽省滁州市南谯区滁菊花景观

湖北省安陆市万亩银杏景观

广西壮族自治区灵川县银杏景观

重庆市渝北区古路镇草坪红枫景观

四川省金川县红叶景观

宁夏回族自治区隆德县麦田景观

宁波市余姚市四明山红枫景观

农业部办公厅关于开展中国美丽田园推介活动的通知

农办加〔2014〕4 号

我国农业生产的多样性、不同地域的独特性和乡土文化的多重性交相辉映，形成了众多农耕特色与自然山水、乡村风貌融为一体的农事景观。作为中国美丽乡村的重要内容和美丽中国的重要组成，这些农事景观已日渐成为休闲农业和乡村旅游的重要载体，成为城乡居民体验耕作乐趣，缅怀田园生活、品味农业情调的重要场所，成为提高农业综合效益、带动农民增收的重要途径。为宣传推介农事景观，扩大影响，培育品牌，丰富休闲农业发展类型，更好地满足城乡居民休闲消费需求，经研究，决定在 2014 年开展以宣传推介独特农事景观为主要内容的"中国美丽田园推介活动"。现将有关事项通知如下。

一、活动目的

深入贯彻十八大关于"建设美丽中国"的决策部署，在全国择优遴选和推介一批农事景观，培育一批美丽田园品牌，进一步激发各地发现和建设美丽田园的积极性，总结不同地区丰富休闲农业类型的经验，探索提高农业综合效益和美丽乡村建设的新模式。

二、活动组织

（一）主承办单位。2014 年中国美丽田园推介活动由农业部农产品加工局（乡镇企业局）主办，各省级休闲农业主管部门协办，农业部农村社会事业发展中心具体承办。

（二）活动时间。2014 年中国美丽田园推介活动在 2014 年 3～9 月举行。其中，地方遴选在 2～5 月举行，最迟在 6 月 1 日前将遴选结果报农业部。集中展示在 6 月～7 月进行。9 月底公布推介结果。

三、活动内容

中国美丽田园推介活动围绕"培育知名品牌、丰富发展类型、提高农业效益"的目标，通过地方推荐、网民投票和专家评审，向公众推介一批环境优美、场面宏大、景色迷人、特色明显、公众喜爱的农事景观，如油菜花、桃花、梨花、向日葵、梯田、茶园、稻田、渔作和畜牧转场等，进一步丰富休闲农业类型，培育休闲农业知名品牌，提高美丽田园所在地农业的综合效益和知名度。推介活动共分四个阶段：

（一）各地遴选。各地休闲农业主管部门按照推介标准，在本区域内开展美丽田园遴选活动，并将拟推介的美丽田园名单已正式文件上报。

（二）专家评审。结合各地上报的图片、视频以及文字说明等资料，组织专家进行评审。

（三）发布推介。主管部门结合专家评审意见确定中国美丽田园推介活动结果，并在中国休闲农业网公示后正式向社会发布推介。

（四）集中展示。对认定的中国美丽田园，在中国休闲农业网（www. crr. gov. cn）制作专门网页，以图片、视频和文字等形式进行展示。

四、推介标准

（一）推介标准。被推介的农事景观应该特色明显，景色迷人，在全国同类景观中具有一定的知名度和影响力。具体为：

1. 产业规模大。拟推荐的农事景观应该具有一定的规模和明确的区域，农业生产功能与休闲功能有机结合，农民参与程度高，在当地农民增收中作用突出。

2. 体验类型多。农事景

观所在地政府能够组织农民围绕农事景观开展农事节庆、婚纱摄影、休闲体验等多项休闲农业活动，在社会上有一定的知名度和影响力。

3. 生态条件好。农事景观所在区域原生态保持完整，农耕文明、田园风貌、民俗文化得到传承展示，环境优美、场面宏大、景色迷人、特色明显，观赏时间相对固定。

4. 配套环境优。围绕农事景观开展休闲农业活动时，具有良好的基础配套设施，交通便利，食宿卫生，安全有保障，能够满足游客休闲体验娱乐的需要。

五、有关要求

（一）精心组织安排。各省级休闲农业行政主管部门要结合本地实际制定工作方案，创新遴选机制，注重遴选过程，确保将能反映农耕文明、地域风情、特色风貌的美丽田园遴选上报。

（二）按时上报材料。筛选的美丽田园以省为单位申报，每张表格中的申报主体是县级农业行政主管部门，以电子邮件形式统一提交给农业部农村社会事业发展中心休闲农业处（联系人信息附后）。每个省级休闲农业行政主管部门推荐的美丽田园不少于 10 个。

（三）加大宣传推介。为扩大活动影响力，我部将委托有关网站和媒体承担整个过程的宣传工作，同时在活动结束后制作"中国美丽田园画册"。各地要利用此次推介机会，组织开展多项活动，采取多种措施加大宣传推介，提升美丽田园的知名度和品牌影响力。

（四）明确作品知识产权。各地提交的图片必须标明原照作者，并且取得作者的同意。获奖图片在印制"中国美丽田园画册"时不支付稿酬。

六、联系方式

（一）农业部农产品加工局（乡镇企业局）休闲农业处

电话：010-59192797，59192754

（二）农业部农村社会事业发展中心休闲农业处

电话：010-59199672，59199671

联系人：辛欣、方家

E-mail：clarta @ sina. com

QQ：2323750810

通讯地址：北京市朝阳区东三环南路 96 号农丰大厦 1006 室

附件：2014 年中国美丽田园报送表

农业部办公厅

2014 年 3 月 12 日

关于公布中国美丽田园名单的通知

农企休闲函〔2013〕135 号

各省、自治区、直辖市及计划单列市、新疆生产建设兵团休闲农业管理部门：

根据《农业部办公厅关于开展中国美丽田园推介活动的通知》（农办企〔2013〕2 号），2013 年开展了中国美丽田园推介活动。经过地方推荐、网民投票、专家评审和网上公示等程序，认定江苏省兴化市缸顾乡千岛菜花等 108 项农事景观为 2013 年中国美丽田园，现予以公布（名单见附件）。

开展中国美丽田园推介活动对于丰富休闲农业类型，培育休闲农业知名品牌，提高美丽田园所在地农业的综合效益，激发各地建设美丽田园的积极性具有重要意义。希望获得认定的中国美丽田园所在地进一步总结经验、加强管理，充分发挥美丽田园对农民增收的带动作用，积极探索提高农业综合效益和建设美丽乡村的新模式。

各级休闲农业行政管理部门要加强对中国美丽田园的指导和服务，加大宣传力度，推动相关产业发展，促进我国休闲农业持续快速健康发展。

附件：中国美丽田园名单

中国美丽田园推介
活动组委会
（代章）
2013 年 11 月 26 日

附件：

中国美丽田园名单

油菜花景观（10 个）

江苏省兴化市缸顾乡千岛菜花

浙江省仙居县油菜花观光带

安徽省黟县卢村油菜花

江西省婺源县溪头乡油菜花

湖北省沙洋县汉江西岸百里油菜花

重庆市秀山县溪场镇油菜花

云南省罗平县坝子油菜花

贵州省黔西南州万峰林油菜花

甘肃省民乐县扁都口油菜花

青海省门源县百里油菜花

桃花景观（10 个）

上海市金石路桃花

江苏省句容市大卓桃园

浙江省长兴县城山沟桃花

福建省龙岩市岩山乡桃花

山东省蒙阴县旧寨桃花

河南省鄢陵县南坞乡桃花

重庆市渝北区木耳镇桃花

四川省龙泉驿区山泉镇桃花

贵州省兴义市顶效镇桃花

甘肃省秦安县何湾桃花

梨花景观（10 个）

北京市房山区贾河梨园

天津市蓟县团山子村梨园

辽宁省鞍山市东部山区南果梨花带

江苏省丰县大沙河镇梨花

山东省冠县中华第一梨园

河南省宁陵县刘花桥村梨花

重庆市渝北区放牛坪梨花

四川省华蓥市黄花梨度假村梨花

陕西省洋县朱鹮梨园

新疆维吾尔自治区库尔勒市香梨花

稻田景观（10 个）

天津市宝坻区八门城现代农业示范园稻田

辽宁省五四农场稻田

黑龙江省八五八农场稻田

江苏省泰州市南舍村多彩稻田

浙江省江山市江郎山彩色稻田

江西省芦万武公路稻田观光带

广西壮族自治区大新县堪圩乡明仕稻田

四川省开江县普安镇稻田

云南省广南县八宝镇贡米稻田

贵州省从江县侗寨禾晾景观

茶园景观（10 个）

江苏省宜兴市茶园观光带

浙江省安吉县溪龙乡白茶园

福建省福鼎市太姥山白茶园

江西省南昌县凤凰沟茶海

湖北省英山县茶园观光带

湖南省安化县凤凰岛茶园

重庆市秀山县洪安镇平马茶园

云南省景洪市大渡岗乡茶园

贵州省都匀市摆忙乡螺丝壳茶园

陕西省西乡县江榜茶园

梯田景观（10 个）

浙江省青田县小舟山梯田

安徽省绩溪县家朋梯田

福建省尤溪县联合梯田

江西省崇义县上堡梯田

湖北省恩施州大峡谷梯田

湖南省张家界市罗水乡龙凤梯田

广西壮族自治区龙胜县龙脊梯田

贵州省黔西南州泥凼梯田

陕西省汉阴县凤堰古梯田

宁夏回族自治区彭阳旱作梯田

渔业景观（7 个）

江苏省宝应县宝应湖渔作景观

福建省福鼎市店下镇巽城村渔作景观

山东省博兴县乔庄镇渔作景观

湖北省长阳土家自治县清江渔作景观

湖南省安乡县珊珀湖渔作景观

云南省大理市海东镇金梭岛渔作景观

宁波市象山县象山开渔节景观

果园景观（9个）

山西省阳高县大嘴窑村杏园

上海市青浦区联怡枇杷

浙江省仙居县杨梅观光带

江西省信丰县大塘长岗脐橙

山东省沂源县中庄苹果

湖南省麻阳县万盛柑桔

四川省彭山县观音镇葡萄园

云南省漾濞县光明村核桃

陕西省城固县刘家营村橘园

草原景观（10个）

河北省围场县草原

山西省灵丘县空中草原

内蒙古自治区珠穆沁旗草原

内蒙古自治区乌拉盖九曲湾草原

湖南省桑植县南滩草场

贵州省黔南州独山草原

云南省昭通市昭阳区大山包草原

宁夏回族自治区盐池县哈巴湖草原

新疆维吾尔自治区博乐市赛里木湖草原

新疆维吾自治区尼勒克县唐布拉草原

花卉景观（10个）

北京市延庆县四季花海

黑龙江省八五八农场十里荷塘

江苏省仪征市枣林湾芍药园

浙江省武义县畲族镇十里荷花

安徽省铜陵县凤凰山牡丹

福建省福鼎市贯岭镇黄栀子

江西省石城县百里荷花观光带

湖北省武汉市黄陂区云雾杜鹃

四川省成都市新津县花舞人间

厦门市同安区五峰村杜鹃

其他（12个）

北京市房山区长沟镇向日葵园

北京市朝阳区蓝调薰衣草园

内蒙古自治区巴彦高勒苏木向日葵园

上海市青浦区寻梦园香草农场

山东省文登市昆嵛山樱桃花

山东省垦利县黄河华滩向日葵园

湖南省邵阳市隆回县金银花

重庆市统景镇印盒村李花

贵州省荔波县枫树湾香草园

陕西省西乡县莲花村樱桃花

新疆维吾尔族自治区霍城县解忧公主薰衣草园

大连市金州新区紫云花汐薰衣草庄园

农业部办公厅关于成立第一届农业部全国休闲农业专家委员会的通知

　　休闲农业是一种新型产业形态和消费业态。它的发展对于我国经济进入新常态下加快转变农业发展方式，调整优化农业结构，促进一、二、三产业融通互动，实现农业提质增效、农民就业增收、农村繁荣稳定和统筹城乡经济社会一体化发展等方面具有十分重要的意义。为充分借助外智，更好地履行休闲农业行业管理职能，推动全国休闲农业持续健康发展，经研究，决定成立第一届农业部全国休闲农业专家委员会。

　　专家委员会是农业部休闲农业管理工作科学决策的重要智库和智力支撑。希望各位委员要充分认识此项工作的重要性，切实增强责任感、使命感，以积极认真的态度、科学严谨的作风履职尽责，有效发挥决策咨询和智力支撑作用，为促进休闲农业持续健康发展、建设美丽乡村和美丽中国做出积极贡献。

　　附件：1.农业部全国休闲农业专家委员会章程

　　2.农业部全国休闲农业专家委员会名单

农业部办公厅

2015年1月4日

附件 1

农业部全国休闲农业专家委员会章程

第一条为充分借助外智，加强休闲农业相关工作的科学性、专业性和规范性，更好地履行休闲农业行业管理职能，农业部成立"全国休闲农业专家委员会"（以下简称"专家委员会"）。

第二条专家委员会主要职责如下：

（一）对全国休闲农业的发展战略、发展规划、政策研究报告等提供咨询论证；

（二）对全国休闲农业的发展现状、典型模式、存在问题等开展研究，并提出政策建议；

（三）为产业的资源整合、规划设计、创意策划、运营管理、品牌打造、产品开发等提供专家咨询和技术指导；

（四）参与全国休闲农业与乡村旅游示范创建和中国最美休闲乡村、中国美丽田园、全国休闲农业创意精品推介等评审；

（五）参与休闲农业有关行业标准及相关政策的制定；

（六）参与休闲农业的国内、国际交流活动。

第三条专家委员会由 1 名主任委员，4～7 名副主任委员和若干名专家委员组成。

第四条专家委员来自农业、资源、生态、经济、社会、历史、文化等相关领域，由农业部农产品加工局（乡镇企业局）根据聘任条件、专家学术水平和专家委员会组成结构等综合确定聘任人选。

第五条专家委员会秘书处设在农业部农产品加工局（乡镇企业局）休闲农业处，负责承办专家委员会会议、联系相关领域专家、收集整理专家意见及其他日常事务。

第六条专家委员聘任条件：

（一）在农业、资源、生态、经济、社会、历史、

文化等领域具有系统和专业的知识体系与技术水平；

（二）热心休闲农业工作，愿意承担相关研究、咨询、评审等工作，能正确履行相关职责；

（三）具有高级以上专业技术职称或相应学术水平；

（四）身体健康，具有良好的职业道德，服从专家委员会管理。

第七条专家委员会全体委员实行任期制，聘期 5 年。期满重新履行聘任程序。不再符合专家委员会聘任条件的，将予以解聘。

第八条专家委员在参与研究、评审、咨询等工作中，应当坚持原则，做到廉洁自律，自觉遵守相关法律法规和规定，对需要保密的工作具有保守秘密的义务。

第九条本章程由农业部农产品加工局（乡镇企业局）负责解释，自通知印发之日起施行。

附件 2

农业部全国休闲农业专家委员会名单

主任委员：

刘旭院士　中国工程院（农

业资源）

副主任委员：

叶兴庆部长　国务院发展研究中心农村经济研究部

（农业经济政策研究）

陈宗懋院士　中国农业科学院（茶叶）

吴孔明院士　中国农业科学院（植物保护）

俞孔坚教授　北京大学（景观设计）

朱信凯教授　中国人民大学（农村经济）

专家委员：

（一）规划设计领域

厉建新教授　北京第二外国语大学旅游管理学院（旅游发展战略研究）

王德刚教授　山东大学（乡村旅游规划）

田勇教授　江西师范大学（旅游规划）

唐开学研究员　云南省农业大学（观赏园艺）

陶卓民教授　南京农业大学

（旅游资源开发与规划）

韩锋教授　同济大学（景观规划设计）

（二）经济管理领域

宋洪远研究员　农业部农村经济研究中心（农业经济）

朱守银研究员　农业部干部管理学院（农业经济）

把多勋教授　西北师范大学（旅游经济学）

杨启智教授　四川农业大学（休闲农业与乡村旅游经济）

徐虹教授　南开大学（休闲农业产业经济）

舒富民总编辑　小康杂志社（休闲农业产业经济）

陈秋华教授　福建农林大学（乡村旅游管理）

（三）资源环境领域

王东阳研究员　中国农业科学院（农业资源）

冯建国副研究员　北京市农村经济研究中心（循环农业）

孙好勤研究员　中国热带农业科学院（资源环境保护）

（四）文化创意领域

叶明儿教授　浙江大学（农业文化遗产）

邱枫副教授　宁波大学（历史村落保护）

于文熙研究员　江苏省南京市江宁区林业局（策划经营）

杨建勇高级经济师　重庆伍度投资咨询有限公司（文化创意）

段志军高级经济师　中国休闲农业联盟（文化创意）

关于公布 2011 年全国休闲农业与乡村旅游星级示范创建企业（园区）名单的函

休闲农业分会〔2011〕19 号

各有关单位：

在农业部乡镇企业局、国家旅游局规划财务司的大力支持下，在中国旅游协会的领导和有关省市牵头部门的大力配合下，根据《关于组织开展 2011 年全国休闲农业与乡村旅游星级示范创建行动的通知》（休闲农业分会〔2011〕11 号）精神，按照"坚持农旅结合、以农为本，坚持标准、严格控制，坚持合理布局、重点推进"的原则，我会于今年 6 月组织开展了 2011 年全国休闲农业与乡村旅游星级示范创建行动。经过企业申报、省级牵头部门审核、专家实地试评、评审委员会审定、网上公示等各程序，已评选出 69 家全国休闲农业与乡村旅游星级示范创建企业（园区），其中五星级 16 家，四星级 34 家，三星级 19 家，现予以公布。

各地牵头部门要严格按照星级示范创建行动文件的相关要求，切实加强对星级企业（园区）的监督指导，确保创建工作过程中各环节的公平、公正、公开，同时，要立足当地农业主导产业，不断提高与"三农"的关联度、消费者的满意度和企业（园区）的信任度，不断提升行业发展水平，扩大

休闲农业与乡村旅游产业的社会影响，促进农业产业升级、农民增收和社会主义新农村建设。我会将按照星级

创建管理办法的规定，对星级企业（园区）实行动态管理和监督。

附件：2011 年全国休闲

农业与乡村旅游星级示范创建企业（园区）名单

2011 年 11 月 30 日

附件

2011 年全国休闲农业与乡村旅游星级示范创建企业（园区）名单

1. 河北省（6 家）
四星级
定州市黄家葡萄酒庄有限公司
唐山尚禾源农业开发有限公司
迁西县喜峰口板栗专业合作社
迁西景忠山旅游发展有限责任公司
三星级
永年县文兰种养有限公司
涿州市润生生物技术有限公司
2. 山西省（2 家）
三星级
山西凤凰山生态植物园有限公司
太原市建东农家乐庄园有限公司（宇文山庄）
3. 辽宁省（4 家）
五星级
辽宁盘锦鼎翔农工建（集团）有限公司
四星级
沈阳三农博览园有限公司
辽阳新特现代农业园区
三星级
鞍山凯晟花卉有限公司
4. 黑龙江省（1 家）

四星级
黑龙江省香坊实验农场北大荒现代农业园
5. 吉林省（5 家）
五星级
长春关东文化园休闲度假有限公司
吉林市炮台山体育公园
四星级
吉林市铭山绿洲生态园旅游有限公司
三星级
和龙市青龙渔业有限公司
吉林省江城宾馆有限公司（吉林省江城旅游度假区）
6. 上海市（7 家）
五星级
上海海湾国家森林公园
上海市农闲乐休闲娱乐有限公司
四星级
上海新廊下旅游管理发展有限公司（廊下生态园）
上海浦江缘休闲农业发展有限公司（上海五库农业休闲观光园）
上海庄行旅游投资有限公司
三星级
上海人然合一现代农业生态园

上海嘉定维高蔬果专业合作社（沥江农园）
7. 江苏省（5 家）
四星级
江苏惠凯生态农林有限公司
江苏句容市九龙山庄
宜兴市兴望农牧有限公司
江苏天蓝地绿农庄有限公司
徐州月亮湾生态农林发展有限公司
8. 浙江省（7 家）
五星级
浙江嘉兴碧云花园
四星级
荻港徐缘生态旅游开发有限公司
青田章旦生态农业开发有限公司
三星级
三门县从富稻谷种植有限公司
浙江京鹏生态资源发展有限公司
浙江杨墩生态休闲农庄有限公司
浙江杭州明朗农业开发有限公司
9. 安徽省（5 家）
四星级
安徽箐箐生态食品开发有限

公司

安徽丫山花海石林旅游有限公司

安徽省夏霖乡村生态旅游有限公司

安徽肥西县老母鸡家园有限公司

三星级

安徽宣城市天元农家乐

10. 福建省（3家）

四星级

漳平九鹏溪生态旅游发展有限公司

福建闽侯龙台山生态园

三星级

福建南靖县经伟小调度假农庄

11. 江西省（8家）

五星级

江西省景德镇德宇集团（得雨生态园）

江西新光山水开发有限公司

四星级

赣州五龙客家风情园

江西国海生态农业旅游发展

有限公司（湖光山舍田园农庄）

南昌市溪霞风景管理实业有限公司

江西北河生态园发展有限公司

三星级

新余市鑫海果业有限公司

鄱阳县团林生态农庄有限公司

12. 山东省（2家）

五星级

山东神力企业发展有限公司

四星级

山东龙山旅游开发有限公司

13. 湖南省（9家）

五星级

湖南岳麓区润泉山庄

湘乡市明月山庄休闲农业发展有限公司

湖南金太阳现代休闲农庄

东山茅浒水乡度假村有限责任公司

四星级

怀化市通道侗族自治县丰和

山庄

怀化市鹤城区叠翠兰亭生态农业发展有限公司（叠翠兰亭）

郴州市永兴县山水银都度假村

三星级

长沙县辰午山庄

望城县德逸农业发展有限公司（德逸山庄）

14. 云南省（2家）

五星级

丽江玉水寨生态文化旅游有限公司（玉水寨景区）

四星级

昆明锦庄农业科技有限公司

15. 青海省（1家）

四星级

西宁乡趣农耕文化生态园

16. 宁波市（2家）

五星级

宁波滕头旅游景区开发有限公司

宁波市大桥生态农业有限公司

关于公布 2012 年全国休闲农业与乡村旅游
星级示范创建企业（园区）名单的通知

休闲农业分会〔2012〕14 号

各有关单位：

在农业部乡镇企业局、国家旅游局规划财务司的大力支持下，在中国旅游协会的领导和有关省市牵头部门的大力配合下，根据《关于深入开展全国休闲农业与乡村旅游星级示范创建的通知》（休闲农业分会〔2012〕5 号）精神，按照立足"三农"、保持特色、严格标准、确保质量、客观公正、实事求是的原则，分会于今年 3 月组织开展了 2012 年全国休闲农业与乡村旅游星级示范创建行动。经过企业申报、省级牵头部门审核、专家实地验收、评审委员会审定、网上公示等各程序，已评选出 183 家全国休闲农业与乡村旅游星级示范创建企业（园区），其中五星级 39 家，四星级 91 家，三星级 53 家，现予以公布。

各地牵头部门要严格按照星级示范创建行动文件的相关要求，切实加强对星级企业（园区）的监督指导，确保创建工作过程中各环节的公平、公正、公开，同时，要立足当地农业主导产业，不断提高与"三农"的关联度、消费者的满意度和企业（园区）的信任度，不断提升行业发展水平，扩大休闲农业与乡村旅游产业的社会影响，促进农业产业升级、农民增收和社会主义新农村建设。我会将按照星级创建管理办法的规定，对星级企业（园区）实行动态管理和监督。

附件：2012 年全国休闲农业与乡村旅游星级示范创建企业（园区）名单

2012 年 9 月 10 日

附件

2012 年全国休闲农业与乡村旅游星级示范创建企业（园区）名单

1. 北京（10 家）
五星级
聚拢山庄（北京聚陇山生态农业开发有限公司）
金福艺农"番茄联合王国"（北京金福艺农农业科技集团有限公司）
四星级
康顺达农业观光园（北京康顺达农业科技有限公司）
万科艺园农业种植体验园（北京万科艺园农业科技发展有限公司）
航天之光观光农业园（北京航天之光观光农业园有限责任公司）
北京市双河果园
挂甲峪山庄（北京市天甲旅游开发有限责任公司）
三星级
福劳尔花卉示范园（北京福劳尔花卉有限公司）
樱桃幽谷（北京甜利农果品产销专业合作社）
绿茵溪谷庄园（北京绿茵溪谷农家餐厅）

2. 天津（22 家）
五星级
天津西青区水高庄园
天津西青区杨柳青庄园
天津滨海新区塘沽诺恩渔业生态园
天津静海县西双塘村
燕王湖湿地生态园（天津武清区燕王湖湿地生态旅游管理有限公司）
天津北辰区龙顺庄园
四星级
天津热带植物观光园（天津西青区曹庄北方花卉有限公司）
北辰区双街现代农业科技园
武清区灰锅口村
滨海新区大港崔庄村
滨海新区汉沽陆强农家院
东丽区连喜葫芦基地
北辰区青水源有机农业生态园
静海县绿源生态园
滨海新区汉沽大鱼头度假村
滨海新区汉沽督军园中园
滨海新区汉沽滨港度假庄园

宝坻区云杉农庄
三星级
滨海新区汉沽小马枸沽村
汉沽丰利源农家院（滨海新区汉沽丰利源有限公司）
北辰区泉水湾度假村
滨海新区汉沽万凤园农庄

3. 河北（18 家）
五星级
迁西县喜峰口板栗专业合作社
邢台县前南峪生态观光园（邢台县前南峪生态旅游区管理处）
四星级
迁西县渔夫水寨特色养殖种植园
金丰农科园（廊坊市金丰农科园有限公司）
佐美庄园（石家庄佐美生态农业开发有限公司）
云松雾柳山庄（万全县福才农贸养殖有限公司）
迁西县太阳峪满族民俗旅游休闲度假村
廊坊市东禾有机生态园（廊

坊市东禾农业发展有限公司）

秦皇岛卢龙县六峪山庄（秦皇岛六峪生态农业开发有限公司）

迁安市长城绿宝观光园（迁安市长城绿宝农产品经销有限公司）

迁安市乐丫生态观光园（迁安市乐丫农产品开发有限公司）

三星级

永清县民盛瓜果观光采摘园（永清县民盛瓜果专业合作社）

藁城市系井顺晟采摘园（藁城市系井顺晟种植服务专业合作社）

河北辛集柳润庄园（河北柳润园农业科技有限公司）

阳原县泥河湾生态园

临城蓝天生态观光园（临城蓝天生态观光园有限责任公司）

抚宁县郦城隆盛生态养殖观光园（抚宁县郦城隆盛旅游开发有限公司）

迁安市瑞阳生态农业园（迁安市瑞阳农业技术开发有限公司）

4. 山西（2家）

五星级

山西晋城市阳城县皇城相府生态农业园区

四星级

山西瑞盛种植有限公司

5. 辽宁（6家）

五星级

辽宁天桥沟森林公园（辽宁

碧水实业发展有限公司）

阜新桃李园民族文化村有限公司

桓仁东方大雅河漂流有限公司

四星级

大朝阳山城生态农业旅游区（辽宁金实集团有限公司）

辽宁省西丰县城子山风景区

三星级

宏达生态园（辽宁宏达悦牛农业科技发展有限公司）

6. 吉林（9家）

五星级

汪清县蓬莱生态度假村

四星级

吉林圣德泉亲水度假花园

吉林鸡冠山国家森林公园

吉林省集安市五女峰国家森林公园

三星级

吉林市亚东王府（吉林市亚东文化传媒有限公司）

蛟河市苏尔哈湖湾休闲度假山庄（蛟河市松花湖渔业有限责任公司）

舒兰市开原山水泉度假山庄（舒兰山水泉度假有限公司）

白山市盛雅生态园（白山市盛雅生态农业有限公司）

野猪林山庄（白山市绿林野猪繁育有限公司）

7. 黑龙江（7家）

五星级

黑龙江省香坊实验农场北大荒现代农业园

四星级

黑龙江省红旗农场都市农业

园

大庆市八井子观光采摘园（大庆市井盛观光果园管理有限公司）

黑龙江省黄崖子休闲农庄（黑龙江省黄崖子果蔬种植有限公司）

三星级

黑龙江富锦市大姑娘沟休闲度假山庄

黑龙江富锦市六合满族休闲度假村

富锦市锦山休闲农业观光采摘园（黑龙江省农民兄弟科技发展有限公司）

8. 上海（10家）

五星级

上海都市菜园（上海都市农商社有限公司）

上海陶家湾休闲农庄（上海陶缘农家乐专业合作社）

四星级

上海韩湘水博园

上海申隆生态园

三星级

上海管家苑（上海管家葡萄专业合作社）

上海海鲨农家乐（上海海鲨农家乐专业合作社）

上海高佬庄（上海银桥苗木种植专业合作社）

上海芳心园（上海芳心园猕猴桃种植专业合作社）

上海强丰休闲农庄（上海强丰家禽养殖合作社）

上海岑仙苑（上海岑仙苑管理有限公司）

9. 江苏（4家）

五星级

江苏禾木农博园（江苏禾木农博园有限公司）

四星级

徐州欲信达开心农场（徐州欲信达农业科技有限公司）

南通盈康江海生态休闲园（江苏南通盈康农业旅游发展有限公司）

吴江长漾渔业科技示范园（江苏吴江市水产养殖有限公司）

10. 浙江（11家）

五星级

巴比松米勒庄园（浙江桐庐新恒基旅游开发有限公司）

荻港渔村（浙江湖州荻港徐缘生态旅游开发有限公司）

浙江（东阳市）花园农业发展有限公司

浙江省三门县三特渔村农家乐园

四星级

蜜蜂王国（浙江桐庐蜂之语蜂业股份有限公司）

城山沟桃源山庄（长兴城山沟桃源山庄生态农业开发有限公司）

美林湾生态大观园（海宁美林湾生态大观园观光农业有限公司）

桐乡市洲泉稻香人家花园食府

三星级

浙江上虞东山湖运动休闲有限公司

浙江嘉兴嬉溪菜园子果蔬专

业合作社

江山福赐德蜂业科技开发有限公司

11. 安徽（6家）

五星级

安徽大浦乡村世界

安徽阜阳市生态乐园

四星级

安徽郎溪县十字铺生态特色农业观光园

霍邱县和盛生态农牧科技有限公司田园度假村

三星级

梦缘山庄（安徽宁国市三港实业有限责任公司）

绩溪县劳模实业有限公司

12. 福建（7家）

五星级

晋江市围头战地文化渔村

四星级

顺昌华阳畲族山庄

泉州武陵生态休闲农场（武陵农业综合开发有限公司）

厦门仙灵旗休闲农庄

沙县马岩生态园（马岩生态园有限公司）

福建平和向荣名峰山有机茶基地（福建向荣大芹山茶业发展有限公司）

三星级

晋江市恒山休闲农庄

13. 江西（7家）

四星级

南昌市西湖李家实业发展有限公司

南昌海湾农庄（南昌海湾实业有限公司）

南昌市安义县清晨田园度假

村

抚州源野农牧业发展有限公司

三星级

井冈山市金葡萄园开发有限公司

安福县香樟园生态休闲农庄（江西井冈园林实业发展有限公司）

南昌世外驿站生态休闲观光园（南昌世外驿站生态科技有限公司）

14. 山东（7家）

四星级

千年古桑逍遥游乐园（无棣千年古桑旅游开发有限公司）

阳信县金阳七仙女旅游风景区（七仙女生态旅游度假村有限公司）

博兴县国丰现代农业示范园（博兴县国丰高效生态循环农业开发有限公司）

山东济宁南阳湖农场

三星级

淄博牧龙山生态观光园（山东淄博正龙都市农业开发有限公司）

莱芜市莱城区牛泉镇云台山生态旅游区（山东省莱芜市莱城区云台山生态旅游专业合作社）

山东省曹县唐庄黄河故道生态旅游观光区

15. 湖南（33家）

五星级

长沙望城区百果园

长沙县新江生态农业产业园

湘潭源博园生态农庄（湘潭

源博园生态农业有限公司）

岳阳君山区虹宇生态园

岳阳君山区乡村之恋

邵阳隆回九龙生态农庄

益阳沅江德群山庄

益阳安化梅山文化园

四星级

长沙县九道湾农业文化产业园

株洲县乔西生态庄园

邵阳板桥乡锦龙生态农庄

浏阳榴花洞生态度假山庄

长沙望城区长辉生态农庄

长沙望城区都遨生态农庄

长沙开福区河村山庄

长沙开福区大明山庄

株洲云龙区清荷生态园

株洲天元区悠移庄园

岳阳县相思山庄

岳阳湘阴凯佳生态园

岳阳君山区御茶园

岳阳楼区天鹅岛山庄

郴州北湖区鸣九山庄

郴州北湖区月亮湾度假山庄

郴州市苏仙区丰园山庄

邵阳隆回高洲温泉（魏源故里旅游发展有限公司）

邵阳城步神龙山庄

益阳西施生态园

湘西古丈县牛角山生态农庄（古丈县牛角山生态农业科技开发有限公司）

三星级

岳阳经济开发区群贤生态农庄

岳阳君山区鸟语林农庄

岳阳君山区景源农庄

岳阳梅池山庄

16. 湖北（4家）

四星级

湖北省大冶市龙凤山休闲度假村（湖北省大冶市龙凤山农业开发有限公司）

湖北省十堰市郧县茶店镇樱桃沟村

武汉市东西湖慈惠街四季吉祥风景区（武汉市四季吉祥旅游服务有限公司）

三星级

当阳百宝寨旅游风景区（当阳市百宝寨经济开发有限公司）

17. 广西（5家）

四星级

广西恭城瑶家菌业生态博览园（广西桂林恭城瑶家菌业有限公司）

广西北流绿满地提子观光园（广西北流绿满地生态果业发展有限公司）

广西壮族自治区罗城仫佬族自治县青明山庄景区

三星级

广西南山白毛茶圣种生态茶博园（广西南山白毛茶茶业有限公司）

广西南麓山庄（广西南麓生态养殖有限公司）

18. 云南（2家）

四星级

宣威虹桥生态园（云南省宣威市虹桥生态旅游开发有限公司）

三星级

建水黄龙园生态园（建水县黄龙园休闲农业有限公司）

19. 宁夏（2家）

三星级

万义农庄（宁夏西野农林牧有限公司）

宁夏银川市西夏区镇北堡红柳湾山庄

20. 海南（10家）

五星级

小鱼温泉（三亚小鱼温泉实业有限公司）

保亭槟榔谷（保亭县甘什岭槟榔谷原生态黎苗文化旅游区）

龙泉乡园（文昌文亭休闲生态农业有限公司）

南天生态大观园（三亚天行旅游实业有限公司）

开心农场（海口开心农场旅游开发有限公司）

四星级

兰花世界（三亚柏盈热带兰花产业有限公司）

香世界庄园（海口琼山龙塘香世界芳香餐饮庄园）

槟榔河（三亚槟榔河旅业有限公司）

三星级

澄迈县金源花园

羊山休闲公园（海口羊山自行车俱乐部有限公司）

21. 宁波（1家）

四星级

欢乐佳田农场（宁波佳田农业科技有限公司）

关于公布 2013 年全国休闲农业与乡村旅游
星级示范创建企业（园区）名单的通知

休闲农业分会〔2013〕17 号

根据《关于开展 2013 年全国休闲农业与乡村旅游星级示范创建的通知》（休闲农业分会〔2013〕2 号）要求，我会于今年 5 月组织开展了 2013 年全国休闲农业与乡村旅游星级示范创建行动。经过企业申报、省级牵头部门审核、专家实地验收、评审委员会审定、网上公示等各程序，已评选出 248 家全国休闲农业与乡村旅游星级示范创建企业（园区），其中五星级 49 家，四星级 120 家，三星级 79 家，现予以公布。

各地牵头部门要严格按照星级示范创建的要求，加强对星级企业（园区）的监督指导，要立足当地农业主导产业，不断提高与"三农"的关联度、消费者的满意度和企业（园区）的信任度，不断提升行业发展水平，扩大休闲农业与乡村旅游产业的社会影响，促进农业产业升级、农民增收和社会主义新农村建设。我会将按照星级创建管理办法的规定，对星级企业（园区）实行动态管理和监督。

2013 年 10 月 23 日

附件

2013 年全国休闲农业与乡村旅游星级示范创建企业（园区）名单

1. 北京（6 家）

五星级

北京森禾源农业发展有限公司（蓝调庄园）

北京一品香山农产品销售有限责任公司（一品香山休闲农业园区）

四星级

北京市海淀区四季青果林所（御林农耕文化观光园）

北京海舟慧霖农业发展有限公司（海舟慧霖葡萄园）

三星级

北京金旺农业生态园

北京天地润泽种植有限公司（妫州牡丹园）

2. 天津（1 家）

四星级

天津市滨海新区绿地兰天农业生态有限公司（绿地兰天生态园）

3. 河北（28 家）

五星级

河北美盛农业科技有限公司（绿野仙庄）

秦皇岛冀弘水产养殖观光有限公司（渔岛景区）

四星级

张北佳圣农作物种植有限公司

柏乡县汉牡丹花卉开发有限责任公司

栾城县高梓鑫种植专业合作社

河北东垣农业开发有限公司

辛集市金农庄种养殖专业合作社

平山县沕沕水生态风景开发有限公司

石家庄紫藤葡萄农业技术开发有限公司

昌黎葡萄沟生态旅游服务有限公司

永清县民盛瓜果专业合作社

磁县增鑫种植专业合作社

迁西县栗香湖旅游有限公司

迁安市龙峡生态养殖有限公司

河北豹子口旅游开发有限公司

马家沟国学文化村

张家口北宗黄酒酿造有限公司

三星级

河北丰怡农业开发有限公司

唐山凤凰花卉科技示范园有限公司

河北鼎清农业科技开发有限公司

石家庄市神农福地生态农业科技有限公司

元氏县丰兆养殖种植专业合作社

唐山市丰润区高氏绿色食品农民专业合作社

迁安市华乔林果种植专业合作社

河北九华农业科技股份有限公司

永年县田宇蔬菜种植专业合作社

河北德胜农林科技有限公司

固安顺斋瓜菜种植专业合作社

4. 山西（5 家）

四星级

太原华辰高科农业观光有限公司

曲沃公社乡村旅游专业合作社

柳林县昌盛农场有限公司

山西大禾新农业科技有限公司

太原市采薇庄园特色农业开发有限公司

5. 辽宁（3 家）

五星级

青山沟国家级风景名胜区管理局（青山沟）

辽宁腾鸿农产品有限公司（世外桃源温泉度假养生小镇）

四星级

辽宁大石湖风景区有限责任公司

6. 吉林（18 家）

五星级

吉林圣德泉亲水度假花园有限公司

吉林市铭山绿洲生态园旅游有限公司

延边华龙集团

吉林万源龙顺旅游开发有限公司

临江市长兴实业有限公司

四星级

吉林省隆达生态农业综合开发有限公司

吉林市恒阳生态园酒店

吉林市船营区东鸽肉禽养殖场

吉林市春野农业有限公司

蛟河市松花湖渔业有限责任公司

白山中天农业科技发展有限公司

舒兰山水泉度假有限公司

白山市盛雅生态农业有限公司

和龙市青龙渔业有限公司

延边雁鸣湖旅游开发有限责任公司

三星级

舒兰市龙凤山庄有限责任公司

舒兰市兰蕴旅游服务有限责任公司

桦甸市聚龙参蛙种养殖发展有限公司

7. 黑龙江（4 家）

五星级

黑龙江省红旗农场都市农业园

四星级

哈尔滨市道里区鑫冠丰休闲度假村

黑龙江省闫家岗农场

三星级

黑龙江省友谊县稻花香旅游度假村

8. 上海（16 家）

五星级

上海新廊下旅游管理发展有限公司（廊下生态园）

上海花米庄行旅游投资有限公司

上海联怡枇杷乐园投资管理有限公司

四星级

上海闻道园

上海雪浪湖度假村

上海宏泰园

上海香豪小镇农家乐

上海高家庄园

上海西来农庄

上海海鲨生态园

上海城市现代农情园

三星级

上海金泖渔村

上海金龟岛渔村

上海水秀坊休闲农庄

上海金山嘴渔村

上海崇明人家

9. 江苏（17 家）

五星级

南京江宁台湾农民创业园

南京新农科创投资有限责任公司

溧阳市翠谷庄园农业生态休闲有限公司

高淳区古柏镇武家嘴农业科

技园

四星级

徐州市丰县华强生态农业有限公司

江苏泰州市兴化桃花岛农业发展有限公司

江苏双泾生态农林开发有限公司（云外水庄生态园）

南通市启东江天生态农庄有限公司

徐州新沂市金锋农业科技有限公司

徐州市铜山区苏康果业种植园

无锡宜兴市湖父镇篱笆园农家乐有限公司

无锡龙寺生态园有限公司

三星级

扬州仪征市润德菲尔生态农业科技发展有限公司

淮安市金湖县荷盛莲业有限公司

溧阳市富民资产专业合作社

南通市如东市神农生态农业科技有限公司

淮安市洪泽县龙禹生态旅游度假村

10. 浙江（42家）

五星级

湖州市吴兴区移沿山现代农业示范园

桐庐万强农庄

桐乡市梦里水乡生态农业开发有限公司

缙云浙大科技农业示范基地有限公司

江山福赐德蜂业科技开发有限公司

松阳县湖溪林场

诸暨十里坪休闲山庄有限公司

四星级

富阳锦冠生态农业开发有限公司

永嘉县原野园林工程有限公司

温州市忠美农业综合开发有限公司

安吉山水灵峰休闲农业发展有限公司

浙江浩雄生态农业科技有限公司

诸暨市章家坪双蝠休闲农庄

浙江金大地休闲农庄有限公司

浙江上虞东山湖运动休闲有限公司

浙江永宁弟兄农业开发有限公司

新昌县七盘合一农业发展有限公司

嘉善拳王休闲农庄有限公司

浙江省兰溪市畲乡风情旅游发展有限公司

常山南绿农业发展有限责任公司

遂昌县里高农产品专业合作社

东阳市富坤农副产品集散中心有限公司

衢州市果汇多农业发展有限公司（衢州市柯城区五十都农业生态园）

三星级

松阳县南山白云农家乐山庄

丽水仙渡新红桃产销专业合作社

浙江金华莘畈生态农业旅游

开发有限公司

金华市白鹭园生态农业开发有限公司

杭州临安太湖源观赏竹种园有限公司

上虞市滨海农业发展有限公司

浙江申浩农业科技发展有限公司

嘉善碧珑湾休闲农业有限公司

嘉兴百玫生态农业科技有限公司

浙江省磐安县荣盛特色农业开发有限公司

方山大院农庄

兰溪市孟塘果蔬专业合作社

金华市唐丰农业科技发展有限公司

金华市周太食品发展有限公司

金华市仙源山铁皮石斛种植基地有限公司

金华市汇鑫特色农业开发有限公司

金华市龙宅野生鳖生态园有限公司

金华绿色天下投资发展有限公司

浙江千红蜂产品有限公司

11. 安徽（7家）

五星级

安徽丫山花海石林旅游有限公司

四星级

广德立人生态农业开发有限公司

安徽林海旅游发展有限公司

芜湖市雨田农业科技有限公

司

全椒丰乐新农业开发有限公司

来安县威光绿园生态农业专业合作社

三星级

凤阳藤茶发展有限公司

12. 福建（8家）

四星级

福建绿色农城农业科技有限公司（彩虹小镇）

晋江市恒山休闲农庄

福建省绿友农林发展有限公司（绿友？霍童溪现代农业园）

福建省三明市月亮湾山庄有限公司（月亮湾？三明客家文化园）

三星级

晋江泉绿农民种植合作社（泉绿生态休闲农庄）

福建省晋江市海峡养殖有限公司（围头海峡人家休闲渔庄）

晋江市深沪镇运伙村民委员会

福建龙晶生物技术有限公司（龙晶葡萄主题公园）

13. 江西（16家）

五星级

靖安县中部梦幻城实业有限公司

江西明骏实业有限公司九曲旅游度假村

四星级

江西龙成山庄投资发展有限公司

井冈山农业科技园

萍乡市幸福大观园生态旅游

休闲中心

江西琳超农业生态发展有限公司

乐安县小蓬莱风景旅游区

安义县紫园山庄

江西白莲山生态农业开发有限公司

靖安七仙洞农业综合开发有限公司

三星级

南昌金绿园山庄有限公司

江西达仁现代农业有限公司

江西凤凰山庄生态农业发展有限公司

鄱阳县芦田乡碧云山庄

新余市绿丰生态农业有限公司

江西江农生态农业有限公司

14. 山东（12家）

五星级

山东济宁南阳湖农场

山东泰山花样年华旅游开发有限公司

滨州康源蔬菜有限公司

山东新天地现代农业开发有限公司

四星级

淄博萌山湖秸秆养藕有限公司

山东冠县梨园生态旅游有限公司

山东裕利蔬菜股份有限公司（伟然生态园）

山东盘古旅游开发有限公司

微山县红荷绿源果蔬有限公司

蒙阴常增桂花种植专业合作社

山东省东明县武胜桥镇玉皇

新村（玉皇生态文化旅游度假村）

三星级

嘉祥县金太阳杏种植专业合作社（山东嘉祥紫云山生态休闲农业旅游区）

15. 湖北（9家）

五星级

洪湖市华年生态投资有限公司

四星级

大冶市秀水湾生态农业科技发展有限公司

荆门市昕泰蔬菜种植专业合作社

湖北李行农业技术有限公司

谷城县玉皇剑堰河生态旅游经济专业合作社

京山县盛老汉庄园

湖北宏华农业开发有限公司

武汉梁子湖新华农业开发有限公司

三星级

仙桃市沔城回族镇古柏门村

16. 湖南（20家）

五星级

湖南株洲乔西生态农业开发有限公司

湖南盛世芙蓉餐饮发展有限公司（耕食记）

湖南凯佳生态农业科技有限公司

湖南湘潭山那边生态农庄

湖南郴州永兴山水银都度假村有限公司

湖南郴州桂阳县九竹园有机农庄

四星级

长沙县暮云镇鑫明现代农庄

长沙奕辉农业科技开发有限公司

湖南新富豪生态农业开发有限公司

浏阳市篙山生态休闲农庄

长沙市岳麓区聚龙湾生态农业园

湖南西长生态农业科技发展有限公司

邵阳市翰林农业科技发展有限公司

益阳市银城第一庄

娄底市中阳农业开发有限公司（白鹭山庄）

衡阳市南岳区红叶寨休闲农庄

三星级

娄底市顺鑫农业发展有限公司（石泉国际度假村）

娄底市神龙现代农业有限公司

涟源市龙山生态农庄

湖南省新化县五七生态农庄

17. 广西（8家）

五星级

广西八桂农业科技有限公司（八桂田园）

广西恭城瑶族自治县红岩农家乐旅游协会

四星级

广西柳州大良石门仙湖景区

玉林市汉桂园园林花木有限公司

广西凌云浪伏茶业有限公司

桂林市灌阳千家峒水果产销合作社

三星级

广西精品农业股份公司金合

乐苑风景区

桂林灵川县银鑫生态种植专业合作社

18. 海南（19家）

五星级

海南兴科兴隆热带植物园开发有限公司

海南呀诺达雨林文化旅游区

海南天涯驿站旅游项目开发有限公司

四星级

海口田心乐生态农业专业合作社（田心生态农庄）

海南龙浩生态农业有限公司（海南龙浩生态农业观光园）

三亚南新农垦家园接待中心有限公司（三亚南新农垦家园）

海南八一石花水洞地质公园开发有限公司（海南八一石花水洞休闲农业养生园）

澄迈金源花园

三星级

琼海博鳌南强旅业发展有限公司（博鳌南强生态娱乐村）

海南琼海万泉河休闲漂流有限公司（万泉河峡谷生态文化旅游区）

琼海丰业农业科技有限公司（丰业红龙果休闲农业观光果园）

万宁崇光种养专业合作社（兴隆崇光槟榔园）

海南万宁仕源养殖有限公司（东山羊旅游文化观光园）

海南东泰农业开发有限公司（"万绿椰园"万宁日月湾椰林生态园）

保亭加茂隆滨黎苗农乐乐

保亭新政菠萝岛农乐乐

儋州那大好日子农家菜馆（儋州好日子家园）

澄迈智峰实业有限公司（棕王园休闲农庄）

昌江十月田红田山水缘农庄

19. 云南（1家）

四星级

云南菜根潭饮食文化有限公司

20. 陕西（2家）

五星级陕西阳光雨露现代农业开发有限公司

西安曲江楼旅游农业开发有限公司

21. 甘肃（1家）

四星级

甘肃条山现代农业休闲度假有限公司

22. 青海（1家）

五星级

青海西宁乡趣农业科技有限公司

23. 宁夏（3家）

三星级

宁夏吉水生态文化旅游游有限公司

宁夏园艺产业有限责任公司

宁夏西昱·普罗旺斯薰衣草庄园

24. 宁波（1家）

五星级

宁波东方现代农业开发投资有限公司

关于公布 2014 年全国休闲农业与乡村旅游
星级示范创建企业（园区）名单的函

休闲农业分会函〔2014〕2 号

各有关单位：

在农业部农产品加工局、国家旅游局规划财务司的大力支持下，在中国旅游协会的领导和有关省市牵头部门的大力配合下，根据《关于开展 2014 年全国休闲农业与乡村旅游星级示范创建工作的通知》（休闲农业分会〔2014〕2 号）精神，按照立足三农、保持特色、严格标准、确保质量、客观公正、实事求是的原则，分会于今年 3 月组织开展了 2014 年全国休闲农业与乡村旅游星级示范创建行动。经过企业申报、省级牵头部门审核、专家实地验收、评审委员会审定、网上公示等各程序，已评选出 191 家全国休闲农业与乡村旅游星级示范创建企业（园区），其中五星级 46 家，四星级 90 家，三星级 55 家，现予以公布。

各地牵头部门要严格按照星级示范创建行动文件的相关要求，切实加强对星级企业（园区）的监督指导，确保创建工作过程中各环节的公平、公正、公开，同时，要立足当地农业主导产业，不断提高与三农的关联度、消费者的满意度和企业（园区）的信任度，不断提升行业发展水平，扩大休闲农业与乡村旅游产业的社会影响，促进农业产业升级、农民增收和社会主义新农村建设。我会将按照星级创建管理办法的规定，对星级企业（园区）实行动态管理和监督。

中国旅游协会休闲农业与
乡村旅游分会
2014 年 12 月 10 日

附件

2014 年全国休闲农业与乡村旅游星级示范创建企业（园区）名单

1. 北京（14 家）
五星级
南宫世界地热博览园（北京南宫世界地热博览园有限公司）
瑞正园农庄（北京瑞正园农业科技发展有限公司）
碧海园生态农业观光园（北京碧海园生态农业观光有限公司）
安利隆山庄（北京安利隆生态农业有限责任公司）
世界花卉大观园（北京花乡世界花卉大观园有限公司）
第五季生态园（第五季富饶（北京）生态农业园有限公司）
四星级
北京国际露营公园（北京中恒金苑公园管理有限公司）
妫州牡丹园（北京天地润泽种植有限公司）
灵之秀农业园（北京灵之秀文化发展有限公司）
融青生态园（北京融青生态农业有限公司）
三星级
北京市门头沟天盛湖养鱼场
北京王木营蔬菜种植专业合作社
盆窑村陶艺园（北京独山清泉陶艺文化有限公司）
阳光果园（北京久昌种植有限公司）
2. 河北（15 家）
五星级
乐亭现代农业产业示范园

（乐亭丞起现代农业发展有限公司）

四星级

天圆山庄（廊坊天圆山庄生态旅游有限公司）

临城县尚水渔庄（河北尚水农业科技有限公司）

满城县龙门山庄生态园（满城县青山绿源荒山开发有限公司）

三河市璞然生态园有限公司

易县狼牙山中凯农副产品经销有限公司（易县狼牙山中凯大酒店集团有限公司）

秦皇岛望峪山庄旅游服务有限责任公司

赵县旭海庄园（石家庄旭海庄园农业开发有限公司）

邯郸市广府旅游有限公司

唐山农福缘生态园（唐山农福缘农业科技股份有限公司）

三星级

定州市东胜生态园

内丘县依林山庄（内丘县依林山庄农业开发有限公司）

涉县华艺民俗文化生态园（涉县华艺农业观光服务有限公司）

唐山鑫湖农业生态园（唐山鑫湖农业开发有限公司）

唐山凯云农业生态园（唐山市凯云贸易有限公司）

3. 辽宁（4家）

五星级

獐岛村（东港市獐岛旅游公司）

铁岭西丰城子山开发有限公司（城子山风景区）

四星级

鞍山凯晟花卉有限公司

三星级

朝阳金土地农业种植有限公司

4. 吉林（8家）

五星级

吉林市船营区东鸽生态园

霍家店村（梨树县兴旺休闲酒店）

延边雁鸣湖农业开发合作有限责任公司

和龙市青龙渔业有限公司

四星级

蛟河市富强现代农业有限公司

舒兰市兰蕴旅游服务有限责任公司

桦甸市聚龙参蛙养殖发展有限公司

珲春市大海实业有限公司

5. 黑龙江（2家）

五星级

黑龙江省闫家岗农场

三星级

五常市背荫河镇燕窝岛渔村

6. 上海（11家）

五星级

上海孙桥现代农业园（上海孙桥农业科技股份有限公司）

书院人家（上海书农桃业有限公司）

四星级

泰生示范农场（上海中新农业有限公司）

金山嘴渔村（上海金山嘴渔

村农家乐专业合作社）

上海小木屋生态观光农园

华亭人家（上海嘉定现代农业园区经济发展有限公司）

沥江生态园（上海维高蔬果专业合作社）

凯博休闲农庄（上海凯博休闲农庄有限公司）

三星级

崇明灶花堂（上海灶花堂农家乐专业合作社）

寻梦园（上海寻梦园农业科技有限公司）

苏北人家（上海承鑫水产养殖专业合作社）

7. 江苏（30家）

五星级

南通市世外桃园休闲农庄有限公司

南通海韵休闲农庄

无锡市山联农业发展有限公司

江苏杨侍农业生态园发展有限公司

四星级

南通白鹭湖生态农业发展有限公司

如皋金岛生态园发展有限公司

南京绿航生态农业有限公司

南京林大农业发展有限公司

连云港振兴实业集团有限公司

无锡市绿源生态农业有限公司

江苏三农生态发展有限公司

沛县昭阳文化旅游有限公司

江苏高流天工园林景观工程

有限公司

徐州郡岭农业科技发展有限公司

徐州紫海蓝山创意农业开发有限公司

泰州田园牧歌旅游发展有限公司

江苏丰收大地投资发展有限公司

江苏大丰盐土大地现代农业科技园（江苏大丰蓝色旅游开发有限公司）

江苏岩藤农业发展有限公司

苏州格林乡村公园发展有限公司

张家港市现代农业投资有限公司

江苏大禾庄园农业科技股份有限公司

三星级

江苏永鸿巴布洛生态农业有限公司

江苏省北沟花卉产业有限公司

赣榆县大樱桃旅游开发有限公司

扬州市蒋王都市农业观光园有限公司

云龙区城南澳润生态园

丰县金刘寨旅游开发有限公司

泰州市海伦羊业有限公司（海伦生态观光园）

苏州飞翔农林科技有限公司

8. 浙江（15 家）

五星级

长兴城山沟桃源山庄（长兴城山沟桃源山庄生态农业开发有限公司）

上虞区东山湖园区（上虞区东山湖运动休闲有限公司）

浙江金福茶业有限公司

四星级

上虞市滨海农业发展有限公司

诸暨市天珍香榧园

诸暨市蔡氏农业开发有限责任公司

达利丝绸（浙江）有限公司

温岭市四季生态农业开发有限公司

温岭市大岩头生态农业开发有限公司

绍兴市越城区方圆观光农业园

三星级

德清绿色阳光农业生态有限公司

诸暨赵家樱花山庄

浙江明泉农业科技有限公司

浙江锦林佛手有限公司

安吉尚书旅游开发有限公司

9. 安徽（8 家）

五星级

劳模徽菜文化园（绩溪县劳模实业集团）

四星级

天路山生态农庄（安徽省绩溪县天路山生态养殖专业合作社）

宁国市世京旅游发展有限公司

广德乐府山庄

安徽省君湖生态农业休闲度假村有限公司

安徽禾泉农庄生态农业有限公司

池州市鹤湖山庄旅游观光有限责任公司

三星级

绩溪县清泉休闲农庄（绩溪县清泉休闲农庄有限公司）

10. 福建（3 家）

四星级

福建晋江市深沪镇运伙村民委员会

厦门小嶝休闲渔村开发有限公司

三星级

福建漳浦朝天马峰龙雨生态旅游有限公司

11. 江西（12 家）

五星级

南昌湖光山舍田园农庄（南昌湖光山舍田园农庄有限公司）

南昌市新建县怪石岭旅游景区（南昌市溪霞风景管理实业有限公司）

南昌市西湖李家（南昌市西湖李家实业发展有限公司）

赣州五龙客家风情园（赣州淦龙旅游开发有限公司）

上饶市三清山田园牧歌休闲农庄（上饶市田园牧歌农产品专业合作社）

四星级

鼎湖家园（江西中科农业发展有限责任公司）

江西省剑霞锦绣蔬果有限公司

南昌建昌酒店管理有限公司

江西碧德馨实业发展有限公司

江西省斐然生态农业科技开发有限公司

南昌玉明生态农业有限公司

江西江农生态农业有限公司

12. 山东（17 家）

五星级

滨州市金天地生态农牧有限公司

沂源洋三峪乡村旅游开发有限公司

四星级

山东鑫诚现代农业科技有限责任公司

鑫裕农业开发有限公司

菏泽市牡丹区马岭岗镇穆李村

阳谷丰源现代农业科技有限公司

山东冠清茶业科技股份有限公司

三星级

淄博古齐南山农业科技有限公司

淄博临淄自然果蔬菜专业合作社

淄博临淄东科蔬菜专业合作社

淄博临淄成富种植专业合作社

淄博临淄鑫瑞园蔬菜种植专业合作社

翠竹生态庄园（淄博诺香伦食品有限公司）

山东雁领农牧业开发有限公司

淄博临淄盈瑞种植专业合作社

高唐县泉聚置业有限公司

山东润正生态农业发展有限公司

13. 河南（7 家）

五星级

河南省弘亿国际农业科技股份有限公司

郑州丰乐农庄有限公司

郑州绿源山水生态农业开发有限公司

四星级

巩义市汇鑫芳香世界（巩义市汇鑫农业开发有限公司）

河南省郑州市富景生态园（河南富景生态旅游开发有限公司）

三星级

河南省郑州市普兰斯薰衣草庄园（河南锐青生态农业科技有限公司）

河南省登封市御寨山庄（登封御寨山庄度假美食有限公司）

14. 湖北（1 家）

五星级

荆门市昕泰蔬菜种植专业合作社

15. 湖南（12 家）

五星级

和道源农庄（长沙和道源酒店管理有限公司）

株洲市悠移农业科技发展有限公司

韶山德盛生态休闲农庄有限公司

邵阳市双龙紫薇生态农业园（湖南紫薇投资集团有限公司）

澧县华城彭山旅游度假庄园有限公司

怡心生态园（衡阳市珠晖怡心生态园）

湖南省泉水湾生态农业发展有限公司

四星级

大美家园（湖南省澧县大美绿色生态家园有限责任公司）

桂竹山庄（衡阳桂竹农业旅游综合开发有限公司）

欧阳海山庄（湖南省欧阳海现代农业投资有限公司）

新化县三联洞生态休闲农庄

三星级

湖南省新化县油溪河漂流有限公司

16. 广西（11 家）

四星级

广西星霞农业科技有限公司

桂林恭城黄竹岗旅游开发有限公司

桂林灵川县银鑫生态种植专业合作社

广西兴业县龙圣旅游投资开发有限公司

北海中盛生态产业有限公司

广西壮族自治区拉浪林场生态休闲区

鹿寨县山岔湾休闲度假有限公司

三星级

桂林恭城瑶山金燕子生态农产品开发有限公司

北海金品东盟百花园科技开发有限公司

巴马儒礼桃花源养生旅游开发有限公司

广西金秀瑶族自治县大瑶山

天然植物开发有限公司

17. 贵州（6家）

五星级

黔西县柳岸水乡乡村旅游投资开发有限责任公司

四星级

松桃九龙民族文化旅游开发有限公司

贵州四品君旅游有限公司

黎平县飞龙洞旅游发展有限公司

三星级

贵州省台江县润丰农业发展有限责任公司

贵阳市西部全羊休闲山庄（贵阳花溪西部全羊店）

18. 陕西（5家）

五星级

陕北民俗文化大观园（神木县陕北民俗文化大观园有限公司）

鸵鸟王生态园（陕西农垦英考现代农业观光园有限公司）

四星级

西安沣东现代都市农业发展有限公司

榆林市榆阳区瑞丰农业科技有限公司

三星级

神木县丰禾生态农业科技开发有限公司

19. 宁夏（7家）

五星级

宁夏金岸红柳湾生态园（宁夏天天为民文化旅游开发

有限公司）

三星级

大武口区蓝孔雀山庄

盐池县哈巴湖旅游开发有限公司

鹤泉湖休闲农庄（银川鹤泉湖旅游有限公司）

隆德县常鲜果蔬专业合作社

中卫阳光怡然休闲农家乐

宁夏云乐生态旅游度假村

20. 宁波（3家）

四星级

余姚市临山镇味乡园葡萄专业合作社

宁波市黄贤森林公园旅游开发有限公司

宁波碧秀山庄有限公司

2014 年休闲农业经营主体统计

休闲农业经营主体总计

序号	省区市	经营主体个数（个）	农家乐（个）	休闲观光农园（庄）（个）	从业人数（人）	其中：农民就业人数（人）	带动农户数（户）	接待人次（人次）	营业收入（万元）	其中：农副产品销售收入（万元）	利润总额（万元）	从业人员劳动报酬（元）
1	北京	10 164	8 863	1 301	68 581	58 163		38 254 189	361 697.7	58 838.6		10 825.3
2	天津	2 510			52 800			14 730 000	105 000	291 000	396 000	
3	河北	881	666	191	28 326	29 702	99 273	29 684 000	207 966.143	163 347.852		24 350
4	山西	1 122			114 626	99 538	112 531	14 716 440	254 811	111 607.95	33 284	13 114.8
5	内蒙古	2 240	1 691	549	53 887	41 512	85 514	12 570 165	496 886	233 854	74 103	6 500
6	辽宁	9 146	7 882	1 210	290 000	266 800	312 000	89 110 000	1 620 600	719 000	310 900	13 400
7	吉林	2 988	2 335	653	115 585	95 609	56 083	29 500 146	598 023	36 059	147 797	13 000
8	黑龙江	2 711	2 062	649	29 383	26 379	73 706	6 888 717	438 124.4	66 685.5	58 797.4	24 500
9	上海	249	74	175	27 755	17 226	22 659	18 013 900	137 500	53 000		10 700
10	江苏	5 100	2 811	2 289	473 355	410 033	623 256	86 000 000	2 650 000	1 474 000	238 700	34 000
11	浙江	14 226	11 836	2 390	112 142	89 700	318 645	76 626 285	1 602 641	563 513		26 000
12	安徽	10 554	6 336	4 218	528 425	429 342	467 207	110 951 200	6 025 700	1 064 500	607 100	
13	福建	6 888	5 985	903	101 629	88 688	118 861	6 065 700	845 695	418 730	160 872	31 803
14	江西	19 400	16 200	3 200	800 000	700 000	33 000	18 000 000	1 060 000	320 000	64 500	19 800
15	山东	8 124	6 257	1 814	489 273	409 730	550 261	66 477 823	2 419 423.46	1 258 861.3	470 121.4	24 264.23
16	河南	14 352	10 714	310	291 277	271 849	286 791	35 438 940	929 585	304 697	59 037	52 107
17	湖北	36 193	31 932	2 953	511 617	419 524	361 427	90 762 980	2 012 827	1 212 840	473 953	12 469
18	湖南	20 196	15 879	4 317	240 687	207 437	53 308	62 270 000	1 553 474	1 035 649	466 042.2	12 100
19	广东	6 986	5 488	1 498	104 528	91 656	60 063	120 304 604	686 215.77	226 286	25 917.14	30 000
20	广西	3 776	3 233	543	165 772	150 085	101 309	45 352 189	734 970.8	171 929.9	170 371.5	21 066.4
21	海南	200	63	128	17 204	13 881	27 012	11 160 800	89 165	39 018	11 172	11 890
22	重庆	18 000	12 000	6 000	500 000	100 000	150 000	100 000 000	1 900 000	600 000	200 000	12 000
23	四川	30 153	22 776	7 387	1 023 949	921 554	581 725	300 041 803	7 501 049	1 342 772	860 271	22 551
24	贵州	3 148			52 000	42 000	100 373	53 204 000	269 030.5	59 591.2	77 402.8	14 496
25	云南	7 919	6 540	844	110 305	86 672	412 775	46 539 325	904 622	306 143	157 439	
26	西藏											
27	陕西	13 979	13 000	979	310 000	280 000	20 000	58 000 000	500 000	200 000		24 000
28	甘肃	8 761	8 260	501	83 746	78 206	89 903	28 024 000	221 416.1	120 846.6	60 347.2	43 500
29	青海	1 594	1 394	200	22 000	20 700	33 686	11 960 000	125 000	29 750	18 816	10 800
30	宁夏	594	416	178	10 952	9 316	31 510	6 402 990	81 474	44 410	15 625	1 266
31	新疆	4 640	4 179	461	58 878	42 554	59 581	13 714 937	245 847	44 512	37 700	
32	大连	693	506	187	21 763	18 180	38 527	9 114 660	168 461	89 340	67 038.4	2 700
33	青岛	389	1 052	147	28 490	21 520	19 450	5 348 881	75 720	39 869	7 980	2 682
34	宁波	1 443	1 287	156	29 236	23 220	40 000	25 964 800	269 400	240 000	509 400	40 000
35	深圳											
36	厦门	120	25	95	4 309	4 123	7 181	7 060 000	16 753.2	10 291	2 194	
37	新疆兵团	252	178	35	1 780	1 320	136	600 278.5	21 340	4 304	3 278	
	合计	269 691	211 920	46 461	6 874 260	5 566 219	5 347 753	1 648 853 753	37 130 418.07	12 955 245.9	5 796 859.04	19 828.03

索 引

编 辑 说 明

　　一、《中国休闲农业年鉴》是一部综合反映中国休闲农业发展进程和成就的资料性工具书，2015 年创刊，每年出版一卷。

　　二、本书的文章主要由业务主管部门和专业研究人员撰写，由《中国休闲农业年鉴》编辑部负责编辑和删改。统计资料由农业部农产品加工局（乡镇企业局）提供。全部文稿经农业部农产品加工局（乡镇企业局）审定后出版。

　　三、各省、自治区、直辖市和计划单列市按行政区划顺序排列。

　　四、各类资料数据，仅限于内地各省、自治区、直辖市和计划单列市的材料，未加说明者均以当年价格计算产值。

　　五、受篇幅所限全国休闲农业与乡村旅游示范县、示范点，中国最美休闲乡村，中国美丽田园，全国休闲农业与乡村旅游星级企业（园区）等部分仅收录部分地方介绍。

图书在版编目（CIP）数据

中国休闲农业年鉴.2015/农业部农产品加工局（乡镇企业局）主编.—北京：中国农业出版社，2015.8
ISBN 978-7-109-20752-3

Ⅰ.①中… Ⅱ.①农… Ⅲ.①观光农业—中国—2015—年鉴 Ⅳ.①F592.3-54

中国版本图书馆 CIP 数据核字（2015）第 180189 号

中国农业出版社出版
（北京市朝阳区麦子店街 18 号楼）
（邮政编码 100125）
策划编辑 徐 晖 贾 彬
文字编辑 贾 彬 陈 瑨 张海燕
———————
中国农业出版社印刷厂印刷 新华书店北京发行所发行
2015 年 8 月第 1 版 2015 年 8 月北京第 1 次印刷
———————
开本：787mm×1092mm 1/16 印张：19.75 插页：20
字数：700 千字
定价：300.00 元
（凡本版图书出现印刷、装订错误，请向出版社发行部调换）